JN041683

Scratchで遊んでわかる!
中学数学

数学をプログラミングでハックする

岡田 延昭、五十嵐 康伸 著

はじめに

本書は、筆者が「都立高校入試ハック」と題して、東京都練馬区光が丘周辺の地区区民館で行っていたワークショップを、書籍の形式に合うよう再構成したものです。その内容は、都立高校入試の数学問題の動的モデル（本書では、動かせるグラフや図形のことを指します）をScratchで表現するという内容でした。

「都立高校入試ハック」と名付けたのは、紙と鉛筆を使って行う試験として象徴的な入試問題を、Scratchで表現することで、プログラミングという違った角度から学校で学んだ公式や法則を把握しなおし、遊んでみることを意図したからでした。ハック（hack）とは、ある対象を別の角度から見て、従来とは違った方法で遊んだり面白がったりする、客観的で喜劇的な行為と筆者はとらえており、紙と鉛筆が中心の試験をちょっと遠くから俯瞰し、相対化するという意味もふくんでいます。

プラモデルを作ると全体と細部の関係がよくわかるように、Scratchで動的モデルを作って動かすと、細部の計算と全体のふるまいの関係が感覚的につかめます。数学が苦手だと思っている人も、もしかしたら、紙と鉛筆の計算が苦手なだけかもしれません。本書で紹介するように、プログラミングでモデルを作って実際に動かしてみたら、今まで難しいと思っていたことが一気に理解しやすくなるかもしれません。

都立高校入試の数学問題は、中学校で学習する基本的な理解を問う問題です。紙と鉛筆で解くことを想定されて作成されていますが、筆者が試しにScratchで表現してみたところ、奇跡的にScratchのステージにぴったりおさまる問題設定になっていることに気づきました。そして、都立高校入試の数学問題は、紙と鉛筆を用いて観る数学の一面と、プログラミングを用いて観る数学の一面の両方を比較できる絶好の題材だと考え、近所の小中学生に呼びかけてワークショップを行っていました。これを、もっと多くのみなさんにも体験してほしいと思い、本書にまとめることにしました。

今後プログラミングが、「読み書きそろばん」のように一般教養となっていくならば、公教育で身につけるべき教養は、何らかのプログラミング言語で、中高の教科教育で学習する数式を表現し、それをコンピュータに計算させて評価する能力ではないかと思っています。その一歩として、本書が地域や学校の教育に寄与することができたら幸いです。

2023年11月

岡田 延昭

本書で扱う都立高校入試の数学の問題は、以下より引用しています。
東京都教育委員会―都立高等学校入学者選抜 学力検査問題及び正答表等
https://www.kyoiku.metro.tokyo.lg.jp/admission/high_school/ability_test/problem_and_answer/index.html

目 次

本書の構成と使い方

●本書の想定読者と準備するもの

本書は、Scratchでプログラミングをしたことのある中学生以上の読者を対象に書かれています。Scratchは、初めてでも直感的に使い始めることができますが、操作に不安がある場合は、Scratchに用意されているチュートリアルや、入門書などを参照するとよいでしょう。

Scratch
https://scratch.mit.edu/

Scratch―アイデア（チュートリアルが見られます）
https://scratch.mit.edu/ideas

本書に取り組むには、インターネットに接続できる環境とパソコンが必要です。作ったプログラムを保存して後のセクションで利用することもありますので、Scratchでプログラミングする際には、サインインした状態で行って下さい。アカウントを持っていない場合は「Scratchに参加しよう」からアカウントを作成できます。

●本書の構成

本書は、都立高校入試の数学の設問３で出題される関数問題、また、設問４で出題される平面図形問題の動的モデルをScratchで構築するために、それに必要な各機能をプログラミングしていく過程で、中学数学で習う基本的な概念を学習するように構成されています。

PART１では、PART２以降で使用する基本的な処理やスプライトを作成しながら、Scratchの基本的な使い方と、本書で中心となる演算ブロックと変数ブロックを使った数式の組み方を、都立高校入試設問１で出題される計算問題の数式を実際に組むことで学びます。

PART２では、都立高校入試の数学の設問３や設問４を表現するための処理をプログラミングしていく過程で、中学数学の概念を学びます。また、設問１に出題されている問題に答える処理のプログラミングにも挑戦します。

PART３では、PART２までで作った処理を使って、設問３の関数問題、設問４の平面図形問題の問題文を読みながら、問われている動的モデルを作り、解を求めます（なお、本書では都立高校入試の数学の設問２と設問５は扱いません。理由はあとがきに記しています）。

エピローグでは、これまで学んできた処理を組み合わせて、メディアアート的な表現で遊び、数式を土台にした表現の可能性を探ります。

本書は、前のセクションで作った処理（プログラム）を土台にして次のステップに進んでいくため、PART１から順に取り組んでいくことをおすすめします。しかし、各セクションで、その土台となる処理を作っているページを記していますので、途中から始めても、そのページに書かれてある処理を作ることで読み進めることもできます。

●アイコンやマークの説明

	別のスプライトに移動するために選択する
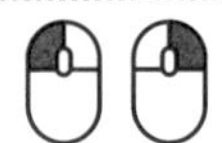	左クリック／右クリックする（ふき出しや関連メニューがそえられている場合は、それを行う）
	前のセクションでバックパックに保存しておいたプログラムやスプライトを取り出す
	このブロックは使わない（削除してもよい）ことを示す
☞p.016 ブロックを作る	前に説明したページの参照

●本書で紹介するプログラムについて

本書で紹介するプログラムは、以下のScratchスタジオのページから参照することができます。もし、作っている途中で迷ってしまったら、参考にしてみてください。

> **中学数学onScratch**
> https://scratch.mit.edu/studios/29433278/

筆者は野外教育のフィールドで活動していますが、ワークショップのときには登山にたとえて、「ふだん学校で習うのとは違う側面から山の頂上（≒解）を目指します。みなさんが登りやすいと思われるルートやステップで私は案内しますが、Scratchに慣れている人は自分がやりやすい歩幅や登り方があるかもしれません。また、ちょっと寄り道したところに発見があるかもしれません。全く別のルートを思いついたら、ぜひ挑戦してみてください。これをやってみようかな、という遊びの中に学びはあります」と伝えています。本書で提示しているのは、解へ到達するひとつの例ですので、参考にしつつ、自分の理解しやすいプログラムの組み方でアタックしてみてください。

本書をやり終えた後には、「なんで動くの？ じっとしてて！」と憎かった動点Pが、「もっと動いてもいいんだよ」と好意的に見えているかもしれません。それでは、Scratchを使って中学数学という山を登る冒険に出発しましょう。

いっしょに、
数学の冒険に出かけよう！

私がみなさんの
案内役をつとめますよ

PART 1

準備編

Scratchでのグラフの描き方、数式の表し方の基本

ここでは、PART2以降で使用する基本的な処理やスプライトを作成しながら、Scratchの基本的な使い方や、グラフの描き方、本書で中心となる演算ブロックと変数ブロックを使った数式の組み方を説明します。都立高校入試の数学の設問1で出題される、計算問題の数式を実際にプログラムすることで学んでいきます。

SECTION

1-1-1 Scratchの基本的な操作

本書では中学校で学ぶ数学をScratch上で表現をしていきます。基本的には、ペンを持たせたスプライト（本書ではネコのキャラクター）の位置（xy座標）を、命令のブロック（コード）を組み合わせてコントロールし、ペンを下ろしたり上げたりして、数学のグラフを描画していきます。習字をイメージするとわかりやすいかもしれません。

1. 書き始める位置にペンを持っていき、下ろす
2. ペンを動かして字を書く
3. 終点まで移動したら、ペンを上げる

この繰り返しで、目的とする形（本書では数学のグラフ）を描いていきます。
まずはじめに、Scratchでグラフを描くのに必要な命令のブロックの使い方を学びましょう。

プロジェクトを始める

CHECK

作る　見る　アイデア　Scratchについて

まず、画面左上の「作る」をクリックして、新しいプロジェクトを作ります。

このような画面が表示されます。

●画面の説明

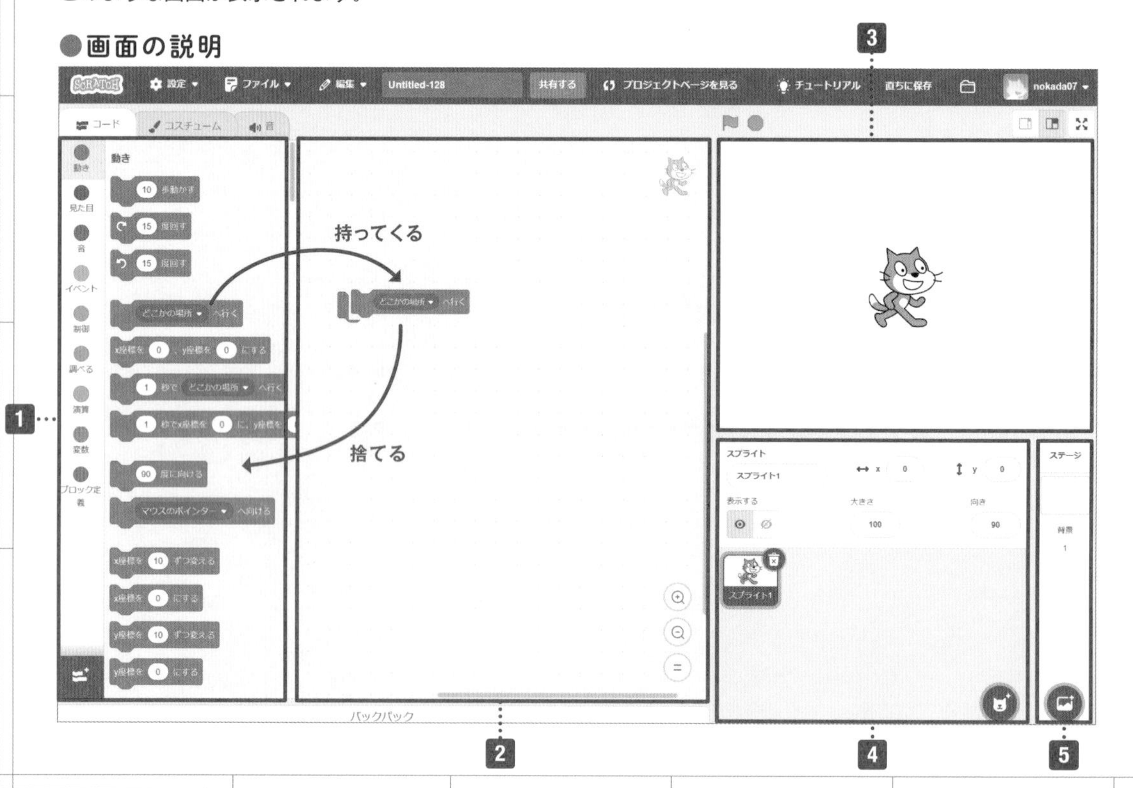

1 ブロックパレット：Scratchで使える命令が集められています。動き ● や見た目 ● などのアイコンをクリックすると、それに関する命令のブロックが表示されます。

2 コードエリア：ここにブロックパレットからブロックをドラッグ&ドロップして、命令を組み立てていきます（反対にブロックを削除したいときは2から1にドラッグ&ドロップします）。

3 ステージ：命令された結果が表示されます。真ん中にいるネコはスプライトと呼ばれます。ステージに立っている役者と考えるといいかもしれません。役目を与えられたスプライト（役者）にコード（台本）を書いてあげて、表現したいもの（舞台作品）をステージ上に実現します。

4 スプライトエリア：どのようなスプライトがいるのか、また、そのスプライト情報（プロパティ）が表示されています。例えば、名前や座標、大きさ、向きの情報などが示されています。

5 背景エリア：背景の情報が示されています。舞台に例えるなら、舞台装置に関する変更などを設定する場所と考えるとよいかもしれません。

プロジェクトの名前を付ける

CHECK □

どのようなプロジェクトかわかるように、名前を付けます。「Untitled-－xx」のところにマウスのカーソルを持っていき、クリックするとキーボードで入力できるようになります。ここでは「はじめてのScratch」と名前を付けました。

ブロックを組む

CHECK □

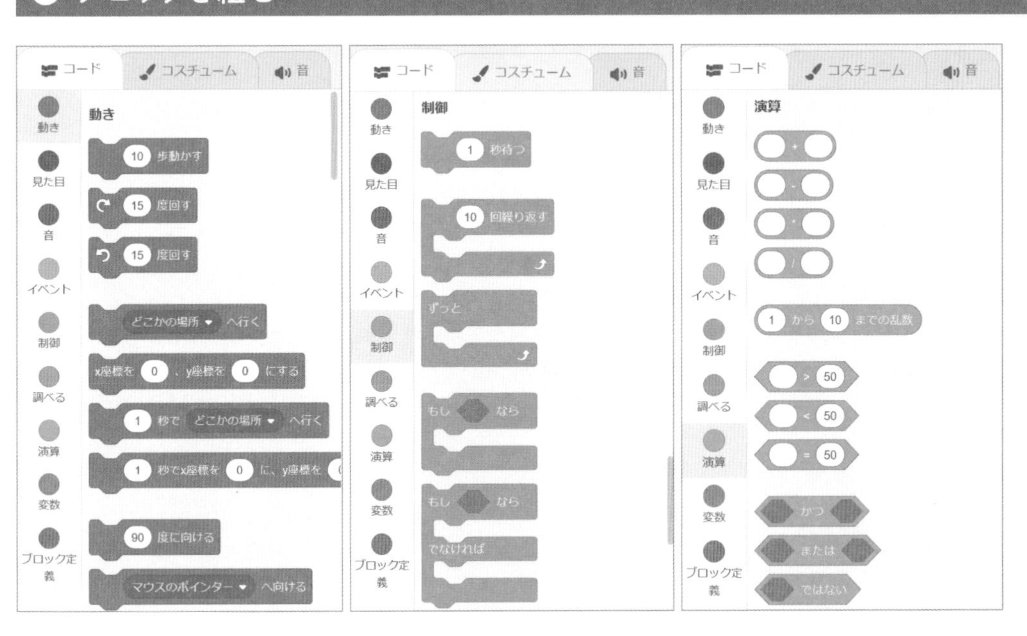

左上の「コード」タブを選択すると、ブロックパレットにScratchで使用できる命令のブロックが、使用目的ごとに表示されています。これらのブロックを組み合わせて、目的とする処理を作ります。本書では中学校で習う数学のグラフを描くことが主な目的になります。

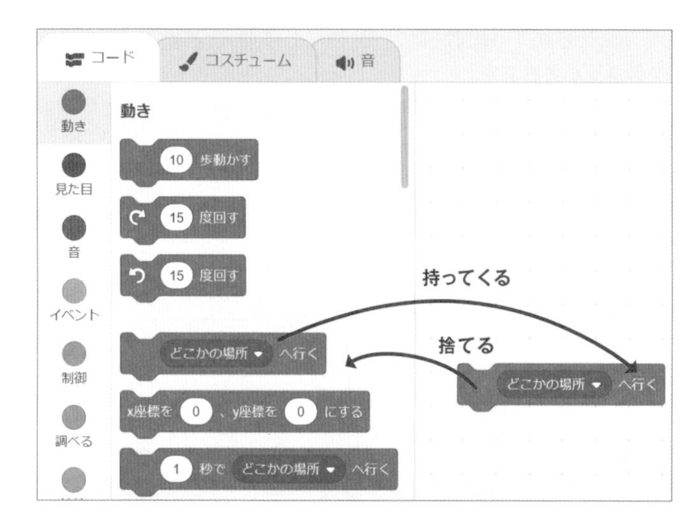

右のコードエリアにブロックをドラッグ＆ドロップして複数のブロックを組み合わせ、連続した処理（プログラム）を組み立てていきます。
いらないブロックは、ブロックパレットにドラッグ＆ドロップすると削除できます。

➡ スプライトに名前を付ける

CHECK □

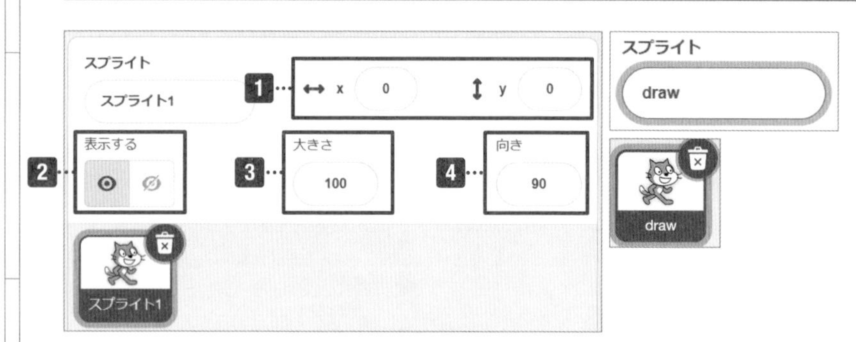

スプライトも、プロジェクトの名前同様、役割がわかりやすい名前を付けます。ここでは、ネコのスプライトにペンで描画する役をしてもらうので、「draw」と名前を付けました。

1「x」と「y」にはスプライトの座標の値が表示されます。

2「表示する」の項目では、スプライトの表示についての情報が示されています。目のアイコンが選択されている場合は、ステージ上で表示され、目に斜線が入っているアイコンが選択されている場合は、表示されません。

3「大きさ」の項目は、スプライトの大きさがパーセンテージで示されます。50だと50パーセント（2分の1）、200であれば200パーセント（2倍）の表示になります。

4「向き」の項目には、スプライトの向きが示されます。y軸上方向を0として、－180～180の範囲で表示されます。

➡ 動きブロックを使う

CHECK

ブロックでスプライトを動かします。左端の「動き」アイコンをクリックすると、動きに関するブロックが表示されます。試しに「どこかの場所へ行く」ブロックをクリックするとスプライトの場所がランダムに移動します。

➡ 演算ブロックを使う

CHECK

演算ブロックを組み合わせて「どこかの場所へ行く」ブロックと同じ命令を作ってみましょう。

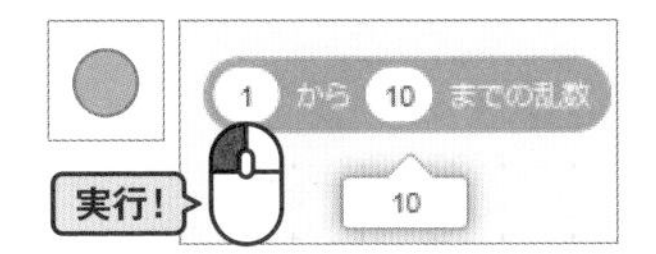

「演算」の「1から10までの乱数」をクリックするたびに、1から10の範囲で数字が出てきます。このブロックは指定した範囲で乱数を発生させます。この機能を使って、ステージ内でスプライトをランダムに移動させます。

ステージはx座標（横軸）が－240～240、y座標（縦軸）が－180～180あります。－240から240までの乱数をx座標に、－180から180までの乱数をy座標にするブロックを組みます。すると、ブロックをクリックして実行するたびにスプライトの位置がランダムに変化します。

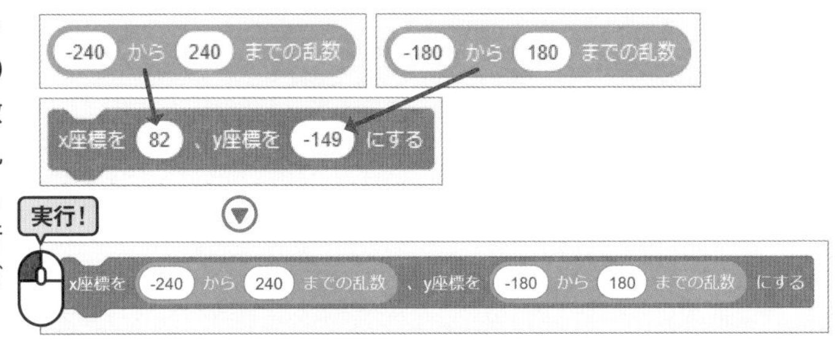

➡ ブロックを複製する

CHECK

複製したいブロックを右クリックして、「複製」を選択すると、ブロックがコピーできます。既に作った機能のブロックを他でも使いたい場合、とても便利な操作です。

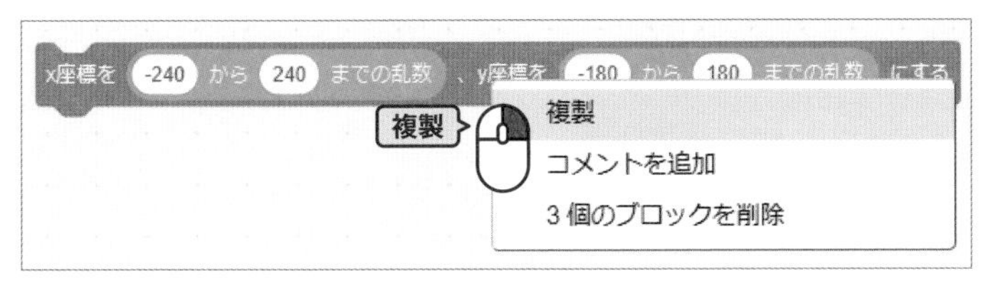

➡ 拡張機能でペンを追加する

CHECK

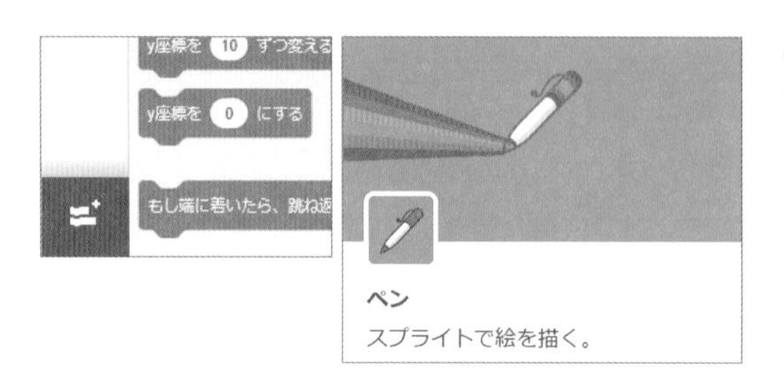

ペンで描画する場合は、画面左下の「拡張機能を追加」で「ペン」を選択し、ペン機能を追加します。

➡ 点を描く

CHECK

ランダムに動いた位置で、ペンの上げ下ろしをすることで点を描いてみましょう。見やすいようにペンの太さは10にします。以下の順でブロックをつなげると、クリックするたびにステージ上に青の点が描画されます(スプライトの「表示する」をオフにすると、点が描画される様子のみが表示されます)。

実行!

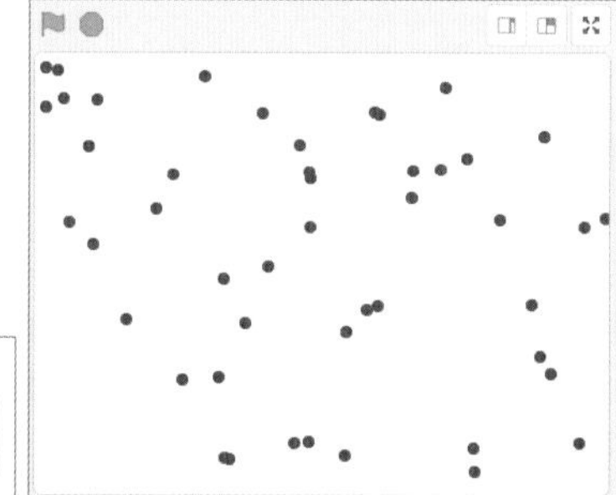

➡ 線を描く

CHECK

線を描く場合は、2点を線でつなぎます。ある点に移動してペンを下ろし、別の点に移動してペンを上げる処理を組みます。ペンの太さは1にします。

実行!

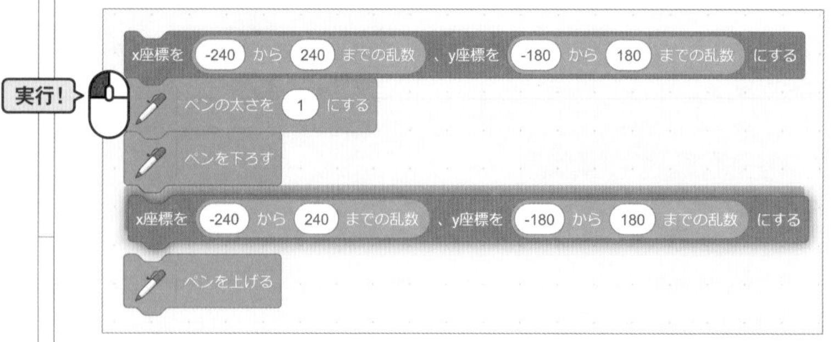

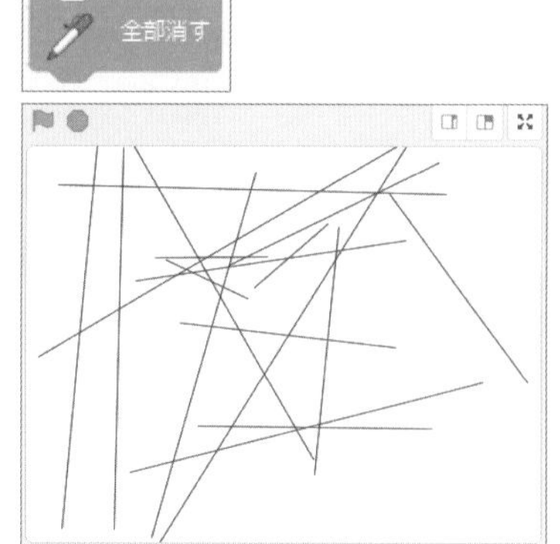

ステージのペン描画を全部消してから、組み立てたブロックをクリックします。クリックするたびにいろいろな長さで線が描画されます。

三角形を描く

CHECK

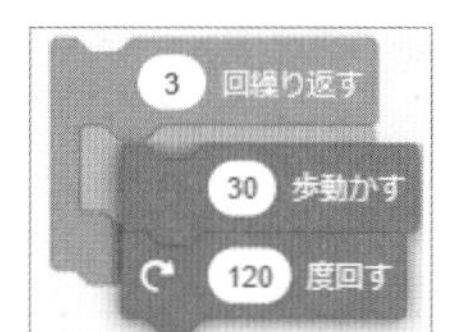

三角形は3点を結んでできる図形です。30歩動いて、正三角形の外角である120度回る動きを3回繰り返すとスプライトが三角に動きます。ランダムに動いた位置でペンを下ろし三角に動いてペンを上げる処理を組みます。組んだブロックをクリックするたびにいろいろな位置で三角形が描かれます。

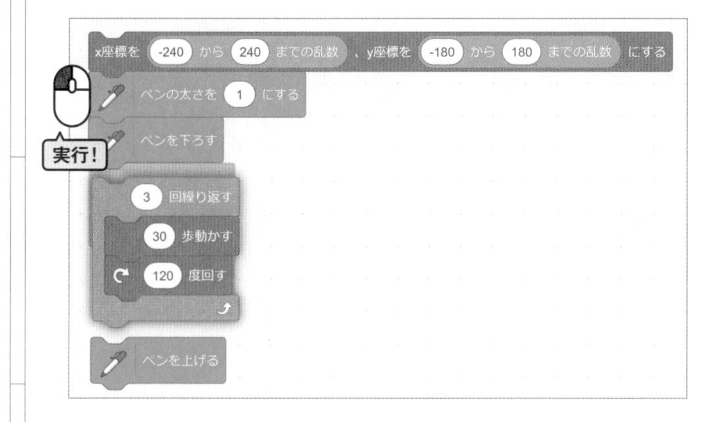

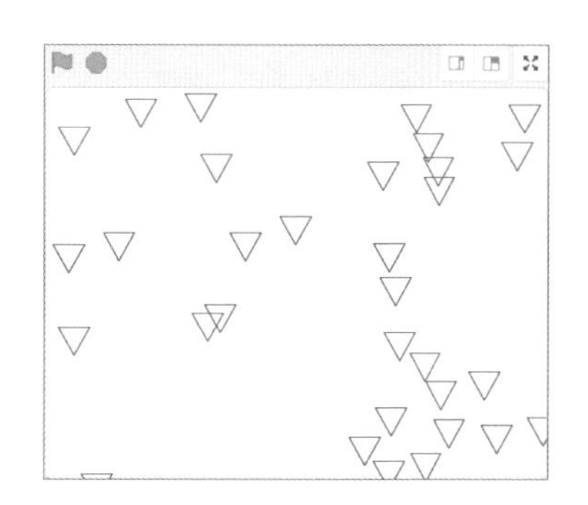

変数を使う

CHECK

変数を使って、三角形の大きさを変化させてみましょう。「変数」グループの中にある「変数」という名前のブロックにチェックを入れます。

10から50までの乱数を変数に設定します。ブロックをクリックするたびに変数の中に10～50のどれかの数値が入ります。

先ほど作成した三角形を描画するブロックの上に変数を設定するブロックをつなげ、「30歩動かす」の30のところに変数ブロックを入れて、「変数歩動かす」という命令に変えます。

組み立てたブロックをクリックするたびに、さまざまな大きさの正三角形が描画されます。

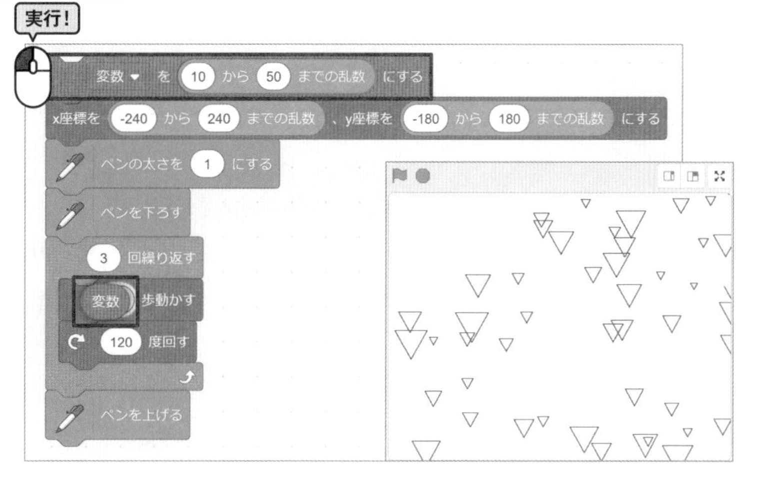

ブロックを作る

CHECK

ブロック定義することで、上で作ったような複数の命令を1つのブロックにまとめることができます。

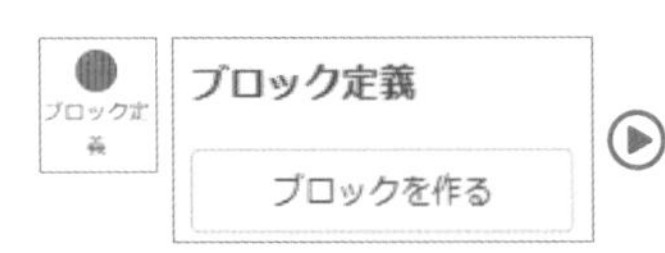

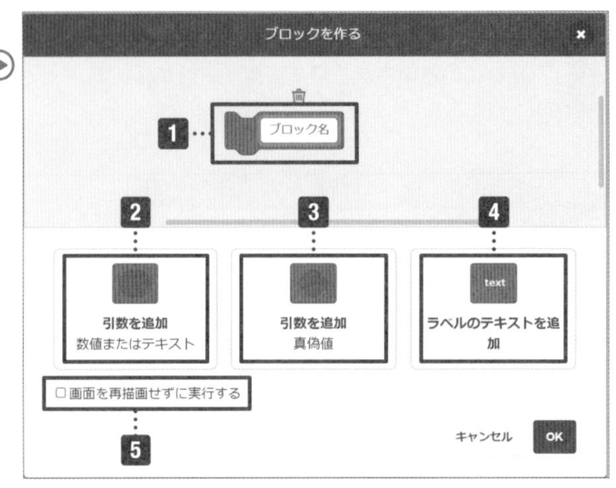

「ブロック定義」から「ブロックを作る」をクリックすると、ブロックを作る画面が表示されます。名前を付けて、必要に応じて引数を追加してOKを押すと新たにブロックが作られます。

1 ブロックに名前を付けたり、引数やテキストラベルを追加して編集します。
2 数値やテキストの引数をブロックに追加します。本書では数値のみ扱います。
3 真偽値(しんぎ)(条件)の引数を追加します。本書では扱いません。
4 ブロックに名前や補足説明などのテキストを追加します。
5 チェックを入れると処理過程を飛ばして結果だけ表示し、処理が高速化します。

点を描く処理を定義ブロックでまとめます。

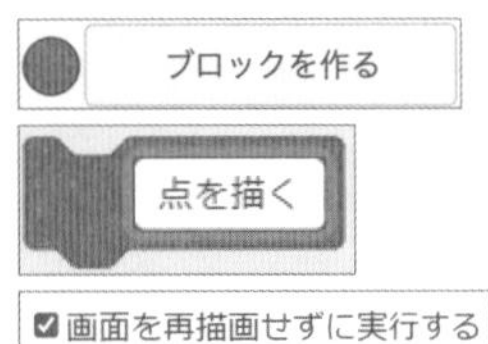

「ブロック定義」から「ブロックを作る」をクリックし「点を描く」と名前を付けます。「画面を再描画せずに実行する」にチェックを入れてOKをクリックします。

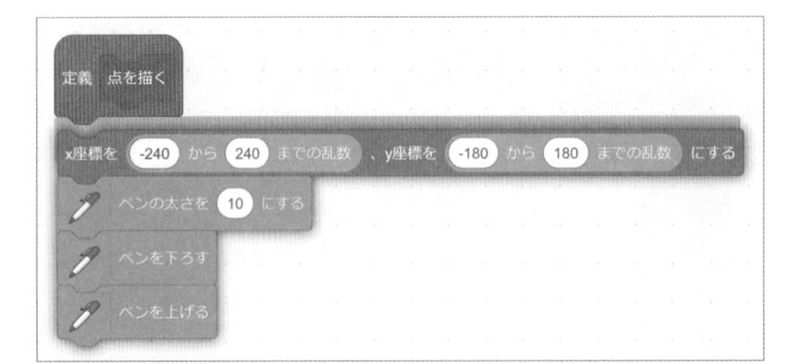

コードエリア内にできた定義ブロック「点を描く」を、点を描く処理の頭に付けます。ブロックパレット内に新しくできた「点を描く」ブロックをクリックすると、先ほどと同じように点が描かれます。

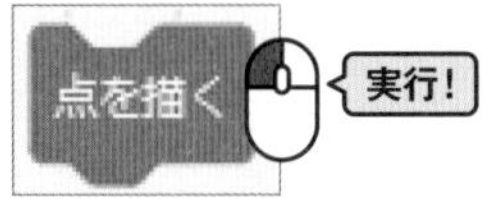

同様に定義ブロック「線を描く」「三角形を描く」を作って処理をまとめます。

ブロックを作る

線を描く

☑画面を再描画せずに実行する

定義 線を描く
x座標を (-240) から (240) までの乱数 、y座標を (-180) から (180) までの乱数 にする
ペンの太さを (1) にする
ペンを下ろす
x座標を (-240) から (240) までの乱数 、y座標を (-180) から (180) までの乱数 にする
ペンを上げる

線を描く 実行!

ブロックを作る

三角形を描く

☑画面を再描画せずに実行する

定義 三角形を描く
変数▼ を (10) から (50) までの乱数 にする
x座標を (-240) から (240) までの乱数 、y座標を (-180) から (180) までの乱数 にする
ペンの太さを (1) にする
ペンを下ろす
(3) 回繰り返す
　(変数) 歩動かす
　(120) 度回す
ペンを上げる

三角形を描く 実行!

ペンの設定をする

CHECK

処理の過程でペンの色を変えると、色の設定が次の描画に影響してしまいます。本書では、主に青色でグラフの描画を行いますので、ペンの設定を青に戻す処理を作ります。

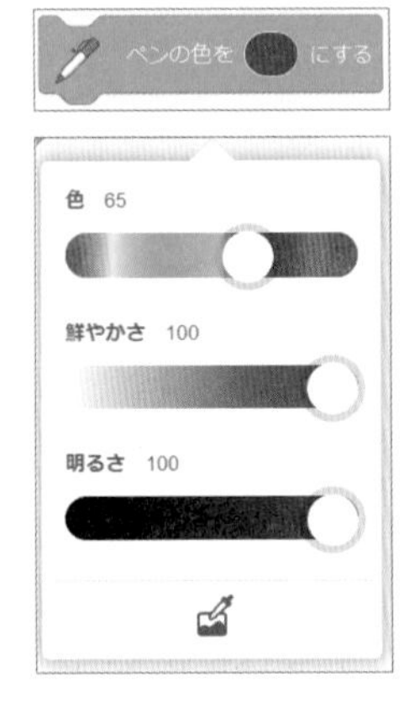

「ペンの色を○にする」ブロックの色の部分をクリックすると、色の設定パネルが出てきます。色65、鮮やかさ100になるようカラーバーを設定します。

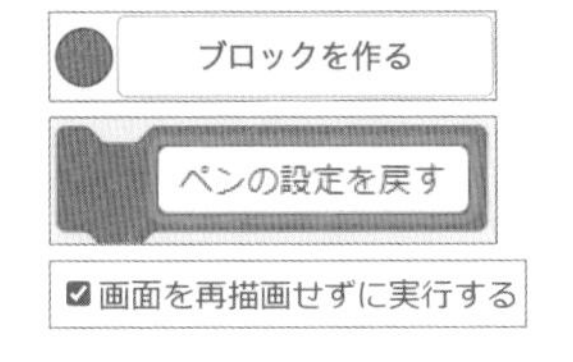

定義ブロック「ペンの設定を戻す」を作り、ペンを上げ、太さを1、色を青、透明度を0にする処理をまとめます。

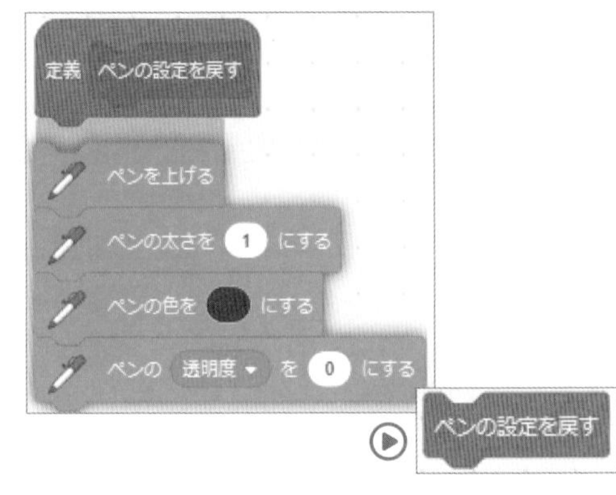

ペンの色の設定は、カラーバーではなく、ブロックで数値を設定することもできます。下に示したブロック使って数値を変更すれば、さまざまな色が作れます。定義ブロックに設定する数値を引数として追加し、「ペンを設定する」ブロックを作ります。

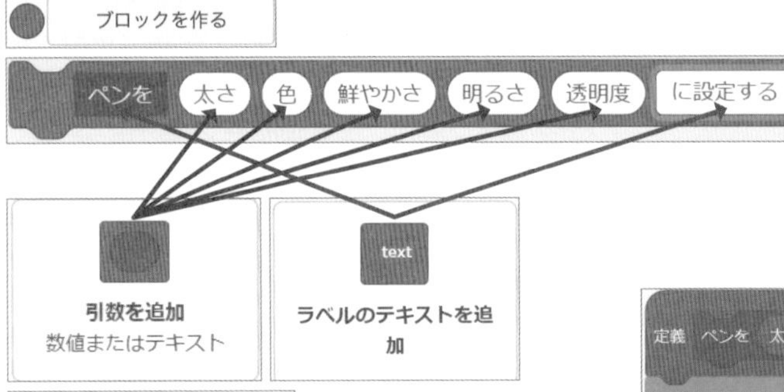

「引数を追加」と「ラベルのテキストを追加」を使って「ペンを(太さ)(色)(鮮やかさ)(明るさ)(透明度)を設定する」定義ブロックを作ります。

右のような処理を定義ブロックでまとめ、引数ブロックをそれぞれ該当する場所に入れます。
できたブロックの空白に、引数として半角数字で数値を入力することでペンの設定ができます。

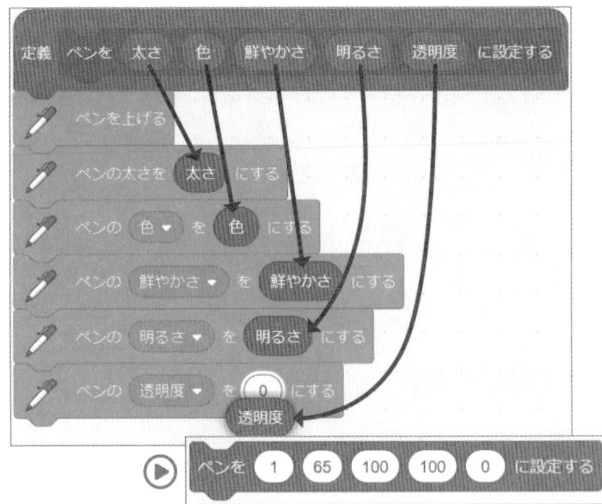

メインプログラムを組む

「ペンを設定する」の色の部分に「1から100までの乱数」を入れます。
これまで作ったブロックを左のように組み、頭に「緑の旗が押されたら」を付けます。ステージ左上の緑の旗をクリックして実行すると、点、線、三角形がランダムな位置と色で描かれます。
各機能を呼び出して目的の結果になるようブロックを構造化し、全体の処理を制御するものを本書では「メインプログラム」または「メインの処理」と呼びます。

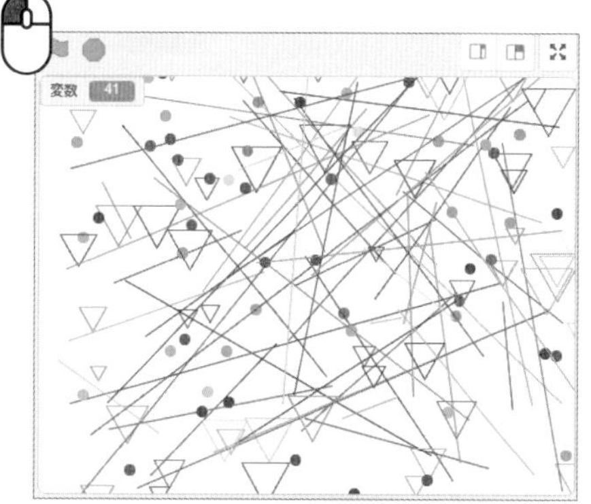

実行を止めたいときは、赤いボタンをクリックします。

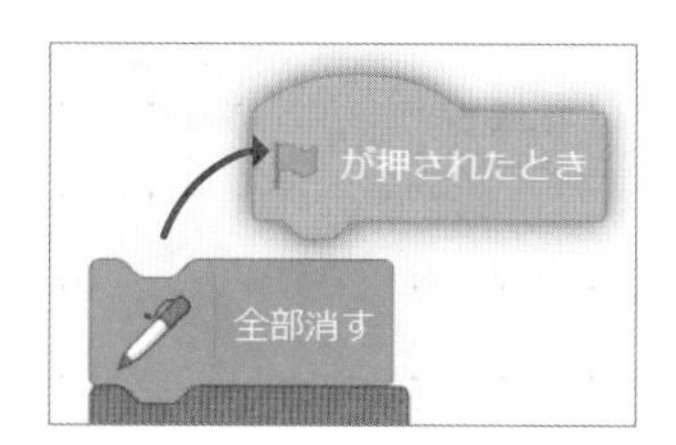

描画を確認したら、いったん「緑の旗が押されたとき」を外しておきます。

原点O（オー）を作る

CHECK

数学の問題にはいろいろな「点」が出てきますが、本書でもその「点」をスプライトとして作る必要があります。ここではxy座標の基準である原点Oを作ります。

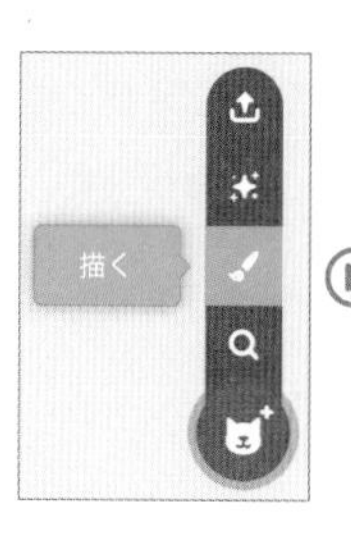

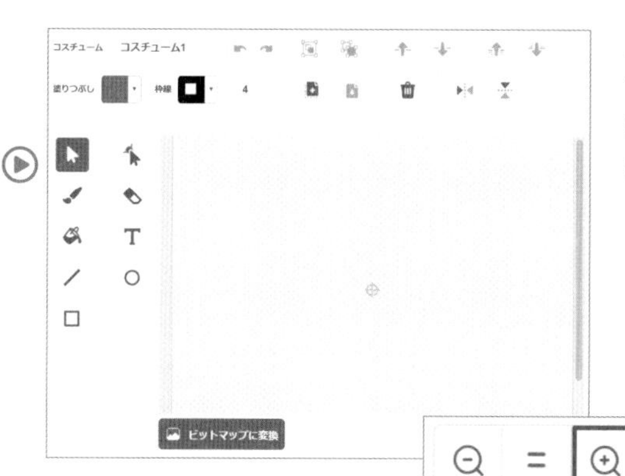

スプライトエリアの右下にある「ネコマーク」にマウスを合わせて「描く」を選択すると、新たにスプライトが作られて、コスチュームを描く画面になります。

画面右下に拡大縮小アイコンがあります。「+」を3回くらいクリックすると、表示が拡大され、点が描きやすくなります。

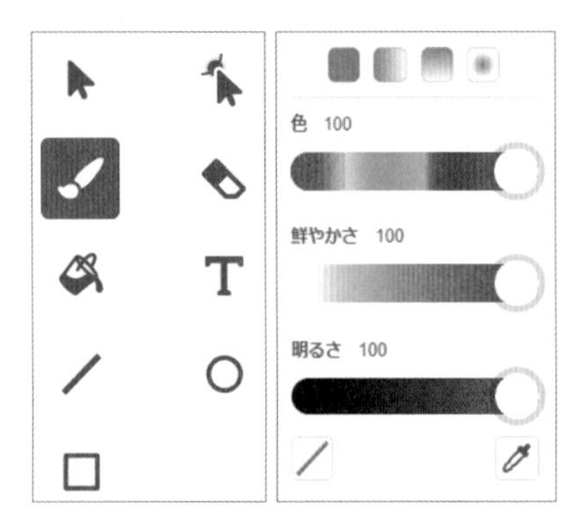

ペンアイコンを選択し、塗りつぶしの色を左のように設定して赤にします。ペンの太さは10にします。

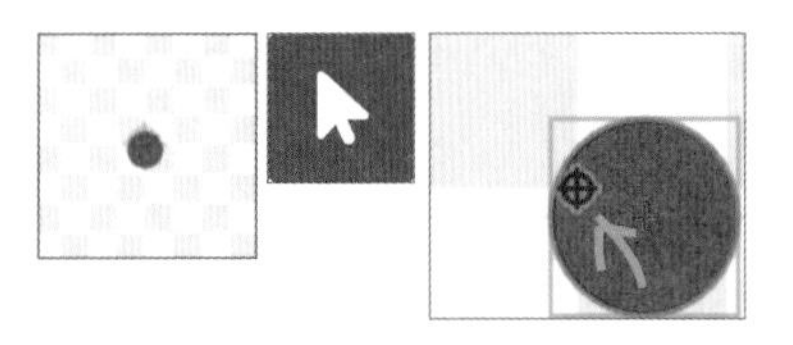

中心に点を打ちます。もしずれた場合は、選択アイコンで点を選択し、ドラッグして点の中心を ⊕ 印に合わせます。

次にテキストアイコンを選択し、塗りつぶしの色を左のようにして黒にします。

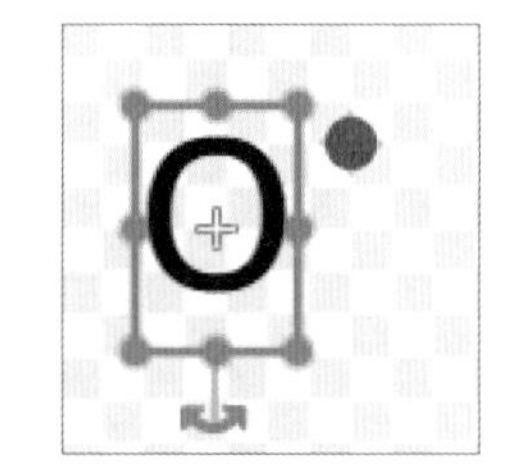

キーボードで「O」を入力して、赤い点の横に配置します。

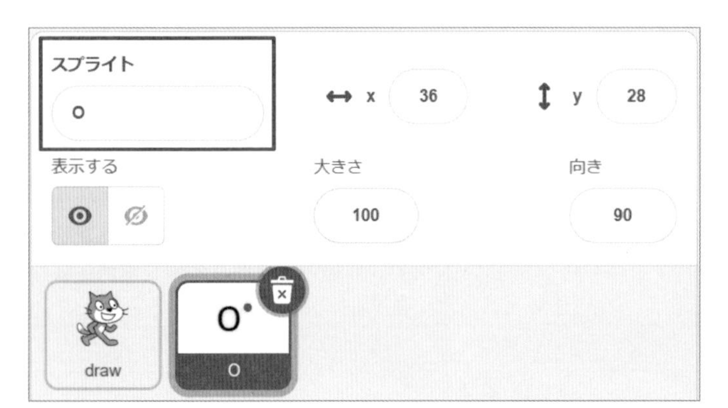

スプライトの名前を「O」にします。これで原点Oの役割をするスプライトができました。今後、点のスプライトは何度も作ります。作り方がわからなくなったら、ここに戻ってきてください。

背景を変更する

CHECK

数学のグラフを描画する背景を、x軸y軸が記されたものに変更します。

画面右下のステージエリアにある背景アイコンをクリックし「背景を選ぶ」を選択します。

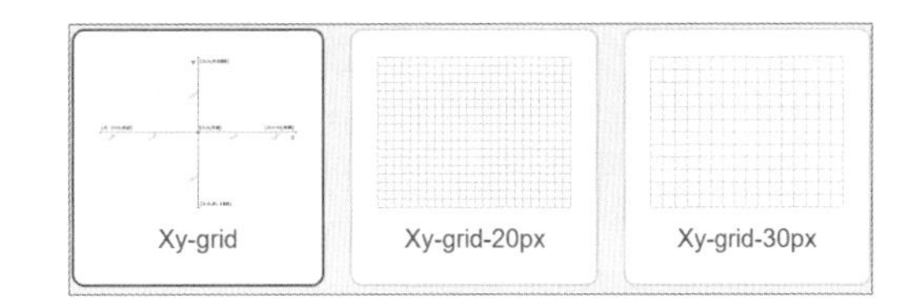

画面を下の方にスクロールすると、「Xy-grid」という背景があるので選択します。

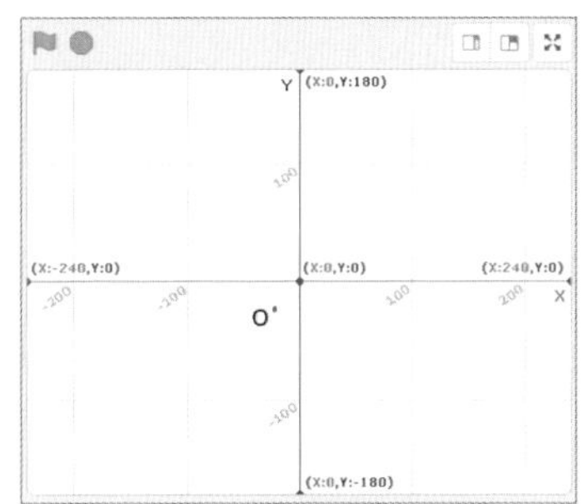

この背景を舞台装置として、数学の問題に出てくる点や図形に「パフォーマンス」してもらいます。

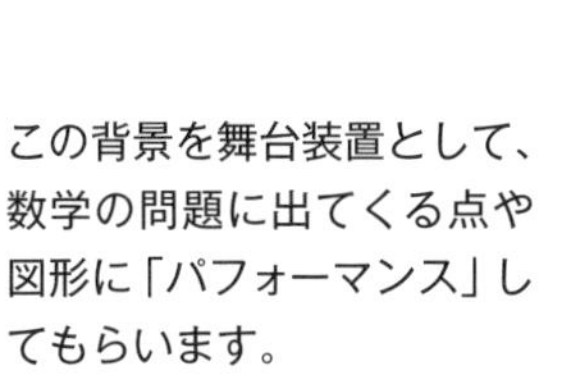

原点Oの位置を変数で制御する

CHECK

変数を使って原点Oの位置を制御します。

スプライトエリアで原点Oを選択します。

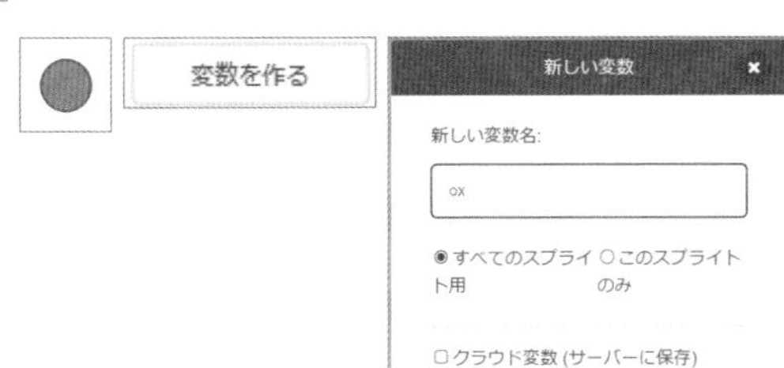

「変数」グループの中の「変数を作る」をクリックすると、新しい変数を設定する画面が出てきます。変数名を入力し、「すべてのスプライト用」か、「このスプライトのみ」を選択し、OKを押すと変数が作られます。

初期値（最初に入れておく値）として、それぞれ0に設定します。

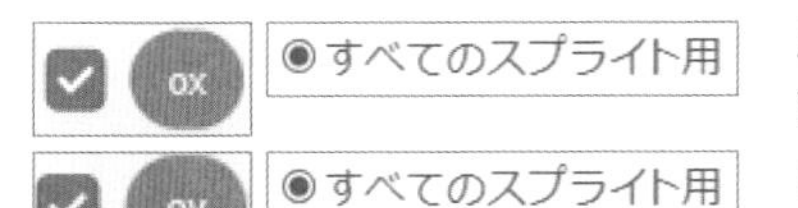

原点Oの座標値を入れる変数「ox」「oy」を作ります。「すべてのスプライト用」を選択します。

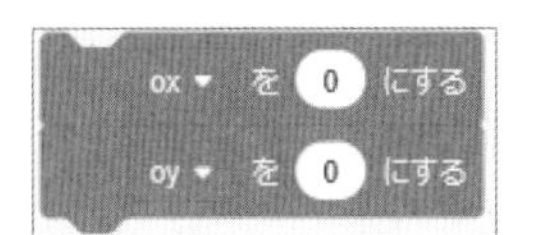

ox、oyの値を原点Oのx座標、y座標に反映します。

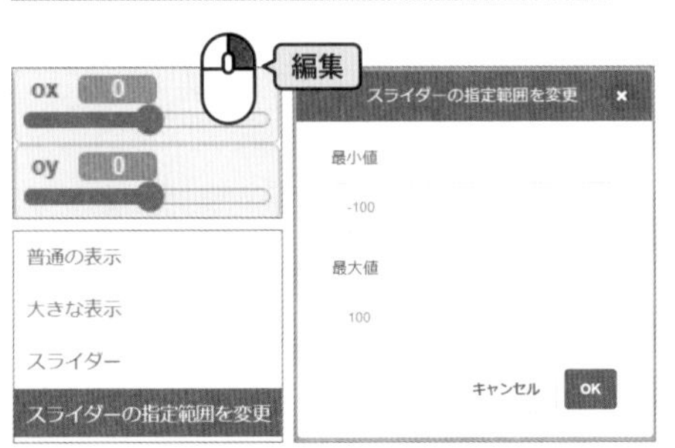

ステージ上の変数表示を右クリックしてスライダーを表示し、スライダーの指定範囲を変更します。ox、oyそれぞれ、最小値を－100、最大値を100に設定します。

「イベント」グループにある「緑の旗が押されたとき」を取り出して、右のようにブロックを組みます。ステージ左上の緑の旗を押して実行し、ox、oyのスライダーを動かすと、原点Oも動きます。

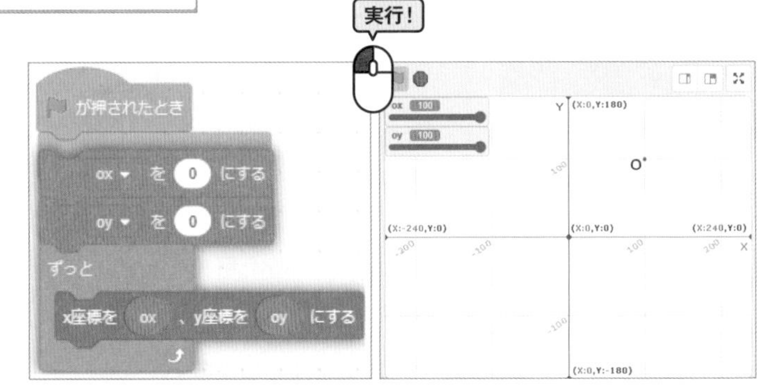

➡ 原点Oをランダムに動かす

CHECK

乱数ブロックを使って、原点Oをランダムウォーク（でたらめに歩く）させてみましょう。

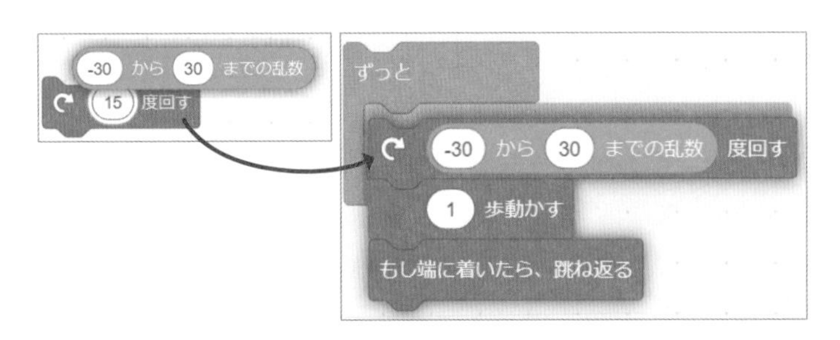

－30～30度回ってから1歩動き、もし端に着いたら跳ね返る動作をずっと繰り返すブロックを組みます。

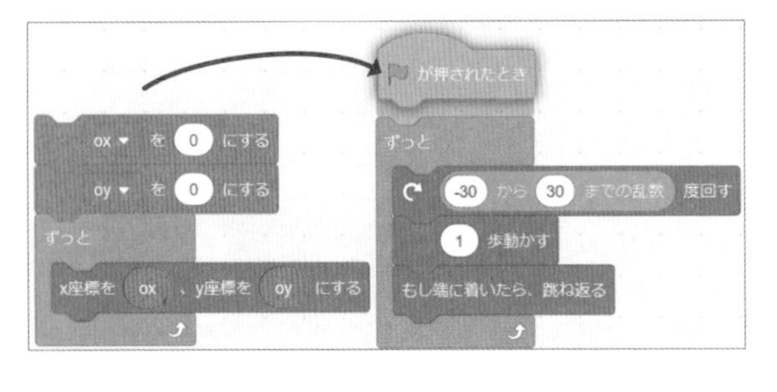

「緑の旗が押されたとき」をこの処理の上に付け替えます。実行すると、原点Oがランダムウォークします。

ブロックエリアの「ペンを下ろすをクリック」すると、軌跡が描画されます。

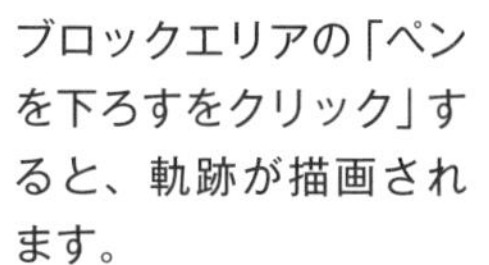

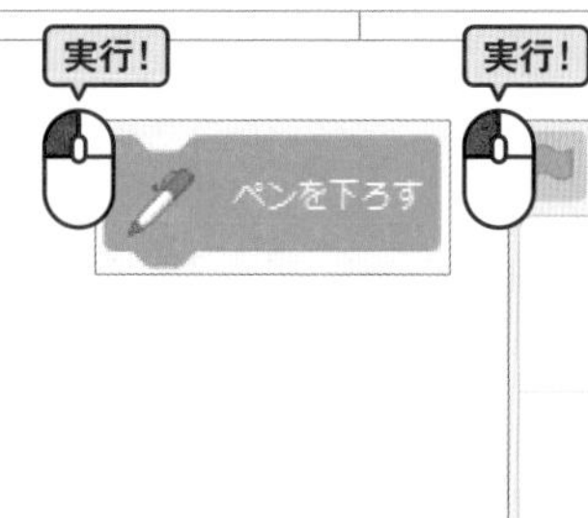

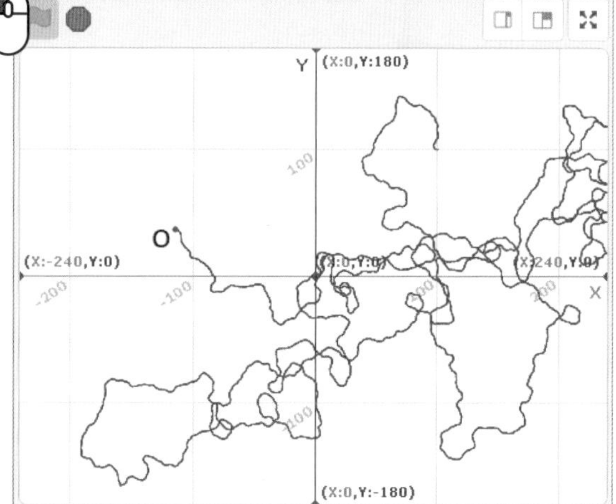

POINT

原点Oが回転しないようにするには、スプライトの「向き」の数字部分をクリックし、向きを固定するアイコンをクリックします。

バックパックに入れる

CHECK

作ったブロックは「バックパック」に入れて、後で取り出して利用することができます。

定義ブロックでまとめた「ペンの設定を戻す」ブロックをドラッグ&ドロップで、バックパックに入れます。うまく入ると、ブロックのサムネイルが表示されます。

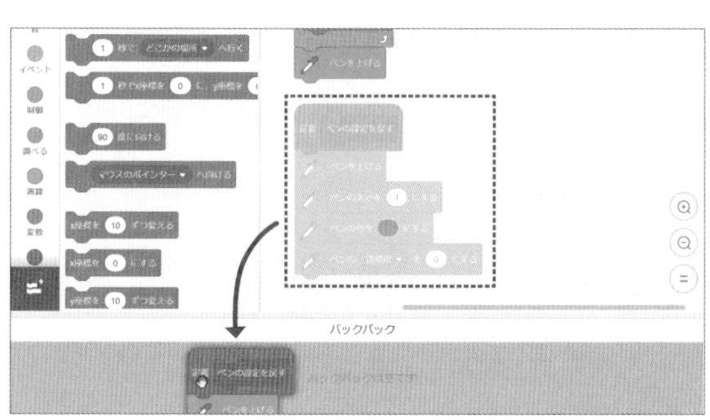

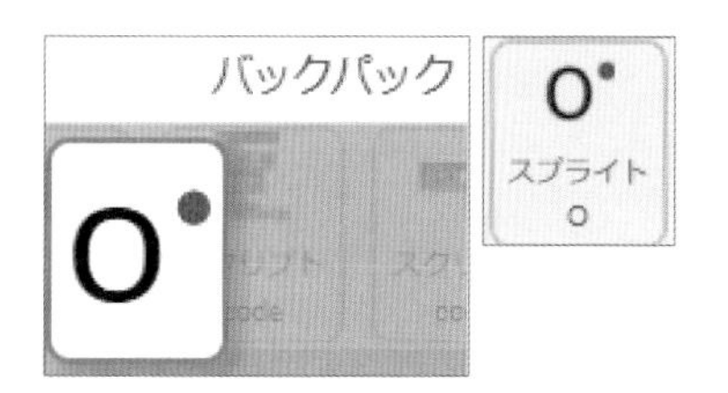

同様に「ペンを設定する」ブロックと、スプライト「原点O」も入れておきます。

SECTION

1-1-2 数式を組み立てる

図形を描く方法の次は、Scrathでさまざまな数式を組み立てる方法と、実際に計算する方法を学びましょう。この2つができるようになれば、数式をグラフで表現できるようになります。「演算」グループにある四則演算子、比較演算子、論理演算子、関数ブロックの平方根と、変数の文字を使って、中学数学問題に出てくる数式を組み立てます。

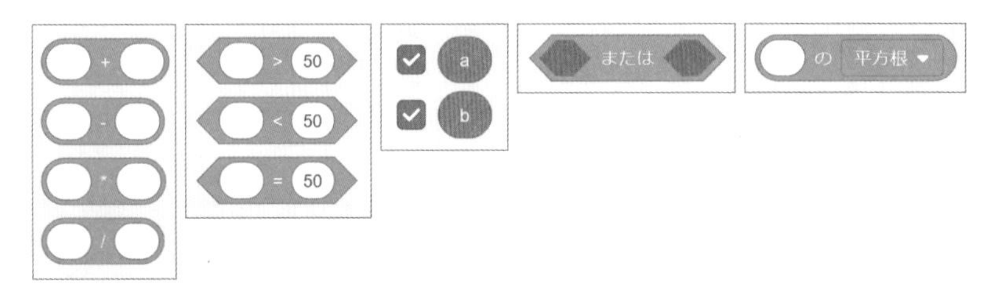

始める前の準備

数式を組み立てる

「作る」をクリックして、新しいプロジェクトを作り、プロジェクト名をつけます。ここでは、「数式を組み立てる」とつけました。

スプライトを用意します。ここでは最初からあるネコのスプライトを使います。スプライトの名前をつけます。計算の役目を担うので「calc」とつけました。

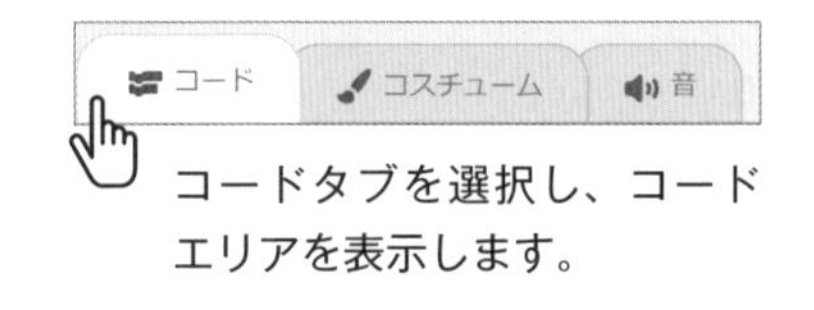

コードタブを選択し、コードエリアを表示します。

➡ 四則演算ブロックを使う

CHECK

四則演算ブロックの使い方を確認します。

計算スプライトを選択し、
コードエリアを表示します。

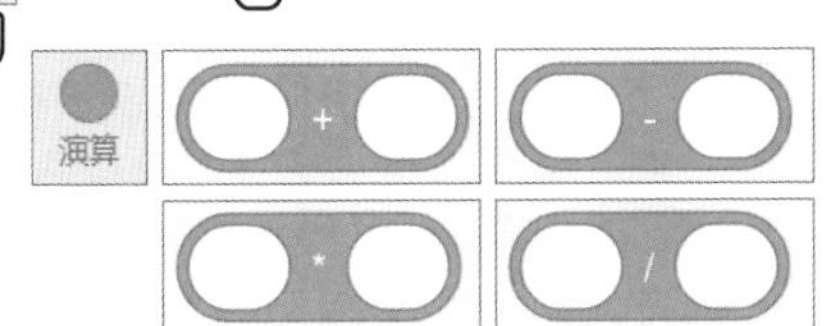

+は足し算、-は引き算、*は掛け算、/は割り算を表しています。これらのブロックの空白に数値を入れることで数式を作ります。

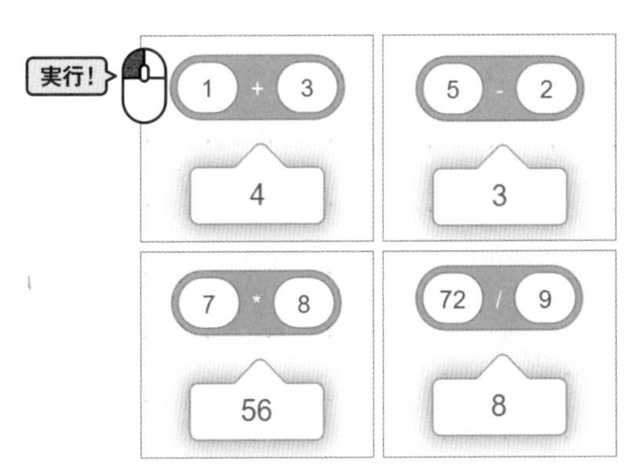

それぞれのブロックの空白に数字をキーボードで入力します。ブロックをクリックすると演算結果が表示されます。

ブロックの空白には数式を入れることができるので、複数の演算を組み合わせることができます。

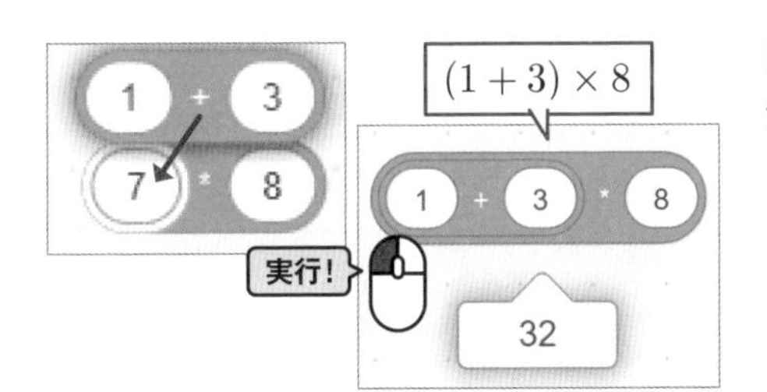

「1+3」のブロックを、「7*8」のブロックの7の部分に入れます。このブロックは(1+3)×8を表します。

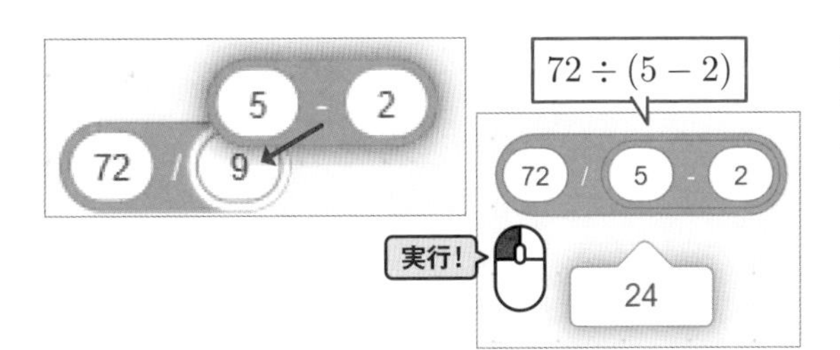

「5-2」のブロックを「72/9」のブロックの9の部分に入れます。このブロックは72/(5-2)を表します。

数式を表現する

CHECK

都立高校入試で出題された数式をScratchで表現してみましょう。

問 $5+\frac{1}{2}\times(-8)$ を計算せよ。

出典：平成31年度都立高等学校入学者選抜 学力検査問題 数学 設問1〔問1〕

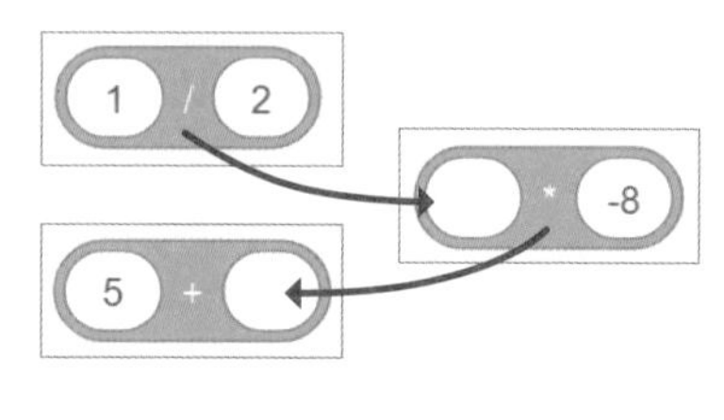

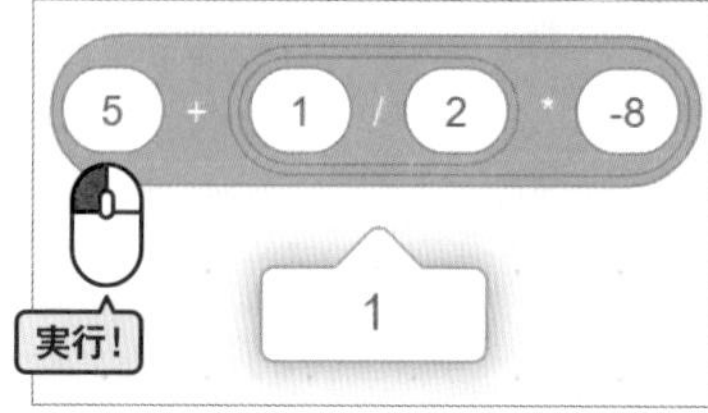

1/2*(−8)の計算結果に5を足します。分数は割り算ブロックで表現します。

問 $9-8\div\frac{1}{2}$ を計算せよ。

出典：令和2年度都立高等学校入学者選抜 学力検査問題 数学 設問1〔問1〕

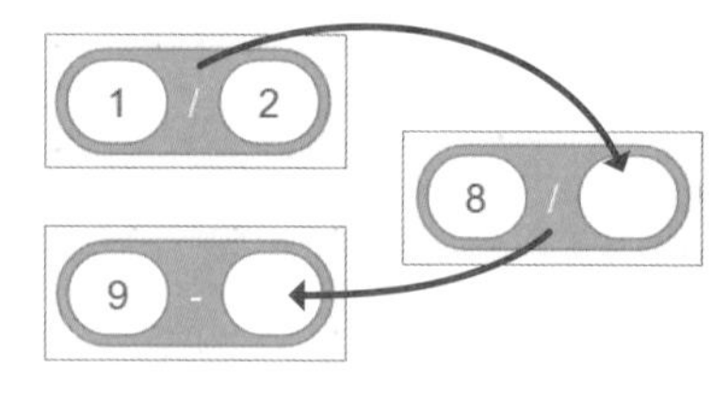

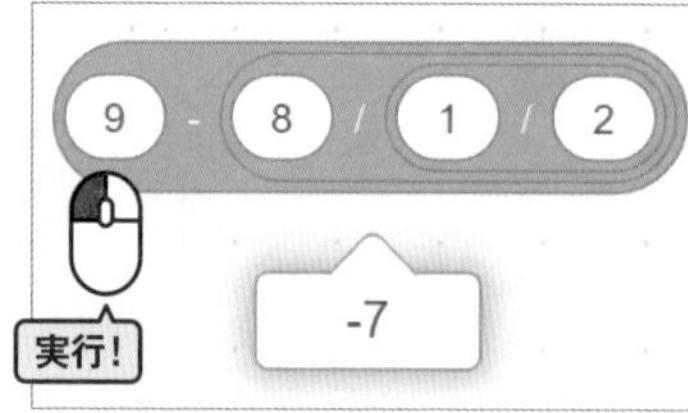

8を1/2で割り、その値を9から引きます。

問 $-3^2\times\frac{1}{9}+8$ を計算せよ。

出典：令和3年度都立高等学校入学者選抜 学力検査問題 数学 設問1〔問1〕

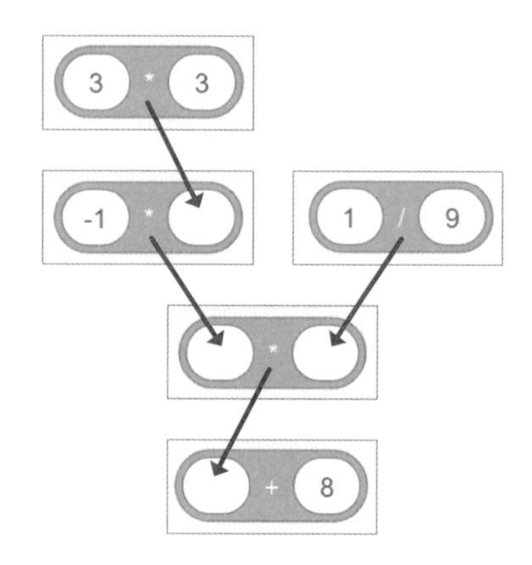

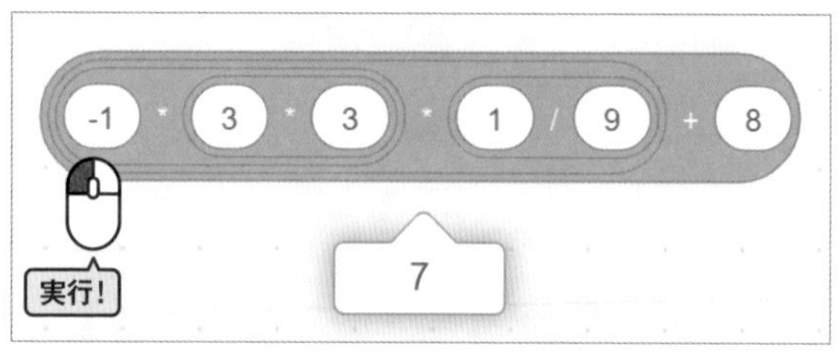

-3^2は、−1*(3*3)と表現します。それに(1/9)を掛けます。その掛けたものに8を足します。

➡ 平方根を含む数式を表現する

CHECK □

平方根のブロックを使って数式を表現します。

「演算」ブロックの中に、「○の絶対値▼」という数学関数を扱えるブロックがあります。▼をクリックすると、いろいろな関数が出てきます。上から4つ目に平方根があるので選択します。

空白に数値を入れて実行すると、数値の平方根の正の値が返されます。2を入れて実行すると、図のような値が返されました。ヒトヨヒトヨニヒトミゴロ……ですね。

問 $(\sqrt{7}-1)^2$ を計算せよ。

出典：平成31年度都立高等学校入学者選抜 学力検査問題 数学 設問1〔問3〕

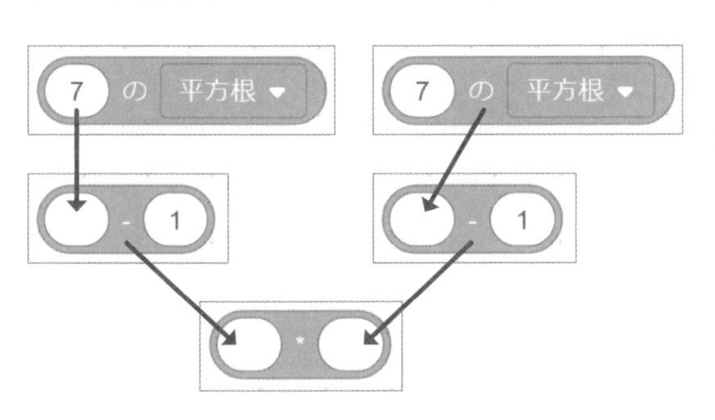

「7の平方根」から1を引いたものを2つ作り、掛けます。解答は $8-2\sqrt{7}$ です。これをブロックで表現して実行すると、数式のブロックとほぼ同じ値です。

解答 $8-2\sqrt{7}$

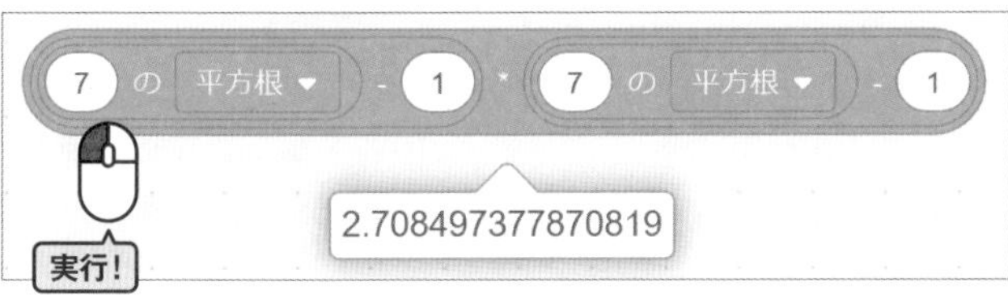

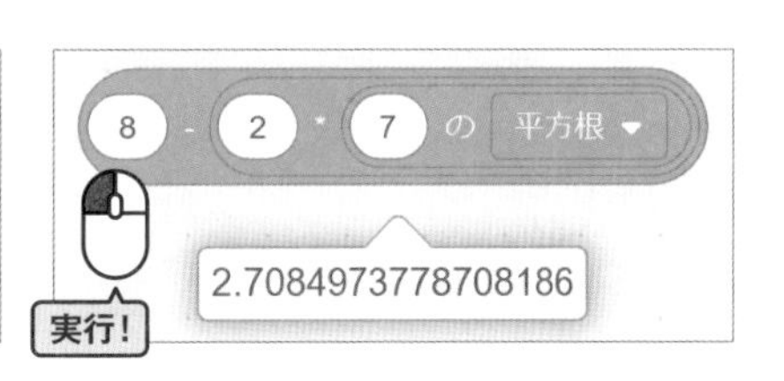

Scratchで実行して出した答えが、解答とぴったり同じ値にならないのはどうしてだろう？

次のページで説明しますよ。

問 $(2-\sqrt{6})(1+\sqrt{6})$ を計算せよ。

出典：令和2年度都立高等学校入学者選抜 学力検査問題 数学 設問1（問3）

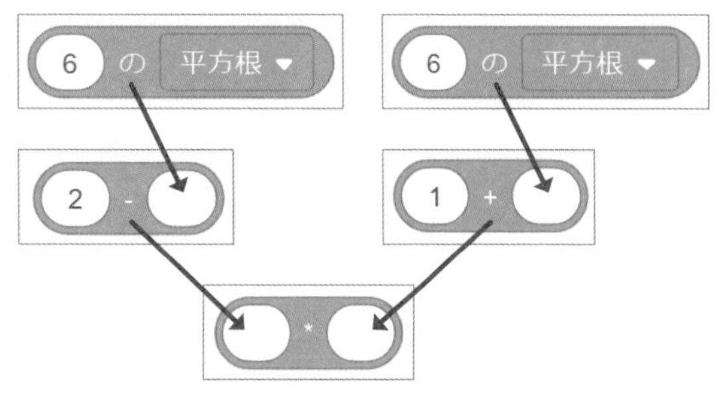

2から「6の平方根」を引いたものと、1と「6の平方根」を足したものを掛けます。

解答 $-4+\sqrt{6}$

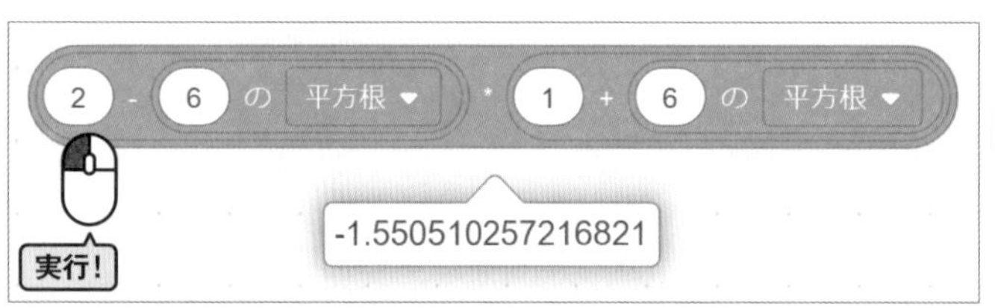

解答の $-4+\sqrt{6}$ をブロックで組んで実行します。

問 $3\div\sqrt{6}\times\sqrt{8}$ を計算せよ。

出典：令和3年度都立高等学校入学者選抜 学力検査問題 数学 設問1（問3）

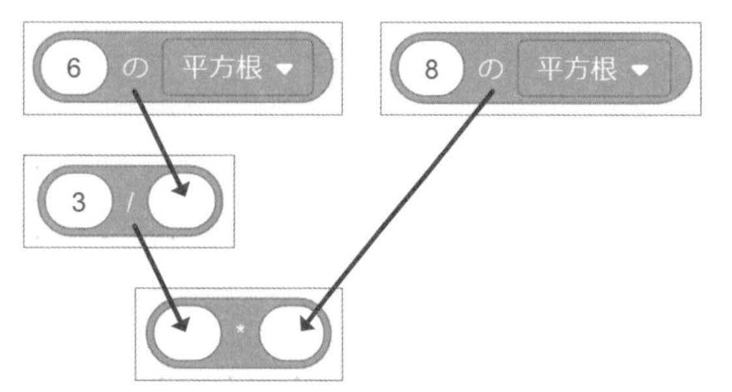

3を「6の平方根」で割ったものに「8の平方根」を掛けます。

解答 $2\sqrt{3}$

解答の $2\sqrt{3}$ を組んで実行すると、図のようになりました。末尾に誤差はありますが、ほぼ近似しています。

計算の精度と誤差

Scratch 3.0の開発言語であるJavaScriptでは、計算の精度が保証されている範囲は、整数では-9007199254740991～9007199254740991です。これを超えると誤差が生じる可能性があります。また、小数ではそれ以下でも誤差が発生する可能性があります。

出典：Scratch Wiki　演算ブロック

https://ja.scratch-wiki.info/wiki/%E6%BC%94%E7%AE%97%E3%83%96%E3%83%AD%E3%83%83%E3%82%AF

文字式を表現する

CHECK

文字（定数）を含んだ数式を表現してみましょう。Scratchで文字式の処理は難しいのですが、ここでは文字で表した変数に数値を入れて、実際の数値を計算します。

☞p.021 変数の作り方

文字式で使用する文字として、変数「a」「b」を作り、aを3、bを5に設定します。

この変数a、bを使って、都立高校入試に出題された文字式の問題を表現します。

問 $4(a-b)-(a-9b)$ を計算せよ。

出典：平成31年度都立高等学校入学者選抜 学力検査問題 数学 設問1（問2）

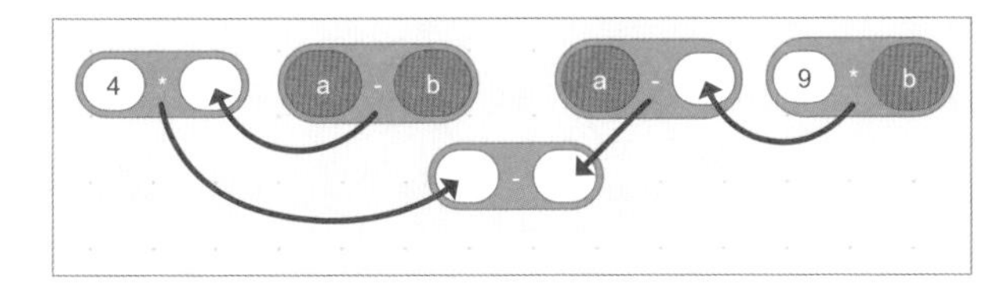

（　）の中から計算するので、引き算ブロックでa-bを作り、それを4に掛けます。9bは9*bと表現できるので、それをaから引きます。それぞれ引き算ブロックに入れ、$4(a-b)-(a-9b)$を表現します。

解答 $3a+5b$

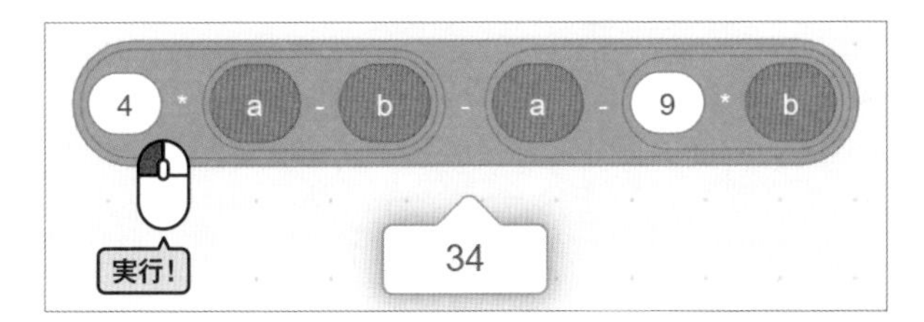

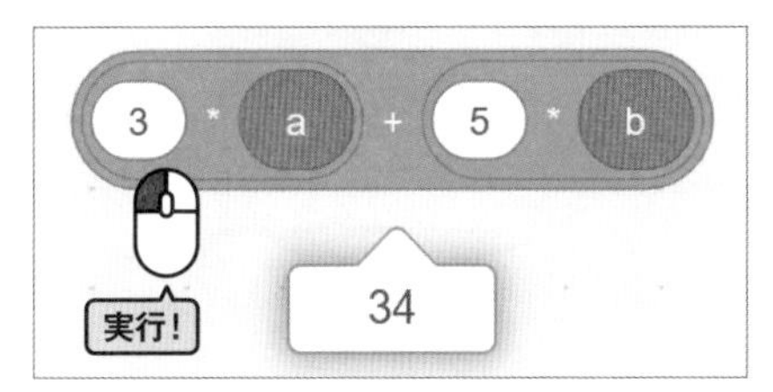

この問題の解答である3a+5bをブロックで表現して実行すると、34が返され、同じ結果が得られると確認できます。

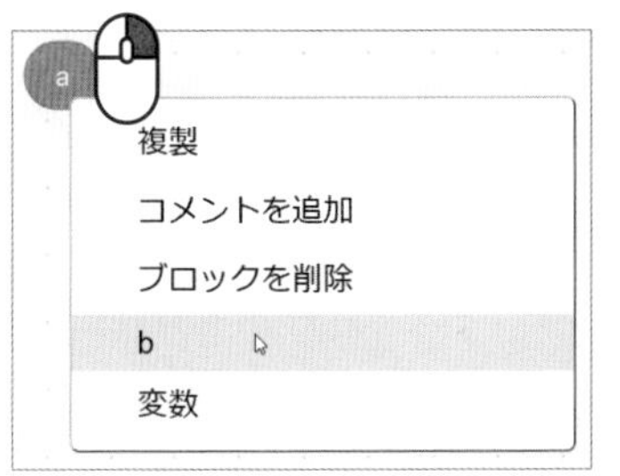

変数を違う変数に変えたい場合、変えたい変数を右クリックすると下にメニューが出て、現在プロジェクト内で使用できる変数が表示されます。そこから変更したい変数名を選択すると、かんたんに変数の変更ができますよ。

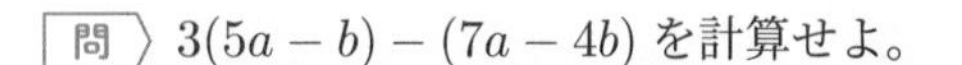

問 $3(5a-b)-(7a-4b)$ を計算せよ。

出典：令和2度都立高等学校入学者選抜 学力検査問題 数学 設問1〔問2〕

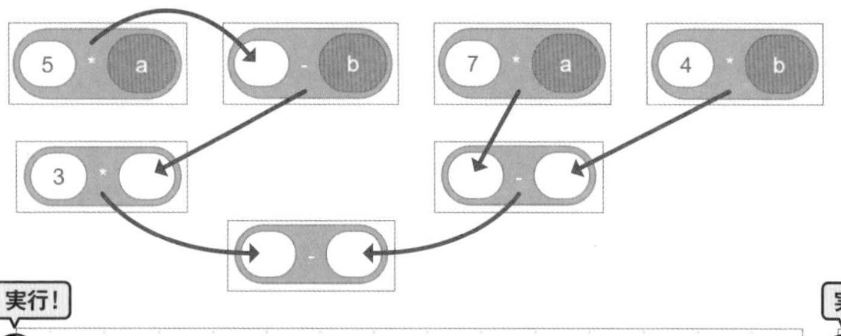

5*aからbを引いたものを3に掛けます。次に7*aから4*bを引きます。最後にそれぞれ引き算ブロックに入れて $3(5a-b)$ $-(7a-4b)$ を表現します。

解答 $8a+b$

実行!

3 * 5 * a - b - 7 * a - 4 * b

29

実行!

8 * a + b

29

内側のブロックから計算していくので、ブロックは () の役割をしているとみることができますね。

この問題の解答である $8a+b$ を表現して、返された値を確認します。

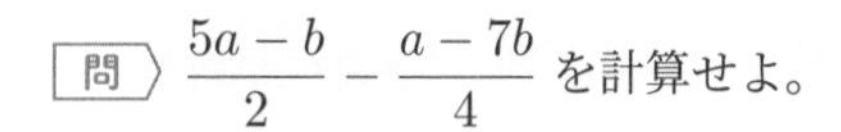

問 $\dfrac{5a-b}{2}-\dfrac{a-7b}{4}$ を計算せよ。

出典：令和3年度都立高等学校入学者選抜 学力検査問題 数学 設問1〔問2〕

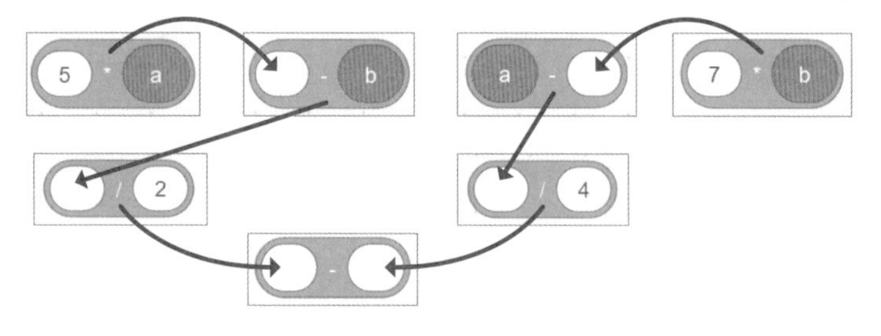

分数は割り算で表現します。5*aからbを引いたものを2で割ります。次にaから7*bを引いたものを4で割ります。最後にそれぞれ引き算ブロックに入れて $\dfrac{5a-b}{2}-\dfrac{a-7b}{4}$ を表現します。

解答 $\dfrac{9a+5b}{4}$

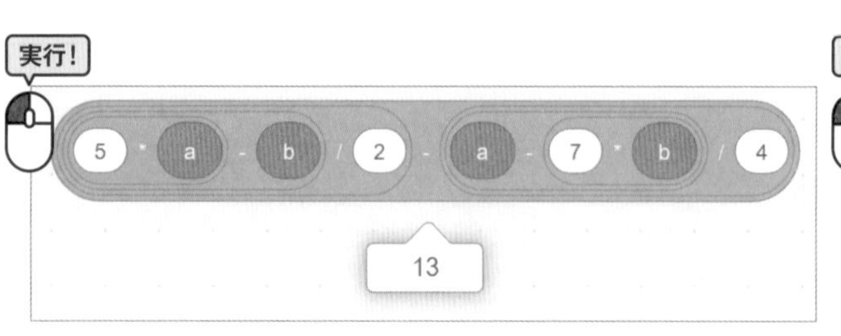

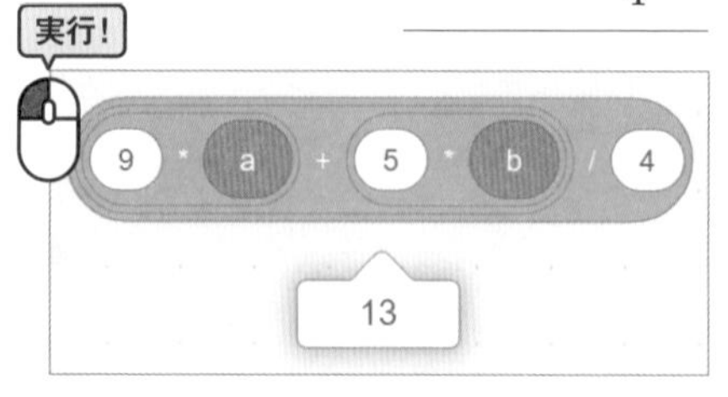

この問題の解答である $\dfrac{9a+5b}{4}$ を表現して、返された値を確認します。

➡ 等式・不等式を表現する

CHECK □

算術比較演算子を使って、等式や不等式を表現します。

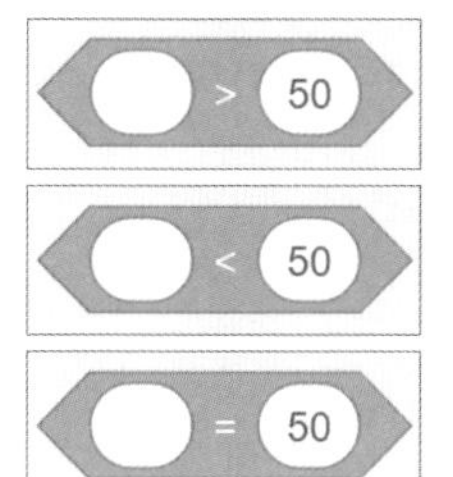

「演算」ブロックには、「>」(大なり)、「<」(小なり)、「=」(イコール) のブロックがあります。左辺と右辺に数値や文字を入れて実行すると、条件に適合すれば (正しければ)、true (真) を返し、適合しなければ (正しくなければ)、false (偽) を返します。

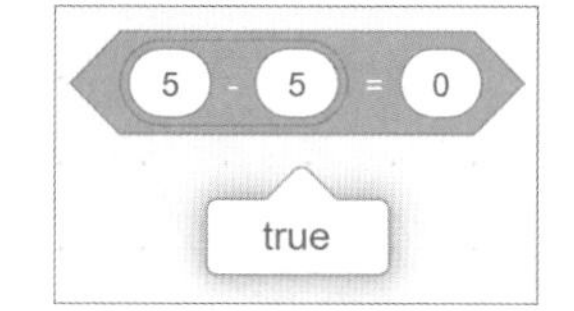

数式を入れて演算結果を比較することもできます。左辺に5-5を、右辺に0を入れて実行すると、trueと表示されました。

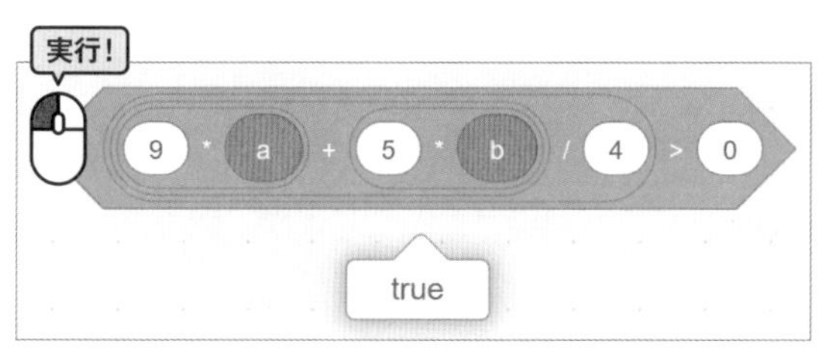

文字式の最後の解答で作成した $\frac{9a+5b}{4}$ を、「>」のブロックの左辺に入れ、右辺に0を入力します。左辺の計算結果は13ですから、0よりも「大なり」で、条件に適合します。よって、trueが返されました。

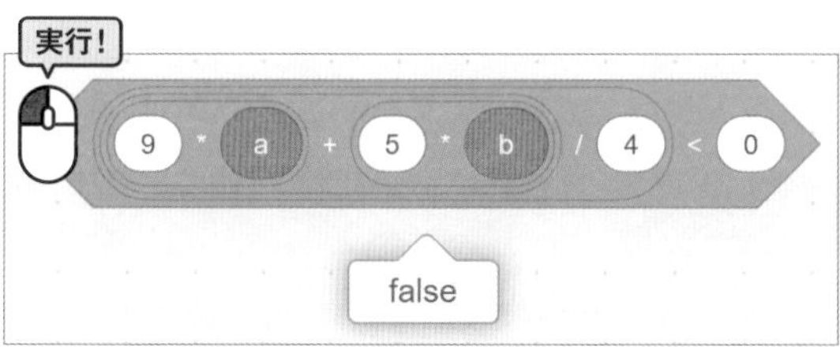

「<」記号のブロックに、同じ数式と数値を入れて実行すると、13<0は正しくないので、falseが返されました。

数学の教科書には、>、<、=だけでなく、≧ (大なりイコール) や≦ (小なりイコール) の記号も出てきます。これはどのように表現すればよいでしょうか。
論理演算子の「または」を使います。次のページで説明しましょう。

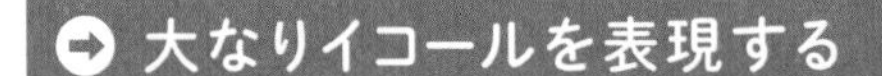

大なりイコールを表現する

CHECK

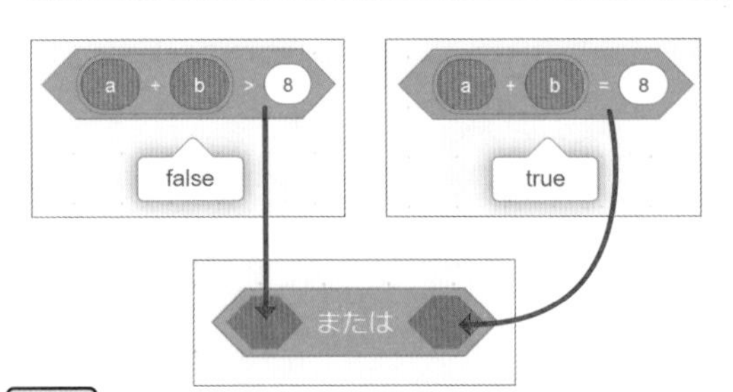

大なりイコールは、「大なり<または>イコール」と、条件を足し合わせていると考えることができます。２つの条件を足して、正しいものが含まれていれば、true、そうでなければfalseを返します。

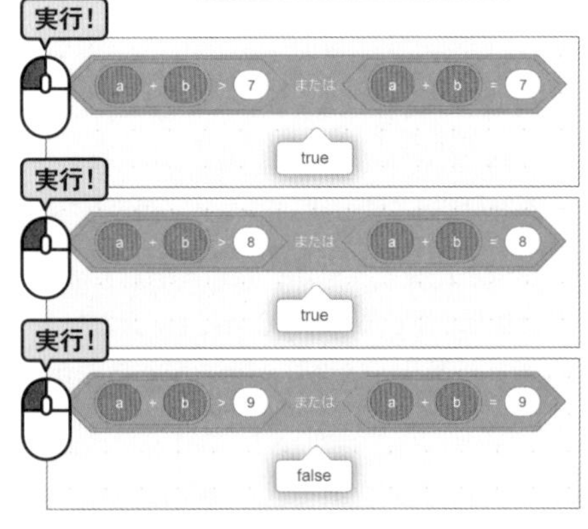

●a=3、b=5のとき

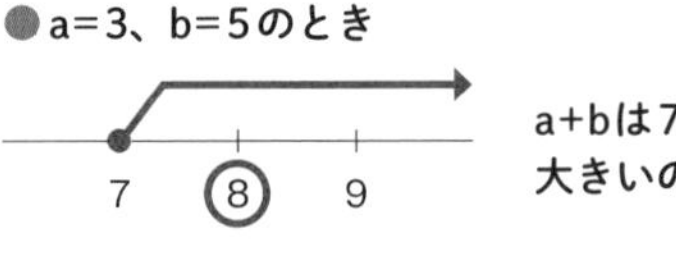

a+bは7より
大きいのでtrue

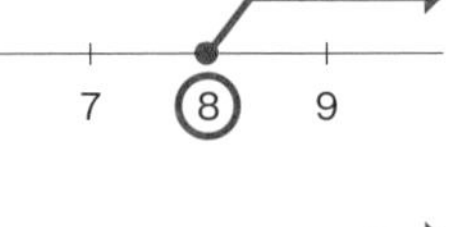

a+bは8と
イコールなのでtrue

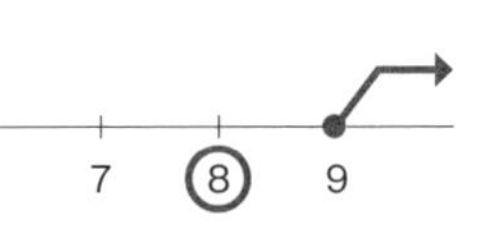

a+bは9より
小さいのでfalse

小なりイコールを表現する

CHECK

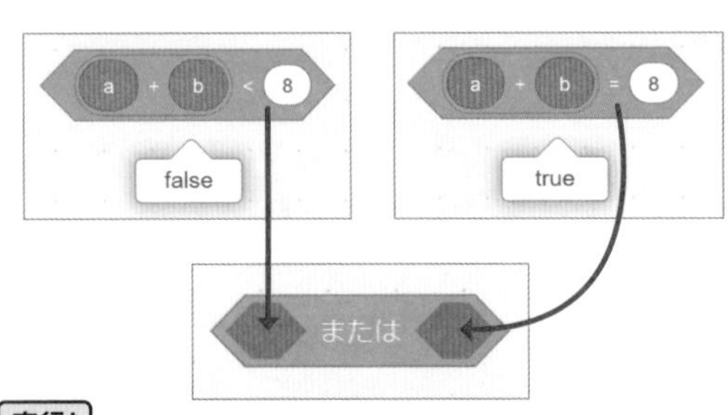

同様に、小なりイコールは、「小なり<または>イコール」と、条件を足し合わせていると考えることができます。２つの条件を足して、正しいものが含まれていれば、true、そうでなければfalse偽を返します。

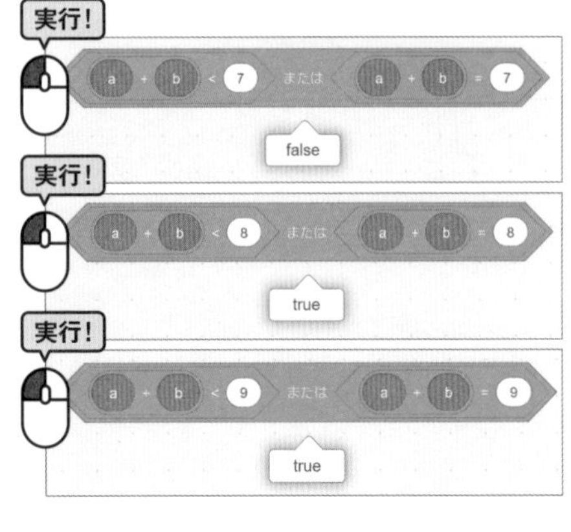

●a=3、b=5のとき

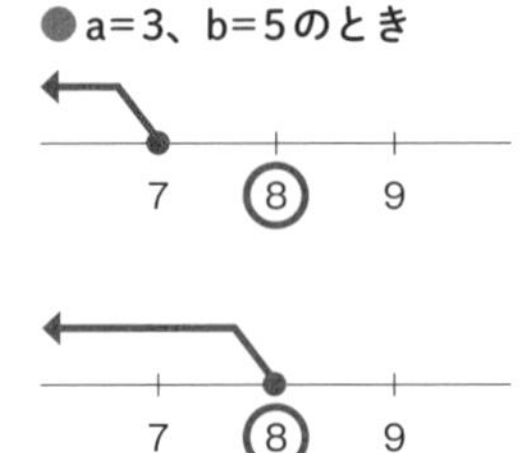

a+bは7より
大きいのでfalse

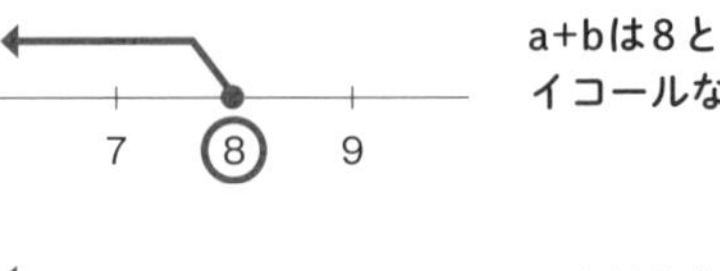

a+bは8と
イコールなのでtrue

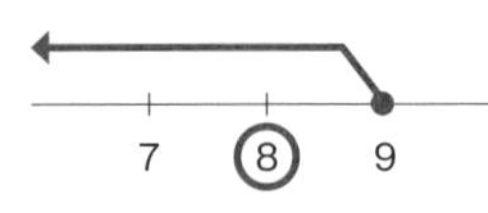

a+bは9より
小さいのでtrue

SECTION 1-1-3

グラフ描画における計算値の補正

本書では、都立高校入試の数学で出題された問題をScratchで表現していきます。都立高校入試では、座標の範囲はだいたいx座標が−15～15、y座標が−10～18の間で出題されます。一方、Scratchのステージの座標は、x座標が−240～240、y座標が−180～180の範囲です。

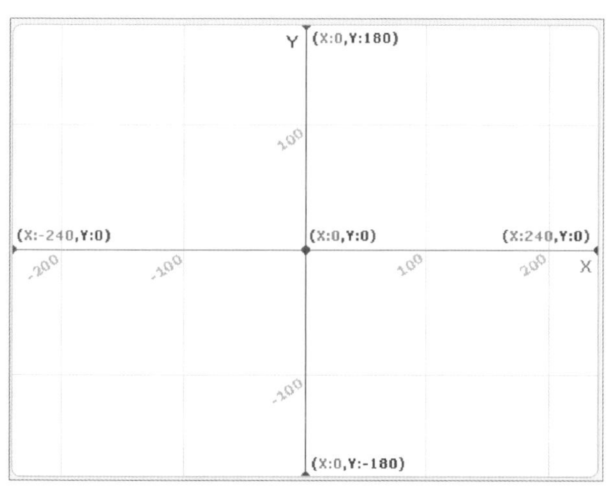

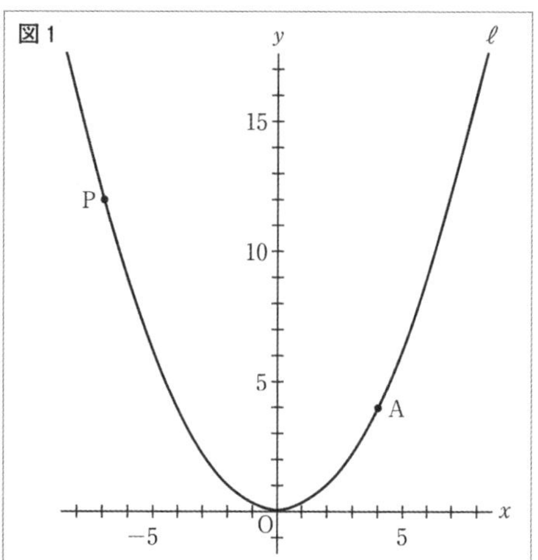

出題された数値をそのままScratchのステージで表現すると、とても小さいグラフになってしまいます。ステージに合う大きさでグラフ描画できるよう、出題の数値を10倍したスケール、つまり、ステージの座標の1は出題の座標では0.1ととらえるようにします。

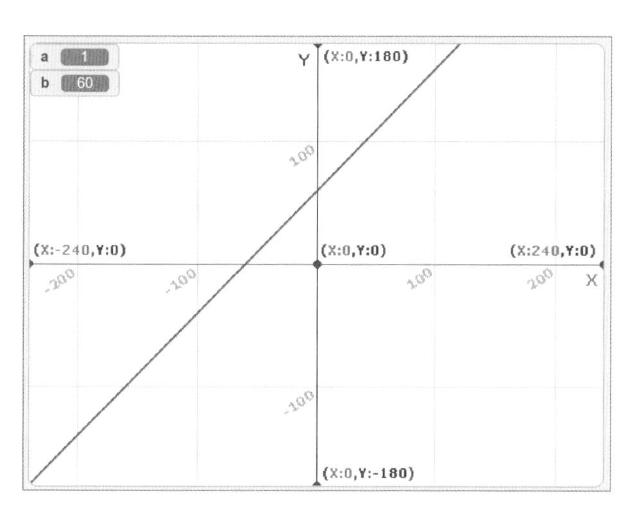

例えば、$y = x + 6$のグラフであれば、Scratchでは$y = x + 60$として描画します。

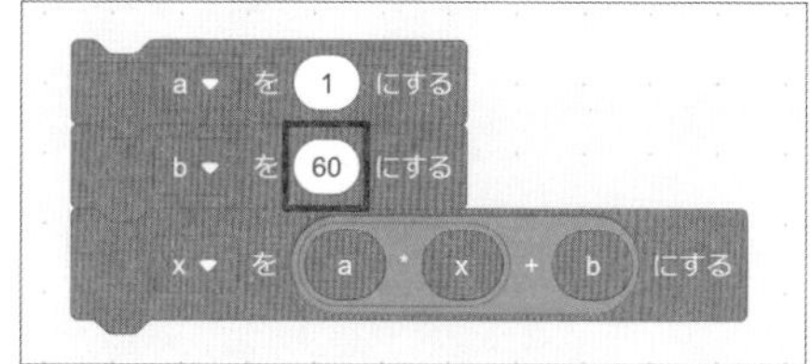

切片の6を10倍した60に補正して、変数に設定します。

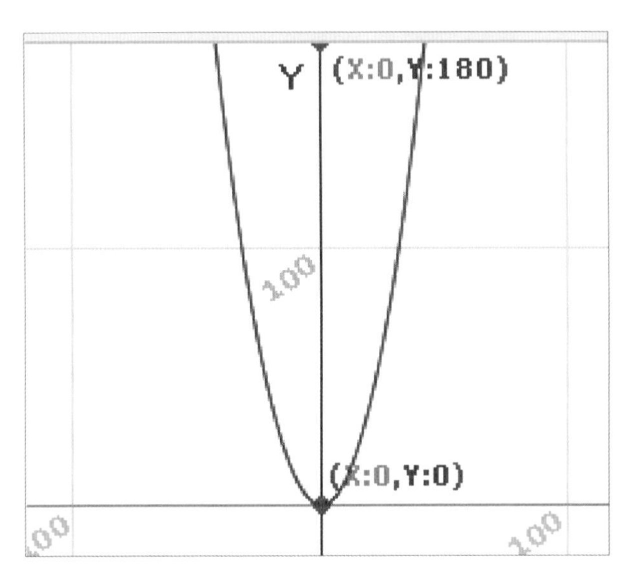

次に$y = x^2$の計算を考えます。入試問題でxが1のときx^2は1で、それをScratch上では10に補正してグラフ化したい、ということになります。しかし、xが1のとき、Scratch上ではxは10なので、そのまま計算すると、10*10で100になってしまいます。よって、2乗の計算の場合、本書では10で割って補正します。

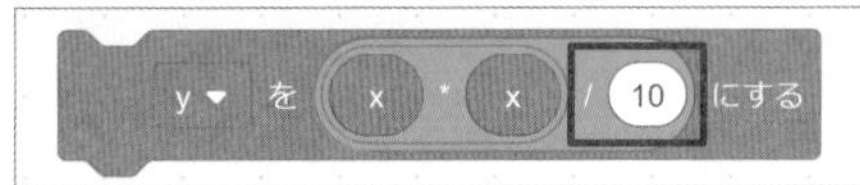

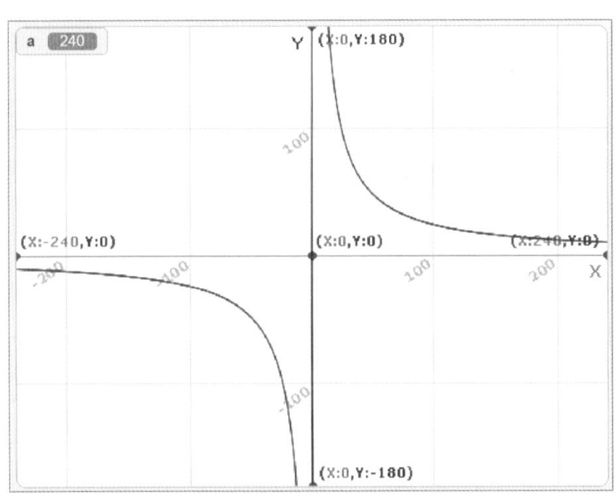

$y = \dfrac{a}{x}$の反比例の計算の場合は、aが24でxが－24のとき、yは－1になります。Scratch上では、aが240でxが－240のとき、yが－10 になるようにしたいため、10を掛けて補正します。

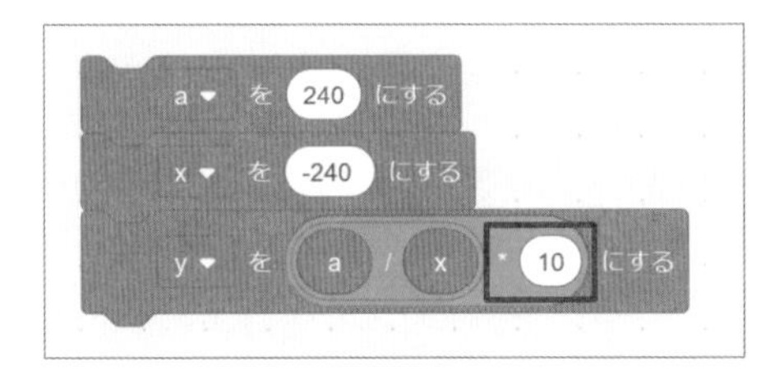

数値の補正にはいろいろな方法がありますが、なるべくScratchの座標値を使って表現するために、このようなやり方で必要な補正を加え描画することにします。

PART 2 トレーニング編

中学数学で習った内容をScratchで表現しよう

Scratchでのグラフの描き方や数式の表し方の基本がわかったところで、いよいよ本編です。ここでは、中学数学で習う関数、平面図形、確率の動的モデルをScratchで作っていきましょう。プログラムを作るだけでなく、実際に変数を動かして、その様子を目で確かめることで、式や法則の意味を深く理解することができるでしょう。

準備万端！
わくわくする！
しっかり
ついてきてくださいね

PART 2 トレーニング編

中学数学で習った内容をScratchで表現しよう

2-1 関数

SECTION 2-1-1 関数

線対称と点対称の図形を描く

マウスで描いた図形に対して、y軸に線対称、x軸に線対称、原点に点対称な図形を描画するプログラムを組みます。ステージ上の描画と座標の関係を、演算ブロックを使用して表現することで対称図形について考えます。

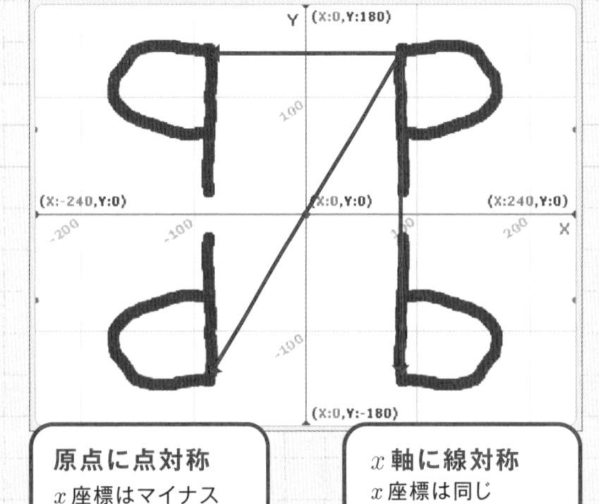

何か図形を描いて、それに対してx軸に線対称な図形、y軸に線対称な図形、原点に点対称な図形を描くには、どのようなスプライトに、どのような命令をするとよいかな？

図形を描くには、「マウスが押された」という条件で、ペンを下ろしたり上げたりする必要がありますね。

y軸に線対称な位置は、y座標は同じで、x座標はマイナスを掛けるといいのかな。

x軸に線対称な位置は、その逆で、y座標がマイナスの位置になりそう。

原点に点対称な図形は、x座標とy座標両に方マイナスを掛けるんですね。

☑ 作戦決定!

- マウスが押されたらペン描画するスプライトを作る。
- マウスの位置を参照し、x座標にマイナスを掛け、y軸に線対称な図形を描くスプライトを作る。
- マウスの位置を参照し、y座標にマイナスを掛け、x軸に線対称な図形を描くスプライトを作る。
- マウスの位置を参照し、x座標、y座標両方にマイナスを掛け、原点に点対称な図形を描くスプライトを作る。

始める前の準備

作る

点対称と線対称の図形を描く

プロジェクト名を付ける

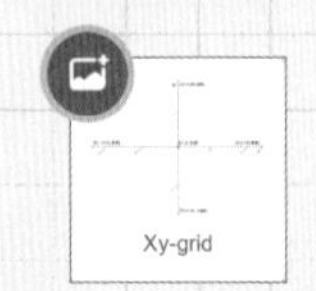

背景をXy-gridに設定

拡張機能でペンを追加

ブロックを組む

マウスでペン描画する

CHECK

まず、マウスの動きに追随してペン描画するスプライトを作ります。

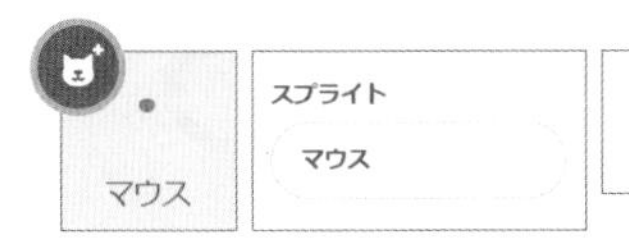

ペンの太さ10ポイントで赤い点を描き、「マウス」と名前を付けます。

☞p.019 原点Oを作る

「マウスのx座標」「マウスのy座標」を使って、スプライトをマウスと同じ位置にします。

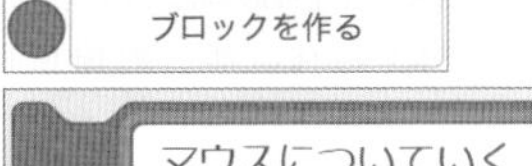

画面を再描画せずに実行する

処理の内容がわかるようにブロック定義して処理をまとめ、「マウスについていく」と名前を付けます。

☞p.016 ブロックを作る

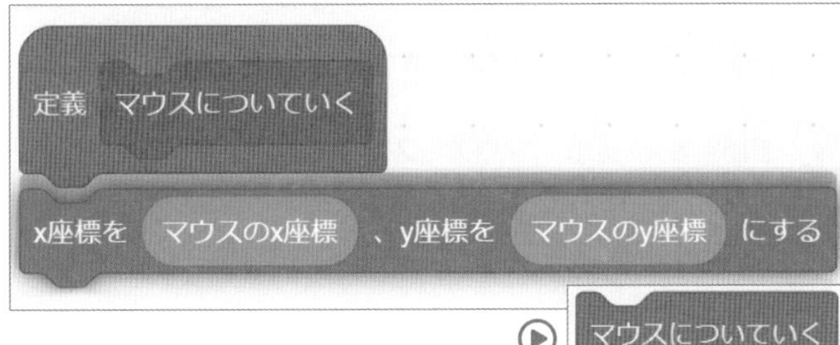

もしマウスが押されたなら、ペンを下ろし、そうでなければペンを上げる処理を作ります。

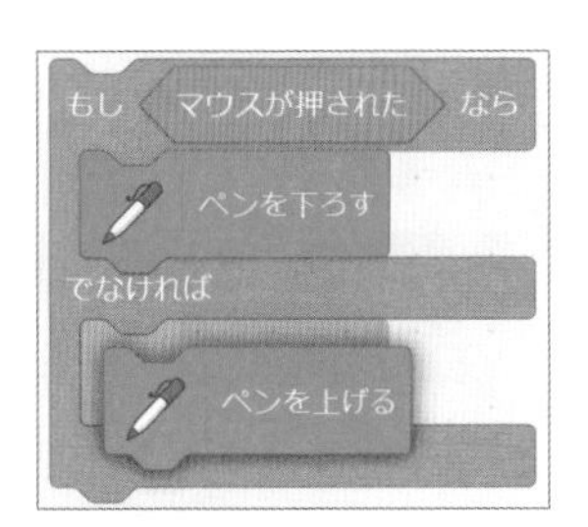

もしマウスが押されたならペンを下ろす

☞p.016 ブロックを作る

定義ブロック「もしマウスが押されたならペンを下ろす」を作り、処理をまとめます。

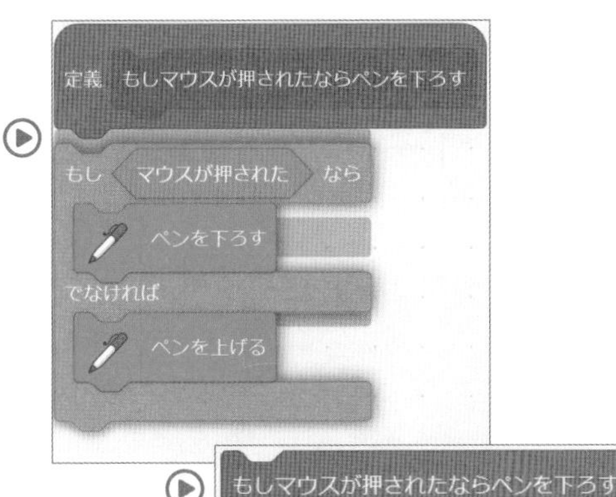

もしマウスが押されたならペンを下ろす

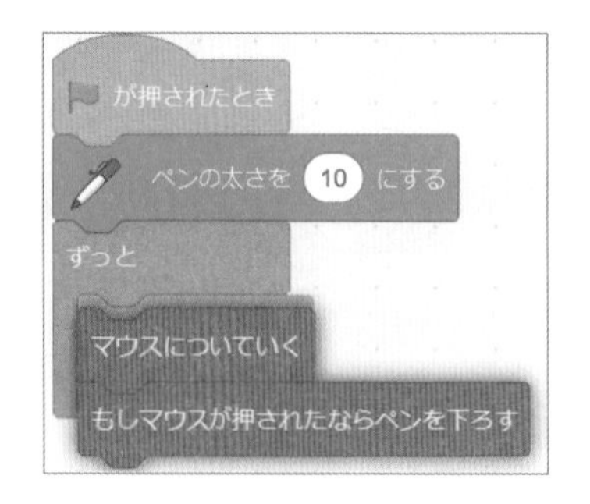

スペースキーが押されたとき、ペン描画を全部消せるようにしておきます。

ペンの太さを10にしてから、「マウスについていく」「もしマウスが押されたらペンを下ろす」の処理をずっと繰り返します。
頭に、「緑の旗が押されたとき」を付けます。

左クリックだとうまく描けないことがあります。右クリック、ホイールのクリックだとうまく動作しますよ。

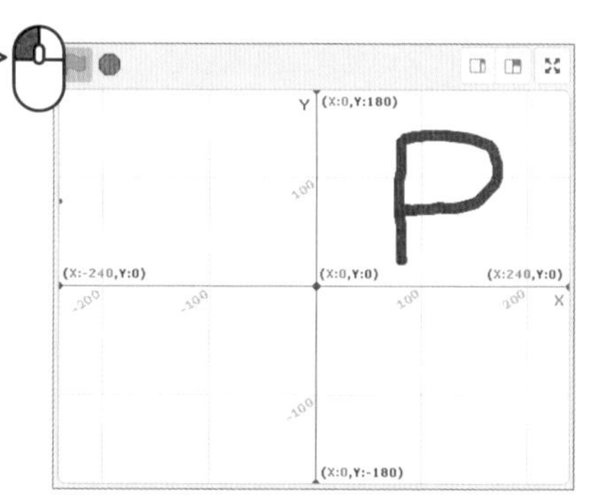

ステージ左上の緑の旗を押して実行します。xy座標平面の右上にPの字を描いて、マウスをクリックしている間、描画できることを確認します。

y軸に線対称な図形を描く

CHECK

マウスの描画に対してy軸に線対称な図形を描くスプライトを作ります。

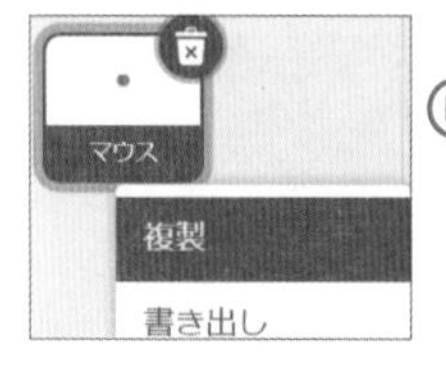

手間を省くために、マウスのスプライトを複製し、「y軸に線対称」と名前を付けます。

☞p.016 ブロックを作る

「マウスについていく」の定義ブロック部分を右クリックして編集を選択します。「y軸に線対称にする」と名前を変更します。

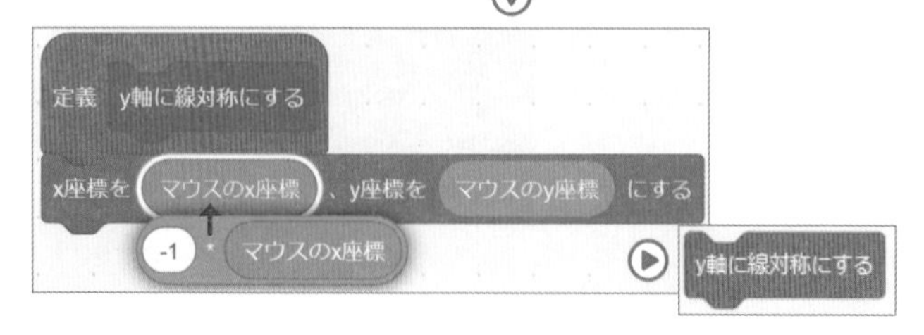

y軸に線対称にするには、y座標は同じでx座標の符号を反転させればよいので、「マウスのx座標」に－1を掛けるブロックを作り「マウスのx座標」と入れ替えます。

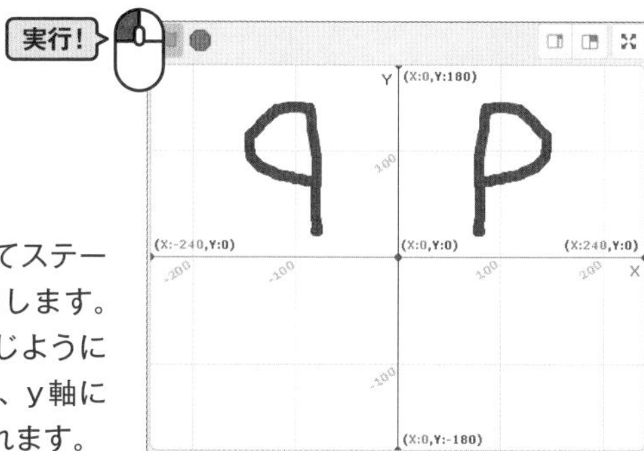

スペースキーを押してステージ上のペン描画を消します。実行して先ほどと同じようにマウスで描画すると、y軸に線対称な図形が描かれます。

➡ x軸に線対称な図形を描く

CHECK □

マウスに対してx軸に線対称な図形を描くスプライトを作ります。

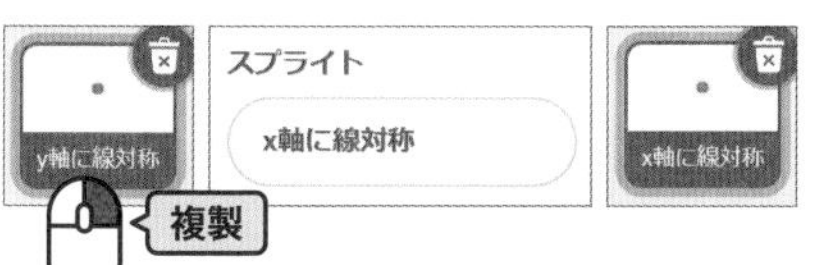

スプライト「y軸に線対称」を右クリックして複製し、「x座標に線対称」と名前を付けます。

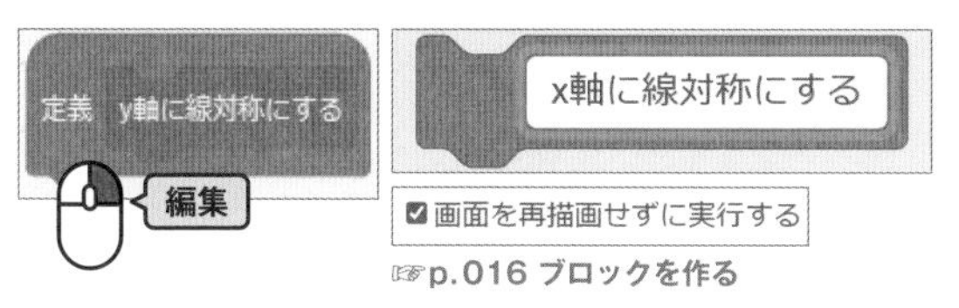

☞p.016 ブロックを作る

定義ブロック部分を右クリックして「編集」を選択し、「x軸に線対称にする」と名前を変更します。

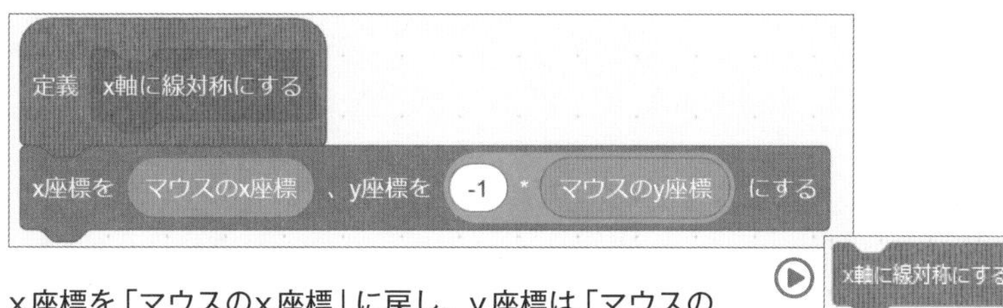

x軸に線対称にする

x座標を「マウスのx座標」に戻し、y座標は「マウスのy座標」に−1を掛けたブロックと入れ替えます。

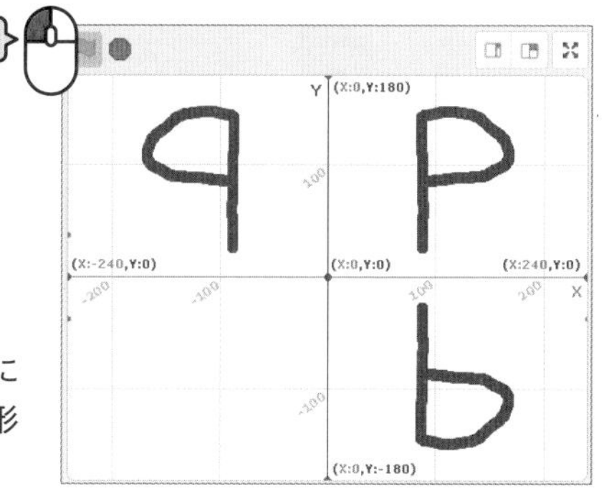

マウスで描画すると、y軸に線対称、x軸に線対称な図形が描かれます。

➡ 原点に点対称な図形を描く

CHECK

マウスに対して原点に点対称な図形を描くスプライトを作ります。

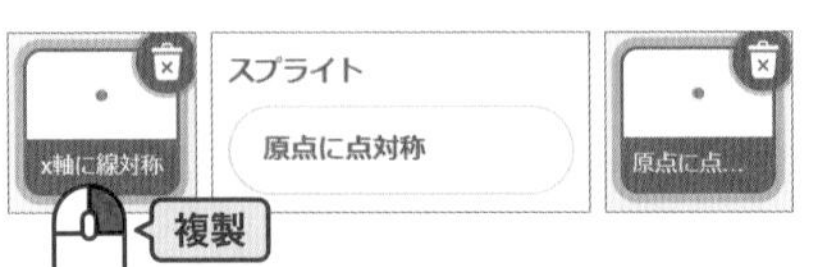

スプライト「x軸に線対称」を右クリックして複製し、「原点に点対称」と名前を付けます。

☞p.016 ブロックを作る

定義ブロック部分を右クリックして「編集」を選択し、「原点に点対称にする」と名前を変更します。

「マウスのx座標」に−1を掛けたブロック、「マウスのy座標」に−1を掛けたブロックを、それぞれスプライトのx座標、y座標に入れます。

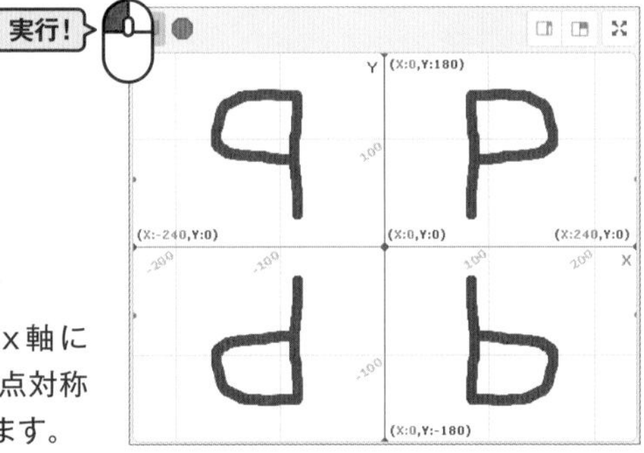

y軸に線対称、x軸に線対称、原点に点対称な図形が描かれます。

マウスで図形を描くと対称図形が同時に描かれていくので、プログラムで図形を表現していると実感できますね。

ブロックを一般化する

今後ほかのプロジェクトでも使えるよう、定義したブロックを一般化します。

「y軸に線対称」を選択します。

定義ブロックを右クリックして編集を選択します。

「元のx座標」「元のy座標」を引数に追加します。

☞p.016 ブロックを作る

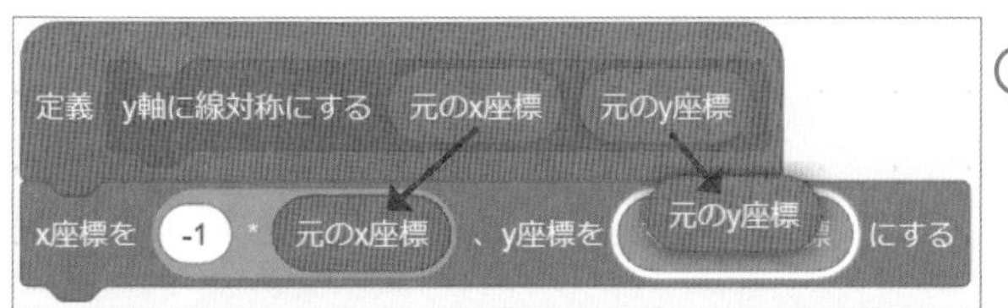

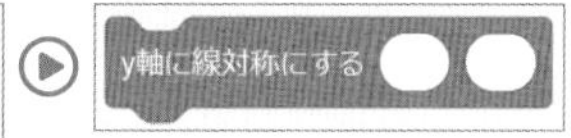

処理内の変数を、対応する引数ブロックと入れ替えます。

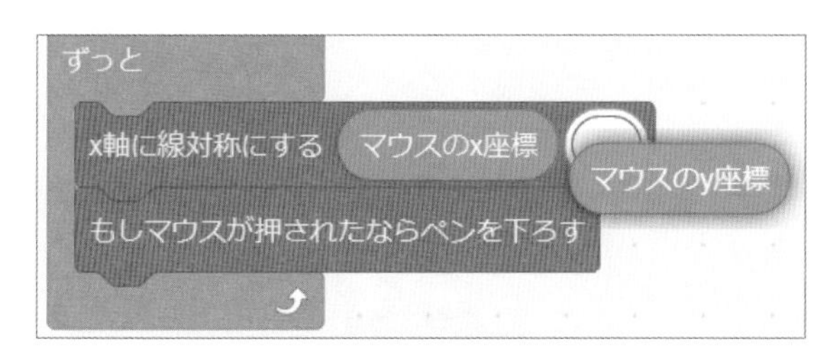

作成したブロックにできた引数の空白に、該当するブロック（マウスのx座標、マウスのy座標）を入れます。

「x軸に線対称」を選択します。

定義ブロックを右クリックして編集を選択します。

「元のx座標」「元のy座標」を引数に追加します。

☞p.016 ブロックを作る

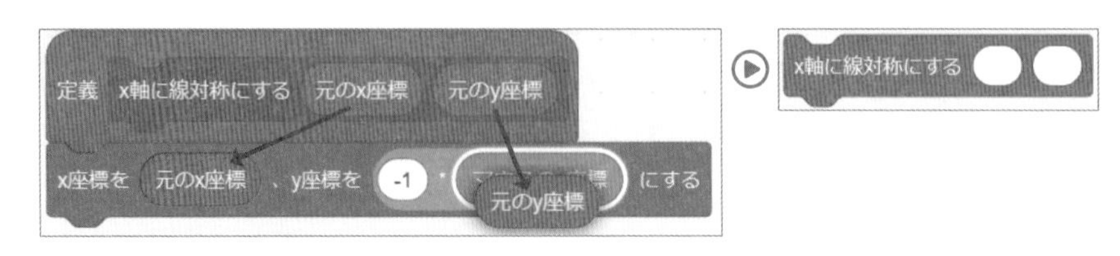

処理内の変数を、対応する引数ブロックと入れ替えます。

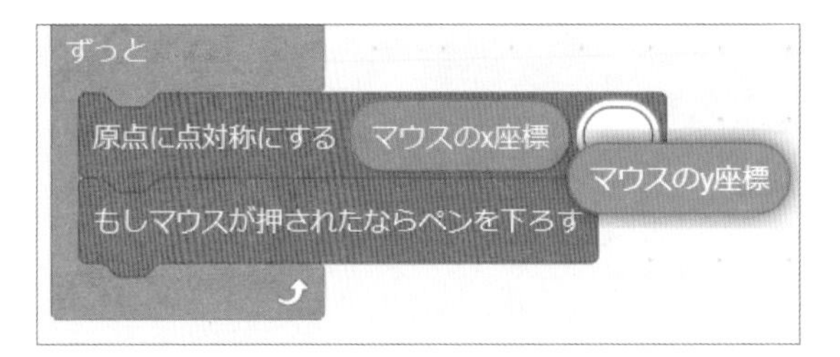

作成したブロックにできた引数の空白に、該当するブロック（マウスのx座標、マウスのy座標）を入れます。

「原点に点対称」を選択します。

定義ブロックを右クリックして編集を選択します。

「元のx座標」「元のy座標」を引数に追加します。

☞p.016 ブロックを作る

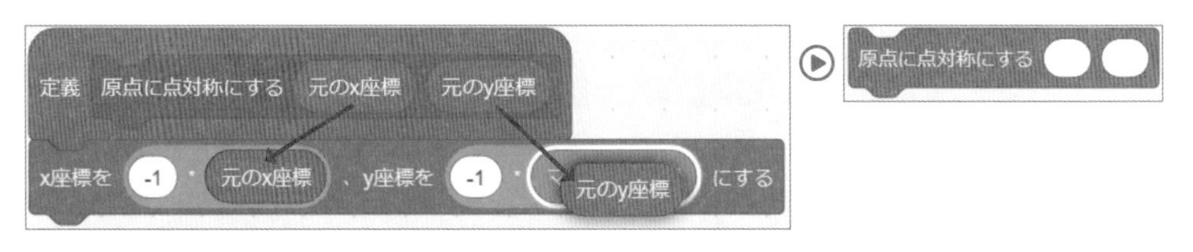

処理内の変数を、対応する引数ブロックと入れ替えます。

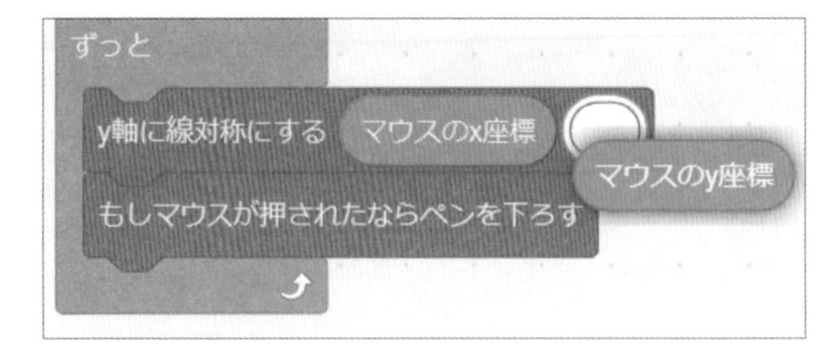

作成したブロックにできた引数の空白に、該当するブロック（マウスのx座標、マウスのy座標）を入れます。

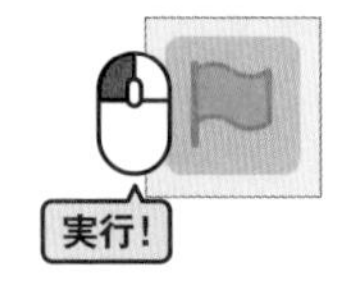

緑の旗を押して実行し、編集前と同じように動作するか確認します。

組んだブロックを応用する

APPLY CODE

ペンの色を変えて、カラフルな図形を描いてみましょう。

それぞれのスプライトの繰り返し処理の中に、「ペンの色を10ずつ変える」を入れます。

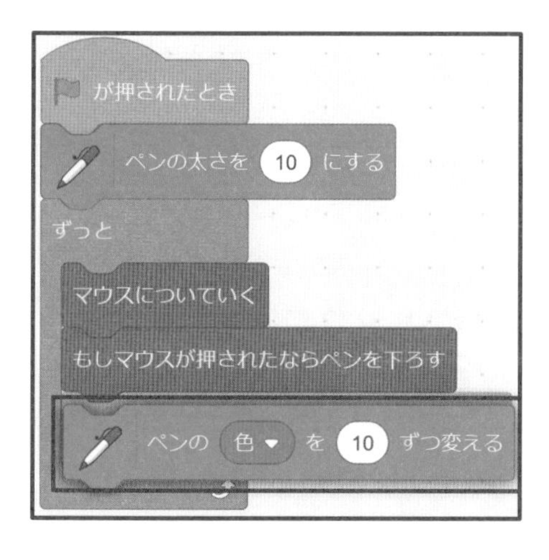

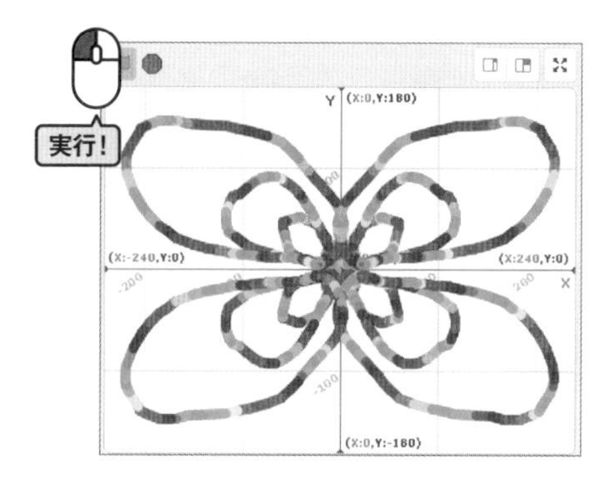

実行すると、描画する線がカラフルになり、万華鏡のような対称図形が描けます。

振り返り

数式で、線対称や点対称が表現できるのが面白いなと思いました。

定義ブロックで処理をまとめると、どういうことをしているのかが、わかりやすいですね。

ステージの範囲で、スプライトのxy座標やペンの上げ下ろしをブロックで制御(コントロール)して、グラフを描画していきますよ。

バックパックに入れましょう

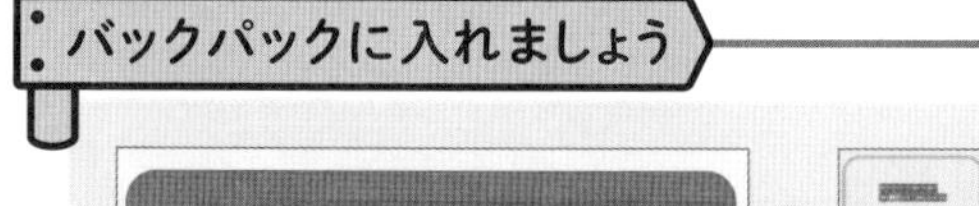

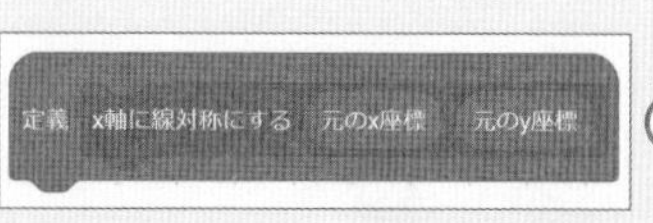

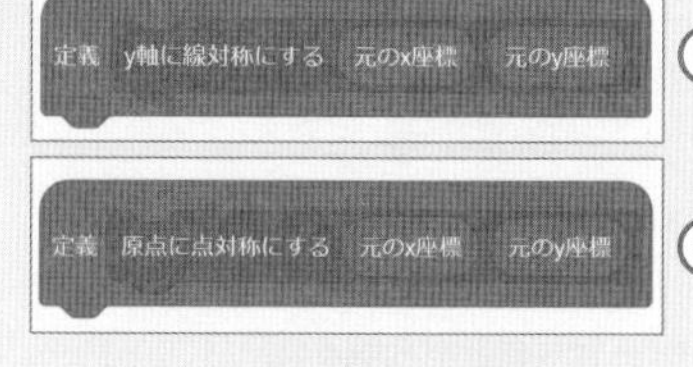

SECTION

関数

2-1-2 比例・反比例のグラフを描く

$y = ax$ で表される比例の数式と、$y = \frac{a}{x}$ で表される反比例の数式をScratchのブロックで組み、ペンを持った描画スプライトの座標をプログラムで制御することでグラフを描きます。このセクションで、関数のグラフを描く基本的な方法を習得します。

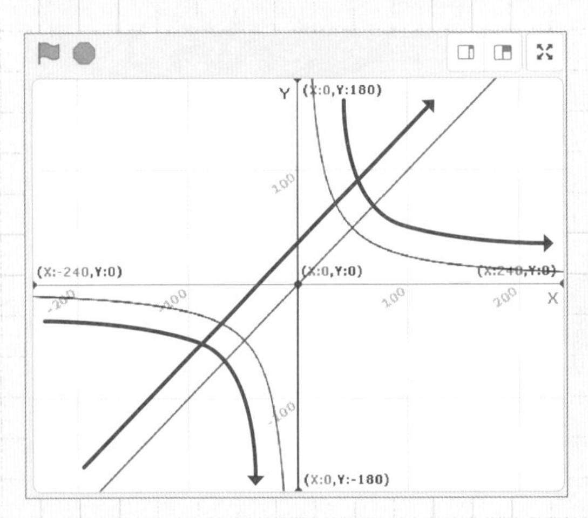

ステージ上でx座標の取りうる範囲は－240～240です。

y座標は、比例や反比例の数式にxの値を入れると決まりますね。

グラフを描き始めるスタート地点に行くにはどうしたらいいかな？

xの最小値である－240を数式に代入して、算出した値をスプライトの座標にすると、スタート地点に移動します。そこでペンを下ろすとよさそう。

ペンを下ろしたままxの値を240まで増やしてゴール地点まで移動し、最後にペンを上げるとグラフが描けそうですね。

☑ 作戦決定!

- 比例定数aとx,yを変数として作り、$y = ax$ 、$y = \frac{a}{x}$ の数式をブロックで組む。
- xを－240に設定してyを計算し、描画スプライトをスタート地点に移動させる。
- ペンを下ろす。
- xの値を240まで1ずつ増やして移動させる。
- ゴールに着いたらペンを上げる。

始める前の準備

作る

比例・反比例のグラフを描く

プロジェクト名を付ける

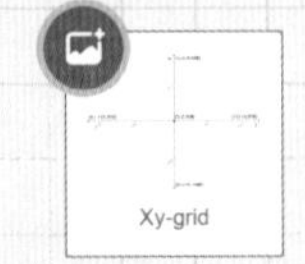

背景をXy-gridに設定

描画スプライトの設定

拡張機能でペンを追加

ブロックを組む

比例のグラフを描く

CHECK

比例定数aを設定し、$y = ax$ の比例のグラフを描きます。

描画スプライトを選択します。

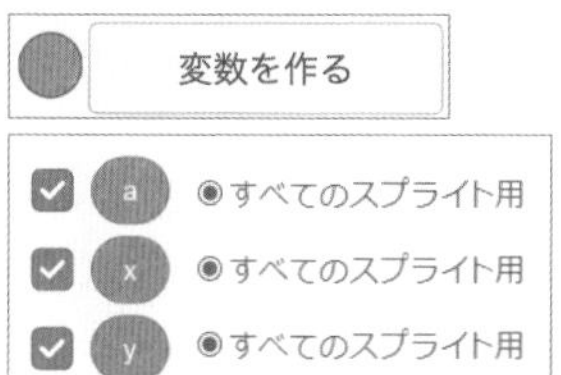

☞p.021 変数の作り方

比例定数「a」と「x」「y」の変数を作ります。初期値としてaを1に設定します。

a*xのブロックを作り、計算結果をyの値に入れます。これで $y = ax$ の数式を表現します。

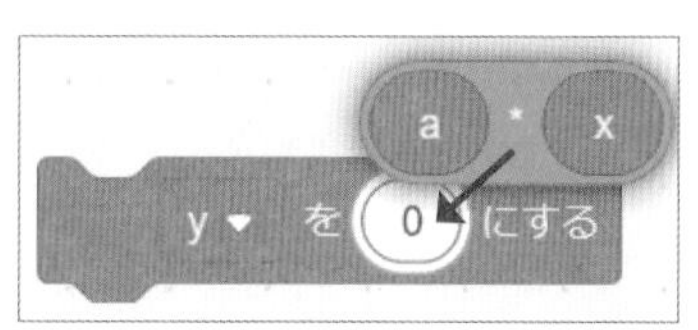

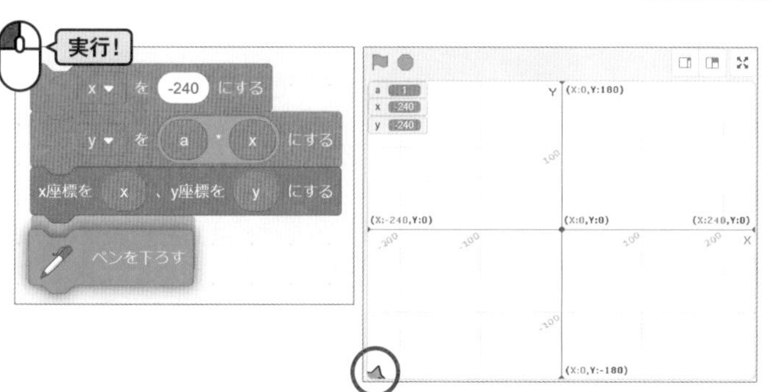

ステージのx座標の最小値である−240をxに入れ、yを算出します。その値を描画スプライトの座標に反映し、描画のスタート地点に移動してペンを下ろします。

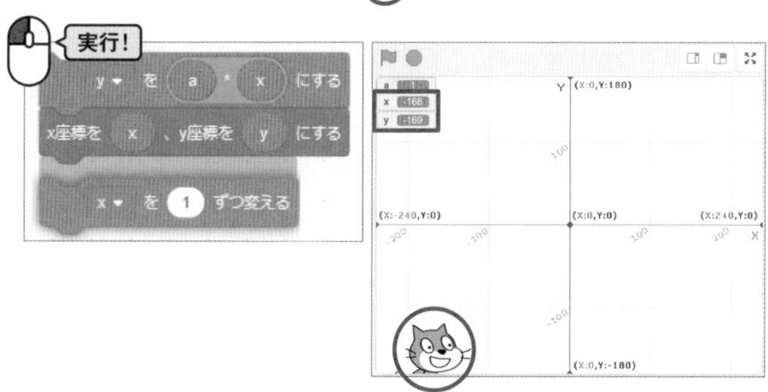

上で組んだブロックとは別に、xを1ずつ変えて、$y = ax$ の算出結果をスプライトの位置に反映するブロックを組みます。このブロックをクリックして実行するたびに、描画スプライトが右上に進んでいきます。

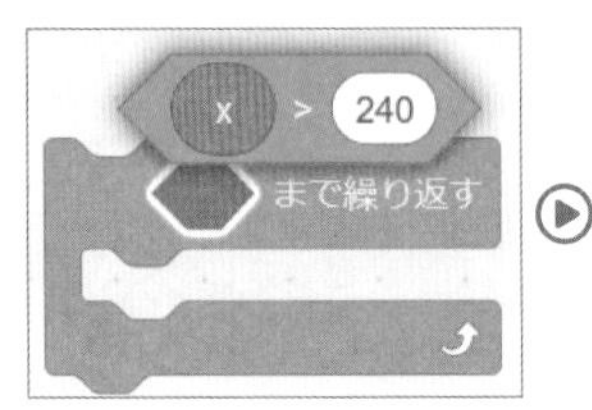

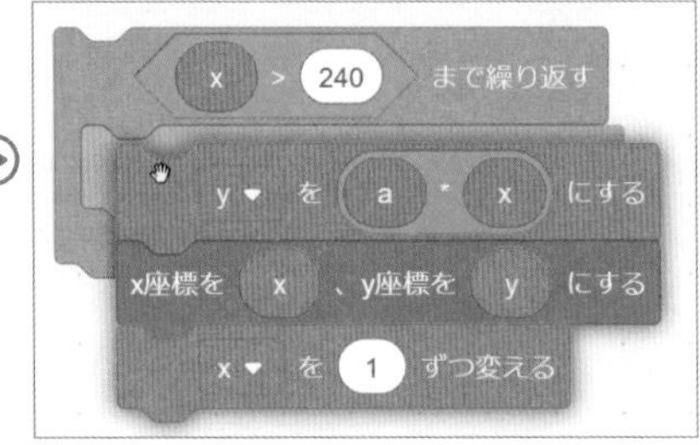

この処理をステージのx座標の最大値である240を超えるまで繰り返します。

処理をまとめたブロックを作ります。

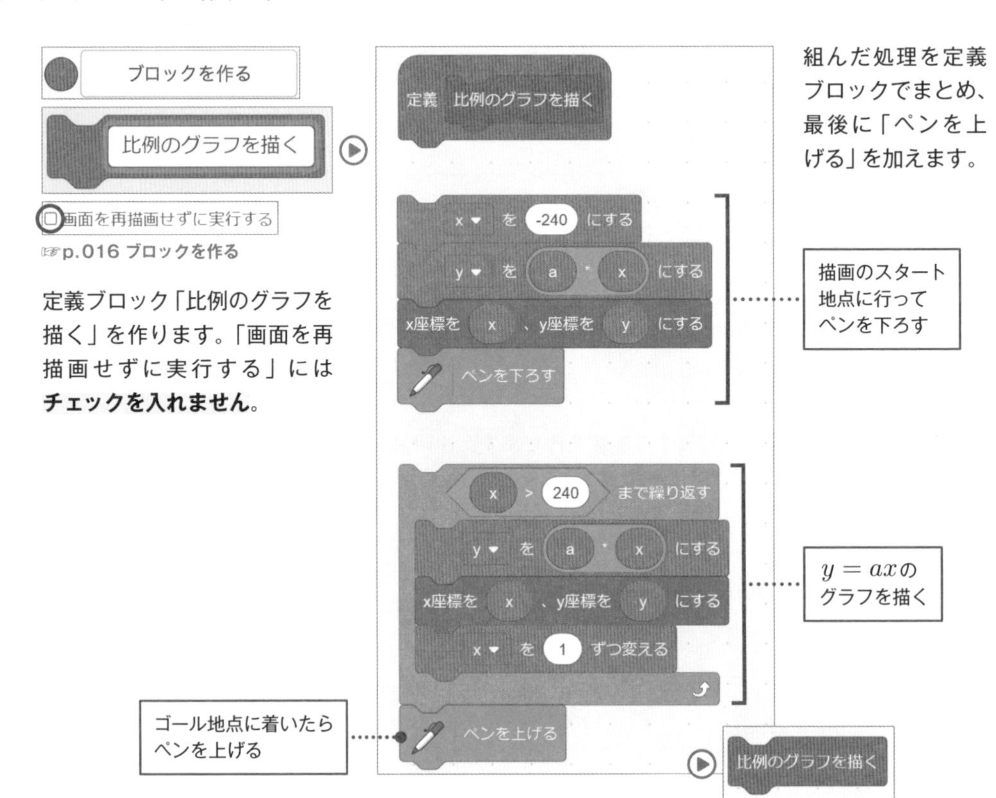

☞p.016 ブロックを作る

定義ブロック「比例のグラフを描く」を作ります。「画面を再描画せずに実行する」には**チェックを入れません**。

組んだ処理を定義ブロックでまとめ、最後に「ペンを上げる」を加えます。

下のようにブロックを組み実行すると、描画スプライトが移動して$y = ax$の比例のグラフを描きます。

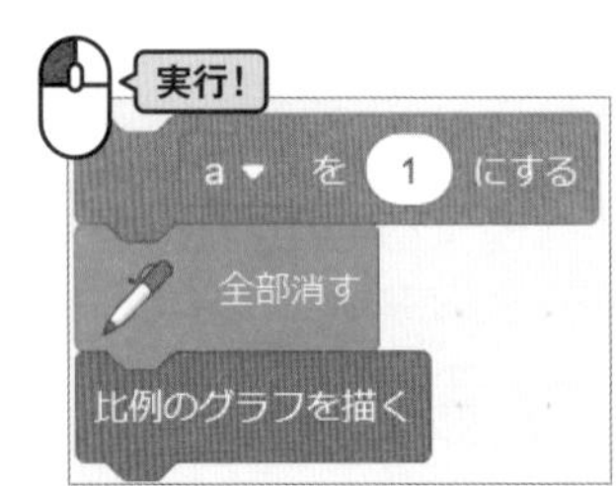

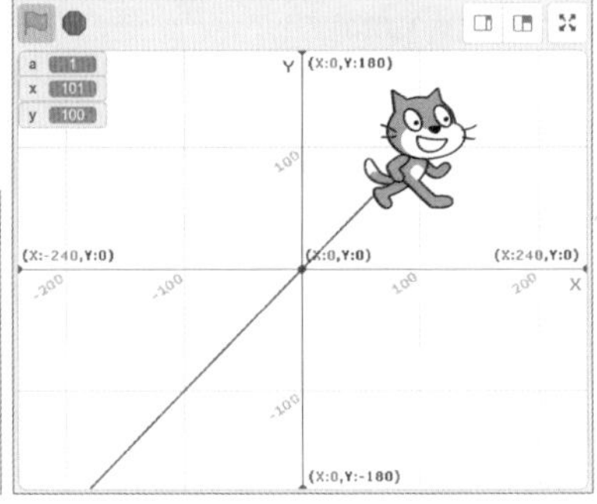

➡ 反比例のグラフを描く

CHECK

反比例の数式を組み、比例グラフの処理を利用してグラフを描きます。

描画スプライトを選択します。

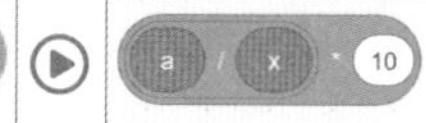

反比例の数式「a/x」をブロックで組みます。補正のために10倍にします。

☞p.033 計算値の補正

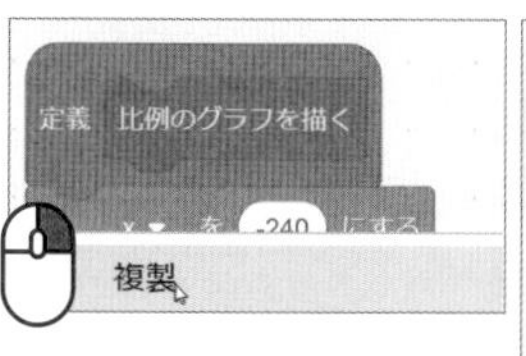

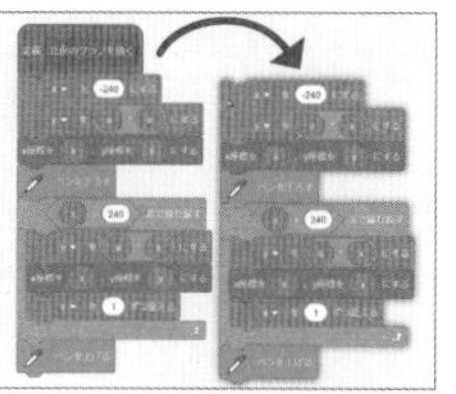

定義ブロック「比例のグラフを描く」直下を右クリックして、定義ブロック以外を複製します。

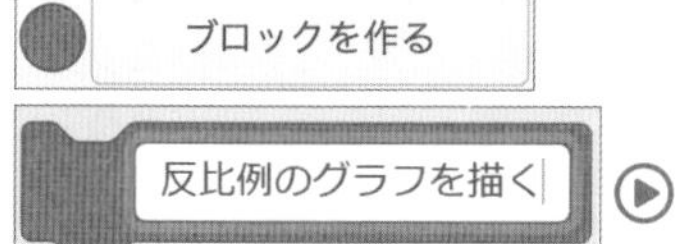

画面を再描画せずに実行する

☞p.016 ブロックを作る

定義ブロック「反比例のグラフを描く」を作ります。「画面を再描画せずに実行する」には**チェックを入れません**。

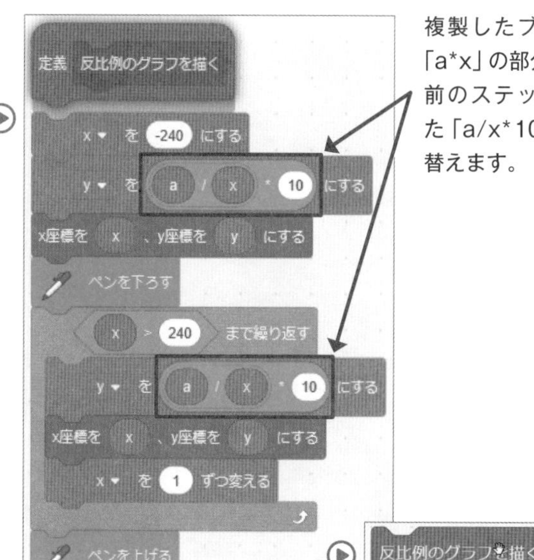

複製したブロックの「a*x」の部分を、2つ前のステップで作った「a/x*10」と入れ替えます。

初期値としてaを「240」に設定し、下のように処理を組んで実行すると、反比例のグラフを描きます。

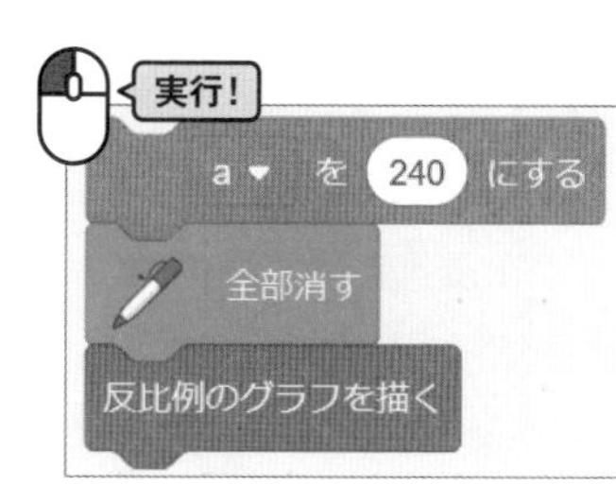

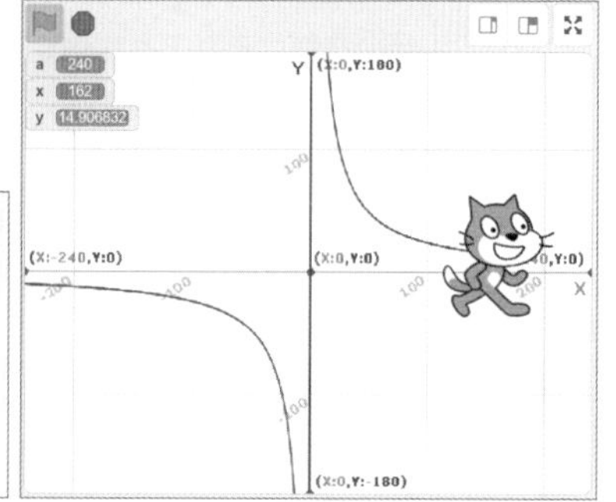

ブロックを一般化する

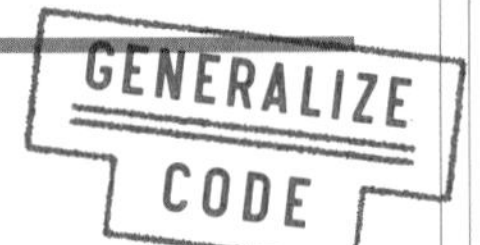

今後ほかのプロジェクトでも使えるよう、今回定義したブロックを一般化します。

描画スプライトを選択します。

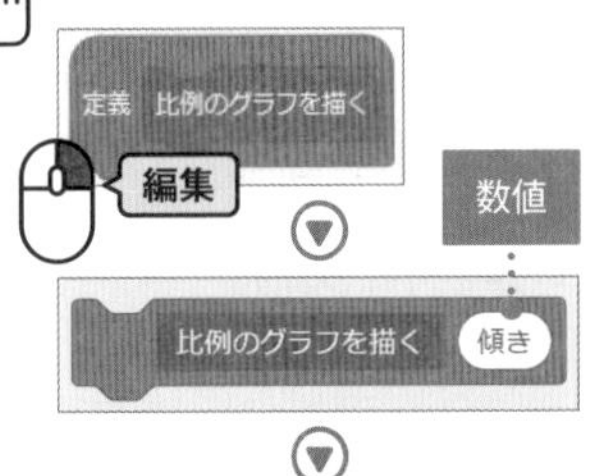

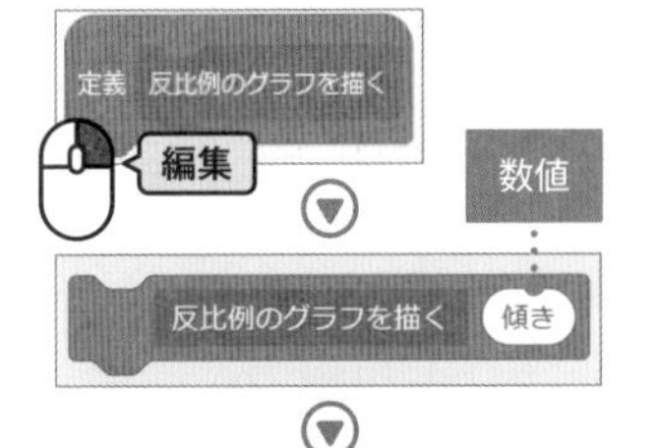

定義ブロック「比例のグラフを描く」「反比例のグラフを描く」を右クリックして「編集」を選択し、「傾き」を引数に追加します。

☞p.016 ブロックを作る

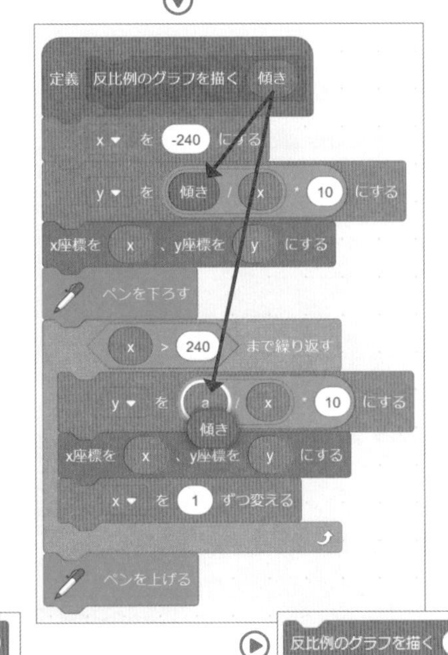

処理内の変数aを、対応する引数ブロック（傾き）と入れ替えます。

引数の空白にそれぞれ比例定数の数値を入れます。下のようにブロックを組んで実行し、前と同じ動作をするか確認します。

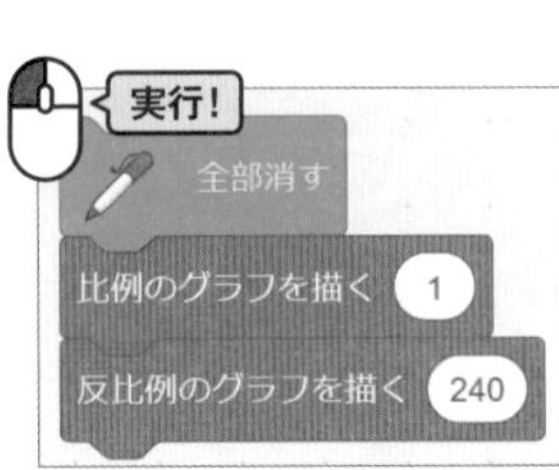

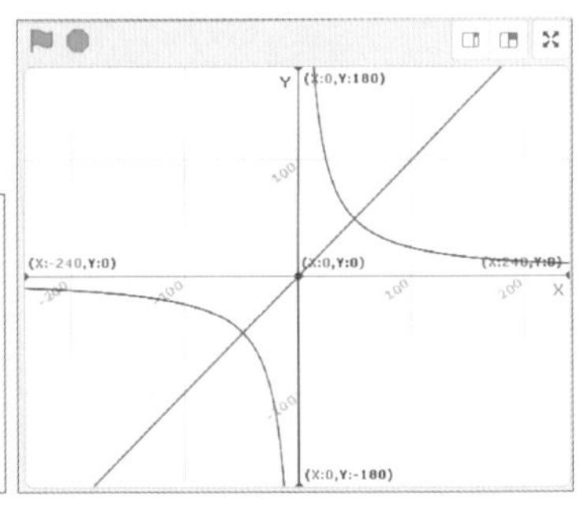

組んだブロックを応用する

作成した比例と反比例のグラフを描くブロックを、同時に実行してみたらどうなるでしょう？

一般化した「比例のグラフを描く」「反比例のグラフを描く」に引数を入力して、両方に「緑の旗が押されたら」を付けます。ステージ上に描画したものがあれば「全部消す」で消しておきます。

ステージ左上の「緑の旗」をクリックして実行するとこのような模様ができました。
同時に実行することで、2つのグラフの間を描画スプライトが行き来しているのがペンの様子からわかります。
このように、緑の旗をスタートボタンとして、複数の処理を同時に実行できます。

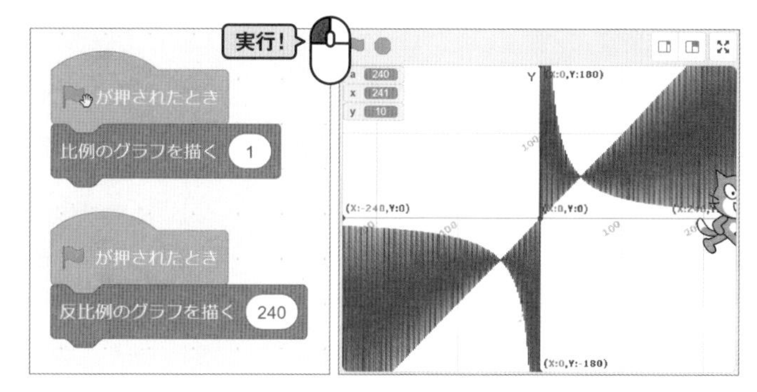

（本書では扱いませんが、2つのグラフの間を行き来する動きを使って、高校数学の「積分」という分野のグラフをScratchで表現できます）

振り返り

比例・反比例のグラフをスプライトで描いてみました。

スプライトを動かして数式をグラフで表現できることがわかりました。

反比例はイメージがつかみにくかったんですが、グラフにすればよくわかりますね。

x座標を変域幅（ここでは−240〜240）で変化させて数式に代入し、y座標を算出してスプライトを動かすやり方は、今後も使う基本的なテクニックですよ。

バックパックに入れましょう

SECTION 関数

2-1-3 一次関数を描く

$y = ax + b$ で表される一次関数のグラフを描きます。変数の値をスライダーで変えることでグラフを変化させる方法を学びます。また、過去に作ったブロックを編集して、新たにブロックを作る方法も学びます。最後に、作成したブロックで都立高校入試に出題された問題を解きます。

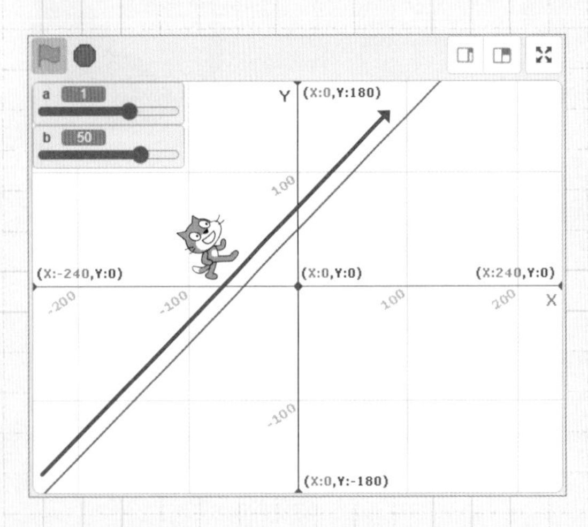

次は一次関数をグラフに描いてみますよ。

まず数式のブロックを組む必要がありますね。それにはxとy、aとbの変数を作らないといけません。

組んだ数式を使って、比例のグラフを描いたときのように、スタート地点に移動してペンを下ろして、xの値を増やしてスプライトを移動させ、ゴールに着いたらペンを上げたらいいのかも。

比例のグラフを描くときに作ったプログラムが使えるかもしれないね。

☑ 作戦決定!

- 「比例のグラフを描く」をバックパックから取り出す。
- 傾きa、切片bの変数を作る。
- $y = ax + b$ の数式をブロックで組む。
- 「比例のグラフを描く」の数式の部分を $y = ax + b$ のブロックと入れ替えて、「一次関数を描く」ブロックを作る。
- 作成したブロックで一次関数の直線を描く。

始める前の準備

作る

一次関数を描く

プロジェクト名を付ける

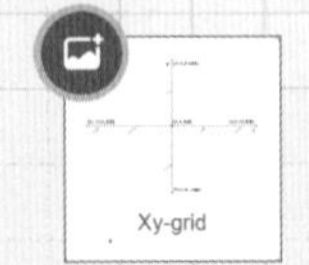

背景をXy-gridに設定

描画スプライトの設定

拡張機能でペンを追加

WRITE CODE

ブロックを組む

一次関数のグラフを描く

CHECK

$y = ax + b$の数式をブロックで組み、「比例のグラフを描く」を編集します。

描画スプライトを選択します。

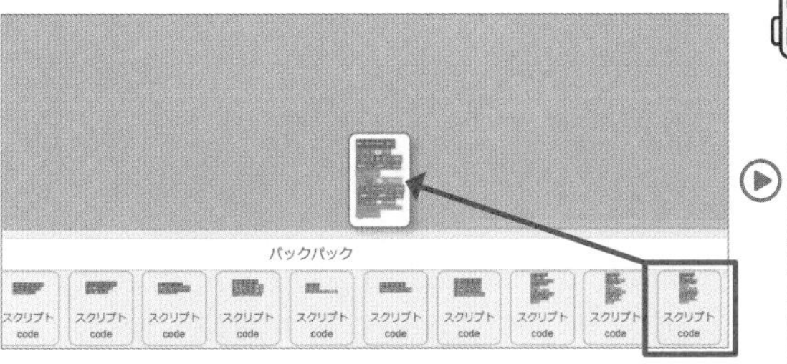

「比例のグラフを描く」の構造を利用します。バックパックから「比例のグラフを描く」をコードエリアに取り出します。

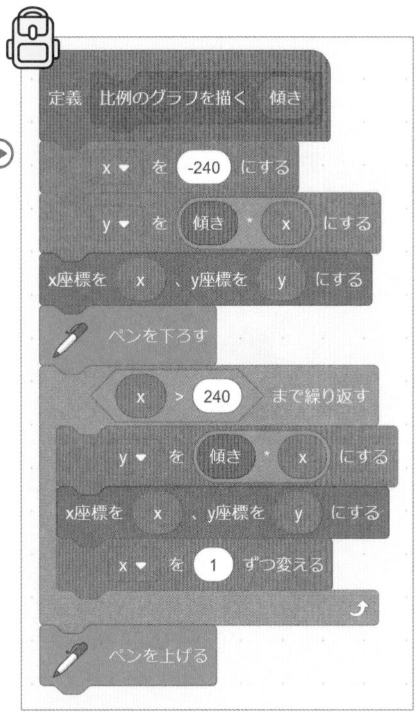

☞p.047 比例のグラフを描く

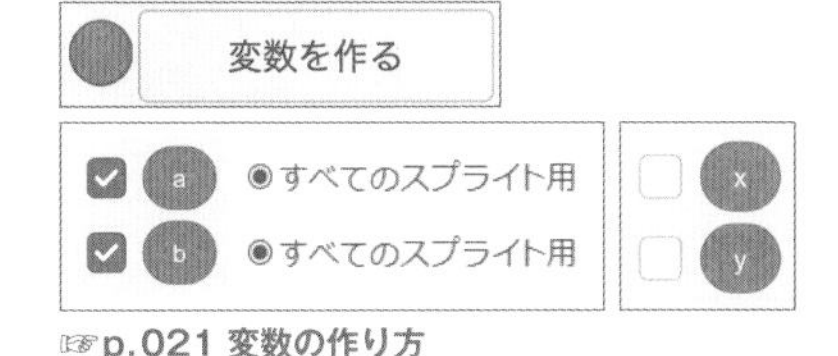

☞p.021 変数の作り方

傾き「a」切片「b」の変数を作ります。
「比例のグラフを描く」をバックパックから取り出したので、変数「x」「y」はすでに作成されています。

初期値として、aを1、bを100に設定します。

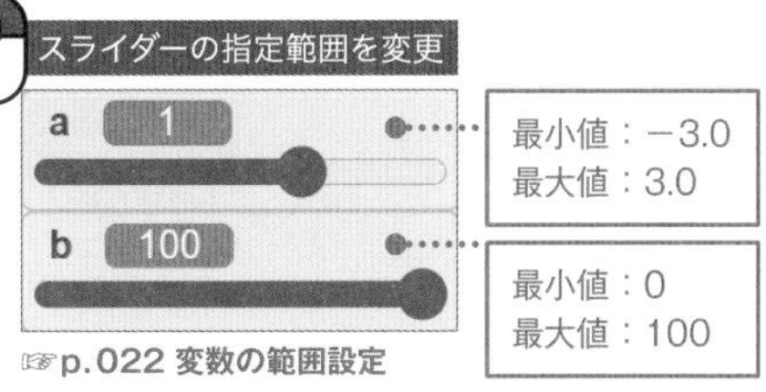

☞p.022 変数の範囲設定

スライダーの指定範囲を、aは−3.0〜3.0、bは0〜100に設定します。

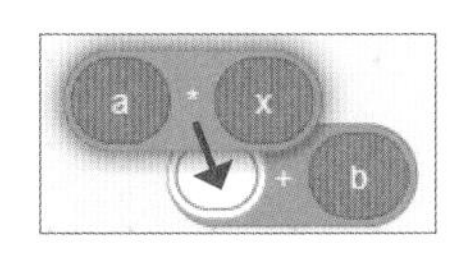

変数と演算ブロックを使って、a*x+bを計算するブロックを組みます。

処理をまとめたブロックを作ります。

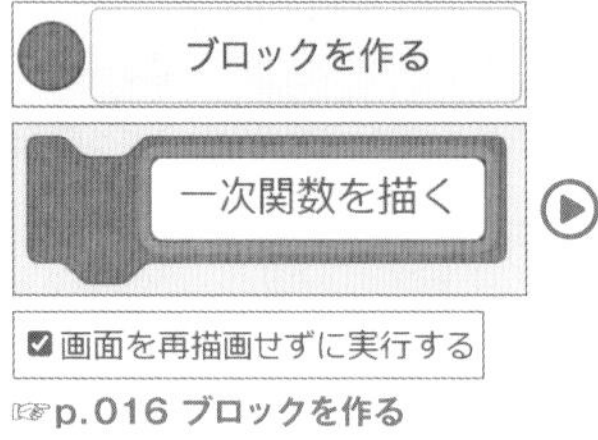

☞p.016 ブロックを作る

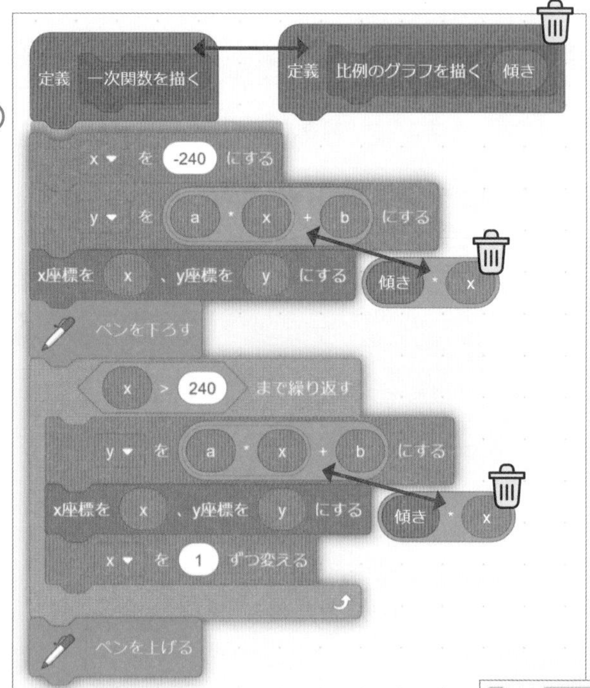

定義ブロック「一次関数を描く」を作ります。

定義ブロック「比例のグラフを描く」をはずし、「一次関数を描く」に替えます。
「傾き*x」の部分を先ほど作った「a*x+b」のブロックと入れ替えます。

一次関数を描く

前に作ったブロックを応用すると簡単ですね。

これまで作ったブロックで、メインの処理を右のように構成します。実行して変数a、bのスライダーを動かすと、一次関数のグラフが動きます。

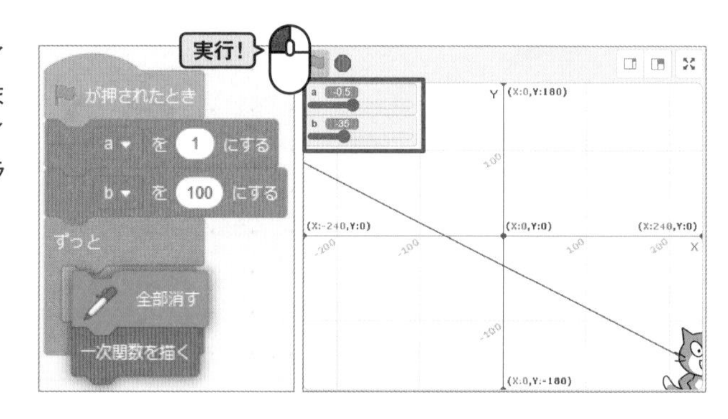

POINT

スプライトの表示が必要なければ、「表示する」をオフにしましょう。

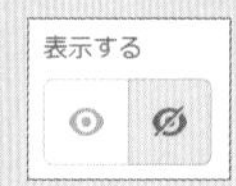

ブロックを一般化する

今後、ほかのプロジェクトでも使えるよう、定義したブロックを一般化します。

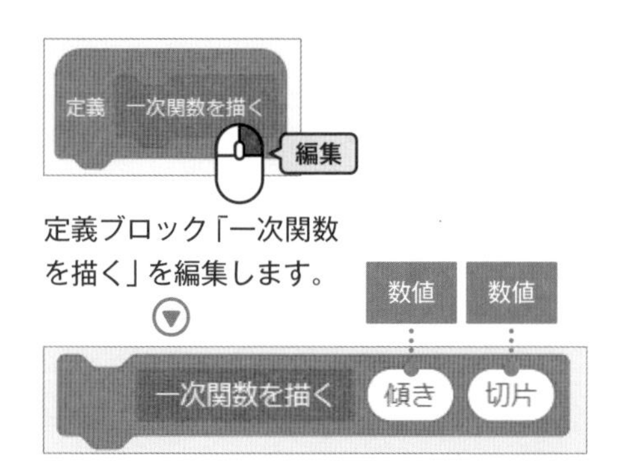

定義ブロック「一次関数を描く」を編集します。

「傾き」「切片」を引数に追加します。

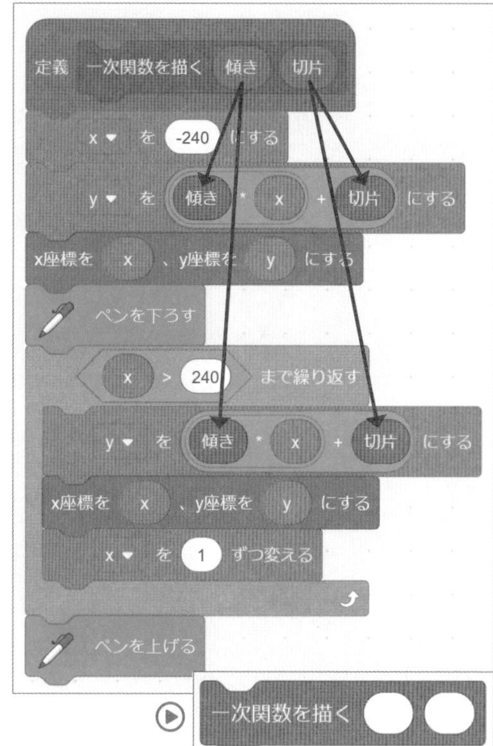

処理内の変数を、対応する引数ブロックと入れ替えます。

☞p.016 ブロックを作る

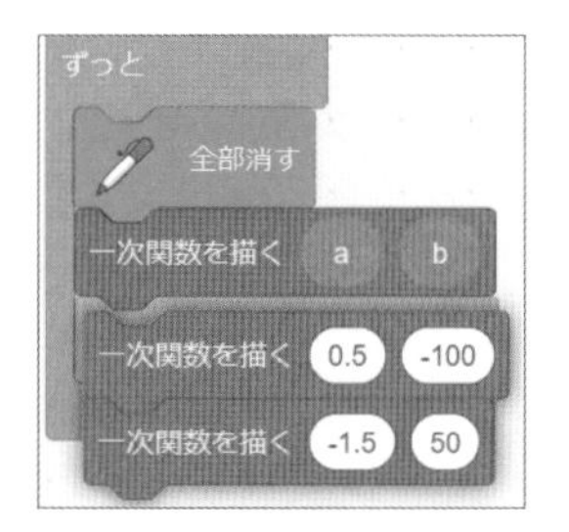

複数のブロックを使って、それぞれに変数を設定すると、複数の一次関数を描画することもできます。

ブロックにできた引数の空白に、傾きaと切片bの変数ブロックを入れます。実行し、同じ動作になるか確認します。

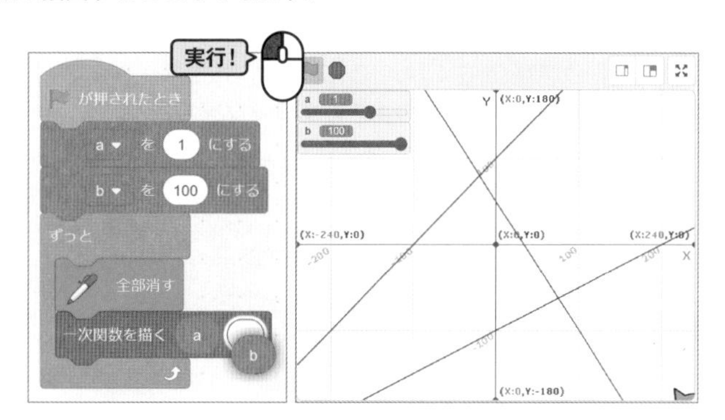

組んだブロックを応用する

作成したブロックを使って、都立高校入試問題を表現してみましょう。

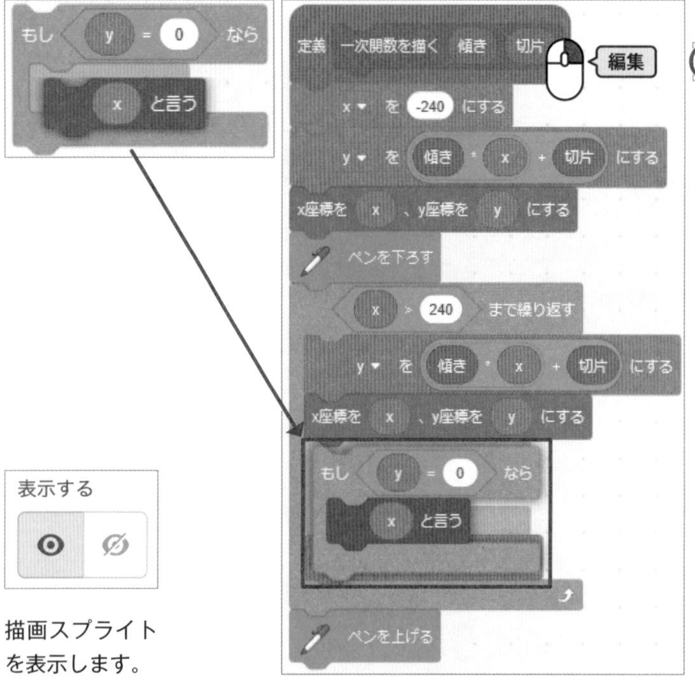

画面を再描画せずに実行する

描画の過程を観察したいので、定義ブロックを編集して「画面を再描画せずに実行する」の**チェックを外します**。

描画スプライトを表示します。

y座標が0のとき、x座標の値をグラフから求めます。ここでは、もしy座標が0になったら、描画スプライトのネコにx座標の値を言ってもらう処理を組み、一次関数を描く処理の繰り返しの中に入れます。

問 一次方程式 $4x + 6 = 5(x + 3)$ を解け。

出典：平成31年度都立高等学校入学者選抜 学力検査問題 数学 設問1〔問4〕

与えられた式を展開して、同類項でまとめると以下のようになります。

$$
\begin{aligned}
4x + 6 &= 5x + 15 \\
0 &= 5x - 4x + 15 - 6 \\
0 &= x + 9
\end{aligned}
$$

y=0のときのx座標が答えになります。整理した式を参照して、「一次関数を描く」の引数に、「傾き」に1、「切片」には90を入力します。下のようにブロックを組んで実行します。

ネコが「−90」と言いましたか？　解答は「−9」なので正解です。

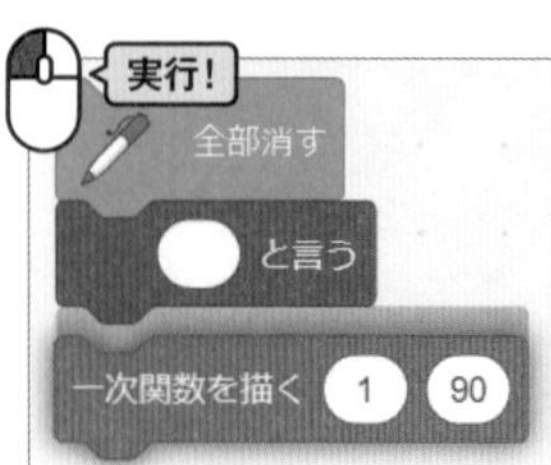

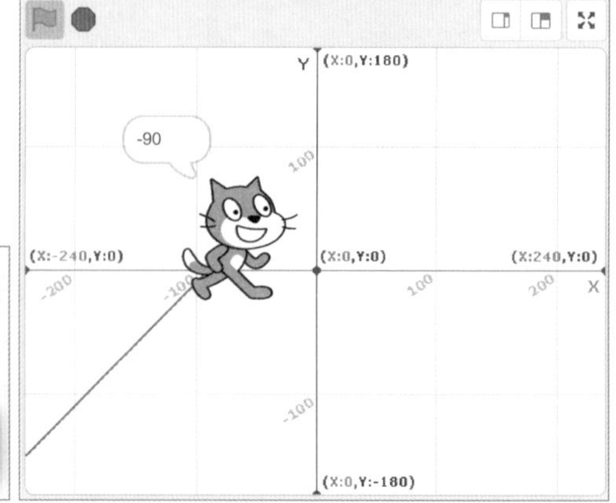

解答 -9

問 一次方程式 $9x+4=5(x+8)$ を解け。

出典：令和2年度都立高等学校入学者選抜 学力検査問題 数学 設問1〔問4〕

式を整理しましょう。

$$\begin{aligned} 9x+4 &= 5(x+8) \\ 9x+4 &= 5x+40 \\ 0 &= 5x-9x+40-4 \\ 0 &= -4x+36 \end{aligned}$$

整理した式を参照して、「一次関数を描く」の引数に、「傾き」に－4、「切片」には360を入力します。下のようにブロックを組んで実行します。
ネコが「90」と言いました。解答は「9」となっています。

解答 9

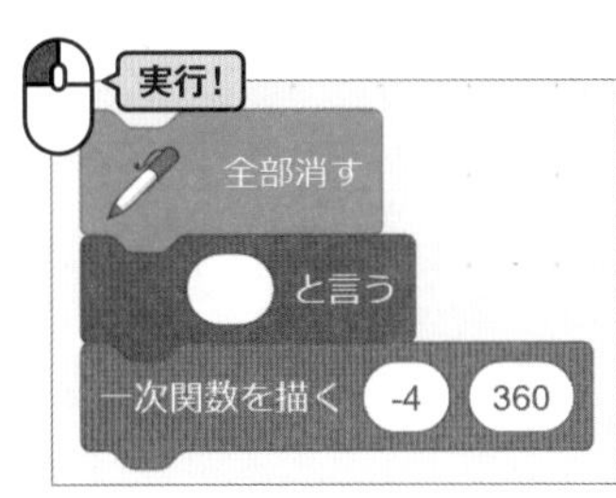

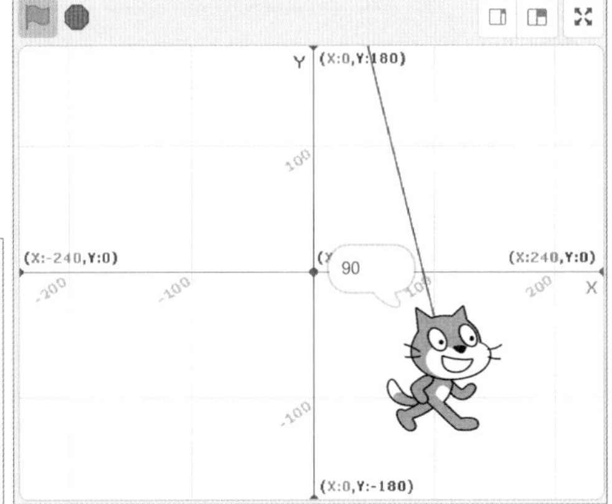

問 一次方程式 $-4x+2=9(x-7)$ を解け。

出典：令和3年度都立高等学校入学者選抜 学力検査問題 数学 設問1〔問4〕

最後にもう1問。式を整理しましょう。

$$\begin{aligned} -4x+2 &= 9(x-7) \\ -4x+2 &= 9x-63 \\ 0 &= 9x+4x-63-2 \\ 0 &= 13x-65 \end{aligned}$$

整理した式を参照して、「一次関数を描く」の引数に、「傾き」に13、「切片」には－650を入力します。下のようにブロックを組んで実行します。
ネコが「50」と言いました。解答は「5」となっています。

解答 5

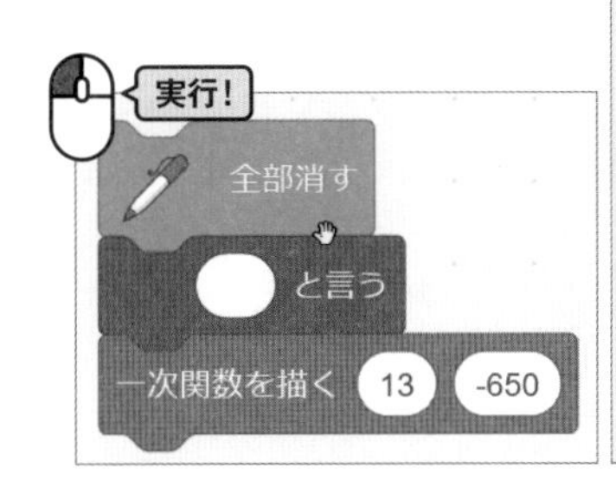

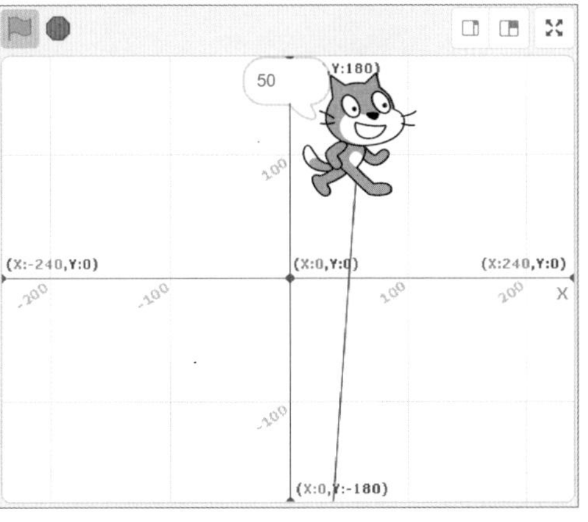

振り返り

傾きと切片の値をスライダーで変化させたら、一次関数のグラフを動かすことができました。ステージ上に「$y = ax + b$」の直線が無数に引かれている！という感じもしました。

都立高校入試の問題と、スプライトが動いて描画するグラフが一致するのは面白いですね。

今回のように、構造が似ているプログラムを編集して新しいプログラムを作るやり方は、便利なので今後も使っていきましょう。

バックパックに入れましょう

POINT

バックパックに入れる前に「画面を再描画せずに実行する」にチェックを入れておきます。

SECTION 関数

2-1-4 2点間の傾き、切片、距離を求める

2点A、Bを通る直線の「傾き」と「切片」を2点の座標から求め、点A、点Bを動かしても常に2点を通る直線を描くプログラムを組みます。さらに、三平方の定理をプログラムして「2点間の距離」を求めるプログラムにもチャレンジします。

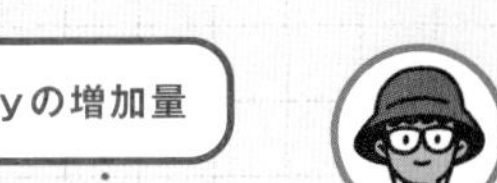

yの増加量

傾き 0.868092
切片 7.025004
xの増加量 236.082052
yの増加量 204.940839
2点間の距離 312.626746

2点間の距離　xの増加量

2点を通る直線の傾きは $\frac{y\text{の増加量}}{x\text{の増加量}}$ で求めることができます。

Bのx座標からAのx座標を引くとxの増加量、Bのy座標からAのy座標を引くとyの増加量が得られますね。

$y = ax + b$をbについて整理すると、$b = y - ax$になるので、AかBの座標と傾きを代入すると、切片bも求められます。

2-1-3で作った「一次関数を描く」ブロックを使うと直線が描けますね。

三平方の定理は、$a^2 + b^2 = c^2$です。この公式を使えば、2点間の距離も求められそうですね。

☑ 作戦決定!

- 点A、点Bを作る。
- 2点間のxの増加量とyの増加量から傾きを求める。
- 傾きと1点の座標から切片を求める。
- バックパックから「一次関数を描く」を取り出し、2点を通る直線を描く。
- 三平方の定理の数式をブロックで組んで2点間の距離を求める。

始める前の準備

作る

傾き・切片・距離を求める

プロジェクト名を付ける

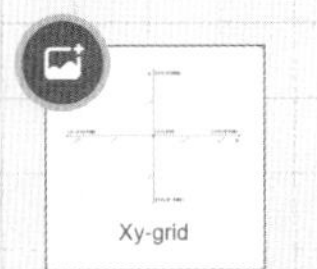

背景をXy-gridに設定

描画スプライトの設定

拡張機能でペンを追加

ブロックを組む

➡ 傾きを求める

CHECK

２点の座標から傾きを求めます。

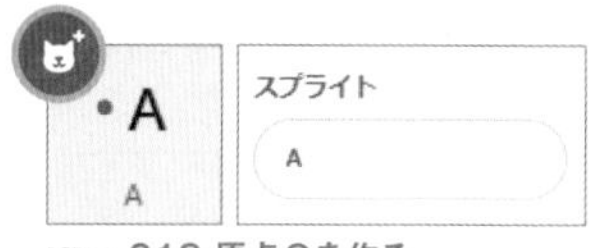

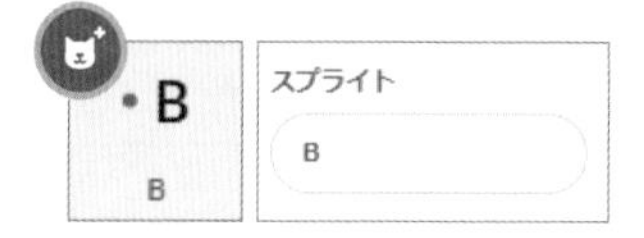

☞p.019 原点Oを作る

点Aと点Bを作ります。

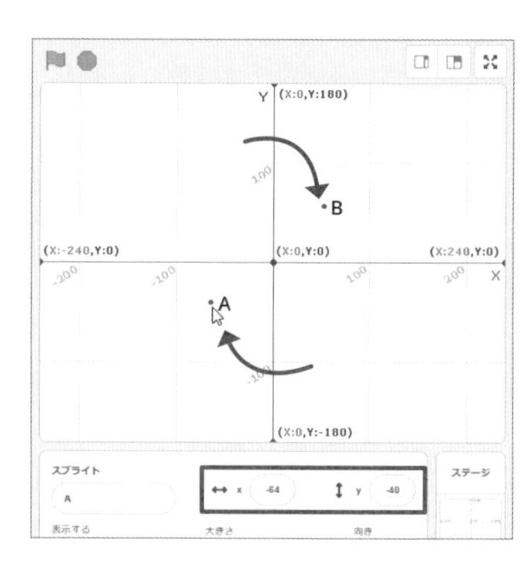

ステージ上で点A、点Bをマウスでドラッグします。移動させると、スプライトエリアのxとyの値が変化するのが確認できます。

描画スプライトを選択します。

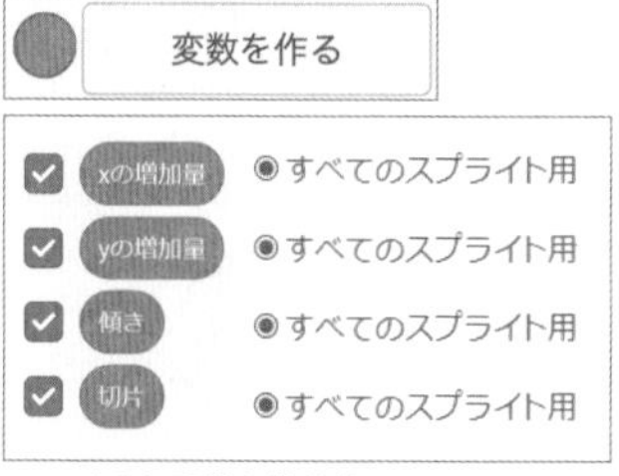

☞p.021 変数の作り方

「xの増加量」「yの増加量」「傾き」「切片」を入れる変数を作ります。

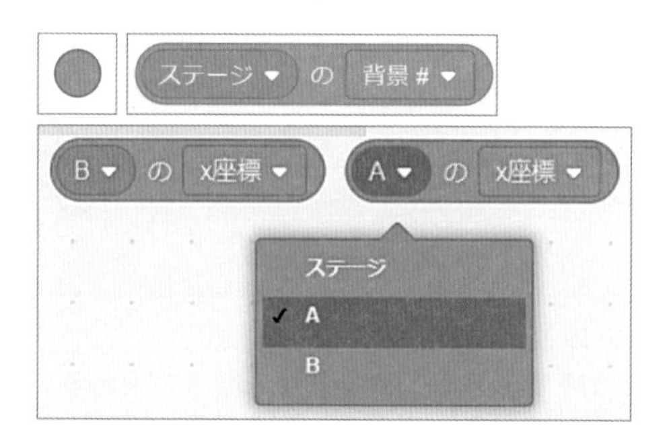

xの増加量を求めます。「調べる」にある「ステージの背景」ブロックのプルダウンメニューから選択し、「Bのx座標」と「Aのx座標」のブロックを用意します。

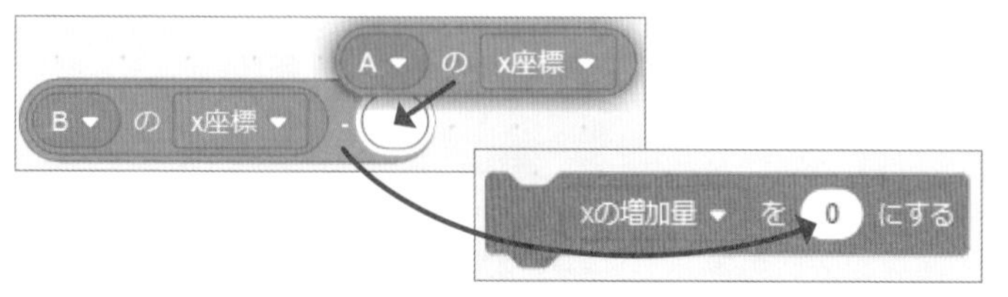

「Bのx座標」から「Aのx座標」を引いた値を、「xの増加量」に入れます。

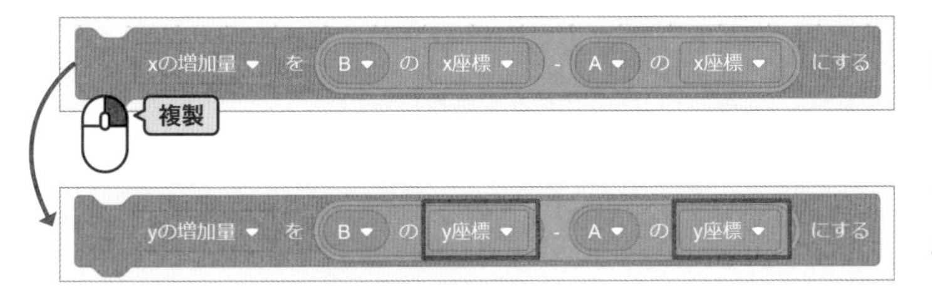

このブロックを複製して、「yの増加量」を求めるブロックを作ります。

プルダウンメニューで、x座標をy座標に変更します。

「yの増加量」を「xの増加量」で割って傾きを求め、変数「傾き」に入れます。

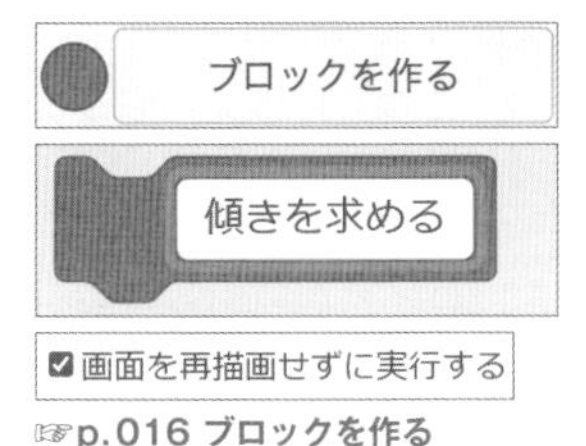

定義ブロック「傾きを求める」を作り、ここまでの処理をまとめます。

☞p.016 ブロックを作る

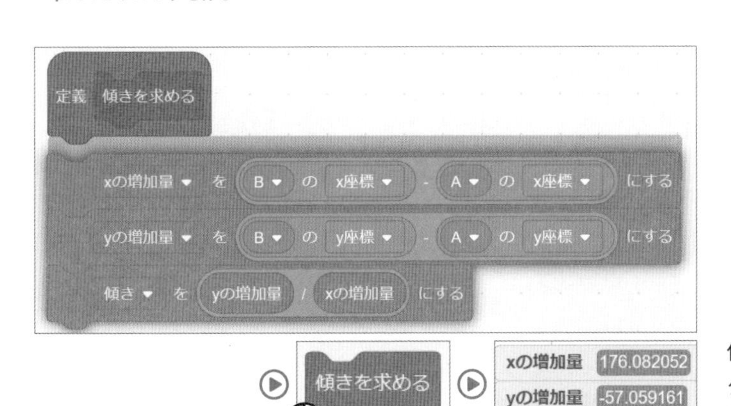

作成したブロックをクリックして実行すると、傾きが算出されます。

➡ 切片を求める

CHECK

傾きと点の座標から切片を求めます。

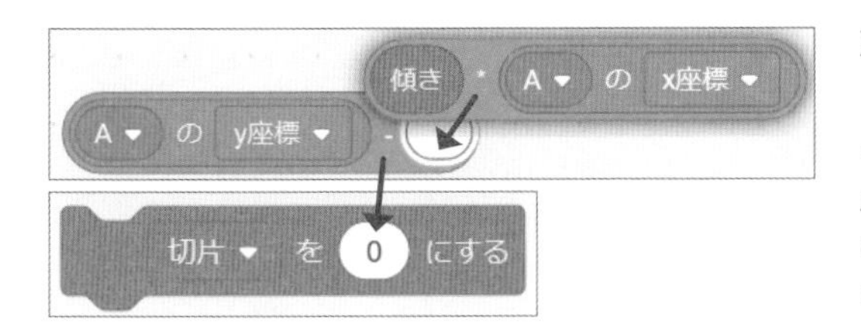

次に切片を求めます。
$y = ax + b$を変形すると、$b = y - ax$となります。
点Aの座標を使い、「Aのy座標−傾き×Aのx座標」の数式をブロックで組んで切片を求め、変数「切片」に入れます。

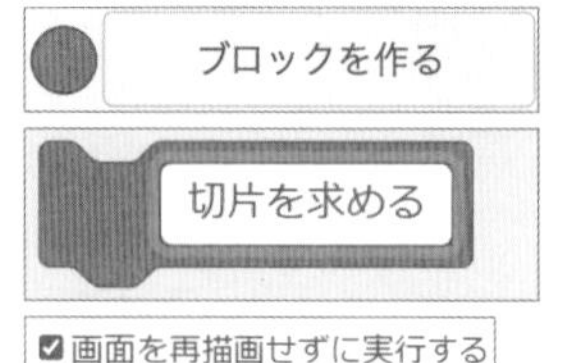

☞p.016 ブロックを作る

定義ブロック「切片を求める」を作り、処理をまとめます。

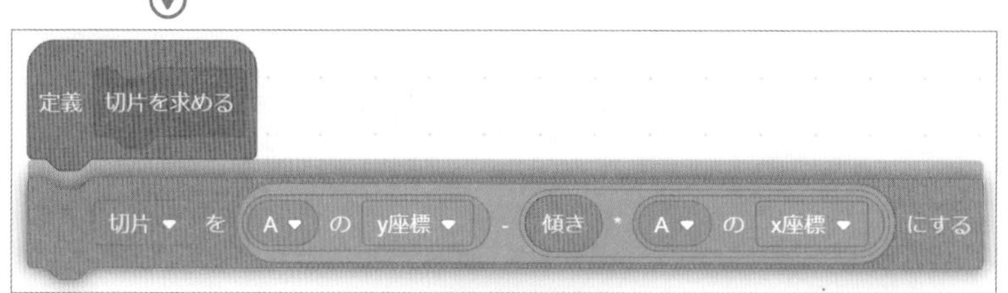

作成したブロックをクリックして実行すると、切片が算出されます。

一次関数のグラフを描く

CHECK

算出した傾きと切片を使って、一次関数の直線を描きます。

☞p.053 一次関数を描く

バックパックから、「一次関数を描く」を取り出します。

引数として「傾き」と「切片」の変数を入れます。

作成したブロックで、メインの処理を下のように構成します。
実行して、点A、点Bをドラッグして移動すると、点Aと点Bを通る直線が描かれます。

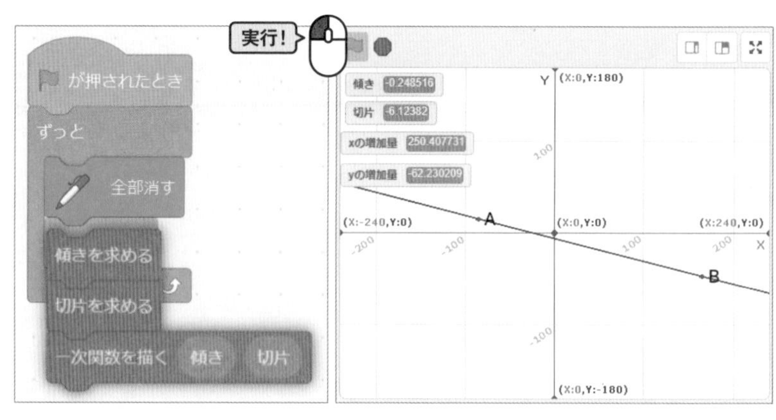

ブロックを一般化する

今後ほかのプロジェクトでも使えるよう、今回定義したブロックを一般化します。

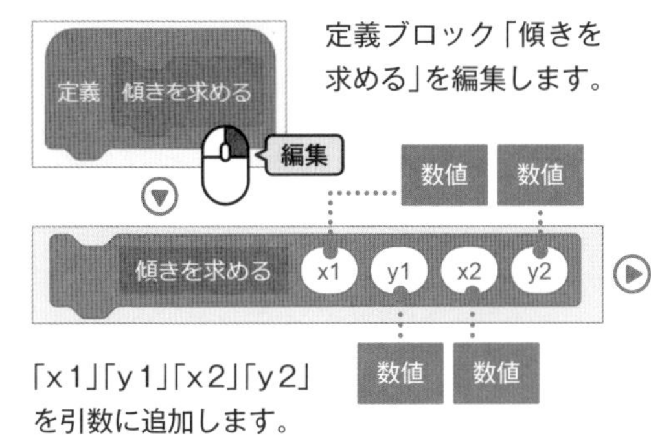

定義ブロック「傾きを求める」を編集します。

「x1」「y1」「x2」「y2」を引数に追加します。

処理内の変数を、対応する引数ブロックと入れ替えます。

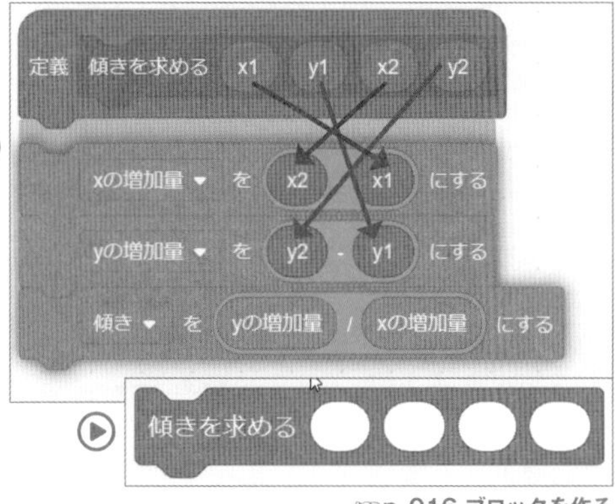

☞p.016 ブロックを作る

定義ブロック「切片を求める」を編集します。

「傾き」「x1」「y1」を引数に追加します。

処理内の変数を、対応する引数ブロックと入れ替えます。

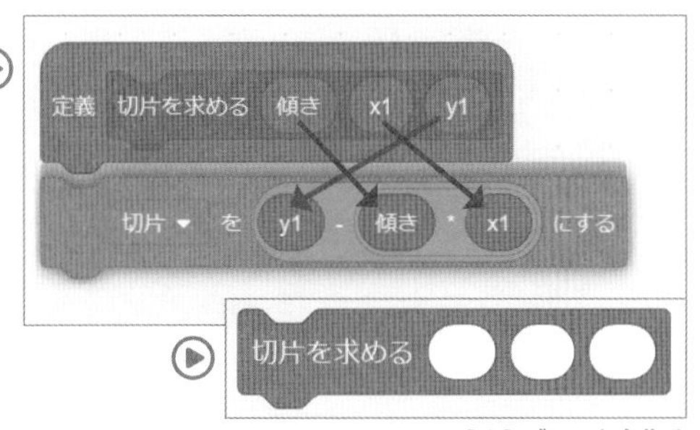

☞p.016 ブロックを作る

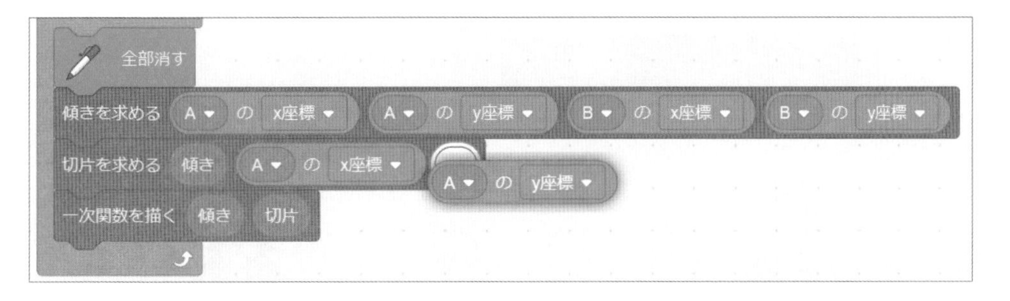

ブロックにできた引数の空白に、該当する変数を入れて実行し、同じように動作するか確認します。

組んだブロックを応用する

2点間の距離を求めるには、三平方の定理を使います。これもプログラムで表現してみましょう。

三平方の定理は右の図のように定義されます。傾きを求める計算で算出したxの増加量はaに、yの増加量はbに対応します。斜辺cが、2点間の距離になります。
斜辺cの長さを三平方の定理で算出し、2点間の距離を求めるプログラムを作成してみましょう。

三平方の定理

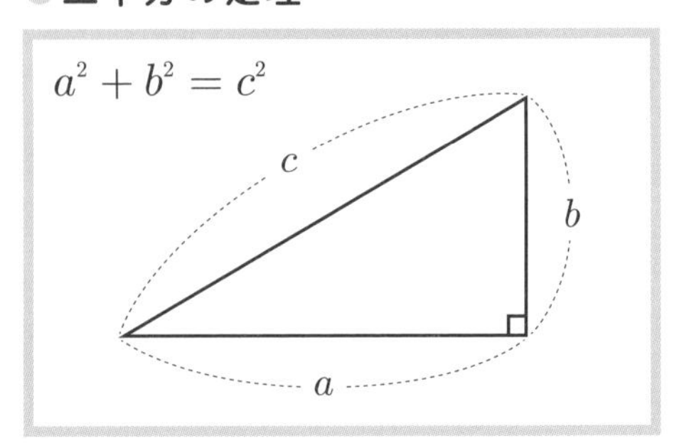

描画スプライトを選択します。

☞p.021 変数の作り方

算出した斜辺の距離を入れる変数「2点間の距離」を作ります。

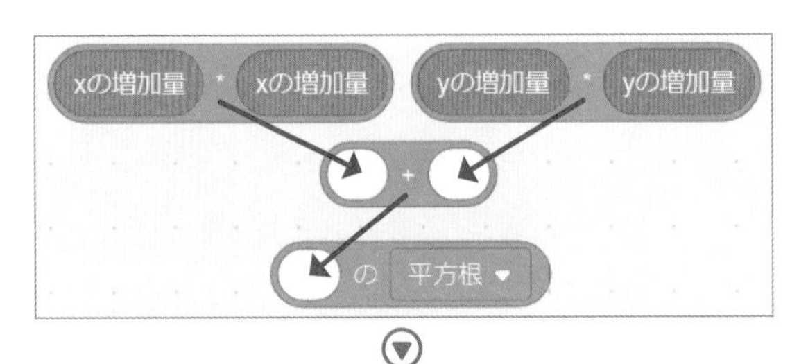

「xの増加量」を2乗したものと、「yの増加量」を2乗したものを足し、その平方根を求め、「2点間の距離」に入れます。

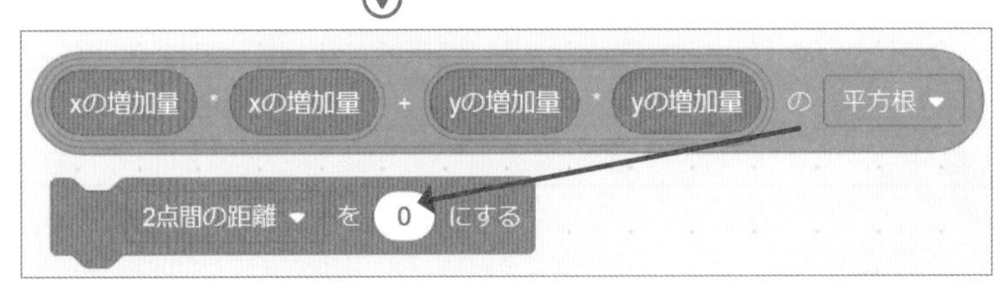

作成したブロックを、「xの増加量」「yの増加量」を求めるブロックの下につなげます。実行すると2点間の距離が算出されます。

この処理をまとめたブロックを作ります。

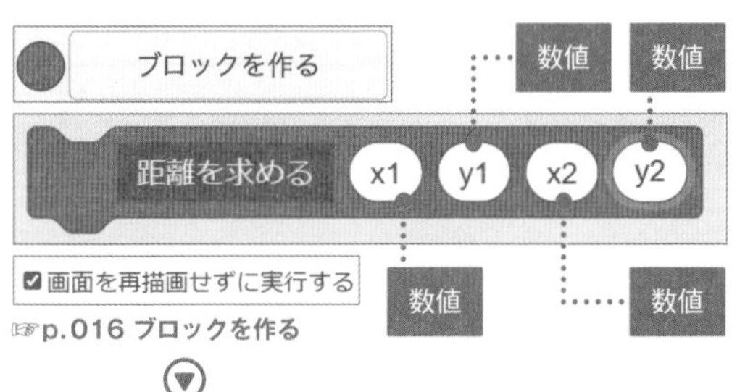

☞p.016 ブロックを作る

定義ブロック「距離を求める」で処理をまとめます。「x1」「y1」「x2」「y2」を引数に追加します。

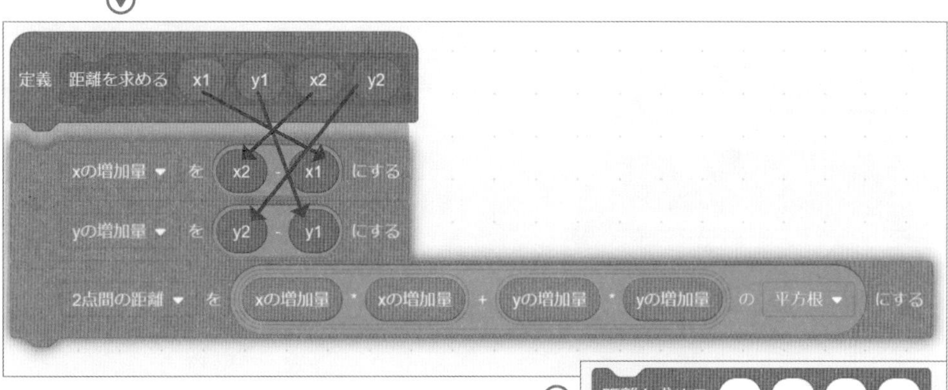

処理内の変数を、対応する引数ブロックと入れ替えます。

☞p.016 ブロックを作る

引数の空白部分に該当する座標のブロックを入れて、メインプログラムの繰り返しの中に加えます。

振り返り

2-1-3では、傾きと切片を設定して一次関数の直線を描きましたが、2-1-4では2つの点の座標さえあれば、傾きと切片を求められることがわかりました。

プログラムがきちんと動くかどうかは実行して確認できるのですが、プログラムで求めた数が正しいかどうかは、どうやって確かめたらいいのかな…? と思いました。

そうだね。実は、Scratchの「調べる」グループに、スプライト間の距離を取得できるブロックがあるんだよ。これを使って、計算式の結果と合っているかを検算してはどうかな?

なるほど! 点Aのスプライトで、点Bまでの距離を調べるプログラムを作れば、かんたんに検算できそうです。

次の2-1-5「2点間を線分比で分ける」では、距離を調べるプログラムも作ってみますよ。

バックパックに入れましょう

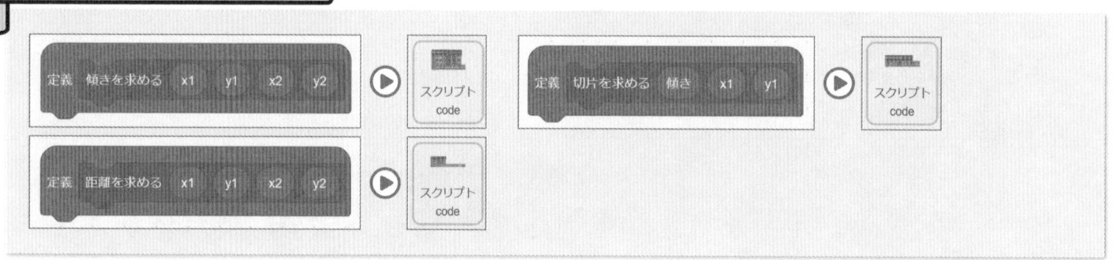

SECTION 関数

2-1-5 2点間を線分比で分ける

まず2点A、Bの中点に位置する点Mを作り、中点に位置しているか確認する処理も作ります。さらに線分比m:nで分ける位置に点Mを配置するプログラムを作り、線分比の設定と点Mの位置の関係を考えます。

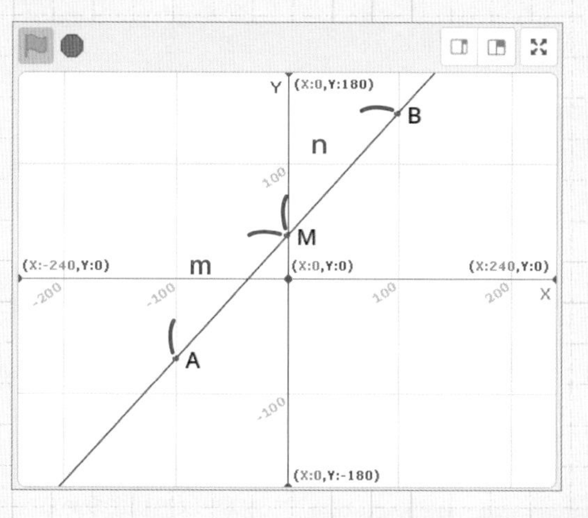

2点A (x_1, y_1)、B (x_2, y_2) の中点の座標は、$\left(\dfrac{x_1 + x_2}{2}, \dfrac{y_1 + y_2}{2}\right)$ で求められます。

中点に位置する点のスプライトを作って、この計算式で算出した座標を反映させるとよいですね。

本当に中点に位置しているか、点A点Bからの距離を調べてみてはどう？

m:nの線分比に分ける座標は $\left(\dfrac{nx_1 + mx_2}{m + n}, \dfrac{ny_1 + my_2}{m + n}\right)$ の式で求められます。

m:nを1:1にすると中点に位置するし、いろんな線分比を設定できますね。

☑ 作戦決定!

- 中点に位置する点Mを作る。
- 中点の座標を求める処理を作り、点Mを配置する。
- 中点に位置しているか確認するために、点Mと点A、点Bとの距離を調べる。
- 線分比を設定する変数mとnを作る。
- m:nの線分比に分ける座標を求め、点Mを配置する。

始める前の準備

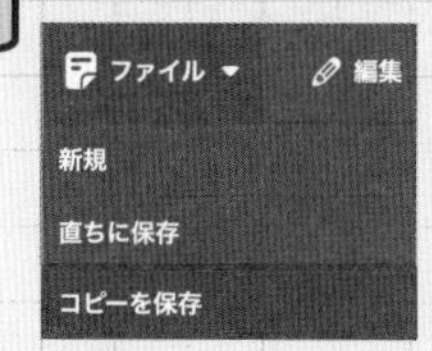

傾き・切片・距離を求める

線分比で分ける

「傾き・切片・距離を求める」を土台にプログラムを追加していきます。そのまま処理を組んでもよいですが、ここでは「ファイル」→「コピーを保存」で新たにプロジェクトを作り、「線分比で分ける」と名前をつけてブロックを組みます。

ブロックを組む

中点を求める

CHECK

点A、点Bの2点間の中点を求めます。

点Mを作ります。

☞p.019 原点Oを作る

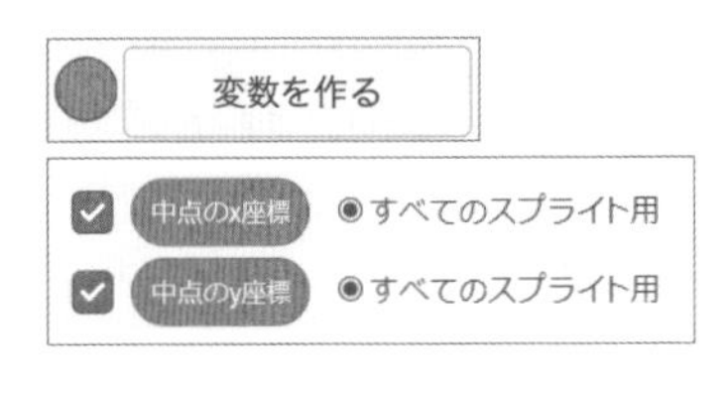

中点の座標の値を入れる変数
「中点のx座標」「中点のy座標」を作ります。

☞p.021 変数の作り方

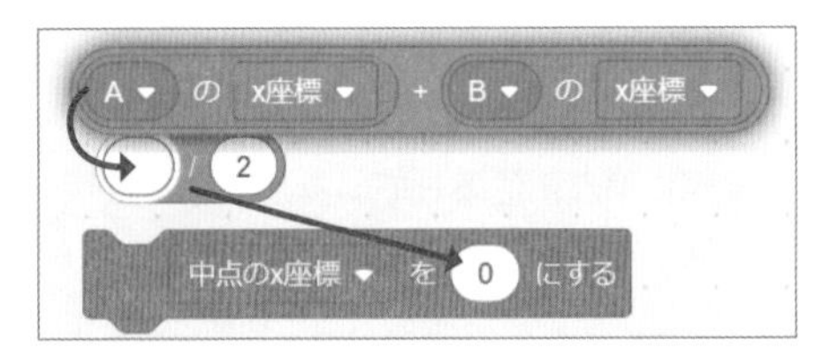

中点のx座標を求める処理を作ります。2点のx座標を足したものを2で割り、それを「中点のx座標」に入れます。

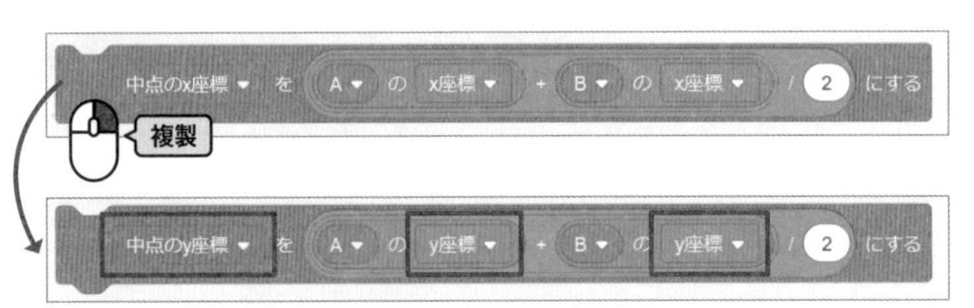

中点のx座標を求めるブロックを複製します。

座標に変更して中点のy座標を求めるブロックを作ります。

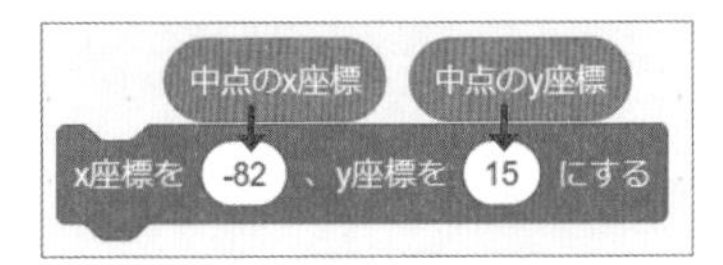

算出した中点の座標を
点Mの位置に反映します。

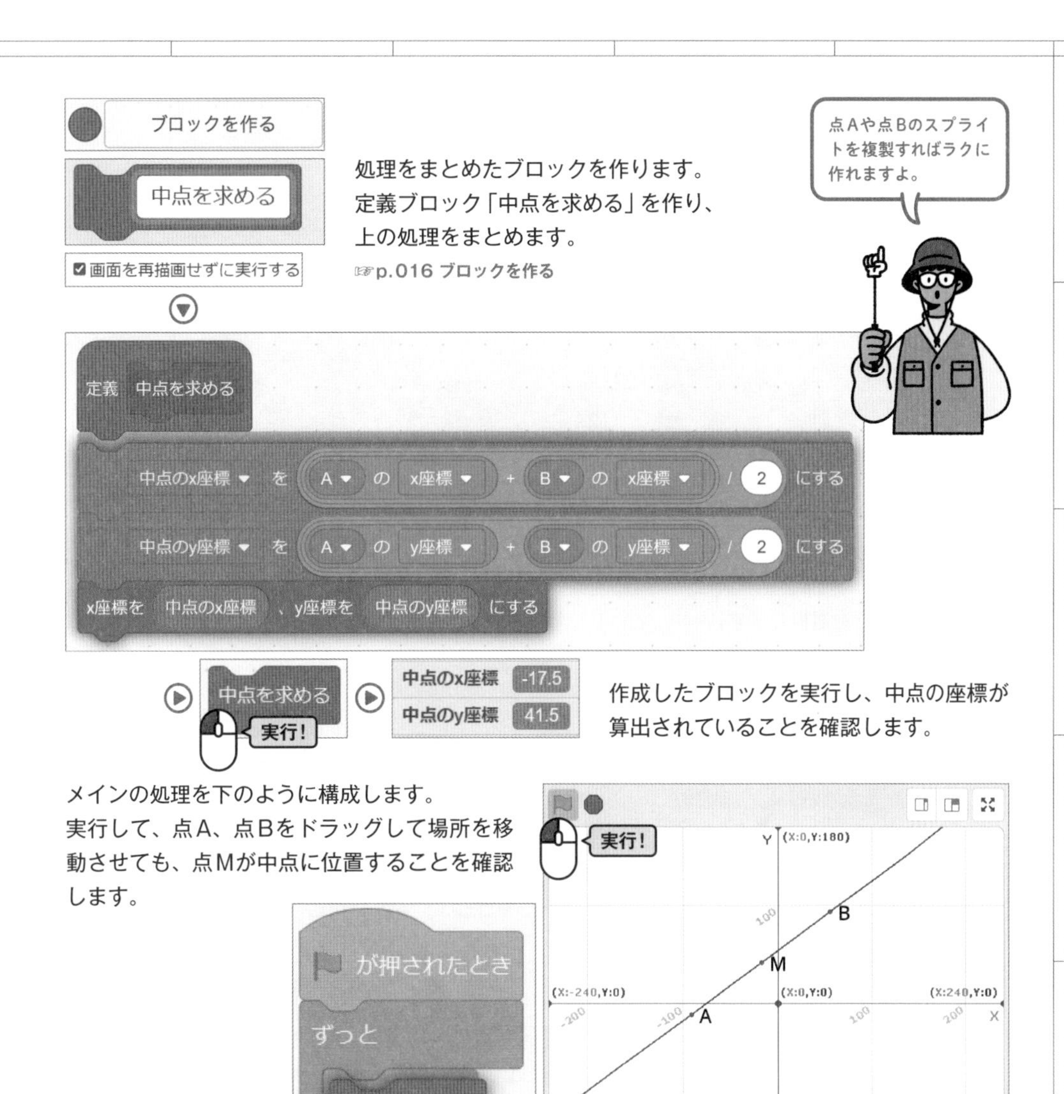

処理をまとめたブロックを作ります。定義ブロック「中点を求める」を作り、上の処理をまとめます。

☞p.016 ブロックを作る

作成したブロックを実行し、中点の座標が算出されていることを確認します。

メインの処理を下のように構成します。実行して、点A、点Bをドラッグして場所を移動させても、点Mが中点に位置することを確認します。

中点との距離を確認する

CHECK

AからM、BからM、それぞれの距離を求めます。同じ距離であれば中点であることが確認できます。

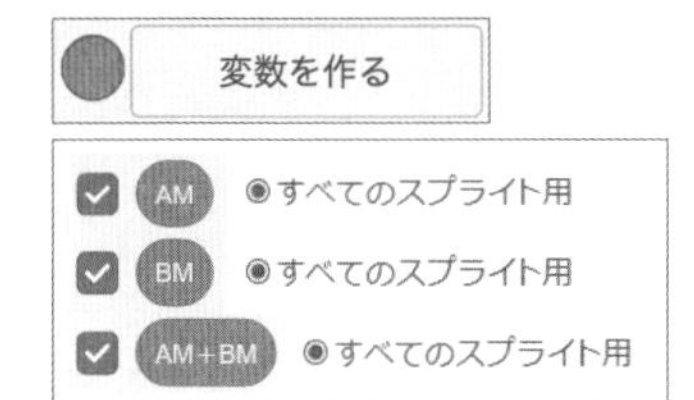

点Aから点M、点BからMの距離を入れる変数「AM」「BM」を作ります。さらにその2つを足したものを入れる変数「AM+BM」を作ります。

☞p.021 変数の作り方

点Aを選択します。

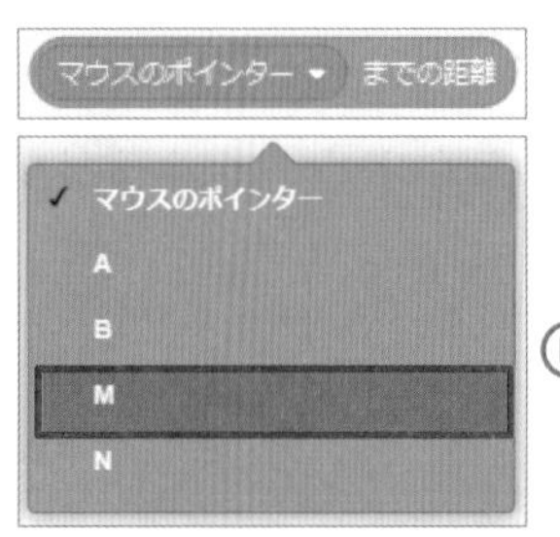

「マウスポインターまでの距離」ブロックのプルダウンメニューで「Mまでの距離」にし、その値を変数「AM」に入れます。メインの処理を下のように構成します。

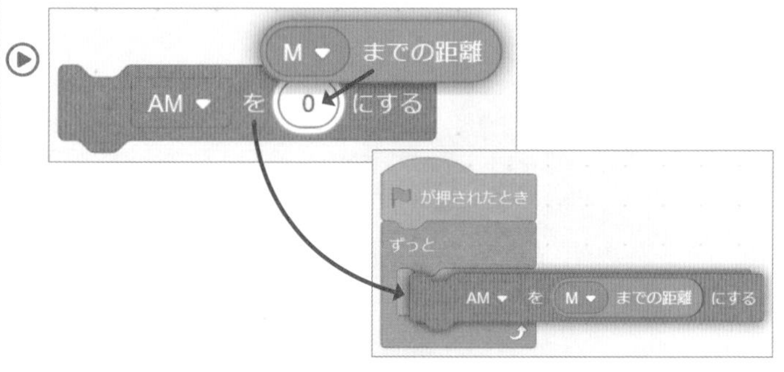

点Bを選択します。

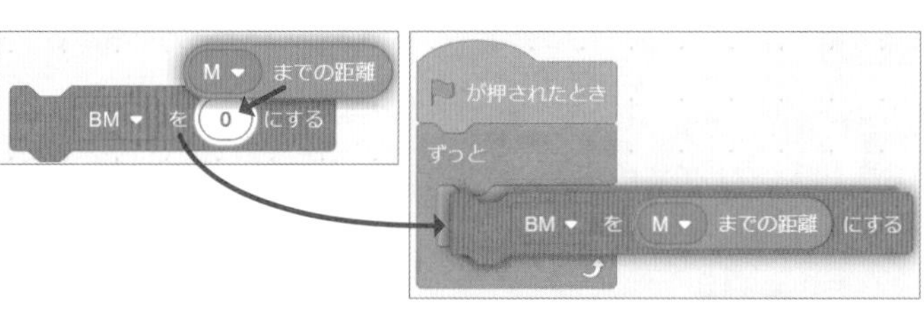

点Aと同様に、緑の旗が押されたら、BからMまでの距離を変数「BM」に入れる処理を繰り返します。

点Mを選択します。

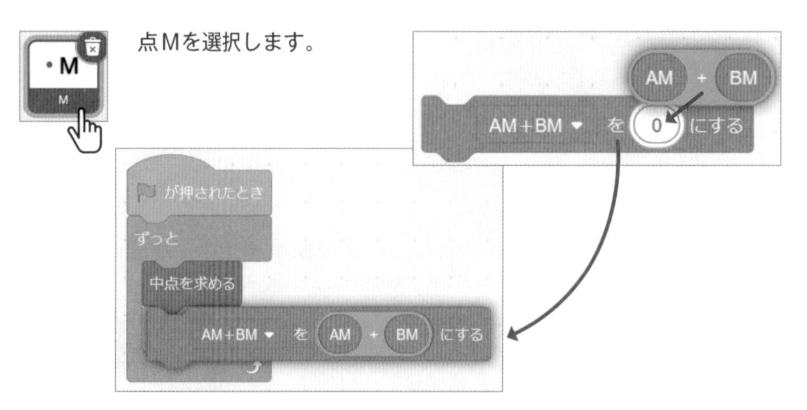

「AM」と「BM」を足したものを「AM＋BM」に入れる処理をメインの処理の繰り返しの中に加えます。

実行し、点Aや点Bを移動します。「AM」と「BM」、「２点間の距離」と「AM＋BM」が同じ値であることを確認します。

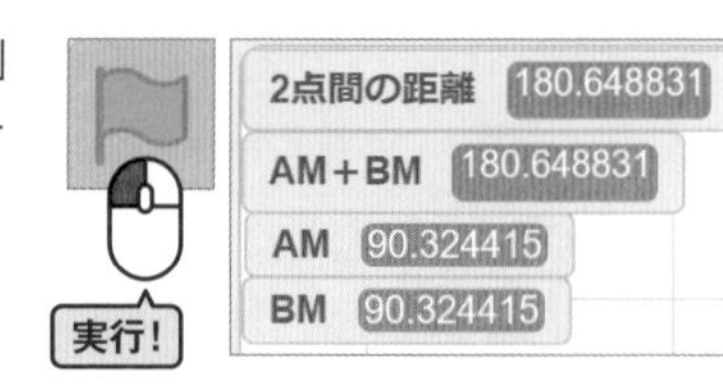

グラフを描いて動かしてみると、
図形と座標の関係がわかりやすい！

ブロックを一般化する

ほかのプロジェクトでも使えるよう、今回定義したブロックを一般化します。

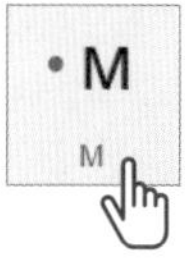

点Mを選択します。

定義ブロック「中点を求める」を編集します。「x1」「y1」「x2」「y2」を引数に追加します。

処理内の座標ブロックを、対応する引数ブロックと入れ替えます。

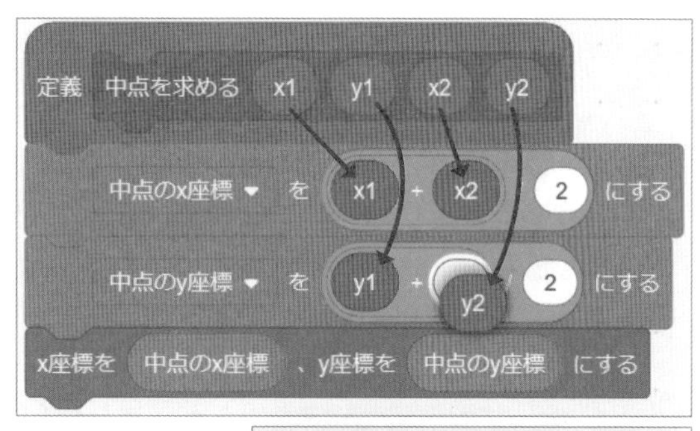

☞p.016 ブロックを作る

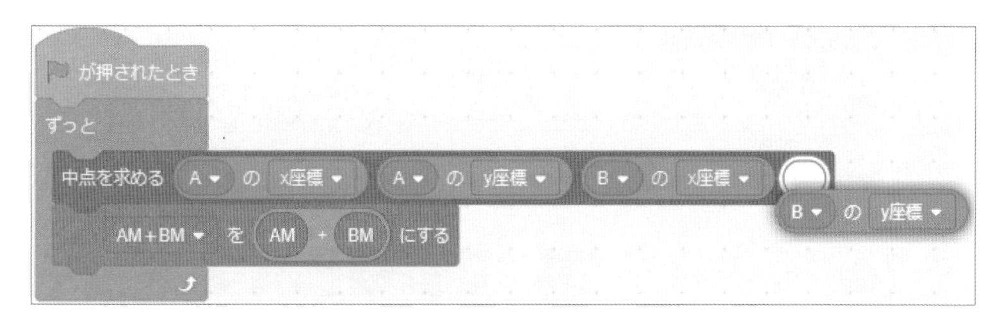

ブロックにできた引数の空白に、該当する座標の値を入れて実行し、前の動作と同じになるか確認します。

組んだブロックを応用する

中点を求めるプログラムを発展させて、任意の線分比m：nで分けるプログラムを作ってみましょう。

m：nの線分比に分ける座標は、このように求められます。

$$\left(\frac{nx_1 + mx_2}{m+n}, \frac{ny_1 + my_2}{m+n}\right)$$

この数式をブロックで組んで、指定した線分比に点Mを位置させるプログラムを作りましょう。

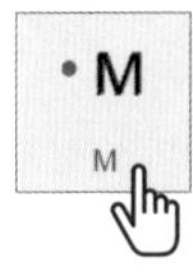

点Mを選択します。

☞p.021 変数の作り方

m:nの線分比を入れる「m」と「n」、中点のときと同様にm:nの座標の計算結果を入れる「m:nのx座標」と「m:nのy座標」、距離の割合を確認するため「AM」を「BM」で割った値を入れる「AM/BM」を変数として作ります。

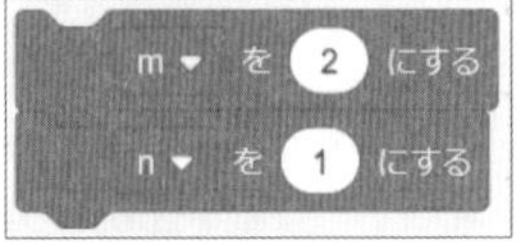

初期値としてmとnを2と1に設定します。

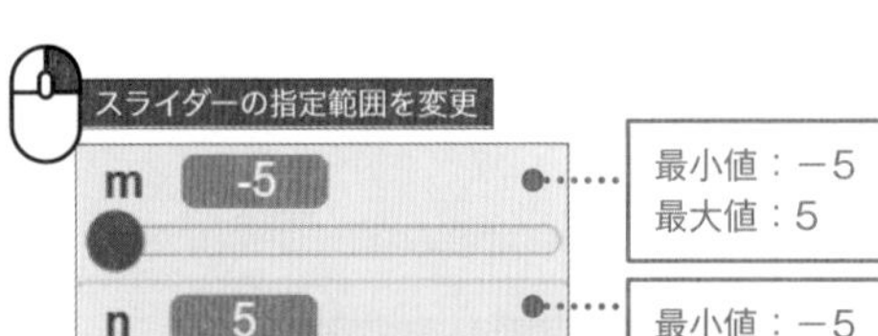

mとnのスライダーの指定範囲を、－5～5に設定します。

☞p.022 変数の範囲設定

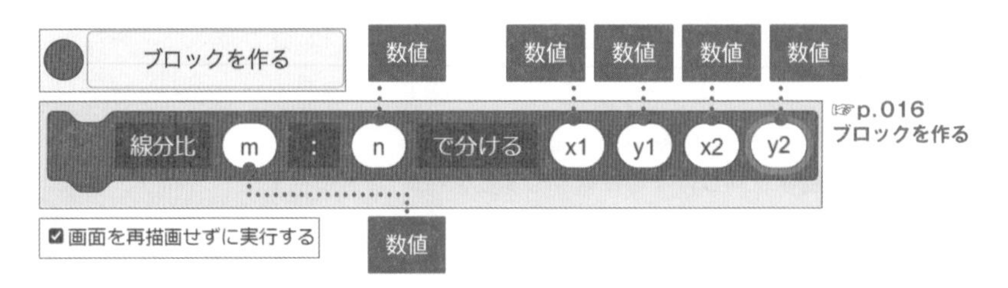

☞p.016 ブロックを作る

定義ブロック「線分比m:nで分ける」を作ります。引数とテキストラベルを上のように追加します。

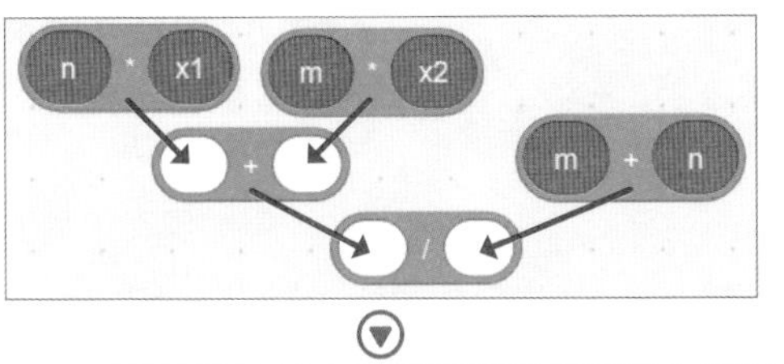

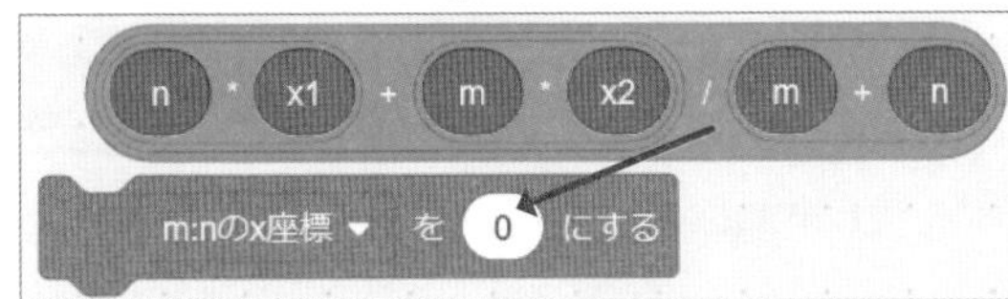

定義ブロックにできた引数ブロックを使って、(n*x1+m*x2) / (m+n) の数式を組み、計算結果を「m:nのx座標」に入れます。

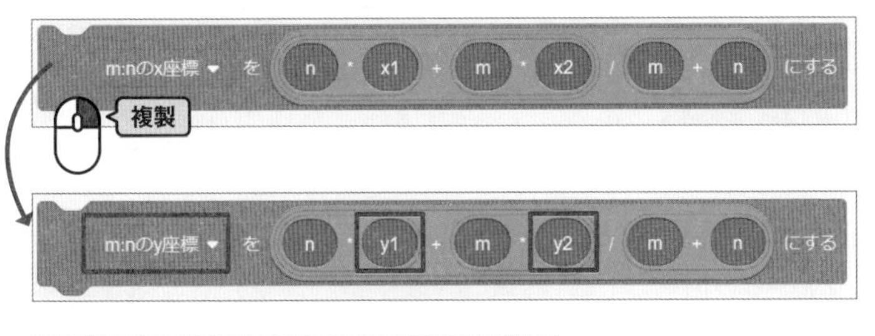

m:nのx座標を求めるブロックを複製して、m:nのy座標を求めるブロックを作ります。
最後に、点Mの位置に座標の計算結果を反映します。

定義ブロックで線分比m:nで分ける処理をまとめます。

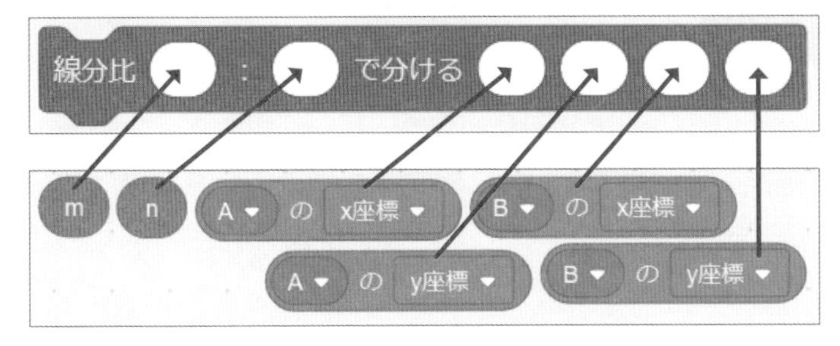

作成したブロックの引数の空白に対応する変数を入れます。

「Aまでの距離」から「Bまでの距離」を割ったものを「AM/BM」に入れる処理を作ります。

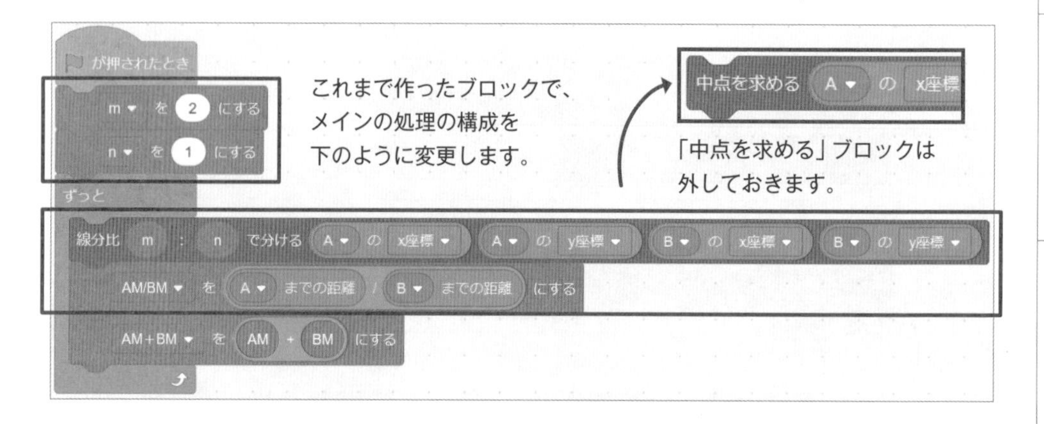

これまで作ったブロックで、メインの処理の構成を下のように変更します。

「中点を求める」ブロックは外しておきます。

実行して、2点ABの間を2:1に内分する座標にMが位置することを確認します。

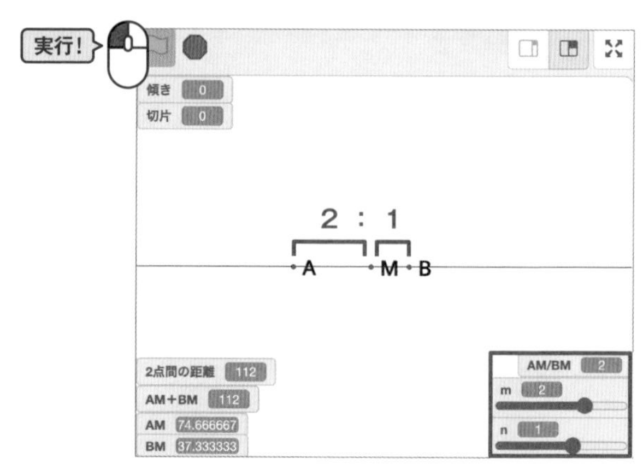

見やすいように、ステージの背景をxy-gridから白い背景にしておくといいかも…。

スライダーを動かして線分比を変更します。例えばnを−1にするとMが外分する位置にきました。このプログラムだと内分と外分が連続して扱えます。

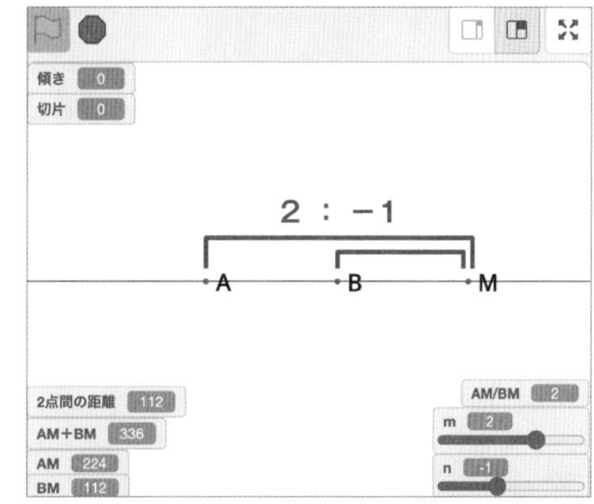

内分、外分について

内分とは、点A、Bを結ぶ直線の内側にある点で分けることを言います。
外分とは、点A、Bを結ぶ直線の外側にある点で分けることを言います。
内分と外分は、高校の数学で習う内容ですが、中学で習う中点をプログラムで表現すれば、内分と外分も同じプログラムの中で表現できてしまうため、ここで紹介しました。

振り返り

線分比で分ける処理を作りました。

点A、点Bを移動させても、すぐに中点に点Mが表示されるのが面白かったです。

数式に従ってプログラムを作れば、2点間を任意の線分比にかんたんに分けられるのが実感できました。

数式をプログラムで表現すると、数式の表す意味がよく理解できるようになることがわかったかな。

バックパックに入れましょう

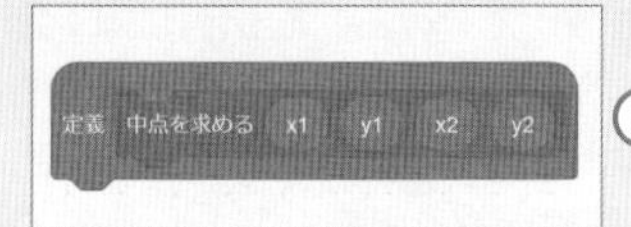

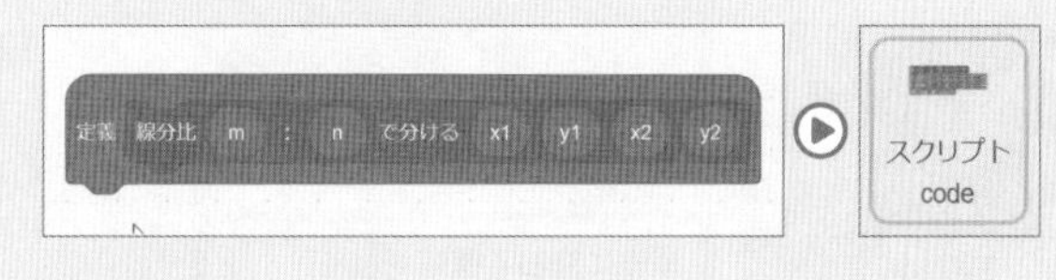

SECTION 関数

2-1-6 垂直に交わる直線を描く

点Mを通り、垂直に交わる2つの直線を描きます。ある直線に垂直に交わる直線の傾きは、直線の傾きの逆数−1を掛ければ求められます。さらに作成したプログラムを土台にして、直線を動かす表現を加えてみます。

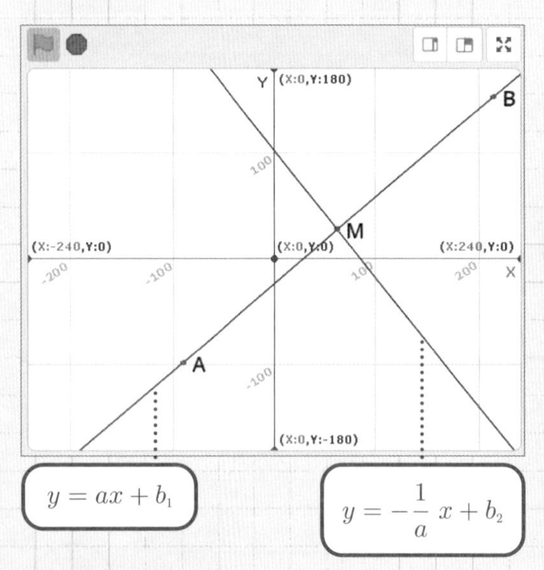

$y = ax + b_1$

$y = -\frac{1}{a}x + b_2$

ある直線に垂直に交わる直線の傾きは、傾きの逆数にマイナス1を掛けたものでしたね。

はい、線分ABの傾きを求めるプログラムは2-1-4で作ったので、それを逆数にして−1を掛けるブロックを作ればいいですね。

切片も、2-1-4で作った「切片を求める」で、点Mの座標と、垂直に交わる直線の傾きから求められますね。

傾きと切片が求められれば、直線は2-1-3で作った「一次関数を描く」ブロックで描けますね。

☑ 作戦決定!

- 線分ABの傾きの逆数に−1を掛けて、垂直に交わる直線の傾きを求める。
- 直線は点Mを通るので、その座標と傾きから切片を求める。
- 「一次関数を描く」で直線を描く。

始める前の準備

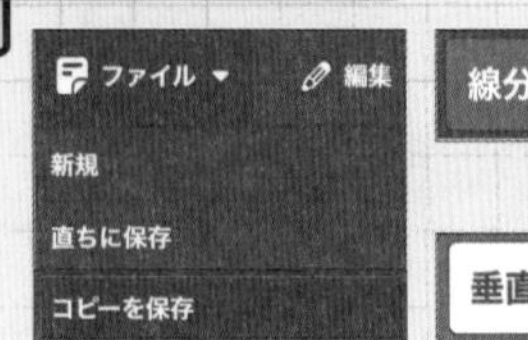

線分比で分ける

▼

垂直に交わる直線を描く

2-1-5で作った「線分比で分ける」を土台にプログラムを追加していきます。「ファイル」→「コピーを保存」で新たにプロジェクトを作り「垂直に交わる直線を描く」と名前を付けてブロックを組みます。

ブロックを組む

➡ 垂直に交わる直線を描く

CHECK

ある直線の「傾きの逆数に－1を掛けたもの」を傾きにして、垂直に交わる直線を描きます。

描画スプライトを選択します。

傾きの逆数を求める数式は「1/傾き」です。それに－1を掛けると「－1/傾き」になります。

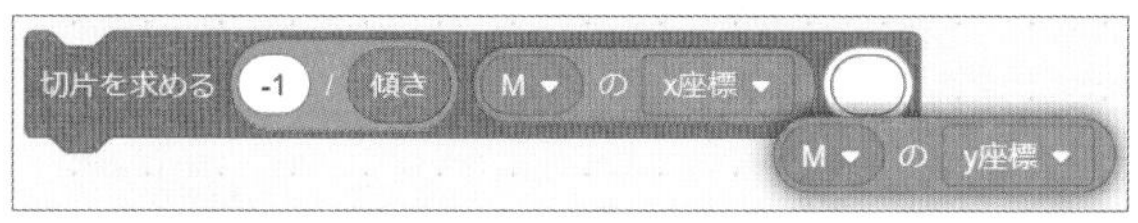

点Mを通る直線を描きたいので、点Mの座標を使って切片を求めます。

点Mを通り垂直に交わる直線を描きます。

処理をまとめたブロックを作ります。

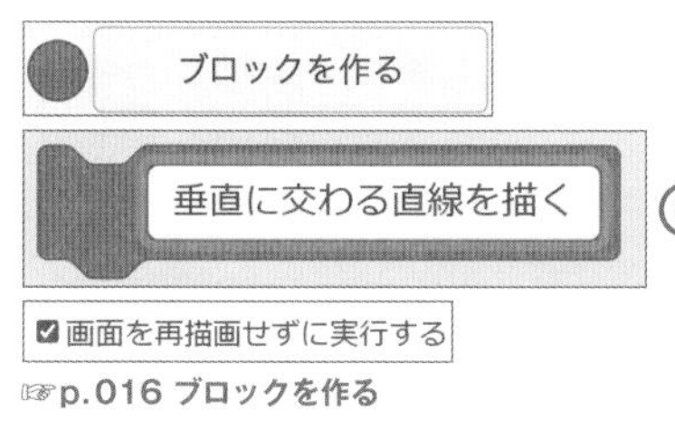

☞p.016 ブロックを作る

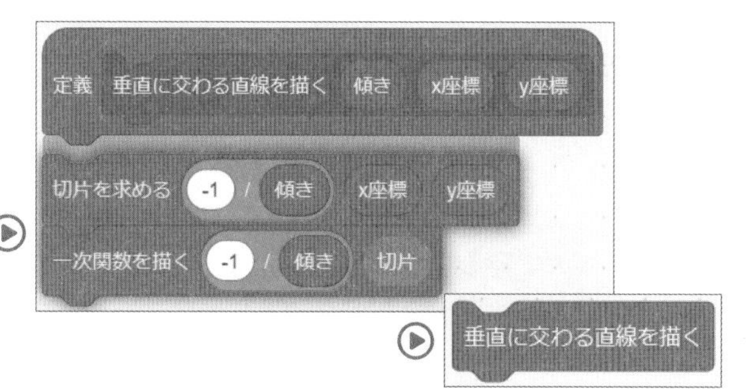

定義ブロック「垂直に交わる直線を描く」を作り、上の処理をまとめます。

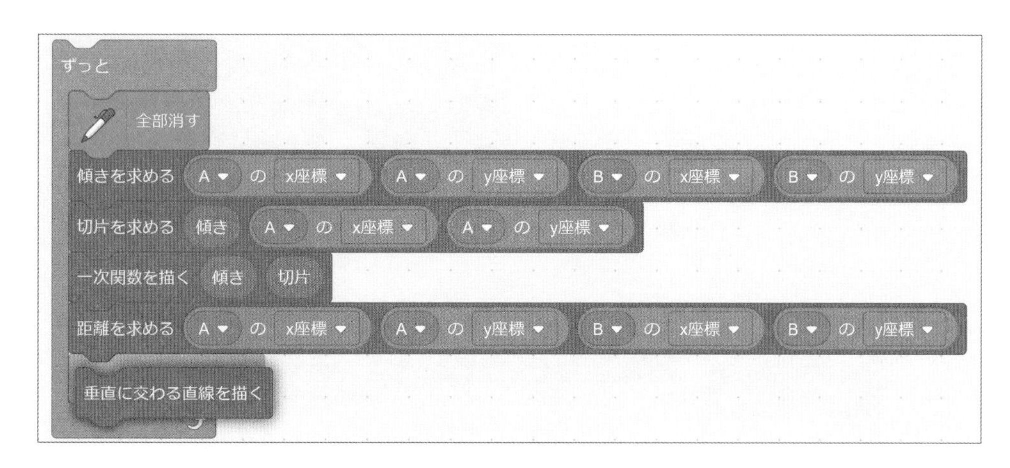

作成したブロックをメインの処理に加えます。

実行すると、点ABを通る直線に加え、その直線に垂直で、点Mを通る直線が描画されます。点Aや点Bを移動させても、同じように動作するか確認します。

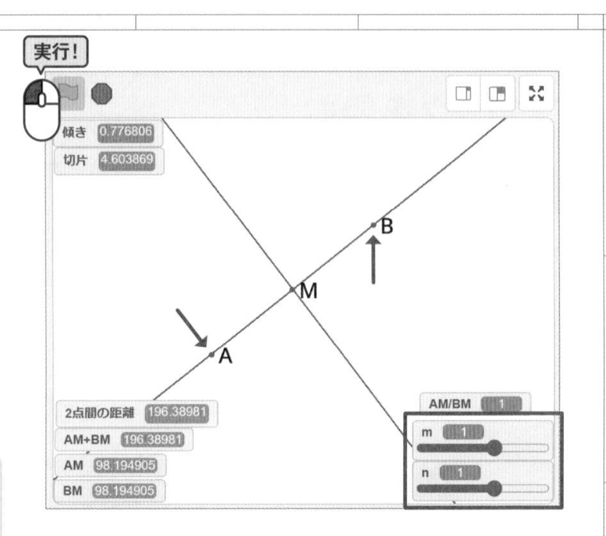

POINT

点Mが点AとBのちょうど真ん中（中点）になるようにしたい場合は、ステージ上のスライダーでmとnをそれぞれ1にしましょう。

ブロックを一般化する

GENERALIZE CODE

今後ほかのプロジェクトでも使えるよう、今回定義したブロックを一般化します。

定義ブロック「垂直に交わる直線を描く」を編集します。

「傾き」「x座標」「y座標」を引数に追加します。

処理内の変数を、対応する引数ブロックと入れ替えます。

☞p.016 ブロックを作る

ブロックにできた引数の空白に、該当する変数ブロックを入れて実行し、前の動作と同じになるか確認します。

組んだブロックを応用する

APPLY CODE

点Aと点Bをランダムウォークさせることで、2つの直線や点Mの動きがどうなるのか見てみましょう。

☞ p.022
原点Oのランダムウォーク

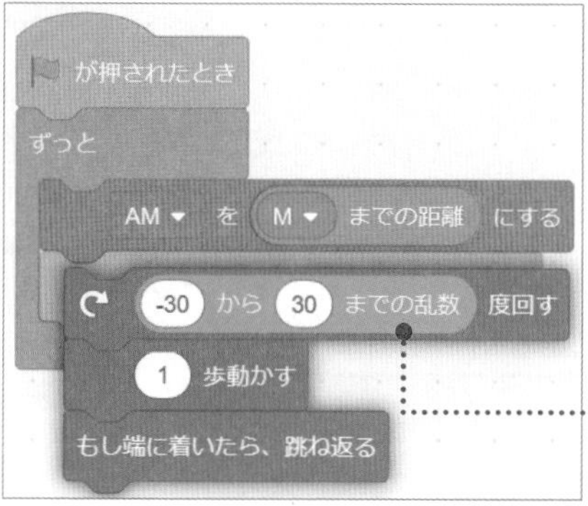

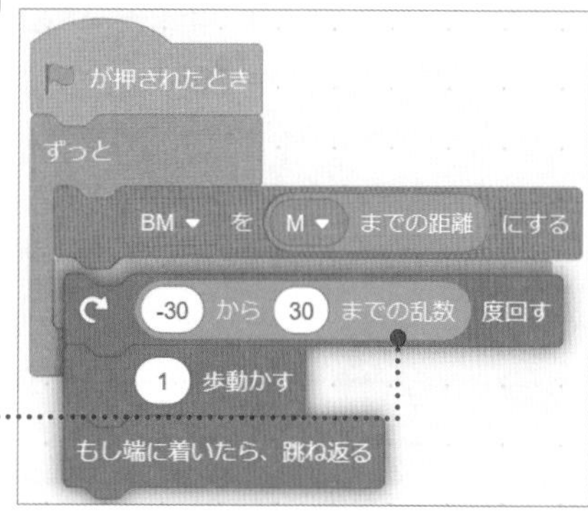

点Aと点Bのメインプログラムに、ランダムウォークをする処理を加えます

・M
M

コスチューム

点Mを選択し、コスチュームタブを開きます。

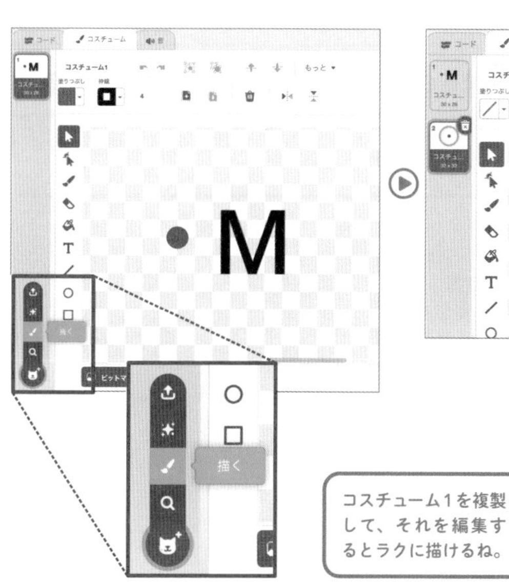

「コスチュームを描く」から、右上のような図を作成します。○を選んで、シフトキーを押しながらドラッグすると、正円が描けます。

コスチューム1を複製して、それを編集するとラクに描けるね。

POINT

円の大きさを変えたいときは、四隅の点をマウスでドラッグすれば、正円のままサイズを変えられます。

実行すると、点A、点Bの動きに合わせて図が変化します。2本の直線は2つの一次方程式に対応しますので、その解となるxとyの組み合わせを探す照準のようなものが表現できました。かんたんな決まりの組み合わせですが、面白い動きをします。ABの表示を消すと、どんな決まりで動いているのか、動きだけではわからず、生き物のようにも見えます。

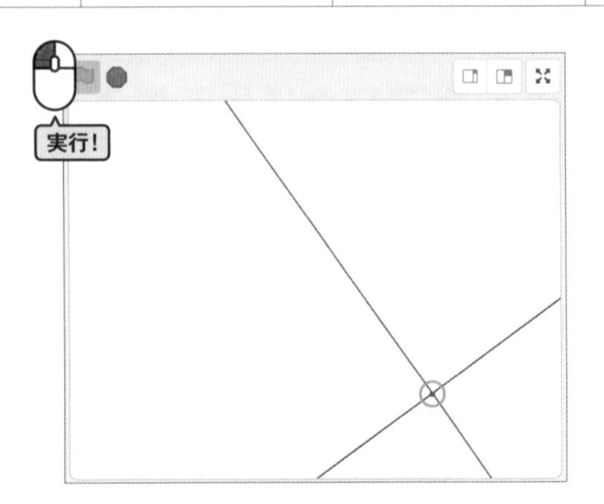

振り返り

かんたんな決まりの組み合わせだけど、面白い動きができましたね。

ランダムウォークさせただけですが、数式で描かれたものがステージ上をうねうね動くのは、面白いと思いました。数式を使って何かを動かしたり表現することができることに気がつきました!

他の数式でも、ランダムウォークさせてみたら、楽しいかも?

いいですね。今回作った垂直に交わる直線のプログラムを応用すれば、円の接線も描けますよ。

バックパックに入れましょう

SECTION 関数

2-1-7 2直線の交点を求める

傾きと切片を設定して描画した、交差する2直線の交点に位置する点Pを作ります。最後には、作成したプログラムを使って、都立高校入試に出題された連立方程式の問題を表現します。

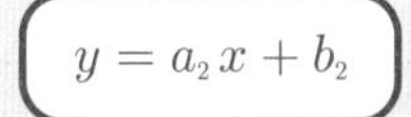

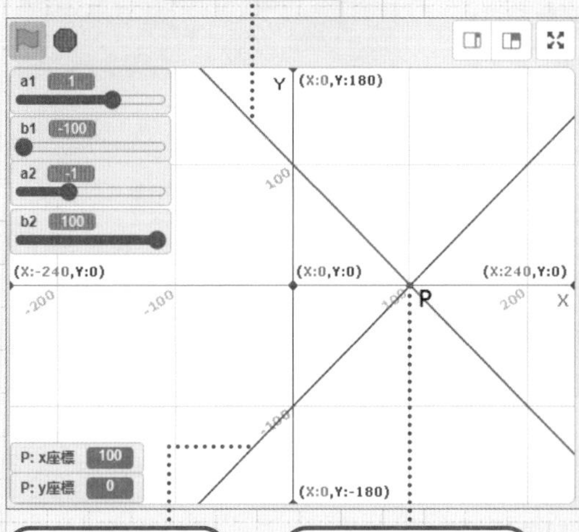

$y = a_1 x + b_1$

2直線の数式から交点の座標を求める

まず直線を2本描くにはどうすればいいでしょうか？

バックパックにある「一次関数を描く」が使えます。

2つの直線の交点は、xとyの値が同じになる場所だから、それぞれの直線を表す式、$y = a_1x + b_1$、$y = a_2x + b_2$をイコールでつなげて$a_1x + b_1 = a_2x + b_2$が成り立つところになりますね。これをxについて整理すると？

$x = \dfrac{(b_2 - b_1)}{(a_1 - a_2)}$ になります。

求めたxの値と、直線の傾きと切片からyの値が算出できますね。

算出した値を点Pの位置に反映させられますね。

☑ 作戦決定！

- 「一次関数を描く」をバックパックから取り出す。
- 交わる2直線の傾き、切片の変数を作り、それぞれ直線を描く。
- 交点に配置する点Pを作る。
- 2直線の数式から交点の座標を求め、点Pを配置する。

始める前の準備

作る

2直線の交点を求める

プロジェクト名を付ける

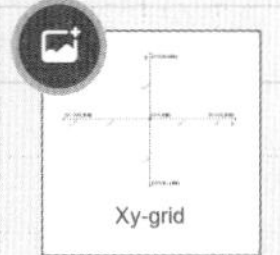

背景をXy-gridに設定

描画スプライトの設定

拡張機能でペンを追加

ブロックを組む

➡ 2つの直線を描く

CHECK

交差する2つの直線を描きます。

描画スプライトを選択します。

バックパックから「一次関数を描く」を取り出します。

☞p.053 一次関数を描く

☞p.021 変数の作り方

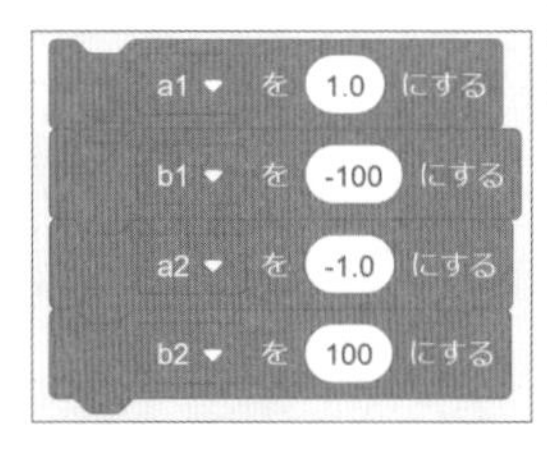

2直線の傾き「a1」「a2」、切片「b1」「b2」の変数を作ります。初期値として、a1を1.0、b1を−100、a2を−1.0、b2を100に設定します。

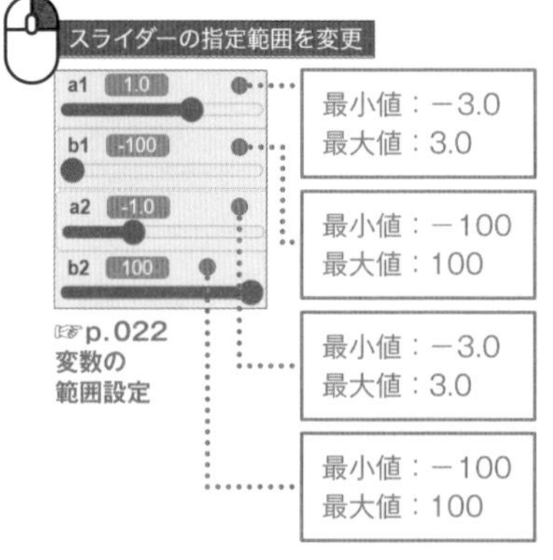

☞p.022 変数の範囲設定

スライダーの指定範囲をa1、a2は−3.0〜3.0、b1、b2は−100〜100に変更します。

「一次関数を描く」ブロックを複製して2つ用意し、引数の空白にそれぞれ傾きと切片の変数を入れます。

上で作ったブロックで、メインの処理を右のように構成します。
実行すると、交差する2つの直線が描画されます。

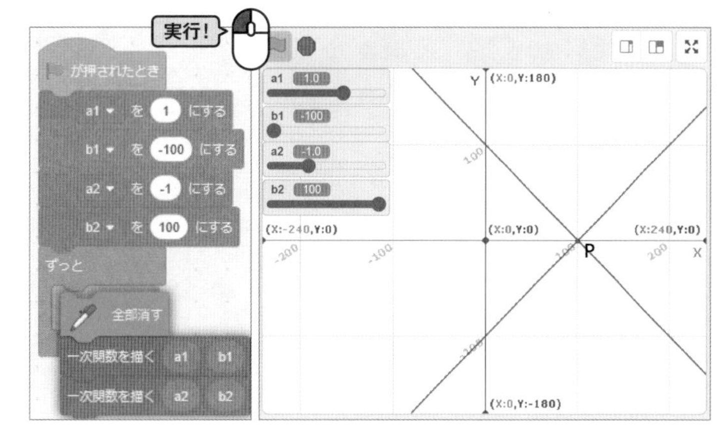

2直線の交点に点Pを配置します。

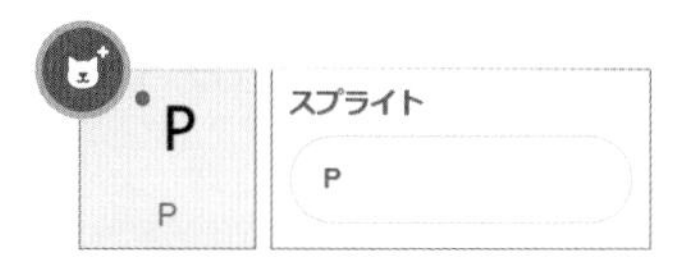

点Pを作ります。

☞p.019 原点Oを作る

交点のx座標を算出する処理を作ります。$a_1x + b_1 = a_2x + b_2$の数式をxについて変形すると$x = \dfrac{(b_2 - b_1)}{(a_1 - a_2)}$になります。ここから交点のx座標およびy座標を求めます。

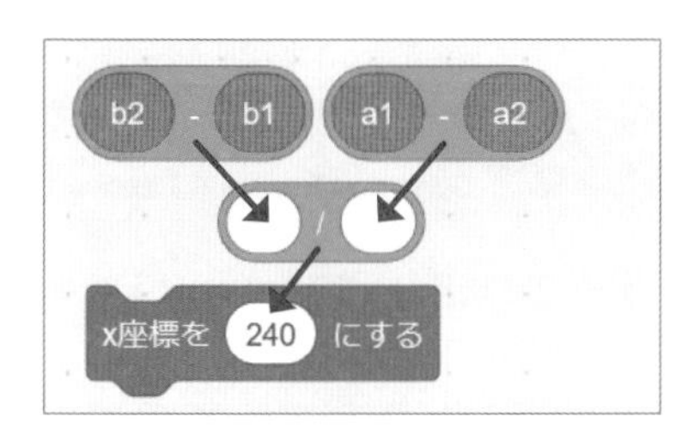

(b2-b1) / (a1-a2) のブロックを作り、演算結果をx座標に反映します。

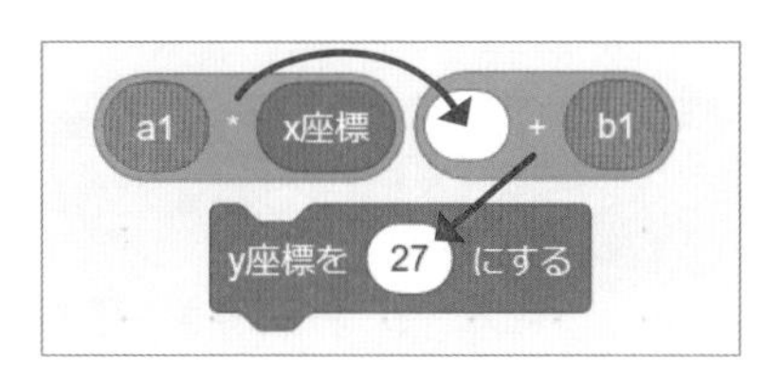

1つ目の一次関数の数式$y = a_1x + b_1$に、左で求めたx座標を入れて、演算結果をy座標に反映します。

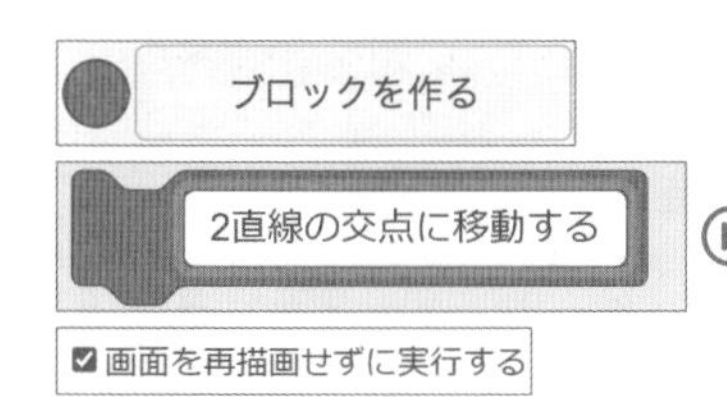

☞p.016 ブロックを作る

定義ブロック「2直線の交点に移動する」を作り、上の処理をまとめます。

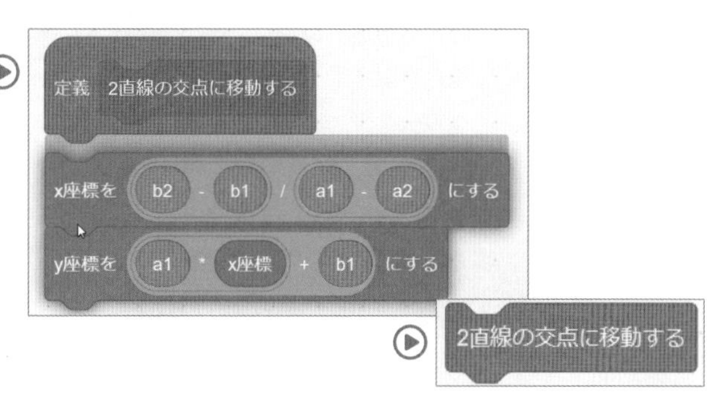

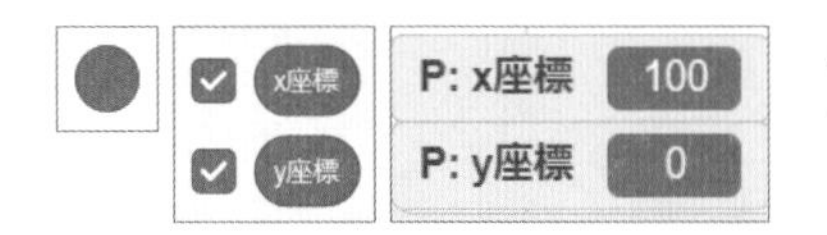

点Pのx座標とy座標をチェックして表示します。

作成したブロックで、メインの処理を下のように構成します。
実行すると、2直線が描かれ、交点に点Pが位置します。
変数のスライダーで傾きや切片の数値を変えても、点Pが常に交点に位置することを確認します。

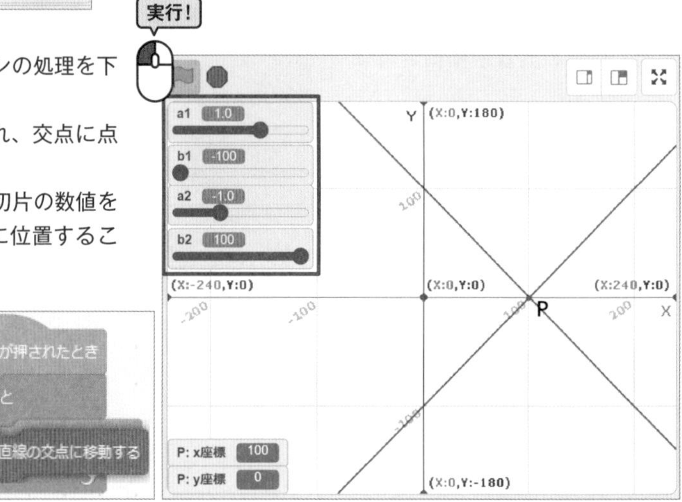

ブロックを一般化する

GENERALIZE CODE

今後ほかのプロジェクトでも使えるよう、今回定義したブロックを一般化します。

定義ブロック「2直線の交点に移動する」を編集します。

編集

「傾き1」「切片1」「傾き2」「切片2」を引数に追加します。

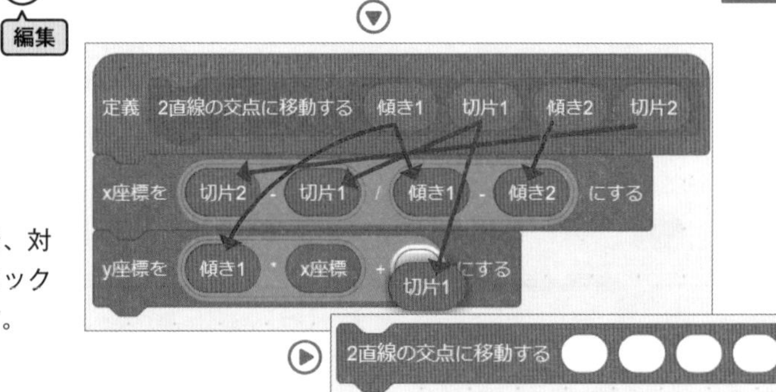

処理内の変数を、対応する引数ブロックと入れ替えます。

☞p.016 ブロックを作る

ブロックにできた引数の空白に、該当する変数を入れて実行し、前の動作と同じになるか確認します。

組んだブロックを応用する

作成したプログラムを使って、都立高校入試の連立方程式の問題を解いてみましょう。

問 連立方程式 $\begin{cases} -x+2y=8 \\ 3x-y=6 \end{cases}$ を解け。

出典：平成31年度都立高等学校入学者選抜 学力検査問題 数学 設問1〔問5〕

それぞれの式を「$y=$」の形に変形します。

$$y=\frac{1}{2}x+4$$
$$y=3x-6$$

変形した2式の傾きと切片を初期値に設定します。
実行すると点Pのx座標が40、y座標が60となり、解答と一致しています。

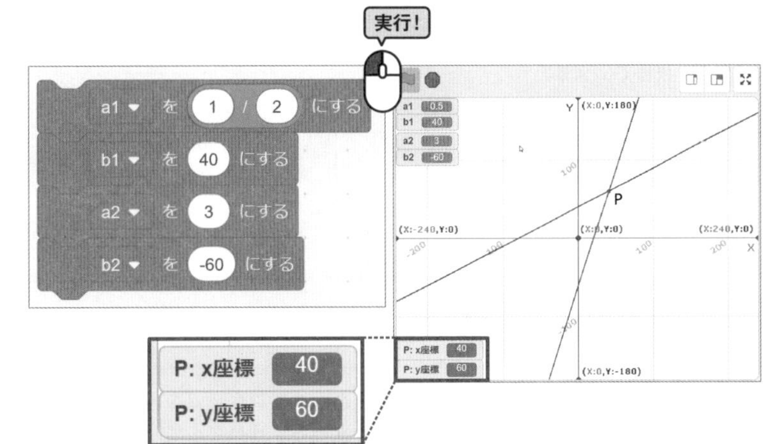

解答 $x=4,\ y=6$

問 連立方程式 $\begin{cases} 7x-3y=6 \\ x+y=8 \end{cases}$ を解け。

出典：令和2年度都立高等学校入学者選抜 学力検査問題 数学 設問1〔問5〕

まずは式を「$y=$」の形に変形しましょう。

$$y=\frac{7}{3}x-2$$
$$y=-x+8$$

変形した2式の傾きと切片を初期値に設定します。
実行すると点Pのx座標が30、y座標が50となります。
解答と一致しています。

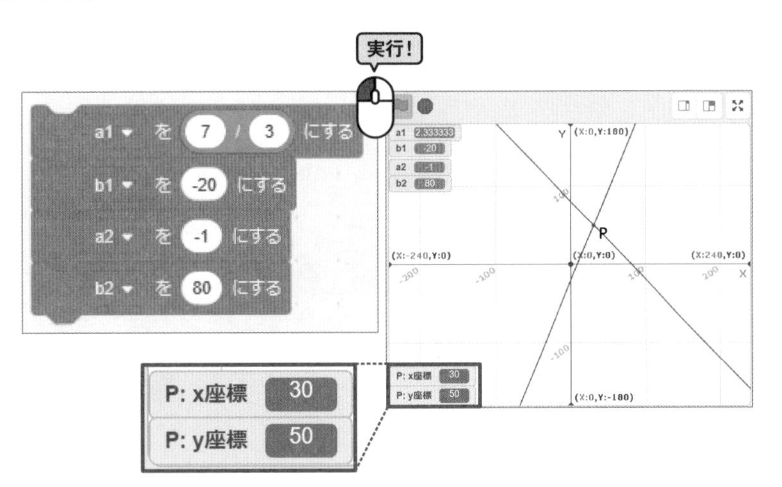

解答 $x=3,\ y=5$

問 連立方程式 $\begin{cases} 5x+y=1 \\ -x+6y=37 \end{cases}$ を解け。

出典：令和3年度都立高等学校入学者選抜 学力検査問題 数学 設問1〔問5〕

式を「$y=$」の形に変形します。

$$y = -5x+1$$
$$y = \frac{1}{6}x+\frac{37}{6}$$

変形した2式の傾きと切片を初期値に設定します。実行すると点Pのx座標が−10、y座標が60となり、解答と一致しています。

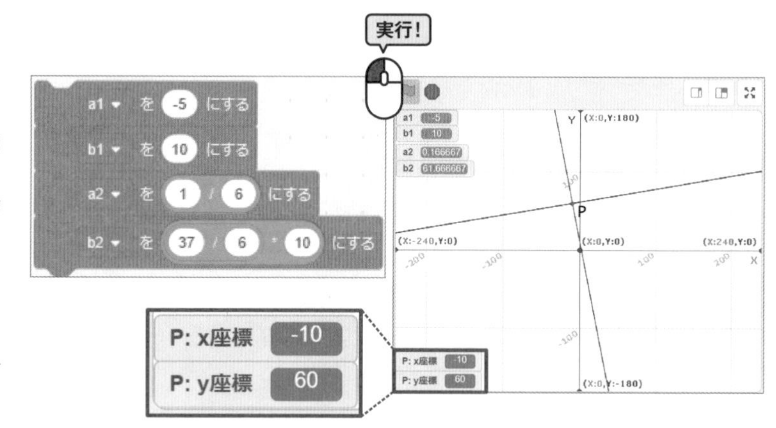

解答 $x=-1,\ y=6$

振り返り

2直線の交点に点Pを置くようにプログラムを組み立てました。傾きや切片を変化させても、点Pが追いかけるように交点に位置するのは面白いですね。

式を変形して連立方程式を解くやり方を習いましたが、こうやってグラフで見ると、2直線の交点が解だというのがよく理解できます。

xy平面で表現される問題の解を求めるということは、問題の条件に合致するようなxとyの組み合わせを探していくこと、という見方もできるかもしれませんね。

バックパックに入れましょう

SECTION

関数

2-1-8 二次関数を描く

$y = ax^2 + b$ で表される二次関数のグラフを描きます。傾きや切片の値をスライダーで変えて、グラフがどのように変化するか確認します。さらに、絶対値のグラフも描いてみます。

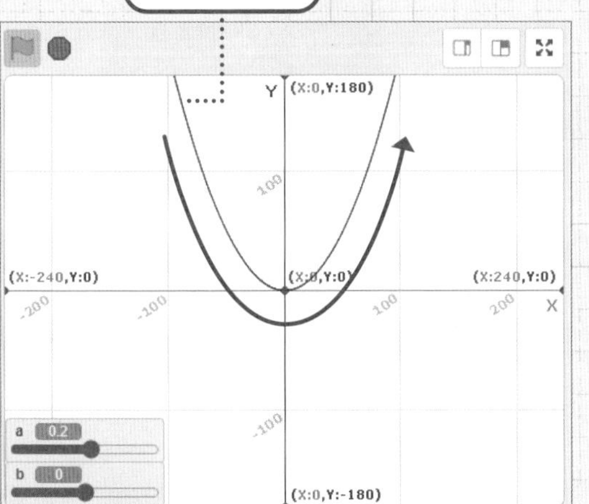

次は2次関数のグラフを描いてみましょう。

xの2乗は、x*xで作れます。「一次関数を描く」の数式を $y = ax^2 + b$ に変更するとよさそうですね。

1-1-3にあったように、2乗部分の計算は補正のために10で割る必要がありますね。

演算に「絶対値」ブロックがあるから、yの値を絶対値にして描画してみると面白いですよ。

☑ 作戦決定!

- 「一次関数を描く」をバックパックから取り出す。
- $y = ax^2 + b$ の数式をブロックで組む(xの2乗部分は10で割って補正する)。
- 「一次関数を描く」の数式の部分を $y = ax^2 + b$ のブロックと入れ替えて、「二次関数を描く」ブロックを作る。
- 作成したブロックで二次関数の曲線を描く。
- yの値を絶対値にしてグラフを描いてみる。

始める前の準備

作る

二次関数を描く

プロジェクト名を付ける

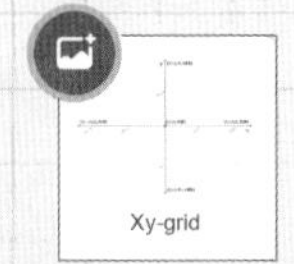

背景をXy-gridに設定

描画スプライトの設定

拡張機能でペンを追加

ブロックを組む

WRITE CODE

「一次関数を描く」処理を編集して「二次関数を描く」処理を作ります。

描画スプライトを選択します。

変数を作る

すべてのスプライト用

すべてのスプライト用

☞p.021 変数の作り方

傾きと切片の値を入れる変数「a」「b」を作ります。

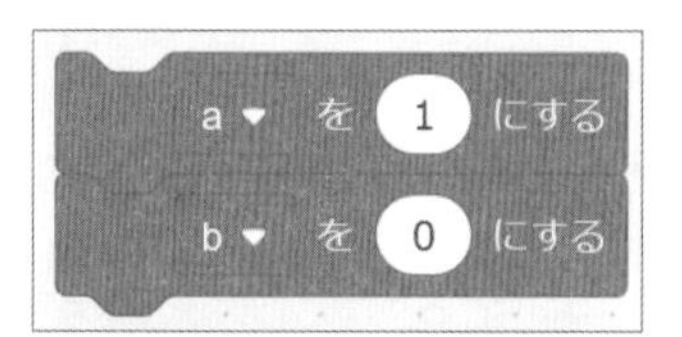

aとbの初期値を設定します。

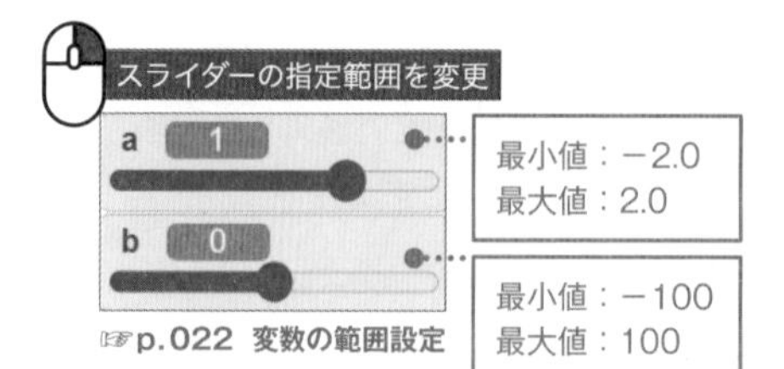

☞p.022 変数の範囲設定

スライダーの指定範囲を、aは−2.0〜2.0、bは−100〜100に変更します。

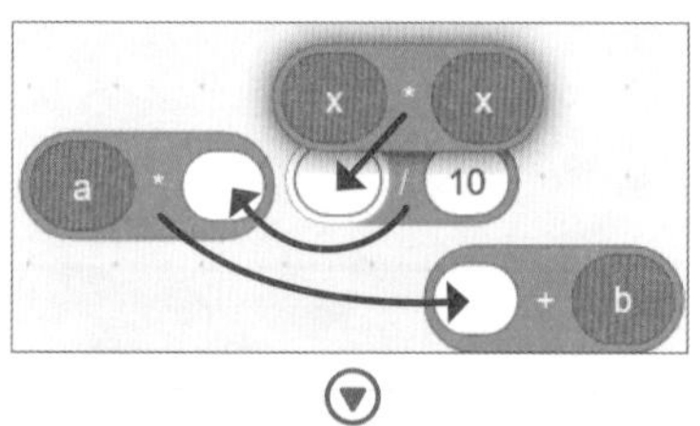

☞p.033 計算値の補正

$y = ax^2 + b$の数式を表すブロックを作ります。補正のため、2乗部分は10分の1にします。

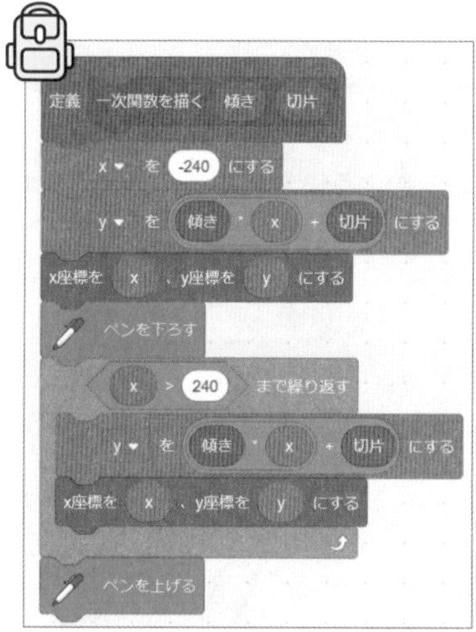

☞p.053 一次関数を描く

バックパックから「一次関数を描く」を取り出します。

定義ブロック「二次関数を描く」を作り、ここまでの処理をまとめます。

☞p.016 ブロックを作る

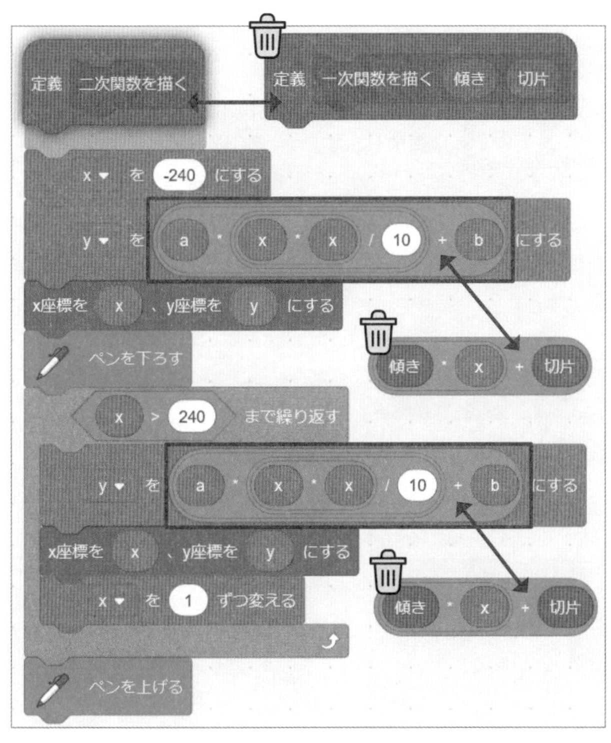

バックパックから取り出した「一次関数を描く」を編集して、名前を「二次関数を描く」にします。

先ほど作った「a*x*x/10+b」のブロックと、「傾き*x+切片」の部分を入れ替えます。
入れ替えて不要になった数式ブロックと定義ブロックは削除してOKです。

これまで作ったブロックで、メインの処理を下のように構成します。
実行すると二次関数の曲線が描画されます。
変数a、bのスライダーを動かすと、二次関数の描画が変化することを確認します。

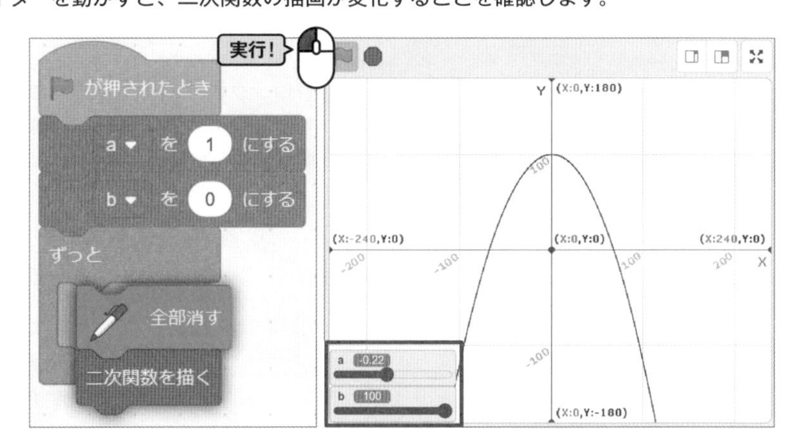

ブロックを一般化する

今後ほかのプロジェクトでも使えるよう、今回定義したブロックを一般化します。

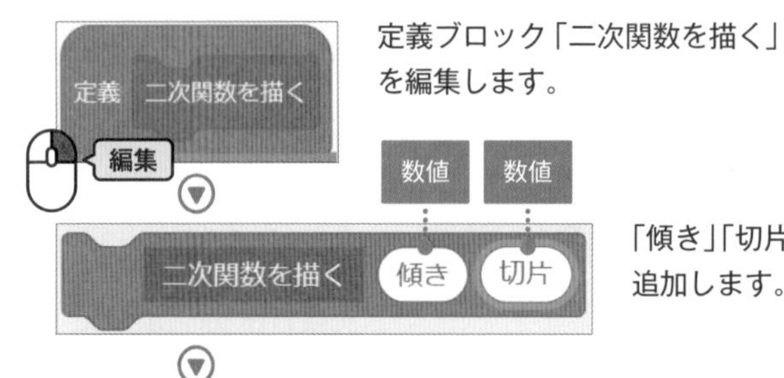

定義ブロック「二次関数を描く」を編集します。

「傾き」「切片」を引数に追加します。

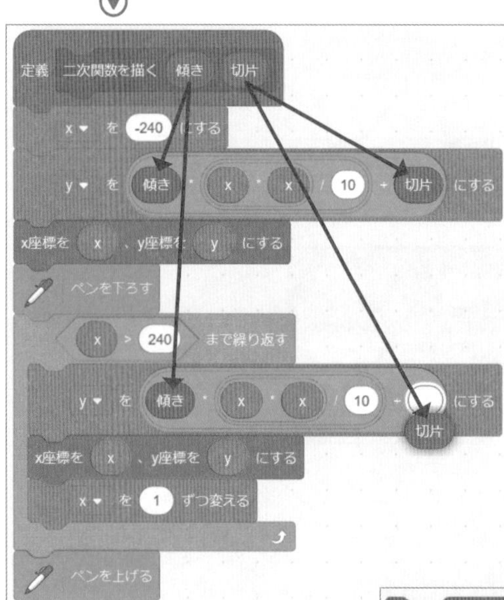

引数ブロックを、それぞれ対応する変数ブロックと入れ替えます。

☞p.016 ブロックを作る

ブロックにできた引数の空白に、該当する変数を入れて実行し、前の動作と同じになるか確認します。

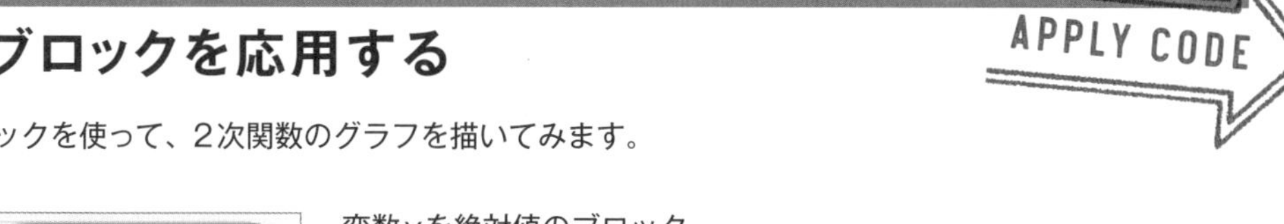

組んだブロックを応用する

絶対値のブロックを使って、2次関数のグラフを描いてみます。

変数yを絶対値のブロックの中に入れます。

絶対値は0からの距離を表す値だね。

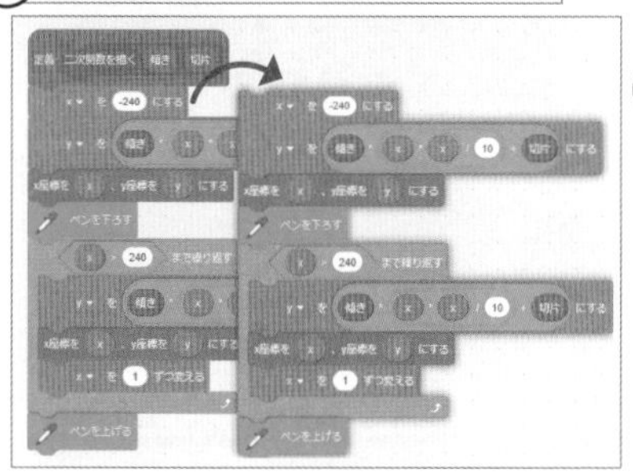

「二次関数を描く」の定義ブロックのすぐ下のブロックを右クリックして複製します。

☑画面を再描画せずに実行する

☞p.016 ブロックを作る

定義ブロック「二次関数を絶対値で描く」を作り、「傾き」「切片」を引数に追加します。

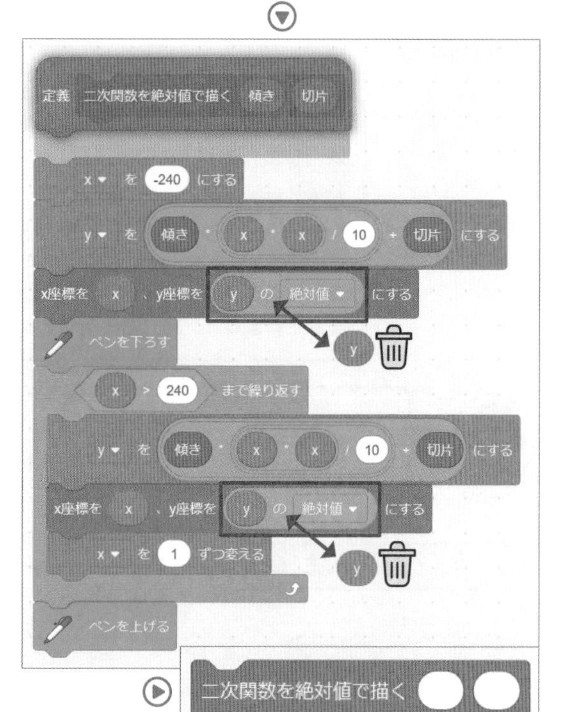

複製したブロックの中の変数yを、先ほど作った「yの絶対値」のブロックと入れ替え、定義ブロックで処理をまとめます。

作成したブロックの引数に傾きaと切片bの変数ブロックを入れ、メインプログラムの「二次関数を描く」ブロックと入れ替えます。
実行して、切片bをマイナスに動かすと、y座標がプラス側に描画されたグラフになります。傾きの変数も変化させて、どのような描画になるか確認します。

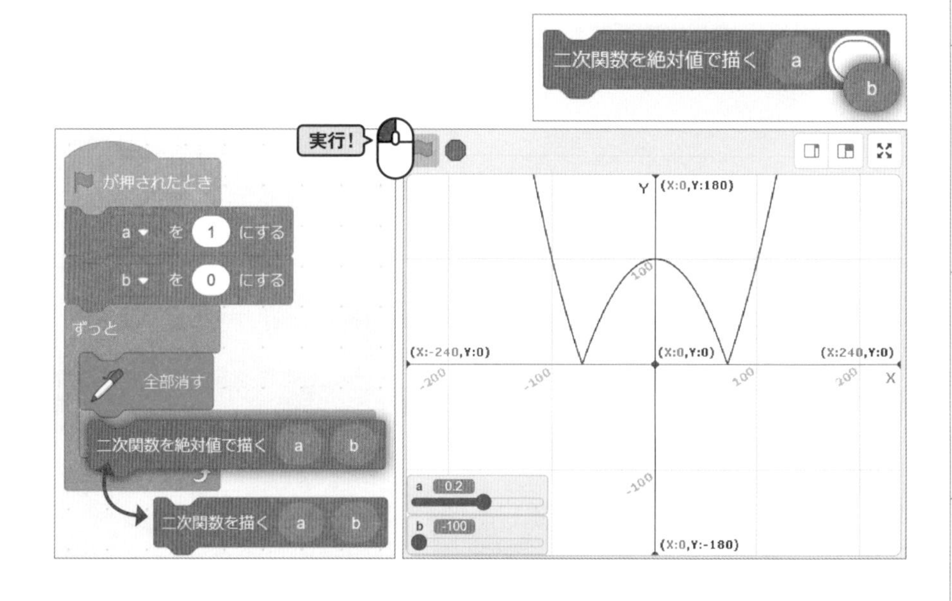

振り返り

一次関数を描くグラフの処理を編集して、二次関数を描く処理を作ることができました。これまでに作ったプログラムの構造をまねて、新しいものが作れないか？　と考えることは、プログラミングでは大事だと思いました。

絶対値のグラフは、傾きや切片の数値を動かしても、すべてyがプラス側に描画されました。絶対値の意味をよりよく理解できた気がします。

次数を増やして、三次関数、四次関数……、n次関数のグラフを描くのにチャレンジしてみるのもいいかもしれませんね。

バックパックに入れましょう

定義 二次関数を描く 傾き 切片 ▶ スクリプト code

定義 二次関数を絶対値で描く 傾き 切片 ▶ スクリプト code

SECTION

関数

2-1-9 点Pを動かす

一次関数と二次関数のグラフを描き、その線上を動く点Pを作ります。さらに、ある変域幅におけるyの最大値、最小値を記録するプログラムを作成し、都立高校入試で出題された問題にチャレンジします。

描画した二次関数と同じ数式を組んで、x座標をスライダーで指定して点Pを動かす

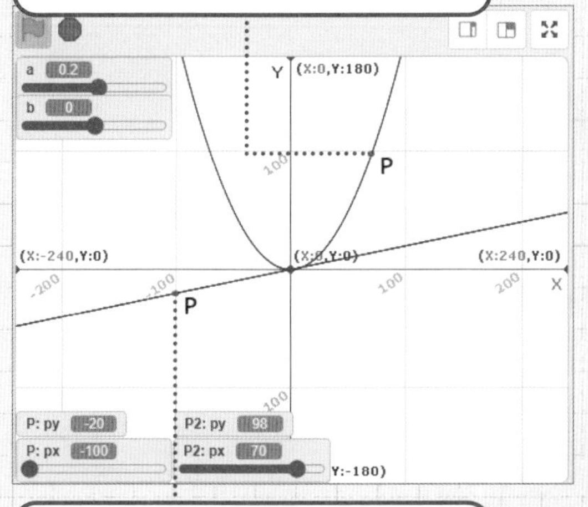

描画した一次関数と同じ数式を組んで、x座標をスライダーで指定して点Pを動かす

線上で点Pを動かしてみよう。線を描くのは、前に作った「一次関数を描く」と「二次関数を描く」が利用できます。

描画スプライトのときはxを−240から240の範囲で動かしましたが、点Pはxの値を指定すると、yの値が決まりますね。

点Pはその線上を動くから、使う数式は同じになりますね。

点Pを作って、変数で位置を制御するようにしたら、スライダーで動かせますね。

点Pには「このスプライトのみ」で使える変数を設定するとよいですよ。複製しても、そのスプライトで使える変数になるからね。

☑ 作戦決定!

- バックパックから「一次関数を描く」「二次関数を描く」を取り出しグラフを描く。
- 点Pを作り、点Pの座標の値を入れる変数を「このスプライトのみ」で作る。
- 点Pのy座標に $y = ax + b$ の計算値を適用し、x座標の値をスライダーで変化させると一次関数上を動くように点Pを配置する。
- 点Pを複製して点P2を作り、二次関数上で動くよう数式を入れ替える。

始める前の準備

作る

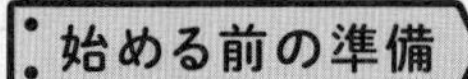

プロジェクト名を付ける

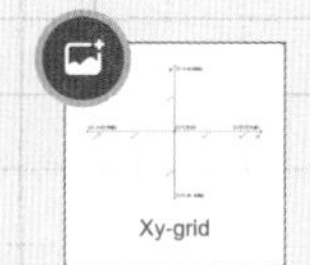

背景をXy-gridに設定

描画スプライトの設定

拡張機能でペンを追加

ブロックを組む

➡ 一次関数と二次関数のグラフを描く

CHECK

線上で点Pを動かすために、まず一次関数と二次関数の線を描きます。

描画スプライトを選択します。

バックパックから「一次関数を描く」と「二次関数を描く」を取り出します。

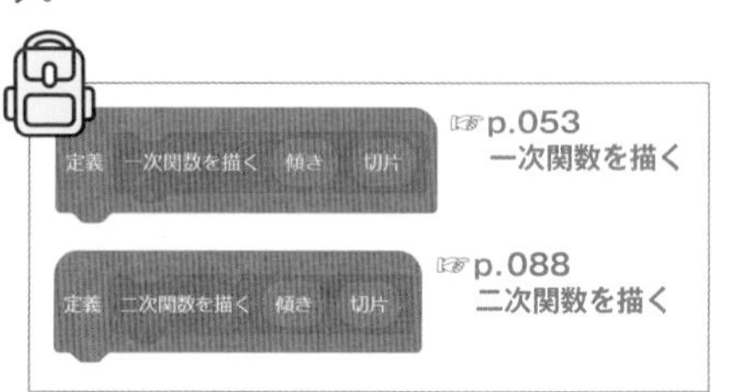

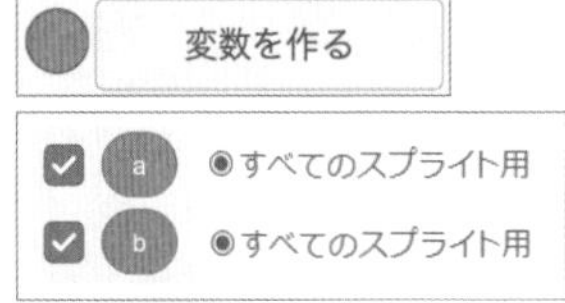

☞p.021 変数の作り方

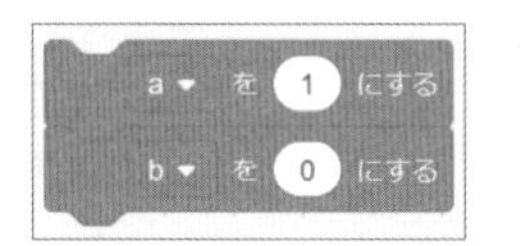

傾きと切片の値を入れる変数「a」「b」を作り、初期値を設定します。

「一次関数を描く」と「二次関数を描く」のブロックの引数に、傾きと切片の変数を入れます。

上で作ったブロックで、メインの処理を右のように構成します。
実行すると、一次関数の直線と二次関数の曲線が描画されます。

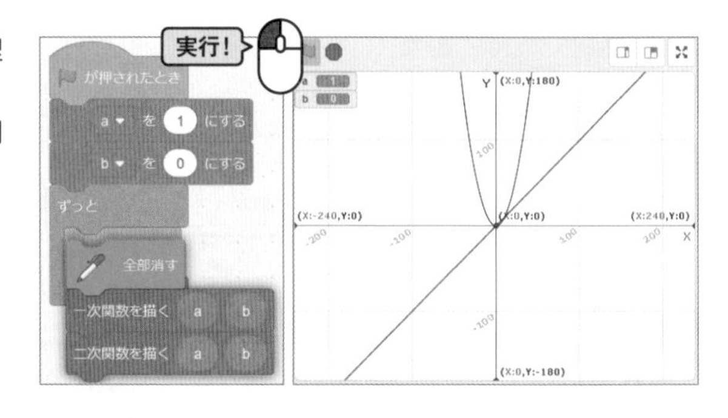

➡ 一次関数上で点Pを動かす

CHECK

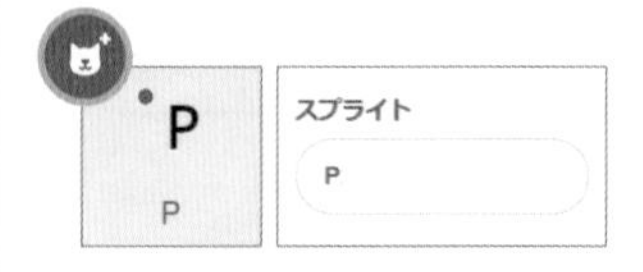

点Pを作ります。
☞p.019 原点Oを作る

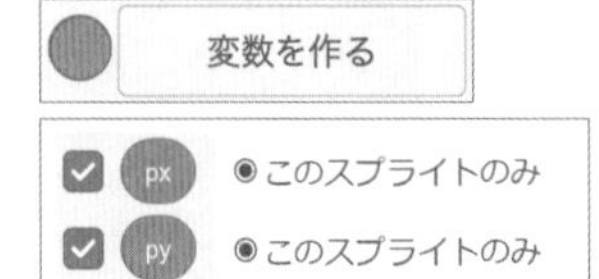

☞p.021 変数の作り方

点Pのx座標、y座標を指定する変数「px」「py」を作ります。どちらも**「このスプライトのみ」**を選択します。
初期値として、pxを0に設定します。

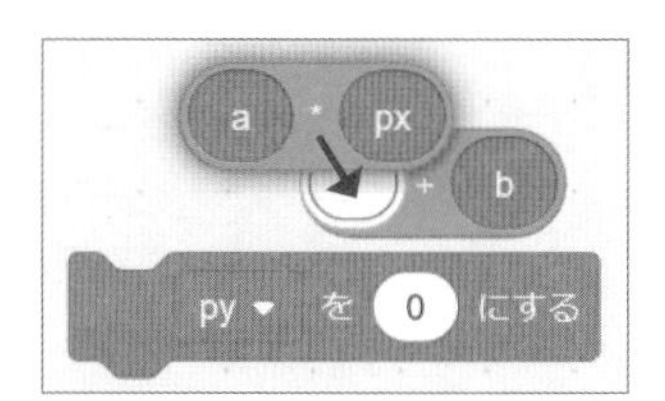

$y = ax + b$の数式ブロックを作り、計算結果をpyに入れます。

px、pyの値をスプライトPの位置に反映します。

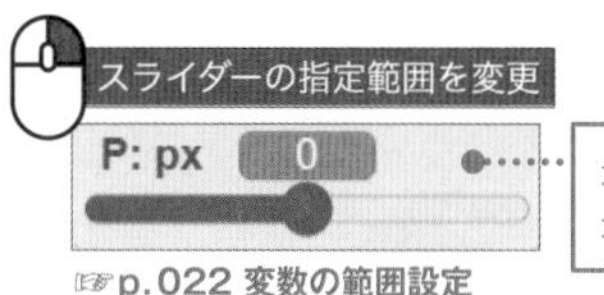

最小値：－100
最大値：100

☞p.022 変数の範囲設定

pxのスライダーの指定範囲を－100～100に設定します。

この処理をまとめてブロックを作ります。

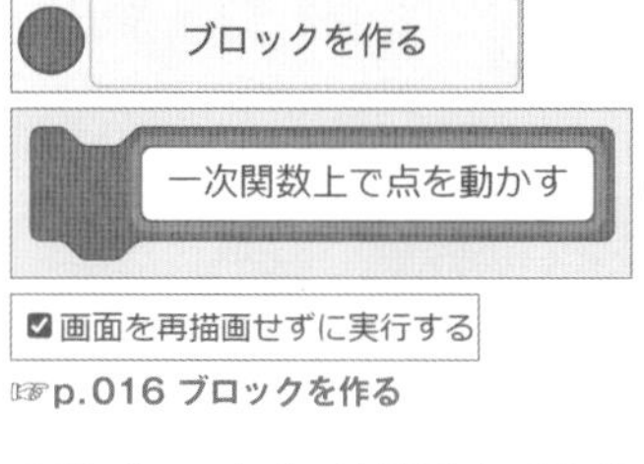

☞p.016 ブロックを作る

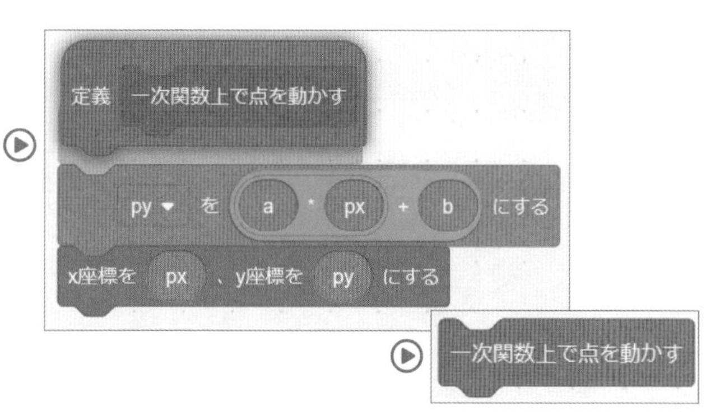

定義ブロック「一次関数上で点を動かす」を作り、上の処理をまとめます。

作成したブロックで、メインの処理を右のように構成します。
実行してpxのスライダーを動かし、点Pが一次関数の直線上を動くか確認します。

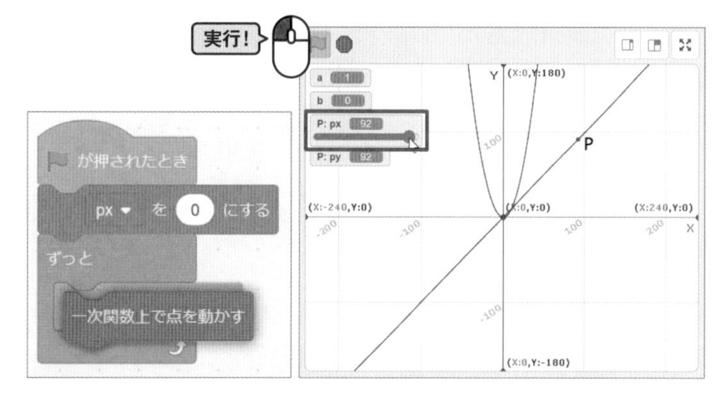

➡ 二次関数上で点Pを動かす

CHECK

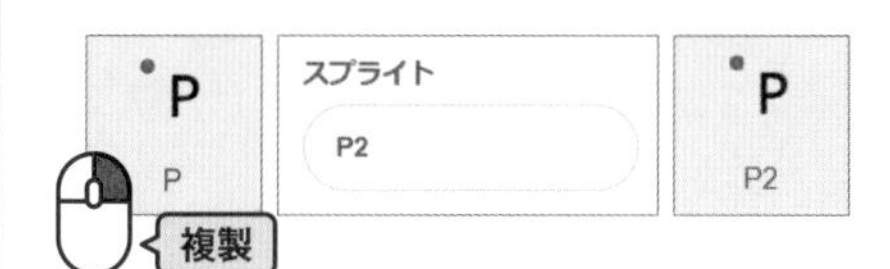

点Pを右クリックで複製し、点「P2」を作ります。
これを編集して、二次関数上で動かします。

☞p.040 スプライトの複製

初期値としてpxを０に設定します。

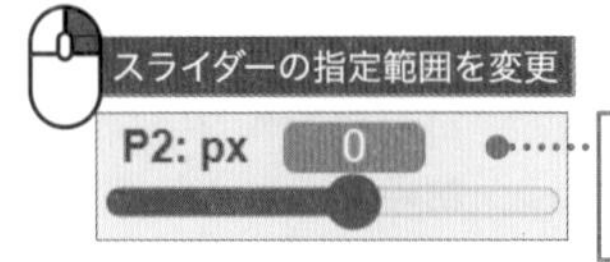

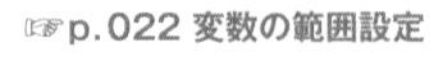
☞p.022 変数の範囲設定

P２:pxのスライダーの指定範囲を－100～100に変更します。

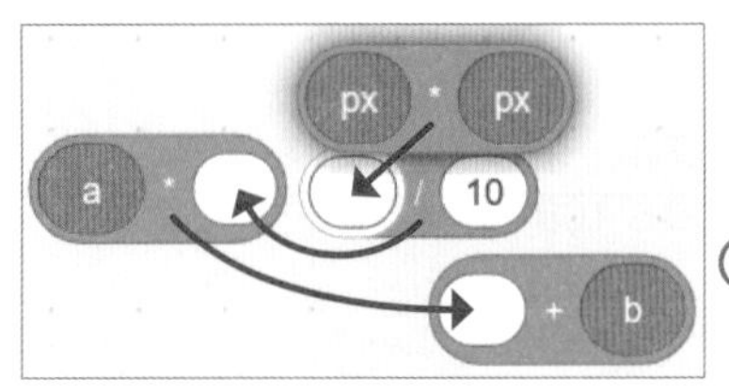

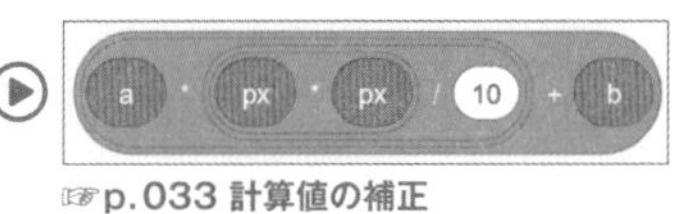

☞p.033 計算値の補正

$y = ax^2 + b$ の数式ブロックを作ります。補正のため、px^2 部分は10で割ります。

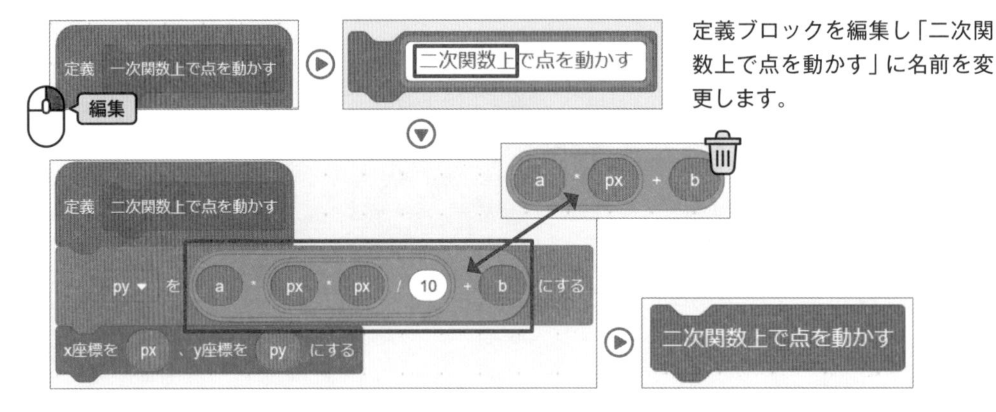

定義ブロックを編集し「二次関数上で点を動かす」に名前を変更します。

先ほど作った「a*px*px/10+b」のブロックを、「a*px+b」のブロックと入れ替えます。

px、pyは「このスプライトのみ」を選択して作ったので、ここで見えているpx、pyは、複製したスプライト「P2」だけが使える変数となっています。

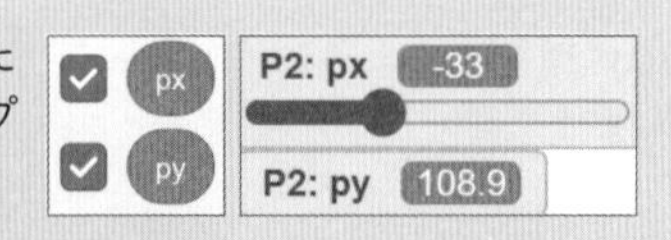

実行して、P２:pxのスライダーの値を変化させると、描画した二次関数上で点P２が動くことを確認します。

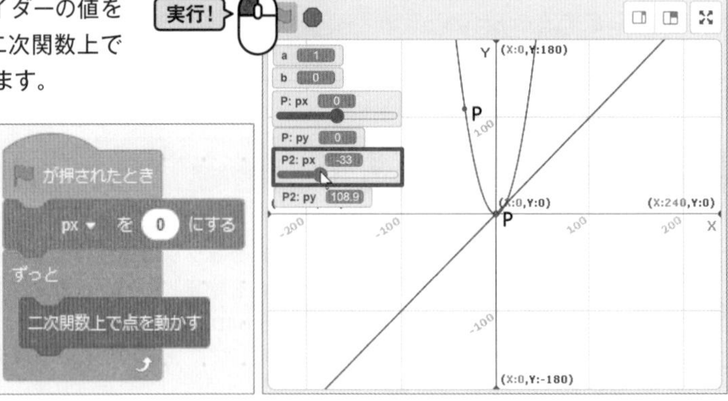

ブロックを一般化する

今後ほかのプロジェクトでも使えるよう、今回定義したブロックを一般化します。

点Pを選択します。

定義ブロック「一次関数上で点を動かす」を編集します。

「傾き」「切片」を引数に追加します。

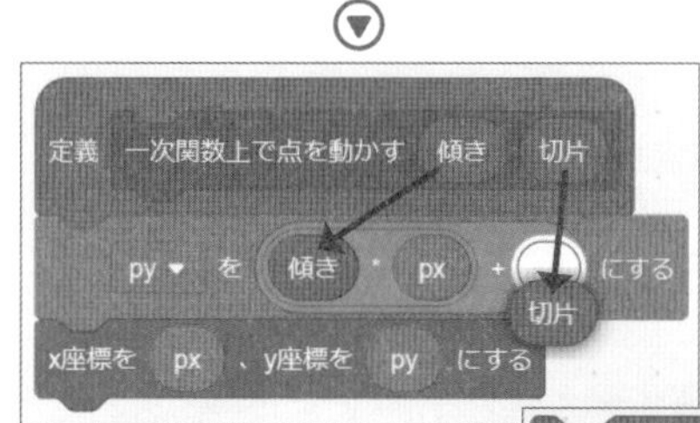

処理内の変数を、対応する引数ブロックと入れ替えます。

☞p.016 ブロックを作る

点P2を選択します。

定義ブロック「二次関数上で点を動かす」を編集します。

「傾き」「切片」を引数に追加します。

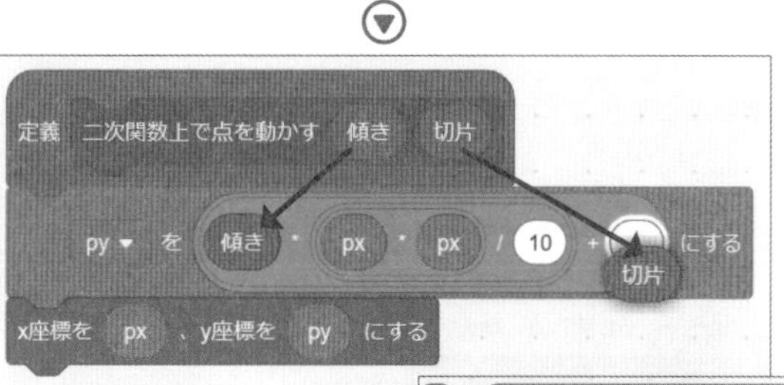

処理中の変数を対応する引数ブロックと入れ替えます。

☞p.016 ブロックを作る

ブロックにできた引数の空白に傾きaと切片bの変数ブロックを入れます。実行し、同じ動作になるか確認します。

組んだブロックを応用する

作成したプログラムを使って、都立高校入試の過去問を表現してみましょう。

問　次の ① と ② に当てはまる数を答えよ。
関数 $y=-3x^2$ について、x の変域が $-4 \leqq x \leqq 1$ のときの y の変域は，
① $\leqq y \leqq$ ② である。

出典：令和3年度都立高等学校入学者選抜 学力検査問題 数学 設問1〔問7〕

「$y=-3x^2$」は二次関数なので、二次関数上で動くスプライト「P2」にプログラムをして、xが $-4 \leqq x \leqq 1$ のときyはどの範囲を動くのかを、実際に「P2」を動かして確認します。まず、yの最小値と最大値を記録するプログラムを作ります。

点P2を選択します。

☞p.021 変数の作り方

「yの最小値」と「yの最大値」を入れる変数を作り、初期値として、それぞれpyに設定します。

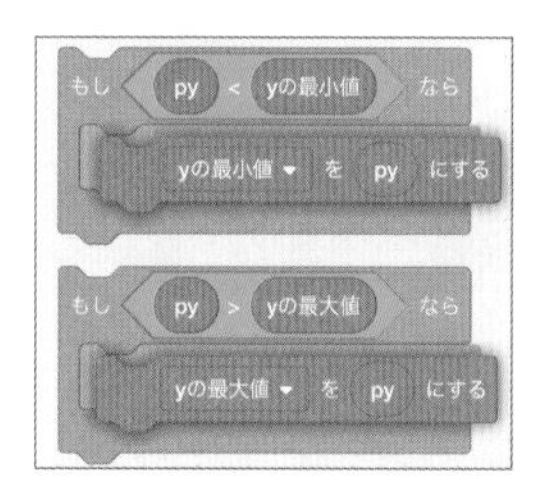

点P2が動いているときに、pyの値が「yの最小値」に格納されている値より小さかった場合、pyの値を「yの最小値」にし、逆に大きかった場合、pyの値を「yの最大値」にします。

この処理をまとめてブロックにします。

画面を再描画せずに実行する

☞p.016 ブロックを作る

定義ブロック「yの最小値·最大値を記録する」を作り、上の処理をまとめます。「画面を再描画せずに実行する」の**チェックは外して**おきます。

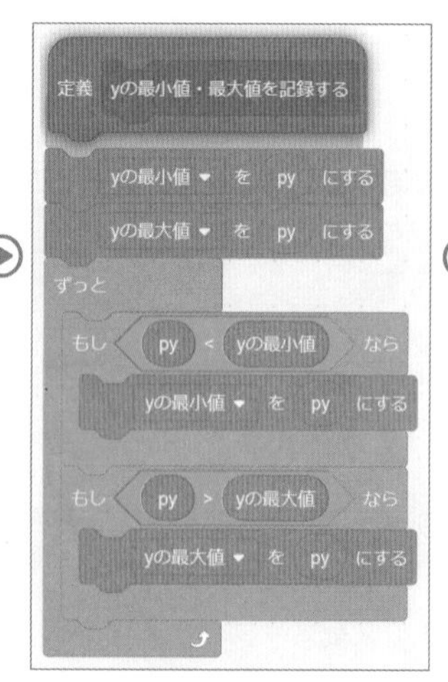

yの最小値・最大値を記録する

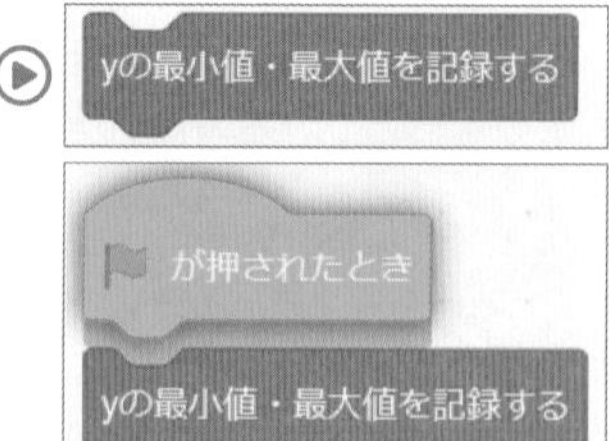

できたブロックに「緑の旗が押されたとき」を付けます。

「関数 $y=-3x^2$ について、x の変域が $-4 \leqq x \leqq 1$ のとき」

問題文より、描画スプライト、点P2の初期値を以下のように設定します。

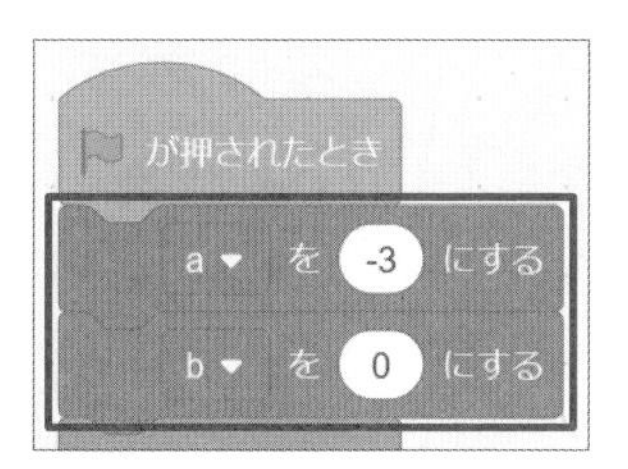

スライダーの指定範囲を変更

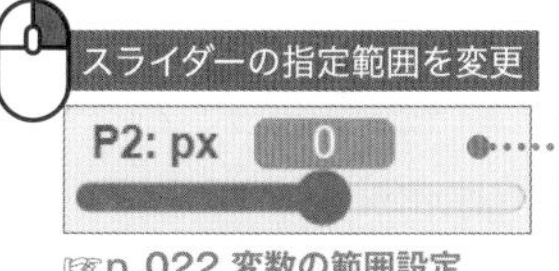

☞p.022 変数の範囲設定

P2:pxのスライダーの指定範囲を、－40～10に設定します。

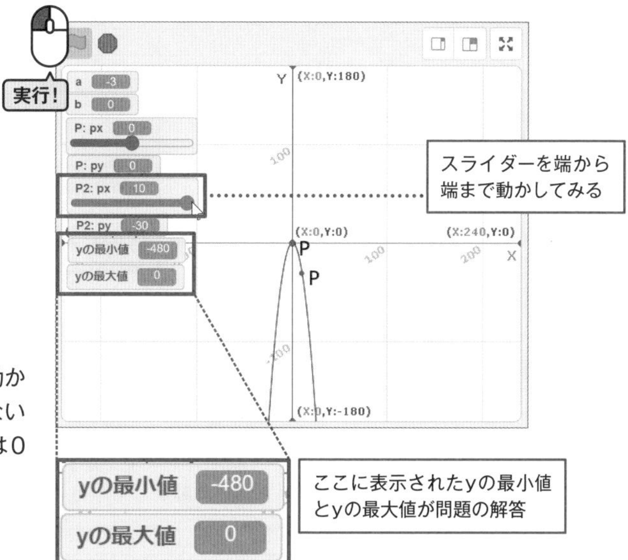

実行してスライダーを指定範囲でゆっくり動かすと（はやく動かすと値がうまく記録されないので注意）、最小値は－480 、yの最大値は0になります。解答は $-48 \leqq y \leqq 0$ です。

解答 ① -48　② 0

問 関数 $y=x^2$ について, x の変域が $-5 \leqq x \leqq 4$ のときの y の変域を, 次の**ア**～**エ**のうちから選び, 記号で答えよ。

ア $-25 \leqq y \leqq 16$　**イ** $0 \leqq y \leqq 16$　**ウ** $0 \leqq y \leqq 25$　**エ** $16 \leqq y \leqq 25$

出典：平成29年度都立高等学校入学者選抜 学力検査問題 数学 設問1〔問7〕

問題文より、描画スプライト、点P2の初期値を下のように設定します。

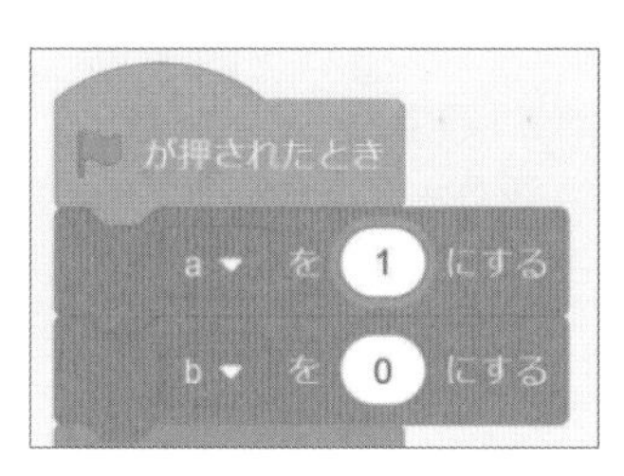

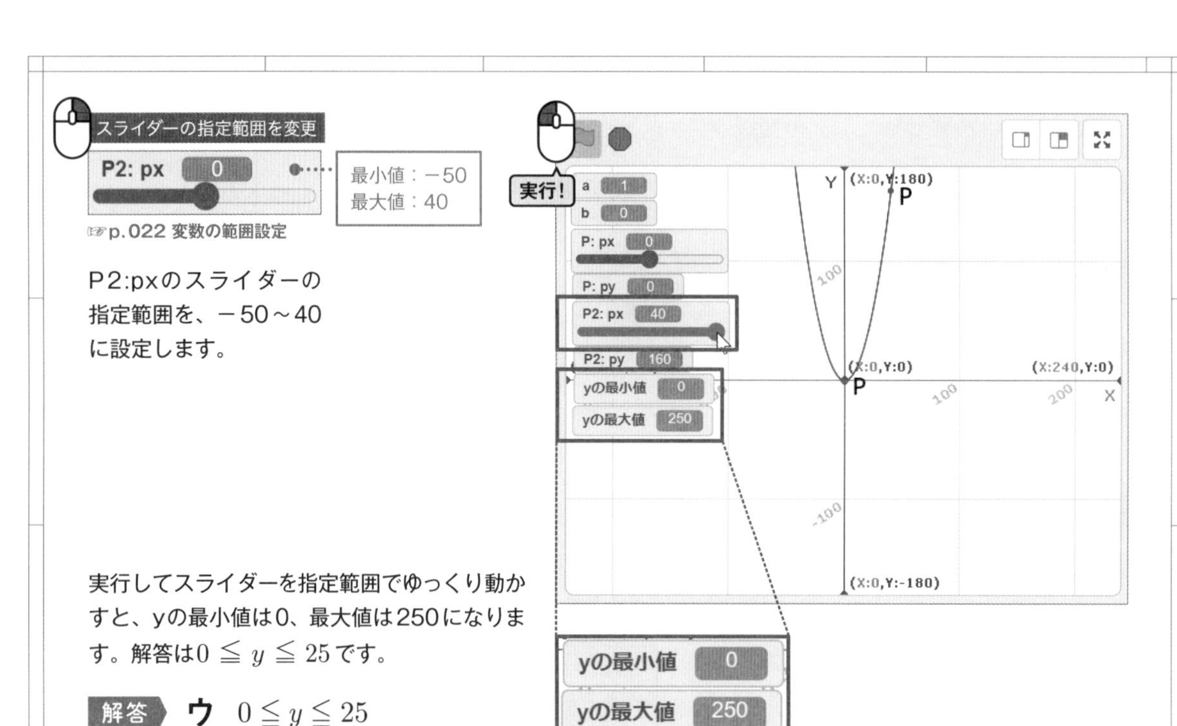

☞p.022 変数の範囲設定

P2:pxのスライダーの指定範囲を、−50～40に設定します。

実行してスライダーを指定範囲でゆっくり動かすと、yの最小値は0、最大値は250になります。解答は$0 \leqq y \leqq 25$です。

解答 **ウ** $0 \leqq y \leqq 25$

振り返り

「xの変域がコレのとき、yの変域を求めよ」っていう問題が、点Pを実際に動かしてみることで解けるのは面白かったです。

今までは、点Pを動かす問題が出てくると「点P、お願いだからじっとしてて！」と思っていたのに、プログラムで動かしてみると「もっと動いていいのに」って感じました。

変数を作るときに「このスプライトのみ」に設定しておくと、スプライトを複製する場合に便利に使える場合があることもわかりましたね。

バックパックに入れましょう

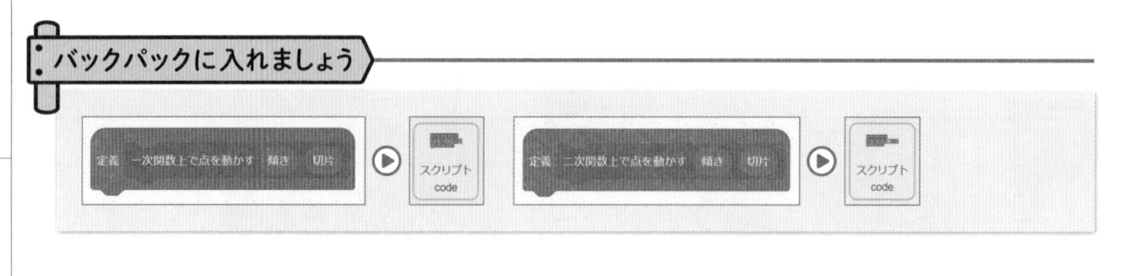

SECTION

関数

2-1-10 解の公式・判別式を表現する

二次方程式 $ax^2 + bx + c = 0$ のグラフを描きます。さらに、解の公式で二次方程式の解を求めるプログラムを組み、それを使って都立高校入試に出題された問題を解きます。最後に判別式で、実数解の有無を判定する処理を作ります。

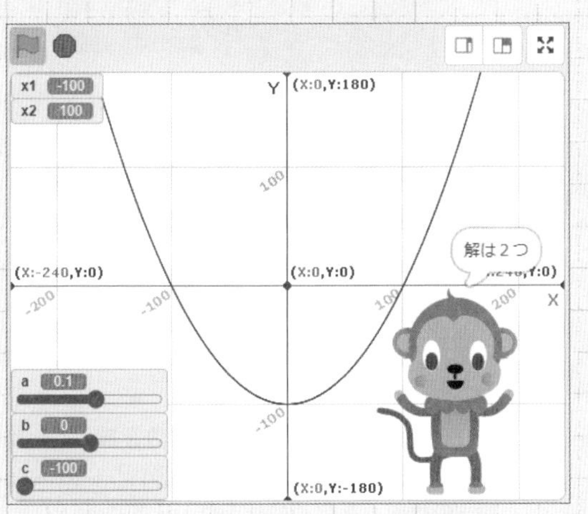

二次方程式をグラフにして、解の公式で解を求めてみましょう。

二次方程式なので「二次関数を描く」を編集するとグラフは描画できます。係数のa、b、cは変数として作る必要がありますね。

解の公式は複雑だけど、1つ1つブロックを組んでいけば何とかなりそうです。解はx軸との交点で2つあるから、計算値を入れる変数は2つ作らないと。

解の公式の$\sqrt{}$の中の$b^2 - 4ac$を使えば、実数解の有無を判別できますよ。

判別してくれるスプライトを作ると楽しそう！

☑ 作戦決定!

- バックパックから「二次関数を描く」を取り出す。
- 係数a、b、cの変数を作り、$y = ax^2 + bx + c$ の数式を組む。
- 「二次関数を描く」の数式部分を $y = ax^2 + bx + c$ と入れ替え、グラフを描く。
- 解の公式をブロックで表現して、解を算出する。
- 解の公式を組む過程で作った判別式で、実数解の有無を判断するスプライトを作る。

始める前の準備

作る
解の公式と判別式を表現する

プロジェクト名を付ける

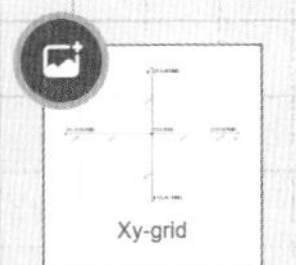

背景をXy-gridに設定

描画スプライトの設定

拡張機能でペンを追加

ブロックを組む

➡ $y = ax^2 + bx + c$ のグラフを描く

CHECK

係数a、b、cを設定して２次方程式のグラフを描きます。

描画スプライトを選択します。

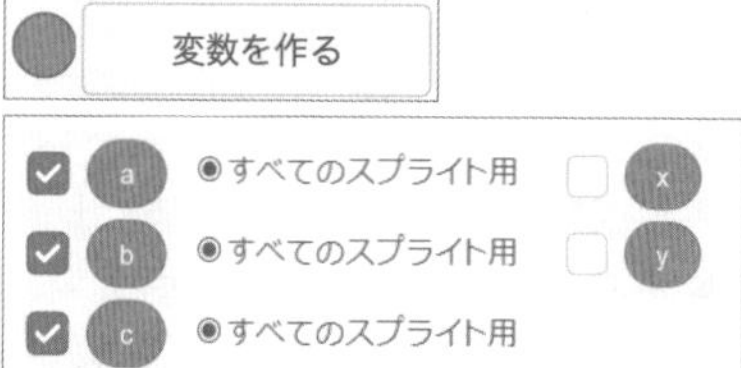

☞p.021 変数の作り方

数式 $y = ax^2 + bx + c$ の係数を設定する変数「a」「b」「c」を作ります。xとyは「二次関数を描く」をバックパックから取り出した際に作成されています。

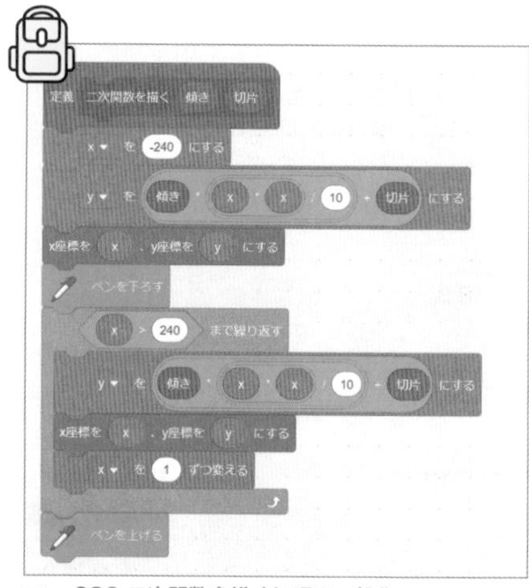

☞p.090 二次関数を描く処理の一般化

バックパックから「二次関数を描く」を取り出します。これを編集して $ax^2 + bx + c$ のグラフを描く処理を作ります。

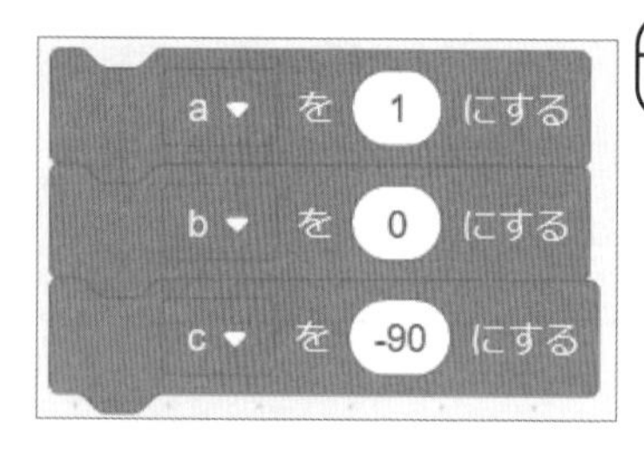

係数の初期値として、aを1、bを0、cを－90に設定します。

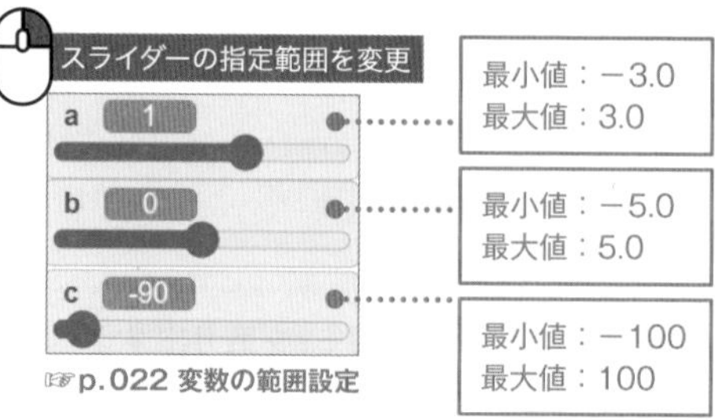

☞p.022 変数の範囲設定

スライダーの指定範囲を、aは－3.0～3.0、bは－5.0～5.0、cは－100～100に設定します。

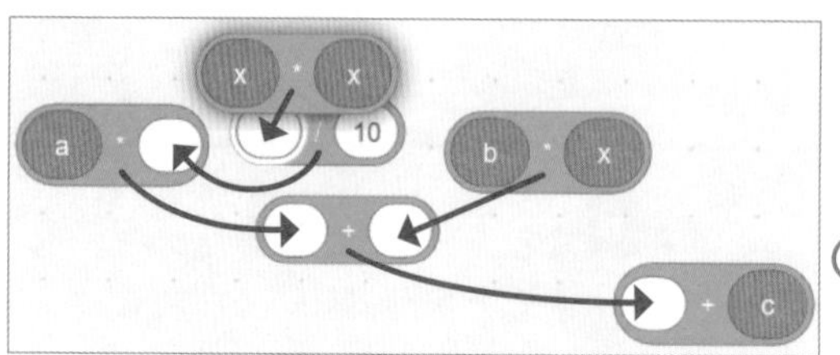

☞p.033 計算値の補正

$ax^2 + bx + c$ の数式を表すブロックを作ります。x^2 の部分は10で割って補正します。

処理を編集してブロックを作ります。

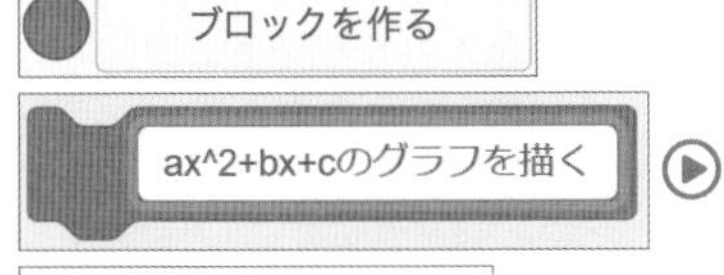

☑画面を再描画せずに実行する

☞p.016 ブロックを作る

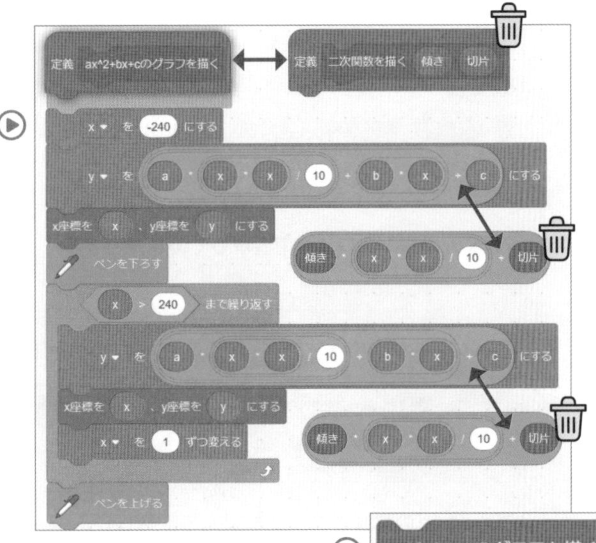

定義ブロック「ax^2+bx+cのグラフを描く」を作って、定義ブロック「二次関数を描く」と入れ替えます。
「a*x*x/10＋切片」を「a*x*x/10＋b*x+c」と入れ替えます。

POINT

「^2」は2乗という意味です。

上で作ったブロックで、メインの処理を右のように構成します。実行して、スライダーを動かし二次曲線がどう変化する見てみましょう。

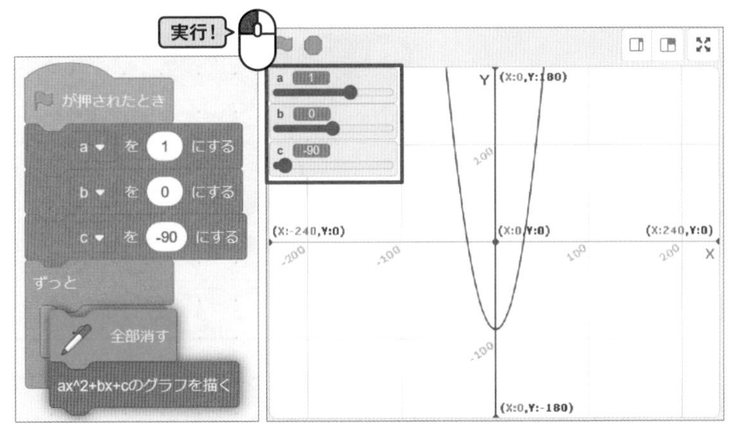

➡ 解の公式でxを求める処理を作る

CHECK □

解の公式の右図で示した部分をブロックで表現してxの値を算出します。

描画スプライトを選択します。

●二次方程式の解の公式

$$ax^2 + bx + c = 0 \ (a \neq 0)$$

この部分

$$x = \frac{-b \pm \sqrt{b^2 - 4ac}}{2a}$$

x1 ◉すべてのスプライト用
x2 ◉すべてのスプライト用
b^2-4ac ◉すべてのスプライト用

☞p.021 変数の作り方

解がある場合には、解が2つ（もしくは重解）ある場合が存在するので、解を入れる変数を2つ作り、名前を「x1」「x2」にします。また平方根の中身の「b^2-4ac」を入れる変数も作ります。

$\sqrt{b^2-4ac}$ の部分から、ブロックで表現していきましょう。

$$\frac{-b \pm \boxed{\sqrt{b^2-4ac}}}{2a}$$ ……… この部分

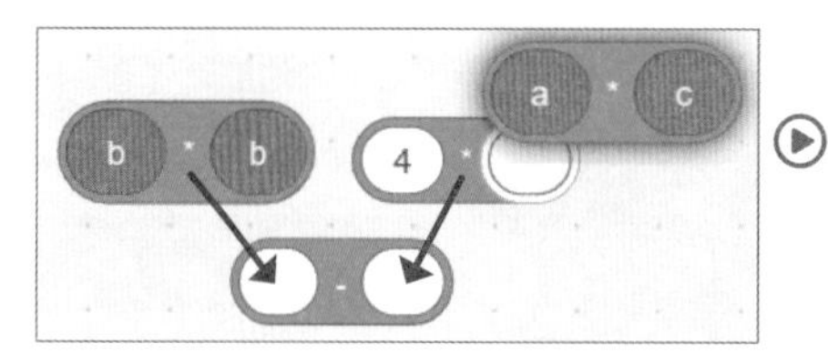

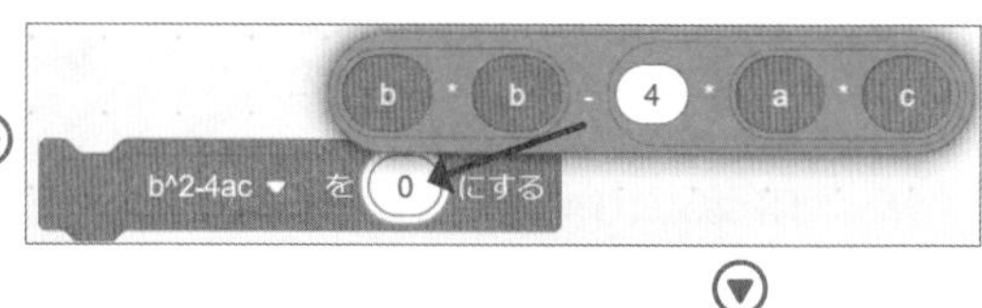

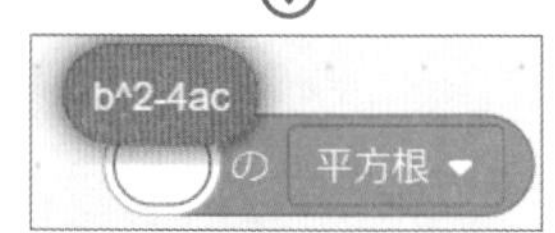

b*b－4acの演算ブロックを組んで変数b^2－4acに格納し、それを平方根のブロックに入れることで、$\sqrt{b^2-4ac}$ を表現します。

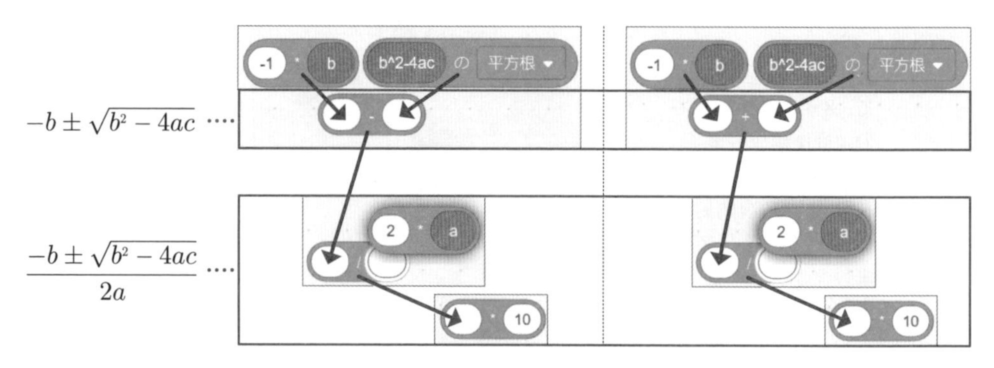

－1*b－√ b^2－4acのブロックと－b+√ b^2－4acのブロックを作り、それぞれ2*aで割って、最後に計算値の補正として10倍します。

それぞれ、x1、x2に格納します。

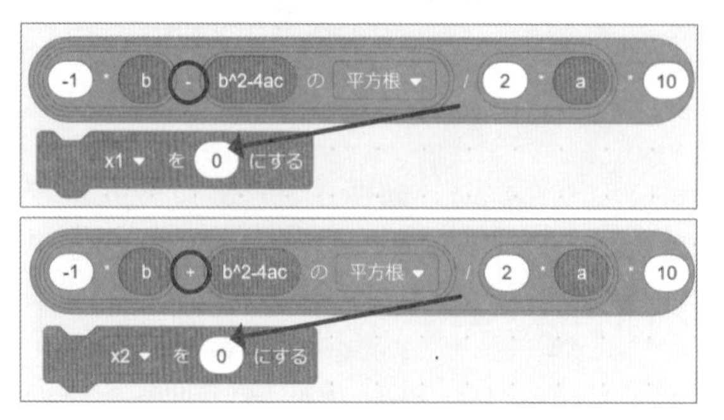

$$\frac{-b - \sqrt{b^2-4ac}}{2a}$$

マイナスの方は「x1」へ入れます。

$$\frac{-b + \sqrt{b^2-4ac}}{2a}$$

プラスの方は「x2」へ入れます。

以上の処理をまとめてブロックにします。

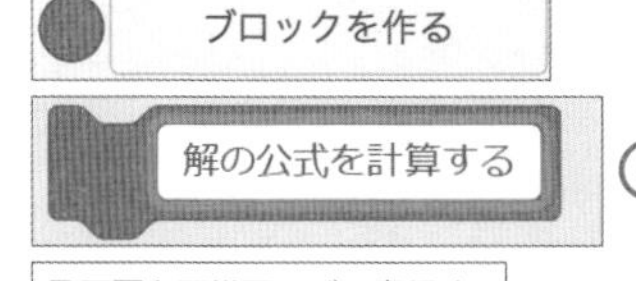

☞p.016 ブロックを作る

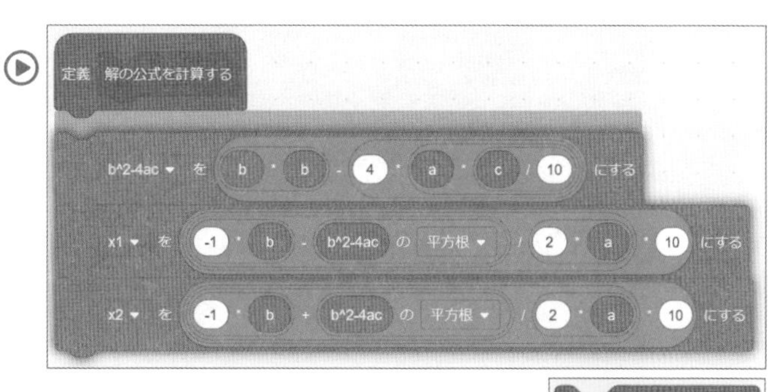

定義ブロック「解の公式を計算する」を作り、作った処理をまとめます。

作成したブロックをメインの処理に加え、実行します。
P2:pxのスライダーを動かして解の公式の計算値が正しく算出されているか確かめます(例えばaが1、cが90だとx1が－30、x2が30になります)。

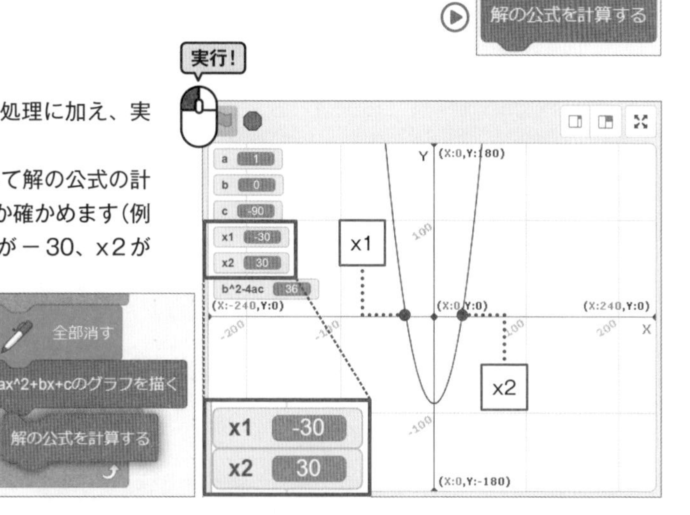

ブロックを一般化する

GENERALIZE CODE

今後ほかのプロジェクトでも使えるよう、今回定義したブロックを一般化します。

定義ブロック「ax^2+bx+c」を編集します。

「a」「b」「c」を引数に追加します。

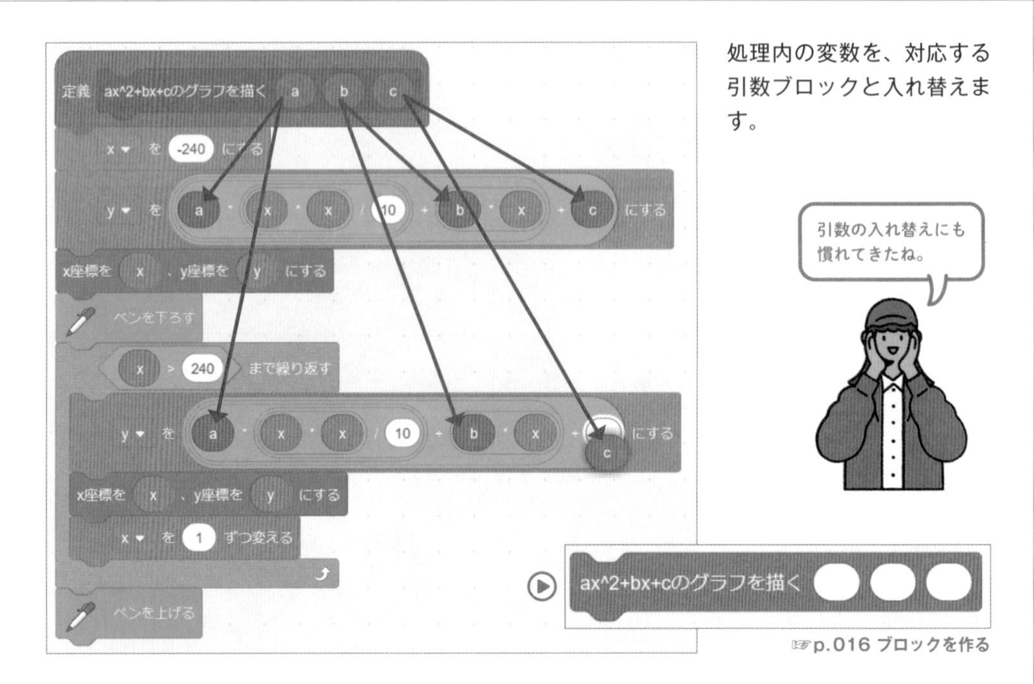

処理内の変数を、対応する引数ブロックと入れ替えます。

☞p.016 ブロックを作る

定義ブロック「解の公式を計算する」を編集します。

「a」「b」「c」を引数に追加します。

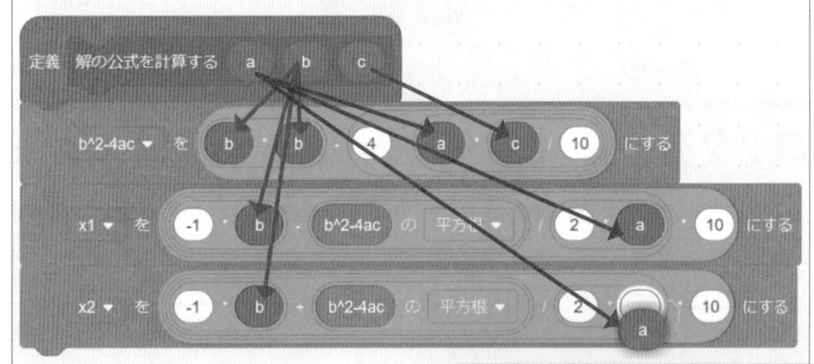

処理内の変数を、対応する引数ブロックと入れ替えます。

☞p.016 ブロックを作る

ax^2+bx+cのグラフを描く a b c
解の公式を計算する a b c

ブロックにできた引数の空白に、対応する変数を入れて実行し、前の動作と同じになるか確認します。

組んだブロックを応用する

➡ 都立高校入試問題を解く

CHECK

作成した解の公式の処理を使って、都立高校入試に出題された問題の解を算出します。

問 二次方程式 $3x^2+9x+5$ を解け。

出典：令和2年度都立高等学校入学者選抜 学力検査問題 数学 設問1〔問6〕

問題文より、a、b、cを3、9、50に設定して実行します。

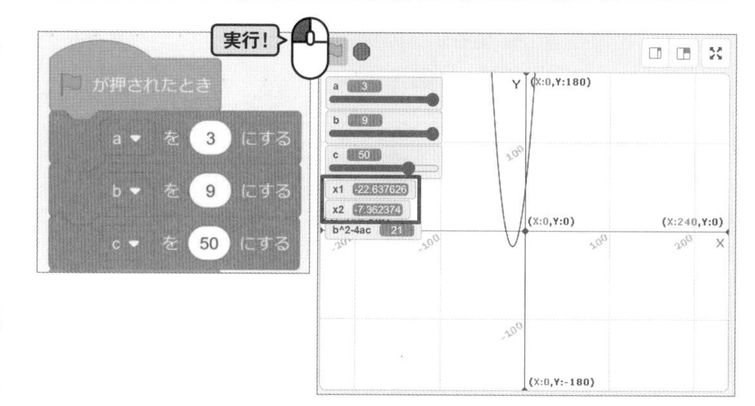

解答を演算ブロックで組んで実行し、x1、x2の値と比較します。数値を補正するとほぼ同じであることがわかります。

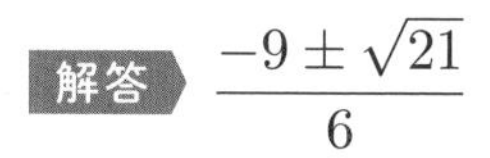

解答 $\dfrac{-9\pm\sqrt{21}}{6}$

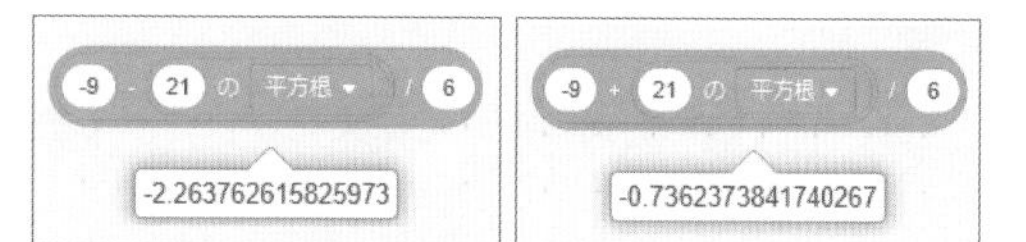

問 二次方程式 $(x+8)^2=2$ を解け。

出典：令和3年度都立高等学校入学者選抜 学力検査問題 数学 設問1〔問6〕

問題文を展開して整理すると、$x^2+16x+62=0$ となるので、a、b、cを1、16、620に設定して実行します。

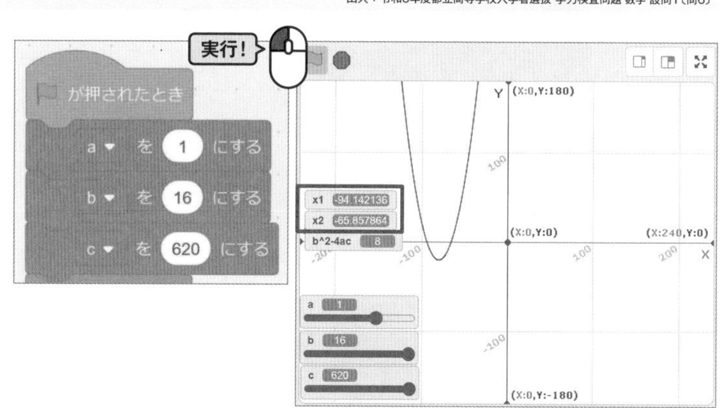

解答を演算ブロックで組んで実行し、x1、x2の値と比較します。

解答 $-8\pm\sqrt{2}$

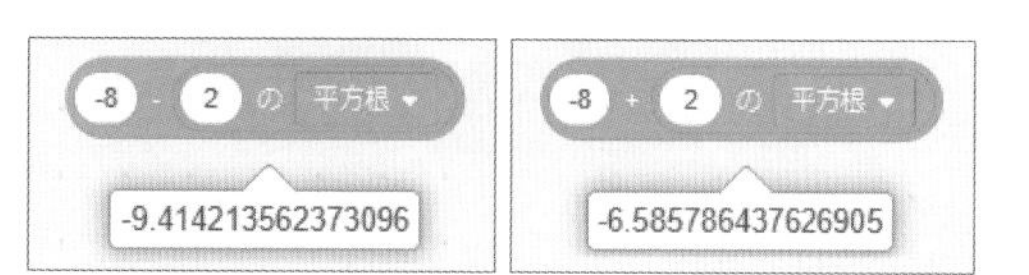

二次方程式の実数解を判定する

CHECK

高校数学の範囲になりますが、解の公式のb^2-4acの部分を使って、二次方程式に実数解があるかどうかを判別できます。好きなスプライトに判別してもらう処理を作ります。

$ax^2+bx+c=0$ において

$D=b^2-4ac$

$D>0$ のとき　異なる2つの実数解（2個）
$D=0$ のとき　重解（1個）
$D<0$ のとき　実数解なし（0個）

左が判別式で、二次方程式の実数解が存在するかどうかを判別します。
今回、解の公式の数式を組み立てる過程で作ったb^2-4acが0より多いときは実数解は2個、0のときは1個存在し、マイナスのときは存在しないというものです。
これをScratchのブロックで表現します。

「スプライトを選ぶ」から好きなスプライトを選びます。ここではMonkeyを選びました。

Monkeyのコードエリアを表示します。

上の判別式の条件と結果をブロックで表現し、繰り返しの中に入れて「緑の旗が押されたら」を付けます。

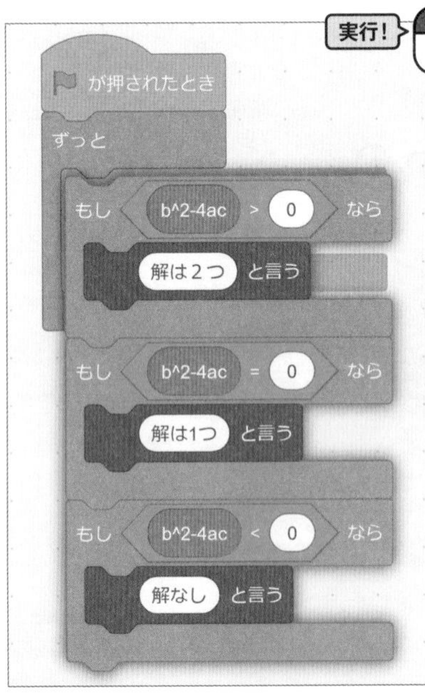

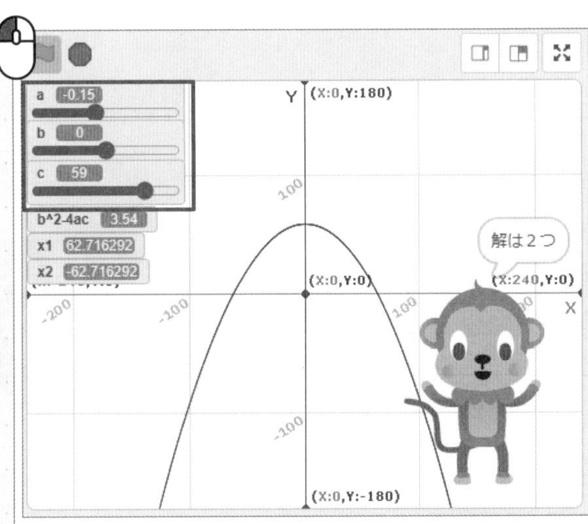

実行して、係数a、b、cのスライダーを変化させます。グラフとx軸との交点の数と、Monkeyの言ってることが合っているか確認します。

振り返り

$y = ax^2 + bx + c$のグラフを描いてみると、$y = 0$のときが解になるのが視覚的にわかりやすくなりますね。

$b^2 - 4ac$ がマイナスの値になって実数解がない場合は、解はどうなるのかが気になります。

その答えは高校で。このセクションでやったことは、高校で習う複素数の表現をする上で参考になると思いますよ。

バックパックに入れましょう

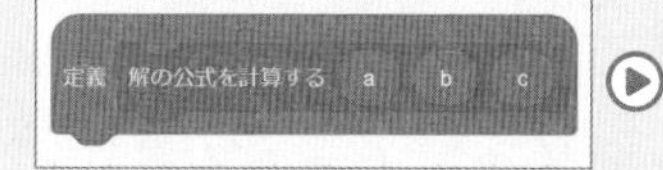

平面図形の項に入る前に

これから平面図形の項に入ります。2-2シリーズでは、円に関する問題が出てきます。関数のときと同じように、スプライトの位置を制御して、円を描いたりする必要があります。
その際に、演算ブロック ( ) の sin ▾ ( ) の cos ▾ のを使うと便利です。これは三角関数の「サイン」「コサイン」と呼ばれるもので、中学数学では学習しない内容ですが、本書では円周上でスプライトのx座標、y座標を設定するためのブロックとして使用したいと思います。

●本書で使用するsinθ、cosθ

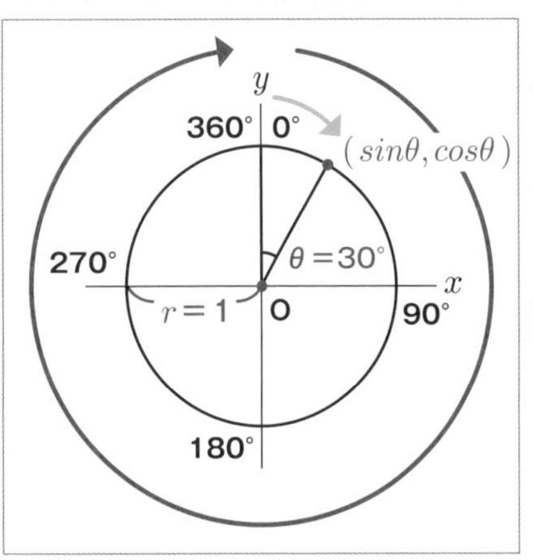

円の角度は360°です。円周上の位置を角度で表現できます。y軸の＋方向を基点として、時計回りの円を考えたときに、角度θが30°の円周上の位置は図のようになります。
三角関数を使うと、半径1の円の場合、その点のx座標はsinθ、y座標はcosθで表現できます。
半径がrの場合は、それぞれrを掛けて、x座標は「r×sinθ」、y座標は「r×cosθ」になります。
Scratchのブロックで表現すると、図のように組むことができます。

●高校数学で学習するsinθ、cosθ

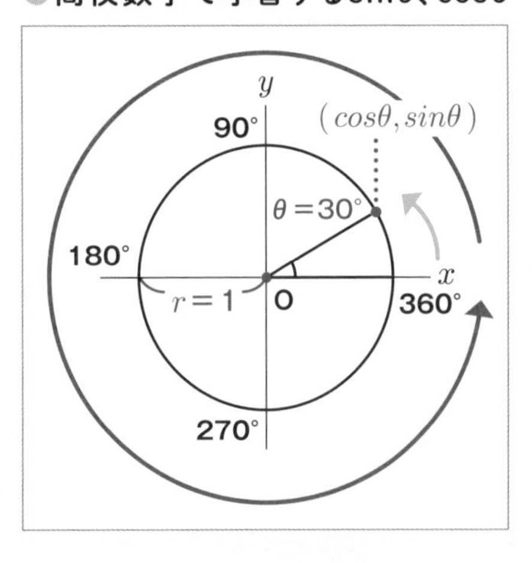

ただし高校数学では、x軸の＋方向を基点に反時計回りの円周を基本にして、三角関数を学習します。
この場合は、x座標はcosθ、y座標はsinθで表現することになります。
Scratchのブロックで表現すると、図のように組むことができます。

Scratchのスプライトの向きは、y軸＋方向を0°に時計回りの角度で表現されているため、本書ではそれに合わせて、上で説明した考え方でプログラムを組んでいきます。

ときどき、「x座標はcosθ、y座標はsinθ」と覚えてしまっている人もいるけれど、円周の基点をどこにするかで変わるので注意しましょう。

PART 2 トレーニング編

中学数学で習った内容を
Scratchで表現しよう

2-2
平面図形

SECTION 平面図形

2-2-1 円を描く

円周上の点は、円の半径がrでy軸方向を始点（0°）にして時計回りの角度がθの場合、x座標は半径r*sinθ、y座標は半径r*cosθで表現できます。この式を演算ブロックで組んで描画スプライトの位置を制御して円を描画します。また原点Oを中心に描画するような処理も加えます。

☞p.110 平面図形の項に入る前に

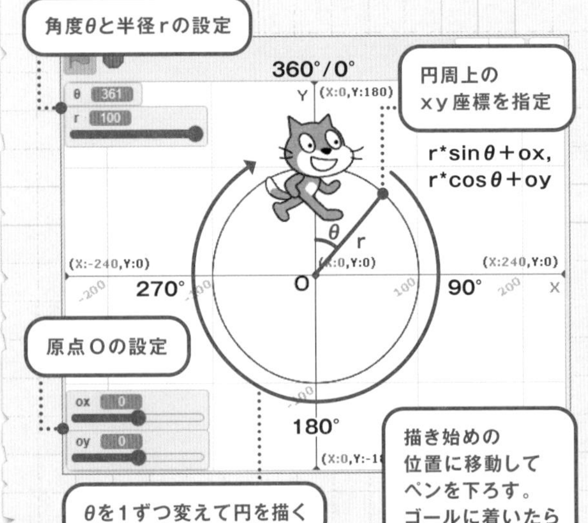

円周上の点は、x座標＝r*sinθ、y座標＝r*cosθで表せます。

演算にsin、cosのブロックがありました。角度θと半径rの変数も必要ですね。

一次関数ではxの値を1ずつ変化させてスプライトを移動させましたが、円の場合は角度θを変化させると円周上を移動しそうです。

原点Oを中心に描けるようにすると、原点を移動させて円が描けるので便利ですよ。

座標を設定する部分に、原点の座標を加えるといいのかな。

☑ 作戦決定!

- 角度θと半径rの変数を作る。
- 円周上のxy座標を指定するr*sinθとr*cosθのブロックを組む。
- θを0°に設定して描き始めの位置に移動し、ペンを下ろす。
- θを1ずつ増やして円を描画する。
- ゴール（360°）に着いたらペンを上げる。
- 原点Oを中心に描けるよう、座標の数式に原点の座標を加えてみる。

始める前の準備

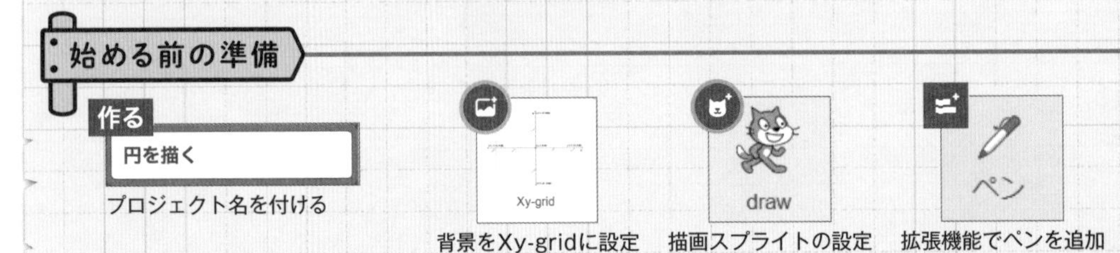

プロジェクト名を付ける　背景をXy-gridに設定　描画スプライトの設定　拡張機能でペンを追加

ブロックを組む

円を描く

CHECK

sinθ、cosθのブロックを使って円を描きます。

描画スプライトを選択します。

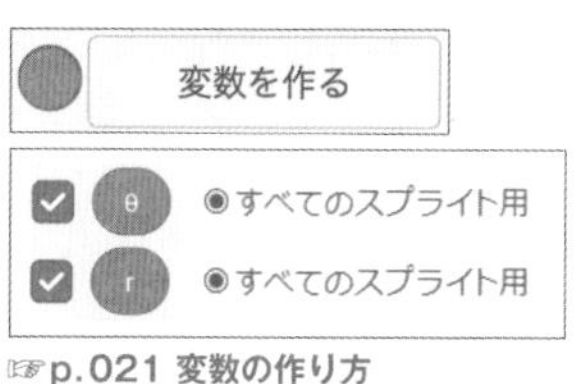

☞p.021 変数の作り方

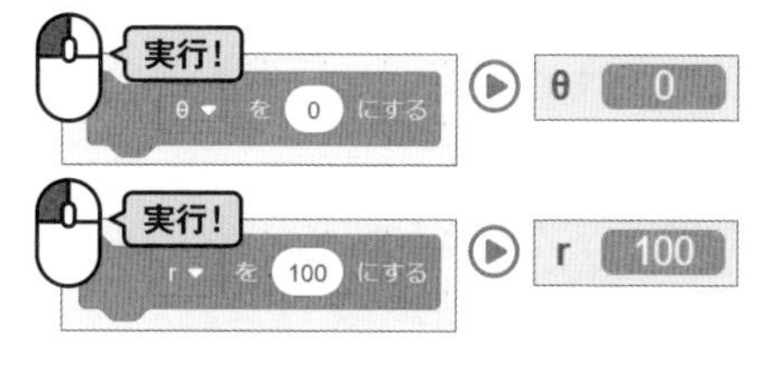

円周上の角度と半径の値を入れる変数、「θ(シータ)」と「r」を作り、初期値を設定します。

変数rをスライダー表示にします。

☞p.022 変数のスライダー表示

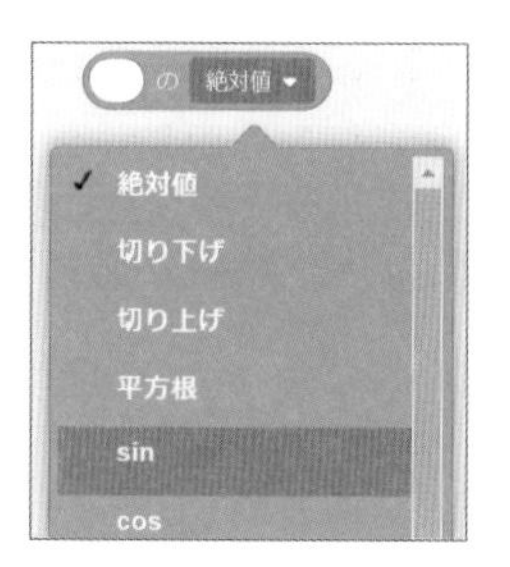

演算グループの中にある「〇の絶対値」ブロックを取り出し、プルダウンメニューから、sin、cosのブロックを用意します。

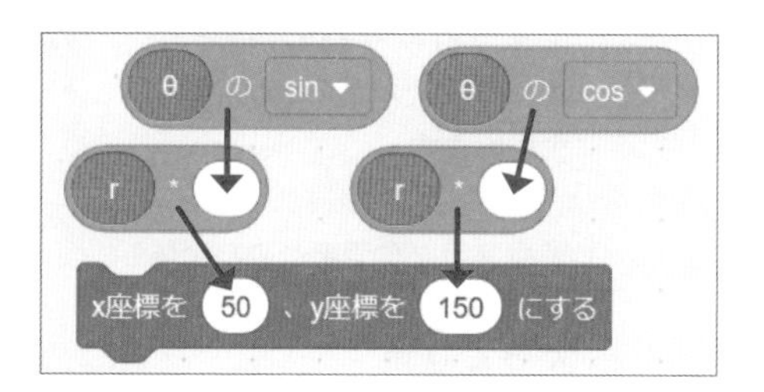

「r*sinθ」のブロックをx座標に、「r*cosθ」のブロックをy座標に反映し、円周上0°の位置に配置します。

描画のスタート地点でペンを下ろします。
実行すると、スプライトの位置はx座標が0、y座標が100になります。
ここから角度θを変えることで、スプライトが円周上を移動していきます。

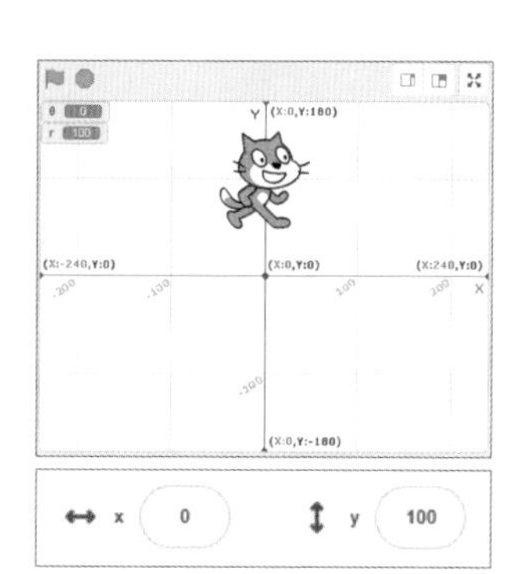

一次関数や二次関数ではxの値を1ずつ変えましたが、円周上では角度θを1ずつ変化させて位置を制御します。

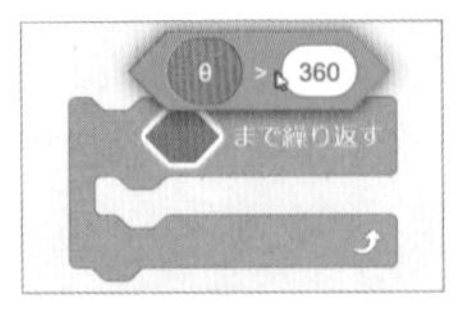

360°で一周まわるので、θが360を超えるまで円周を移動する処理を繰り返します。最後にペンを上げます。

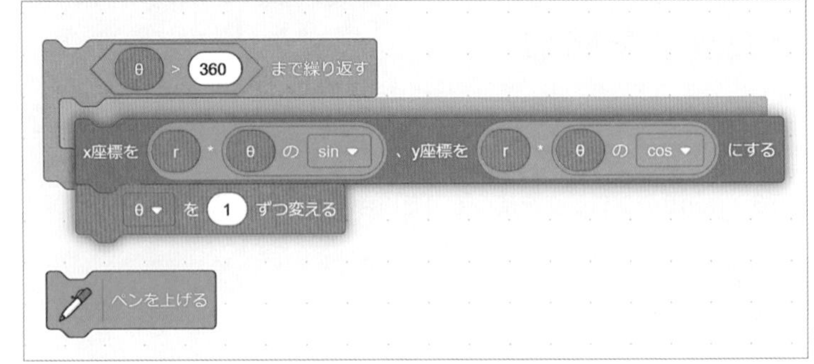

この処理をまとめてブロックにします。

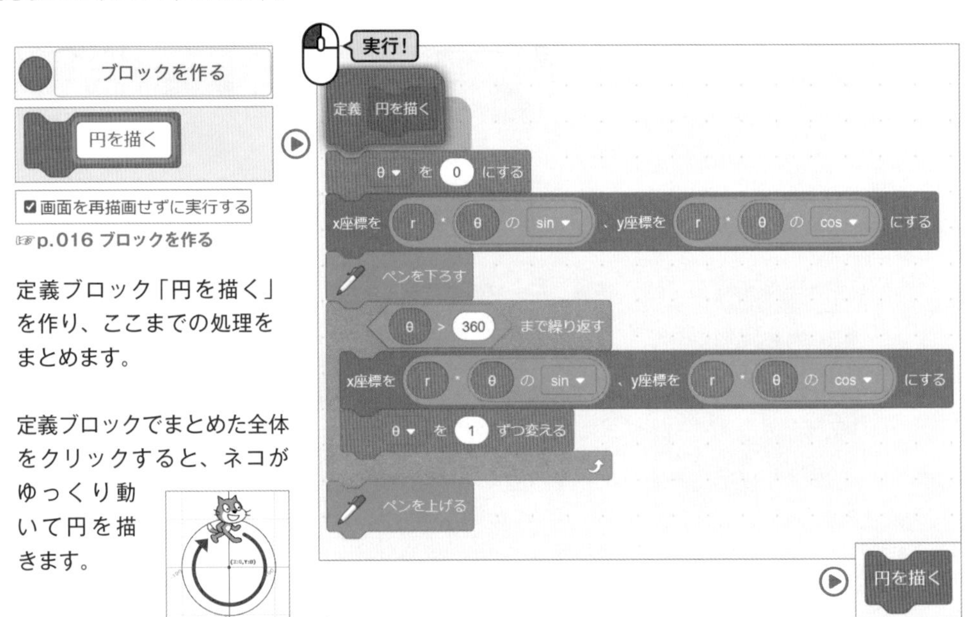

☞p.016 ブロックを作る

定義ブロック「円を描く」を作り、ここまでの処理をまとめます。

定義ブロックでまとめた全体をクリックすると、ネコがゆっくり動いて円を描きます。

作成したブロックで、メインの処理を下のように構成します。
実行してrのスライダーを動かすと、円の大きさが変化するか確認します。

スプライトの表示が必要なければ隠してもOKです。

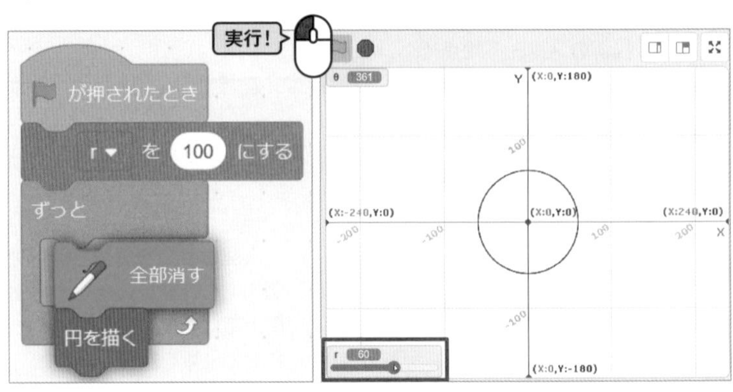

ブロックを一般化する

今後ほかのプロジェクトでも使えるよう、今回定義したブロックを一般化します。

定義ブロック「円を描く」を編集します。

「半径」を引数に追加します。

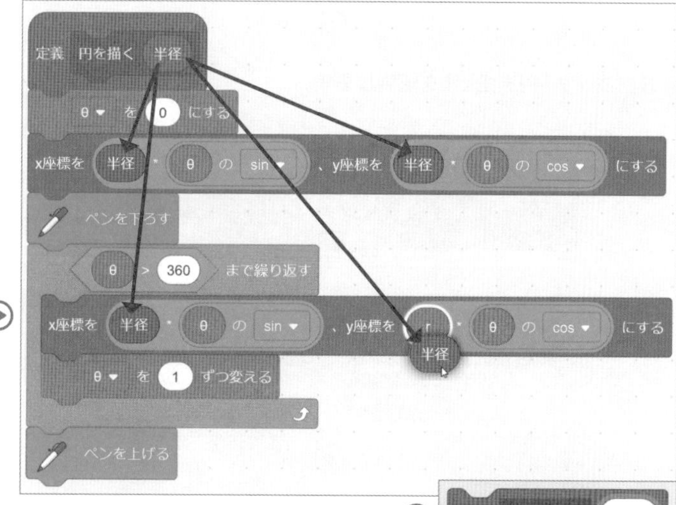

処理内の変数を、対応する引数ブロックと入れ替えます。

メインの処理内の引数の空白に該当する変数を入れて実行し、前の動作と同じになるか確認します。

組んだブロックを応用する

原点Oを中心にして円を描きます。

バックパックから原点Oを取り出します。

☞p.021
原点Oの位置を変数で制御する

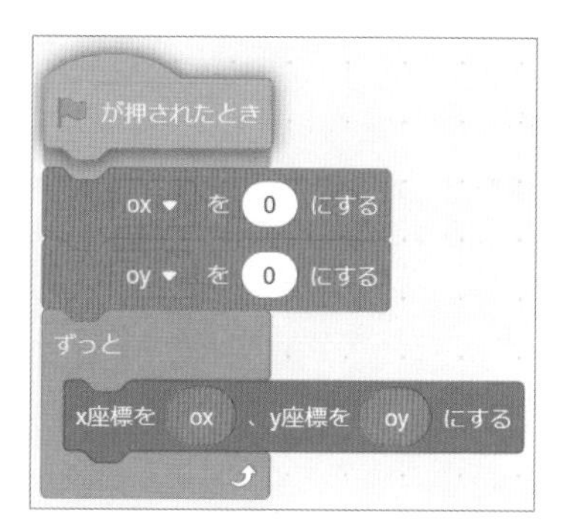

ox、oyで位置を制御する処理に「緑の旗が押されたら」を付けます。

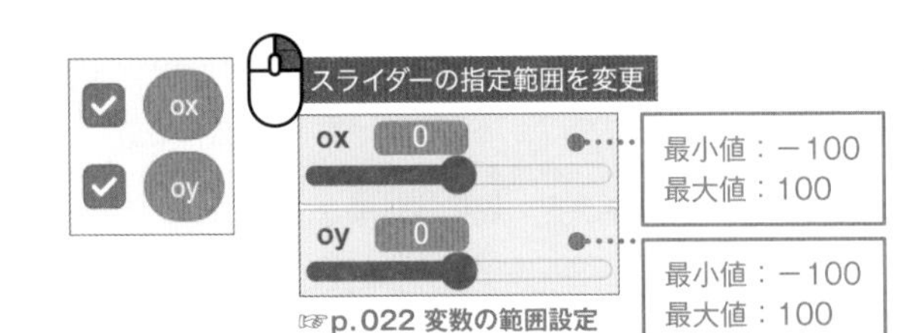

☞p.022 変数の範囲設定

ox、oyにチェックを入れ、スライダーの指定範囲をそれぞれ「−100～100」に設定します。

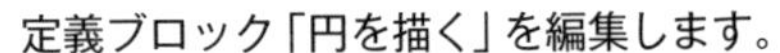

定義ブロック「円を描く」を編集します。

「原点x座標」「原点y座標」を引数に追加します。

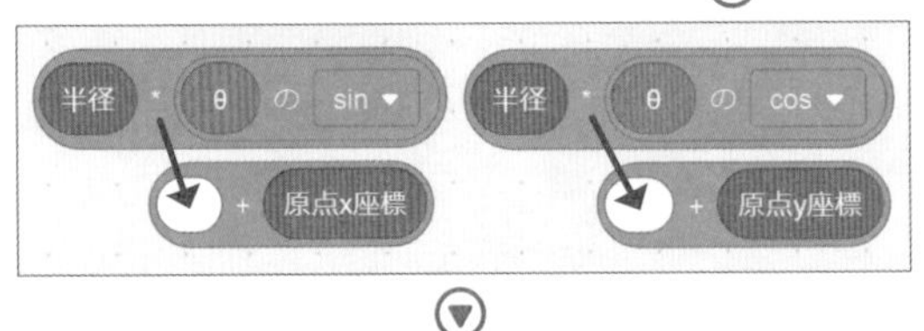

「半径*sinθ」「半径*cosθ」のブロックに、それぞれ引数ブロックの原点x座標、原点y座標を足します。

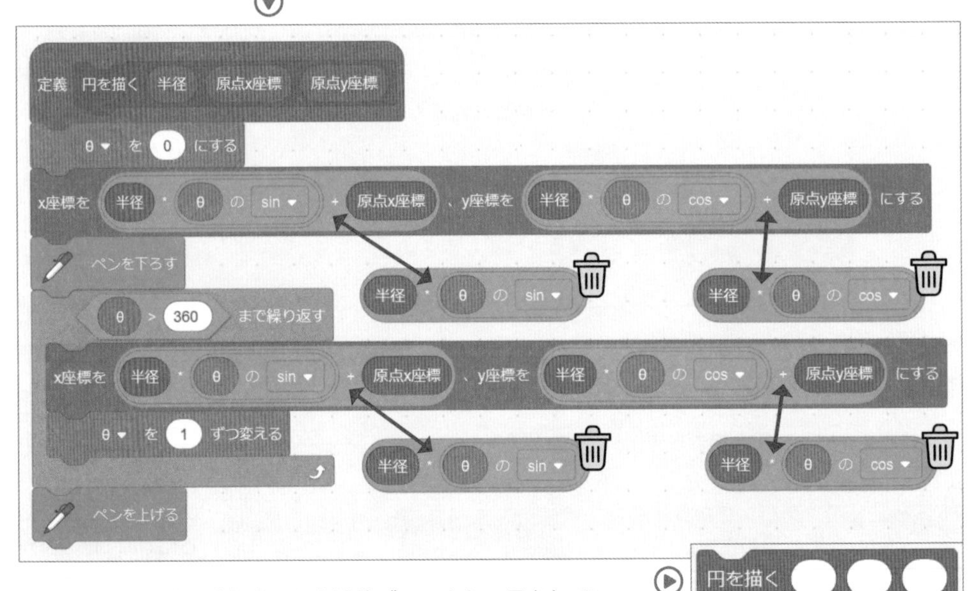

☞p.016 ブロックを作る

上で作成した原点の座標を足した演算ブロックと、足されていない以前のブロックを入れ替えます（以前のブロックは削除してOKです）。

ブロックにできた空白部分にox、oyを入れて実行します。
ox、oyのスライダーを動かすと、円が移動することを確認します。

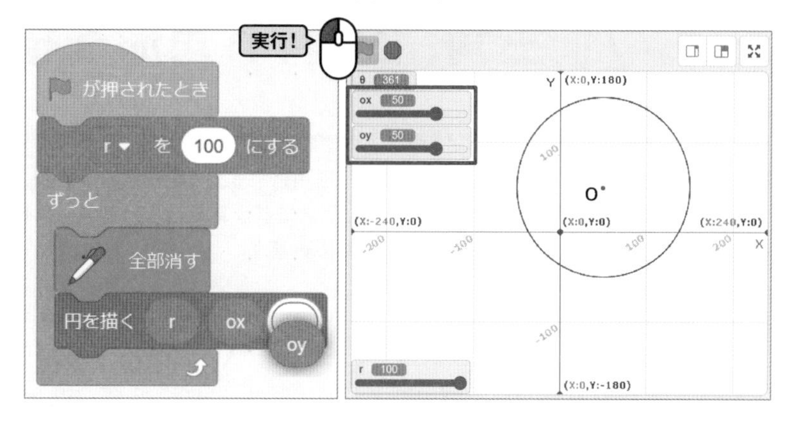

振り返り

sin、cosを使って円を描いてみました。

θを変えるとスプライトがぐるっと一周して円が描かれるのが、コンパスで円を描くのと同じで面白かったです。

「点O」を使って原点を移動させられるのは、いろいろな図形に応用できそうですね。

円を描けるようになったので円をガイドにしていろんな図形が描けますよ。

バックパックに入れましょう

スクリプト
code

SECTION 平面図形

2-2-2 三角、四角、n角形を描く

円をガイドにして、まず三角形を描きます。四角形、五角形と角数を増やしてパターンを見いだし、変数を使っていろいろな多角形を描画できるようプログラムを改変します。角数に従って内角の和を計算する処理も作ります。また、多角形を回転させてみます。

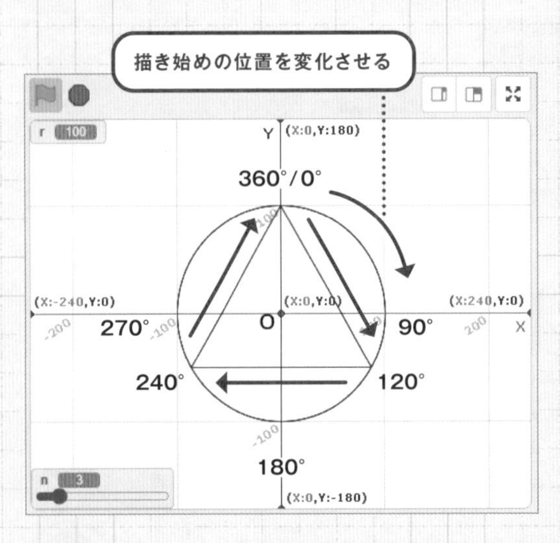

円をガイドにして、いろいろな多角形を描いてみますよ。

θを1ずつ増やすことで円を描けたってことは、増やし方を変えると、三角形や四角形も描けそう。

三角形を描くには、360°を3で割った120°ずつθを変えていけばいいのかな。

四角形は360°を4で割って90°ずつ、n角形だと、$\frac{360°}{n}$ずつ変えれば、いろんな多角形が描けそうです。

描き始めの0°も変えてみると、図形が回転するかもしれませんね。

☑ 作戦決定!

- ガイドとなる円を描く。
- 円周上の位置を120°ずつ変えて三角形を描く。
- 円周上の位置を90°ずつ変えて四角形を描く。
- 円周上の位置を$\frac{360°}{n}$ずつ変えてn角形を描く。
- 描き始めの位置を変化させて、図形を回転させてみる。

始める前の準備

作る

n角形を描く

プロジェクト名を付ける

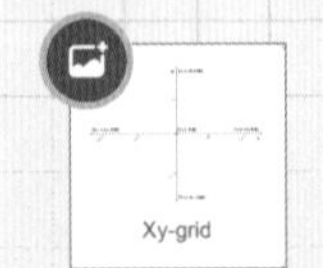

背景をXy-gridに設定

描画スプライトの設定

拡張機能でペンを追加

ブロックを組む

三角形、四角形、五角形を描く

CHECK

円をガイドにして、三角形などの多角形を描いてみましょう。

☞ p.021 原点Oの位置を変数で制御する

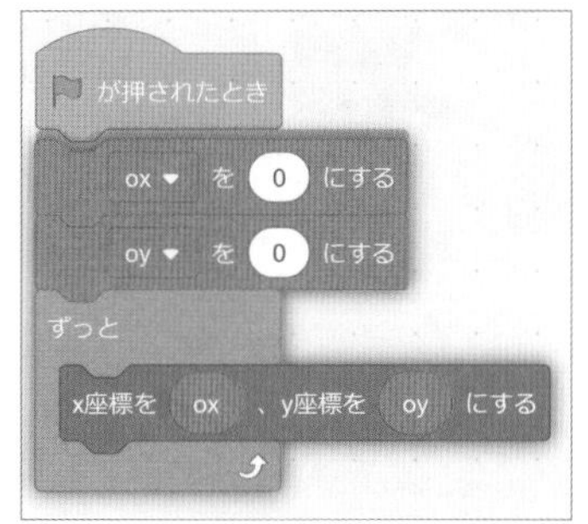

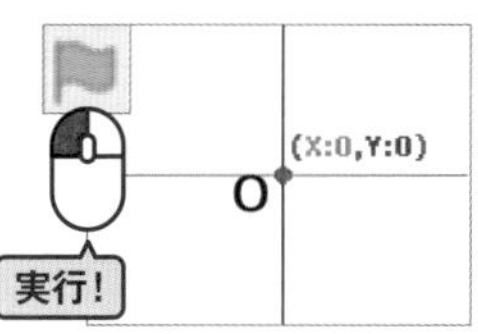

バックパックから原点Oを取り出し、(0,0)に配置します。

描画スプライトを選択します。

バックパックから「円を描く」を取り出します。

☞p.116 原点を指定して円を描く

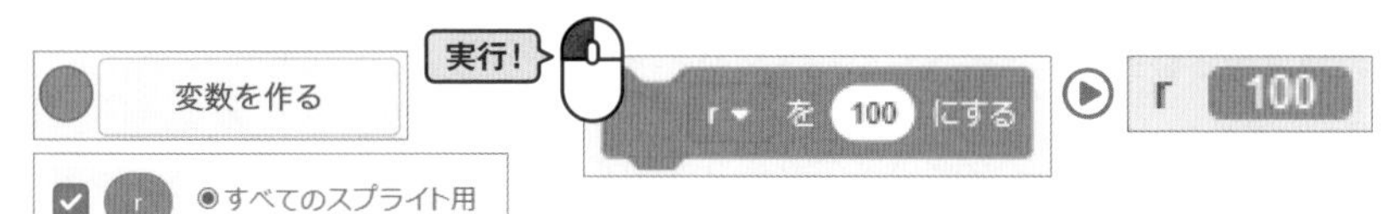

☞p.021 変数の作り方

半径「r」の変数を作り、初期値として100を設定します。

「円を描く」ブロックの引数に変数r、ox、oyを入れます。
実行すると円が描画されます。この円をガイドにして、スプライトの位置を円周上で120°ずつ移動させて三角形を描きます。

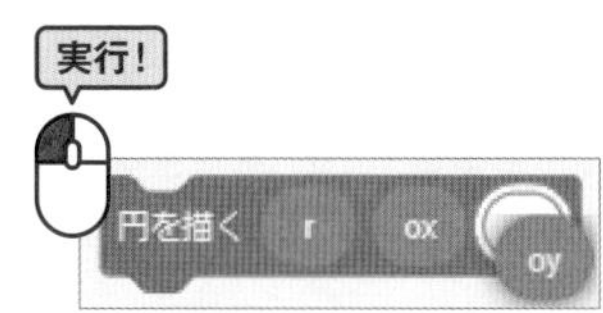

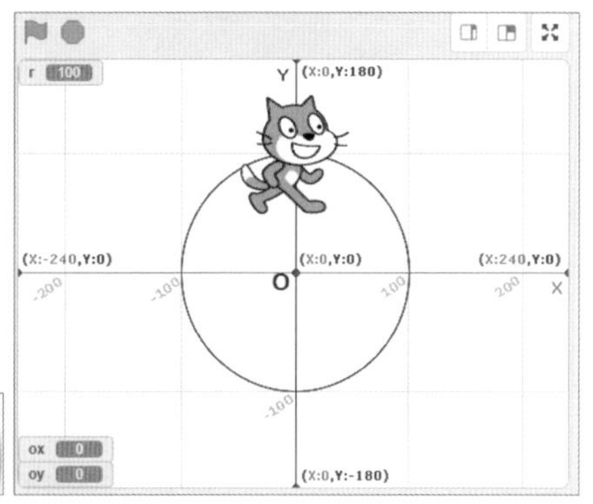

円周上で120°ずつ位置を変える処理を作ります。

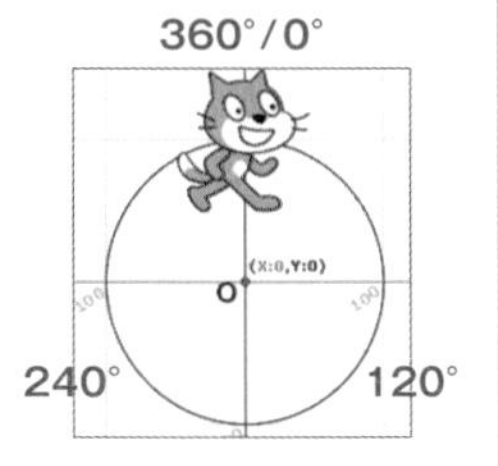

θの初期値として、描画のスタート位置である0°を設定します。

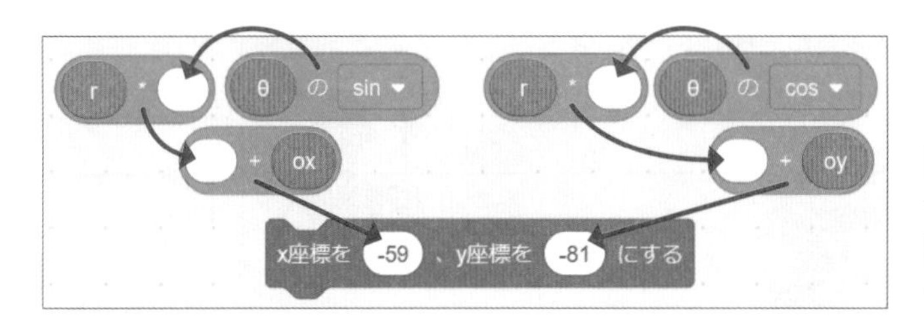

「r*sinθ+ox」と「r*cosθ+oy」のブロックを作り、描画スプライトの位置に反映させます。

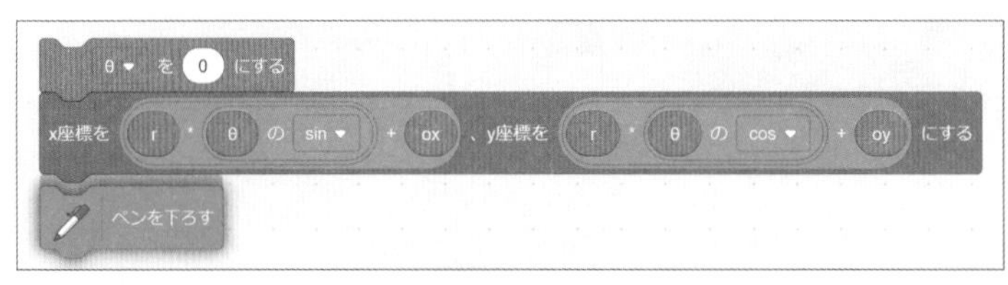

スタート位置でペンを下ろします。

三角形なので、360°を3で割った角度分、移動します。

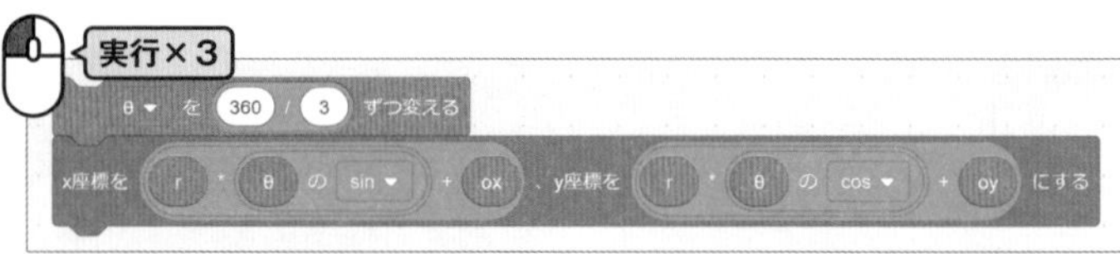

変更されたθをスプライトの位置に反映します。作成したブロックを3回クリックすると正三角形が描けました。

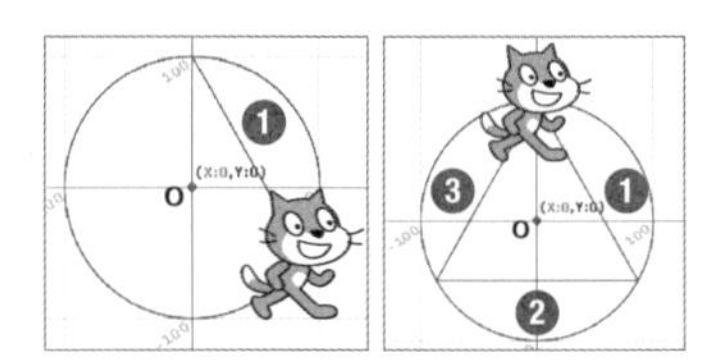

先ほど3回クリックした作業を、制御ブロックを使って3回繰り返す処理にします。

一度ペン描画を全部消して、上の命令を実行すると、円周は描かれず、三角形だけが描画されます。

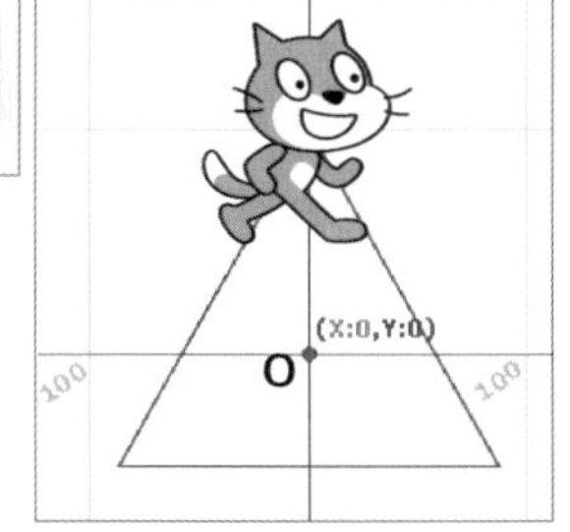

描画スプライトの表示が必要なければ、表示をoffにしてもよいです。

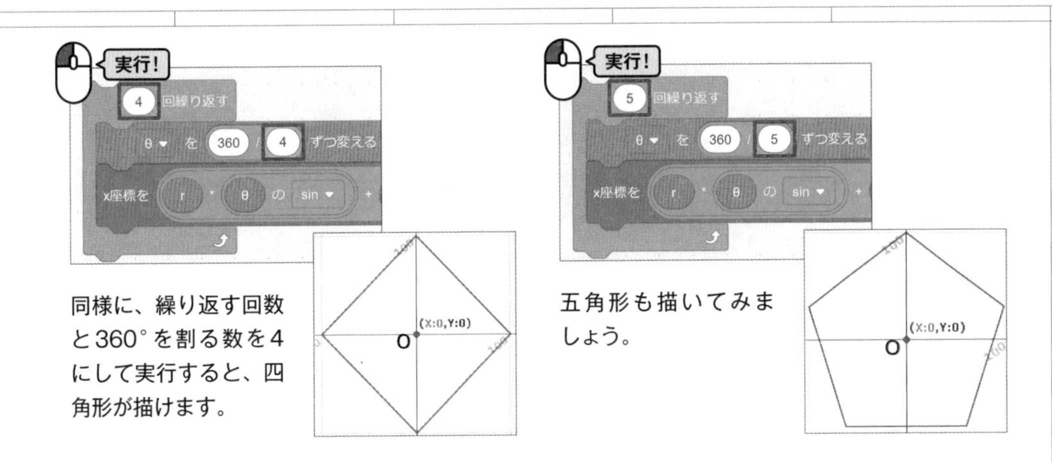

同様に、繰り返す回数と360°を割る数を4にして実行すると、四角形が描けます。

五角形も描いてみましょう。

n角形を描く

CHECK

n角形に対応できるようにブロックを変更します。

☞p.021 変数の作り方

角数を指定する変数「n」を作り、初期値として3を設定します。

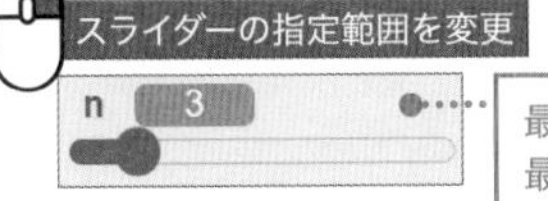

スライダーの指定範囲を1～16に設定します。

繰り返す回数と割る数のところにnを入れます。

この処理をまとめて定義ブロックにします。

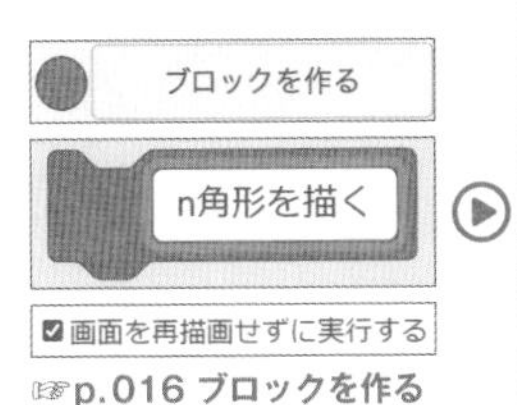

☞p.016 ブロックを作る

定義ブロック「n角形を描く」を作り、右のように処理をまとめます。

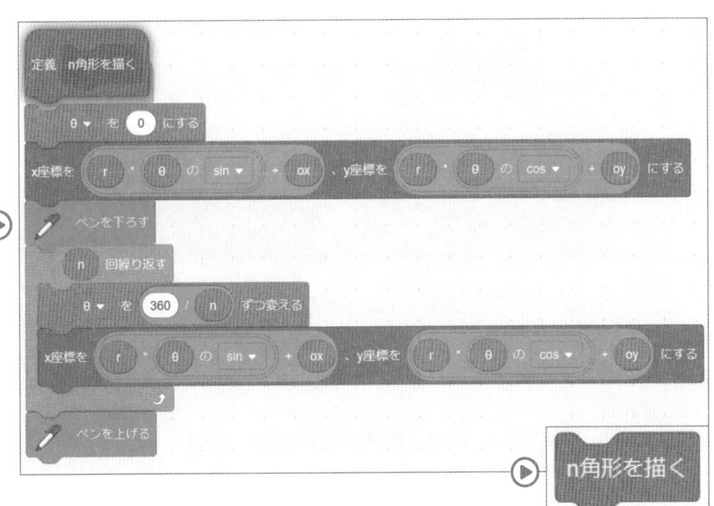

作成したブロックで、メインの処理を右のように構成します。
実行してnのスライダーを動かすと、いろいろな多角形を描けます。1角形だと点で、2角形だと線になっているのも面白いですね。

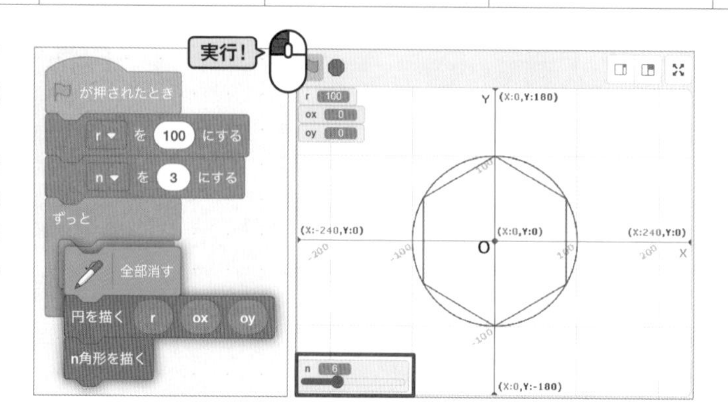

内角の和を計算する

CHECK

多角形の描画では円周上を移動するので、外角の和は360°です。内角は180°から外角を引いた値で、それに頂点の数を掛けると内角の和になります。内角の和も計算してみましょう。

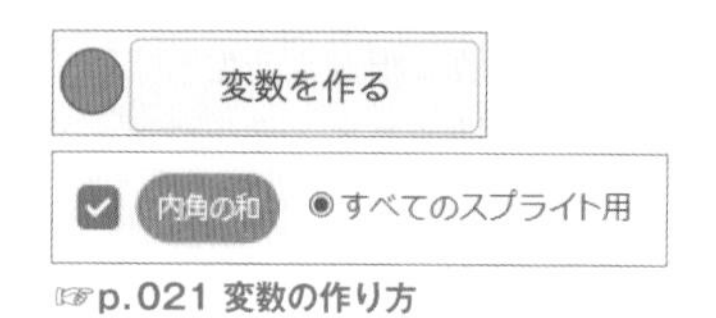

☞p.021 変数の作り方

「内角の和」を入れる変数を作ります。

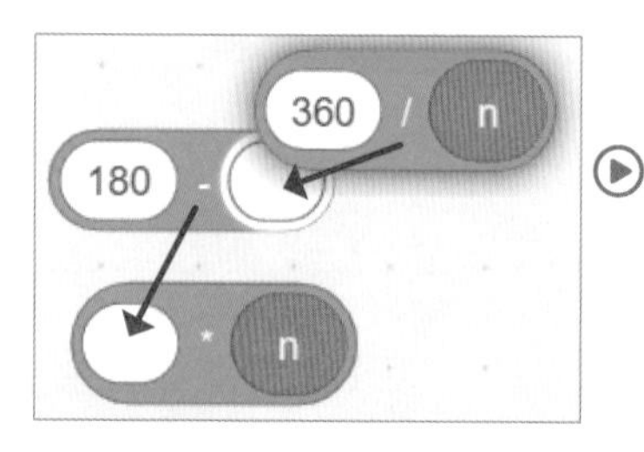

180°から1つの角の外角を引いたものに角数を掛け、内角の和に入れます。

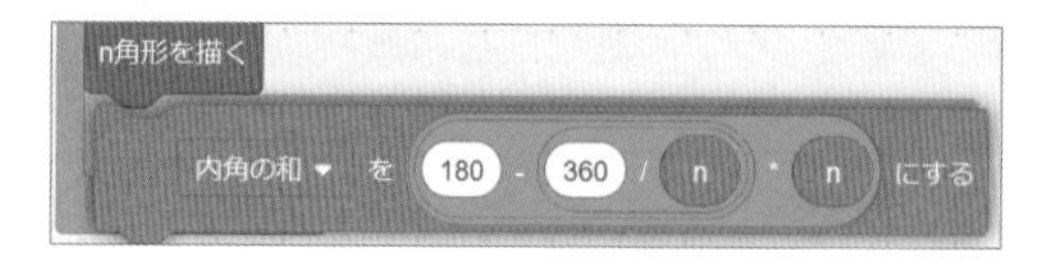

作成したブロックをメインの処理に加えて実行し、変数nのスライダーを動かすとn角形の内角の和が算出されます。

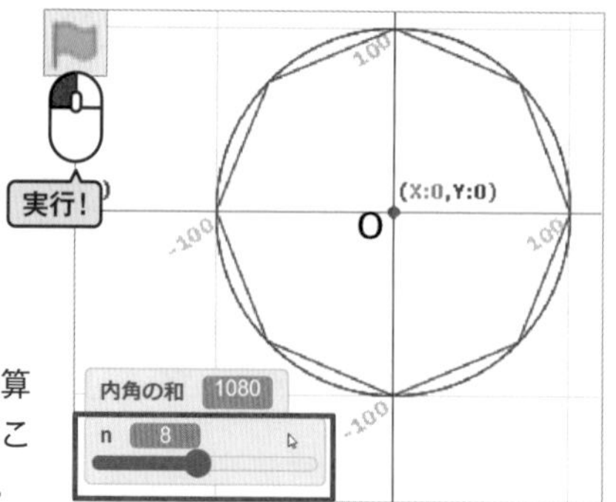

通常、内角の和は180°×(n－2)で計算しますが、Scratchの描画からみると、このような計算式も考えることができます。

ブロックを一般化する

今後ほかのプロジェクトでも使えるよう、今回定義したブロックを一般化します。

定義ブロック「n角形を描く」を編集します。

「半径」「n角形」「原点x座標」「原点y座標」を引数に追加します。

処理内の変数を、対応する引数ブロックと入れ替えます。

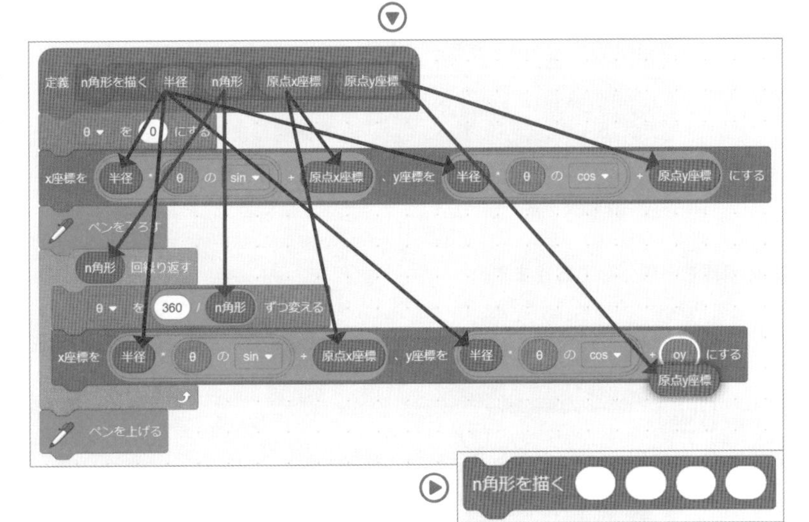

☞p.016 ブロックを作る

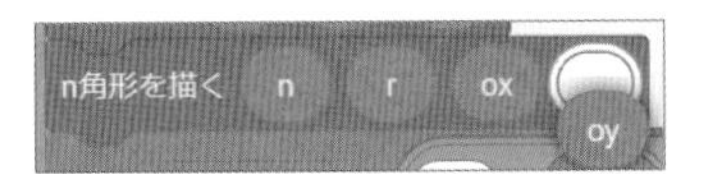

メインの処理内のブロックの空白部分に対応する変数を入れて実行し、前の動作と同じになるか確認します。

組んだブロックを応用する

APPLY CODE

ここまでは、0°の位置から描き始めていましたが、この位置を少しずつずらして、図形を回転させてみましょう。

描画スプライトを選択します。

☞p.021 変数の作り方

描き始めの角度を入れる変数「rotate」を作ります。

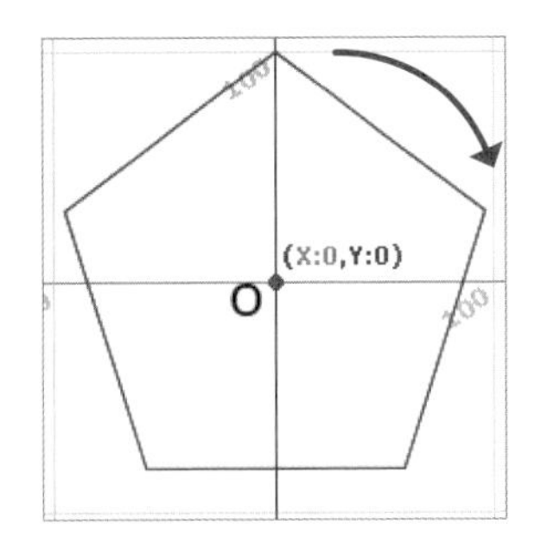

☞p.022 変数の範囲設定

スライダーの指定範囲を0～360に設定します。

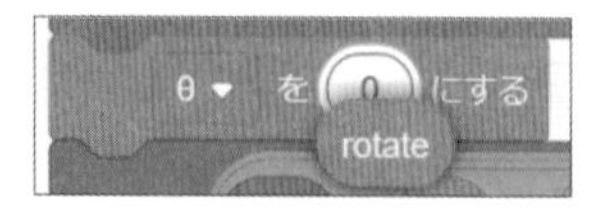

「n角形を描く」の「θを0にする」の0のところにrotateを入れます。

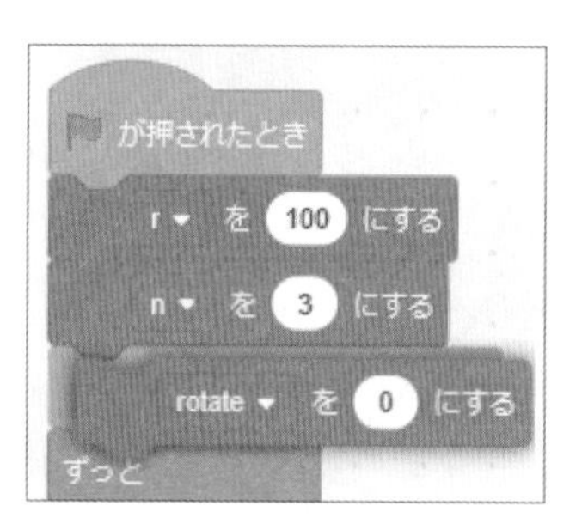

rotateを0に設定して、メインの処理の初期値を設定する箇所に組み入れます。
実行してrotateのスライダーを動かすと、図形が回転することを確認します。

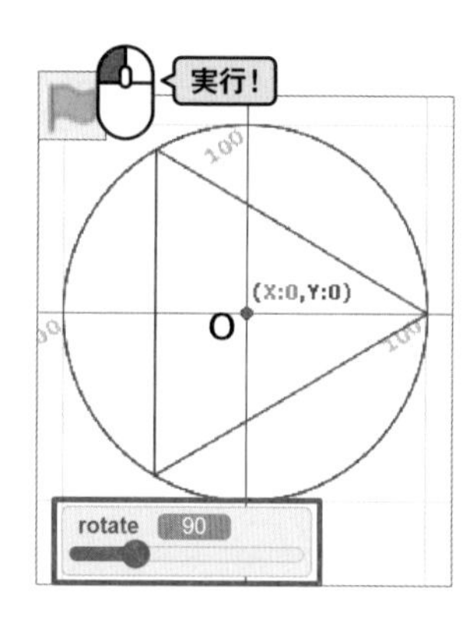

この処理も一般化しておきます。

定義ブロック「n角形を描く」を編集します。

「回転」を引数に追加します。

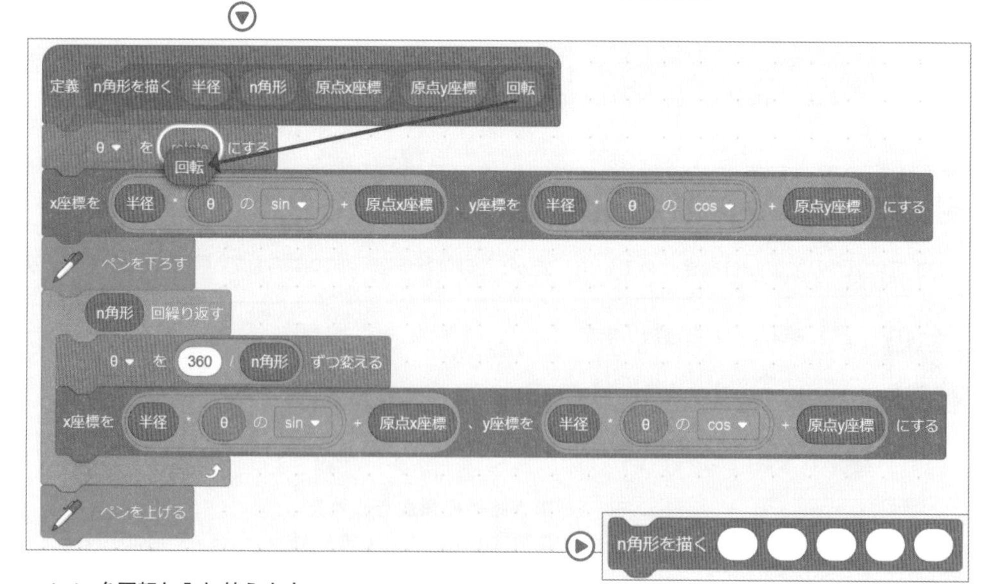

rotateを回転と入れ替えます。

☞p.016 ブロックを作る

ブロックにできた空白部分にrotateを入れて実行し、前の動作と同じになるか確認します。

また「rotateを１ずつ変える」を加えると自動的に回転します。

振り返り

三角形、四角形、n角形を描いてみました。

θを割り算することで、いろんな多角形が描けました。n角形のnの数を増やしたり減らしたりすると、どんどん形が変わっていくのも面白いですね。

内角の和も簡単に求められて、nに対応して変化することがわかりました。

円をガイドにして、もっといろんな図形が描けますよ。

バックパックに入れましょう

SECTION 平面図形

2-2-3 扇形を描く

「円を描く」プログラムを改変して、円弧と中心点を結ぶ扇形を描くプログラムを作ります。扇形の開き方を変化させて、さまざまな形の扇形も描画します。最後に、扇形を丸めるとできる円すい形の底面と横から見た形を描いてみます。

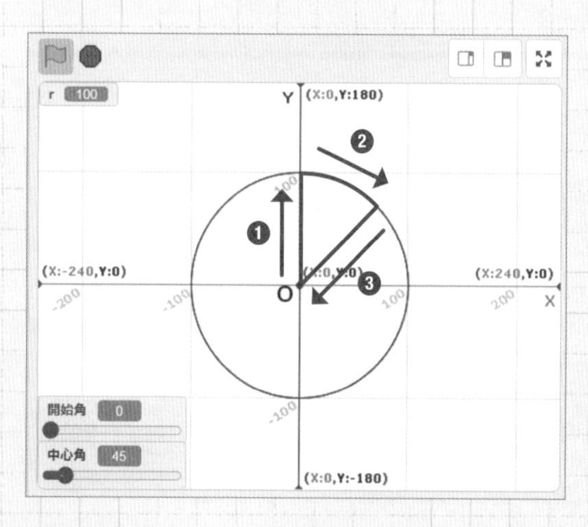

次は扇形を描いてみますよ。

円の場合は0から360°まで動かせばよかったけど、描き始めと描き終わりの角度を指定すると、円弧が描けそう。

扇形の中心角がそれですね。

中心点→弧の描き始め位置→弧の描き終わり位置→中心点という順番で描画スプライトに動いてもらえば扇形になりますね。

n角形を描いたときのように、描き始めの位置を変化させると、扇形が回転して面白いかも。

☑ 作戦決定!

- 円を描くブロックを編集して円弧を描く。
- 円弧と原点を直線で結んで扇形にする。
- 円弧を描き始める位置や描く範囲を変えて、扇の形を変化させる。

始める前の準備

作る

扇形を描く

プロジェクト名を付ける

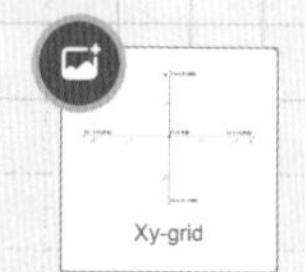

背景をXy-gridに設定

描画スプライトの設定

拡張機能でペンを追加

ブロックを組む

➡ 扇型の弧を描く

CHECK

「円を描く」処理の角度を変更して弧を描きます。

☞ p.021
原点Oの位置を
変数で制御する

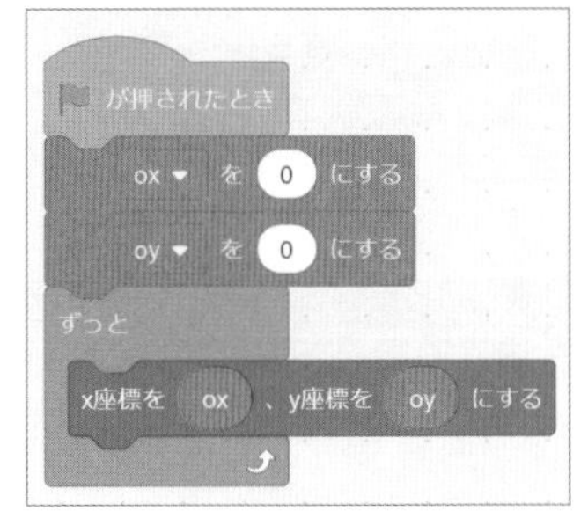

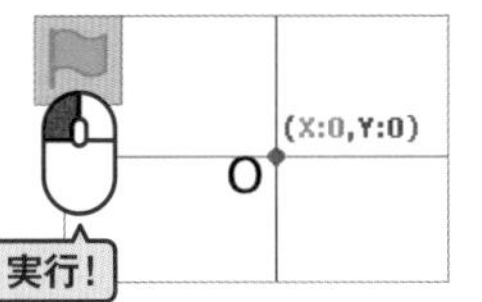

バックパックから「原点O」を取り出し、(0,0)に配置します。

描画スプライトを選択します。

バックパックから「円を描く」を取り出します。

☞p.116
原点を指定して
円を描く

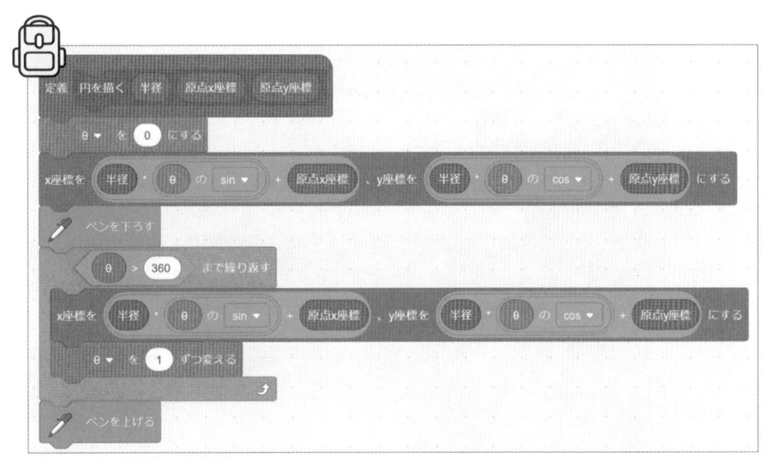

☞p.021 変数の作り方

半径「r」の変数を作り、初期値として100に設定します。

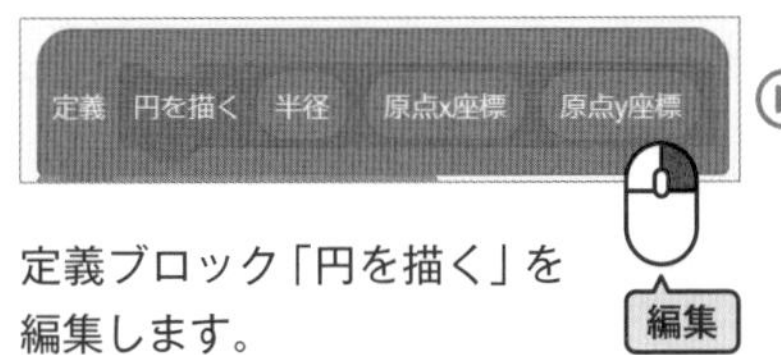

定義ブロック「円を描く」を編集します。

☞p.016 ブロックを作る

「扇形を描く」と名前を変えます。

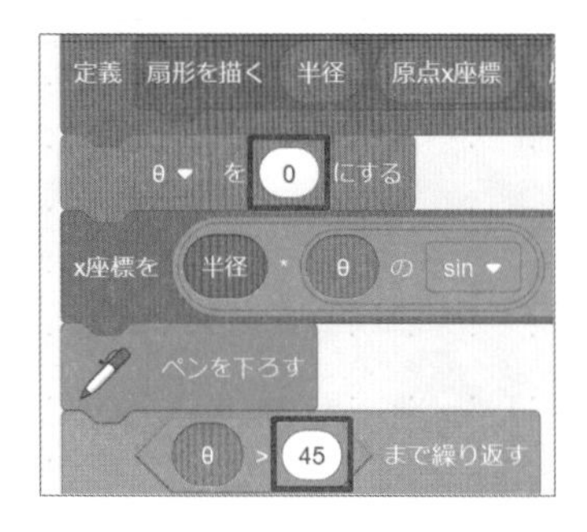

円の弧を描く範囲（角度θの変化の範囲＝扇の中心角）を変更すると、扇の弧になります。
ここでは、範囲を0から45に設定します。

ブロックの空白に、該当する変数を入れて実行し、0°～45°の弧が描かれるか確認します。

扇形を描く

CHECK

上で描いた弧を、原点からの直線で結んで扇形を描きます。

原点に移動するブロックを作ります。

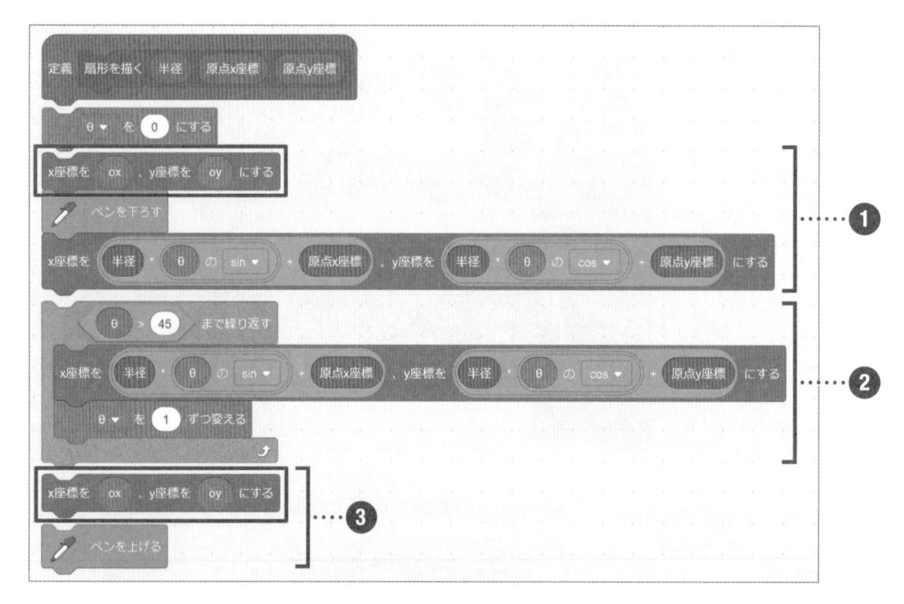

原点に移動するブロックを「扇形を描く」処理に加え（2か所）、原点から0°に行ってペンを下ろし、45°まで弧を描き、原点に戻ってペンを上げるように変更します。

❶原点に行ってペンを下ろし、円弧の0°に行きます。

❷45°まで弧を描きます。

❸原点に戻ってペンを上げます。

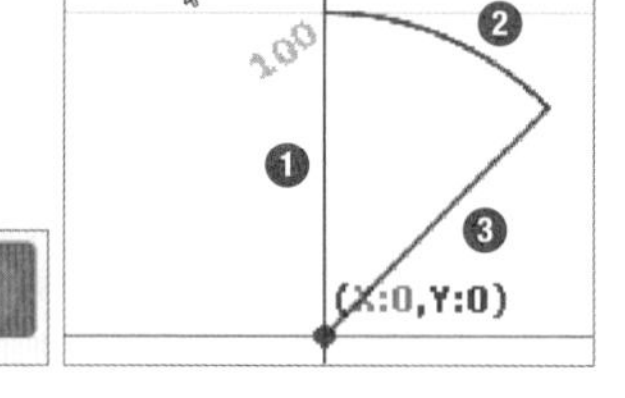

実行！ 扇形を描く r ox oy

実行して扇形が描かれるのを確認します。

➡ 扇の形を変化させる

CHECK ☐

始点が0°で中心角が45°の扇形を描きましたが、始点と中心角の値を変更すれば、さまざまな広がり方の扇形が描けます。始点と中心角を設定できるようブロックを修正します。

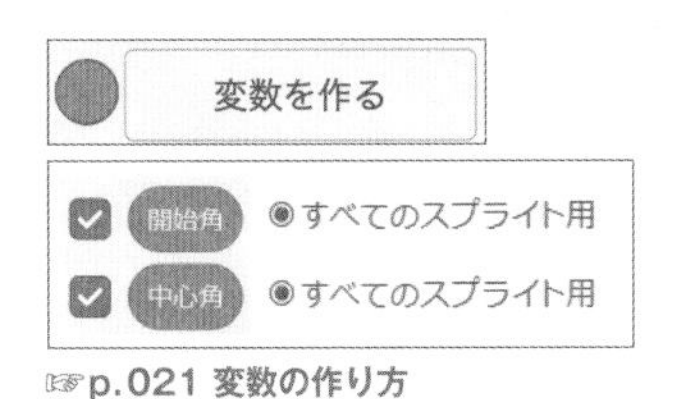

☞p.021 変数の作り方

始点の角度と円弧の範囲を設定する変数「開始角」「中心角」を作り、初期値として開始角10、中心角45を設定します。

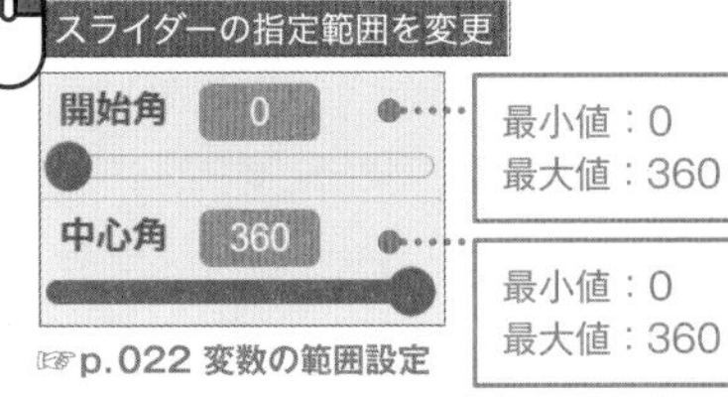

☞p.022 変数の範囲設定

スライダーの指定範囲をそれぞれ－0～360に設定します。

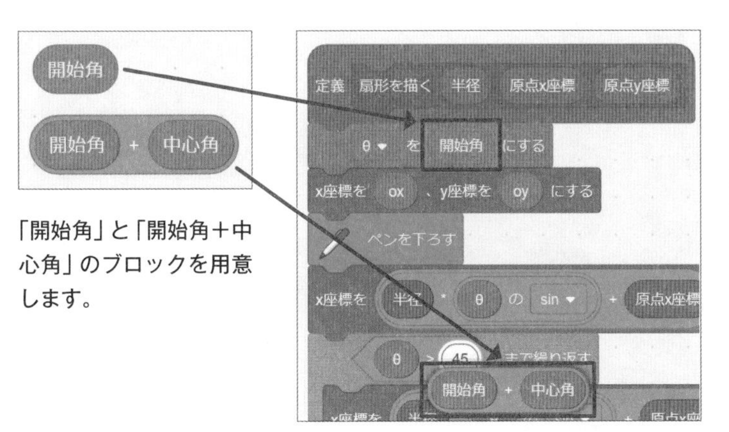

「開始角」と「開始角＋中心角」のブロックを用意します。

「θを0にする」の0の場所に「開始角」ブロックを入れ、「θ>45まで繰り返す」の45のところに「開始角＋中心角」ブロックを入れます。

作成したブロックで、メインの処理を右のように構成します。
実行して開始角、中心角のスライダーを動かし、扇形が変化するのを確認します。

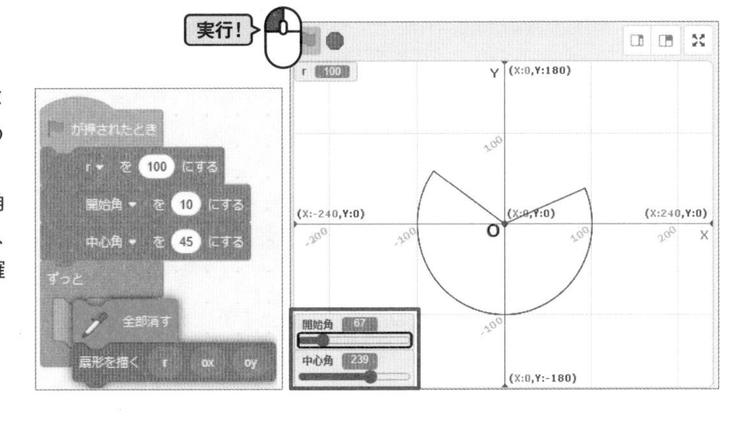

ブロックを一般化する

今後ほかのプロジェクトでも使えるよう、今回定義したブロックを一般化します。

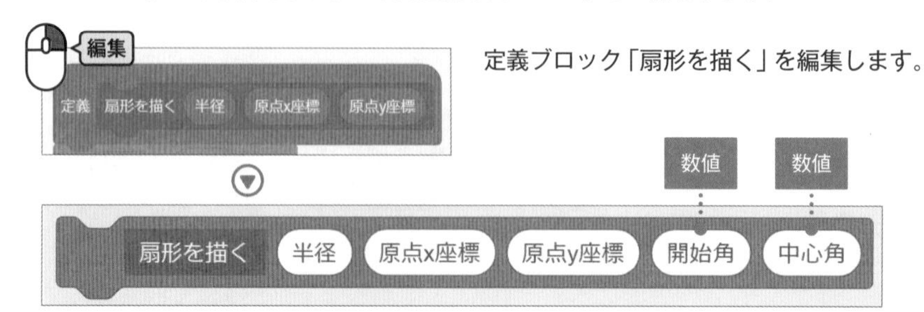

定義ブロック「扇形を描く」を編集します。

「開始角」「中心角」を引数に追加します。

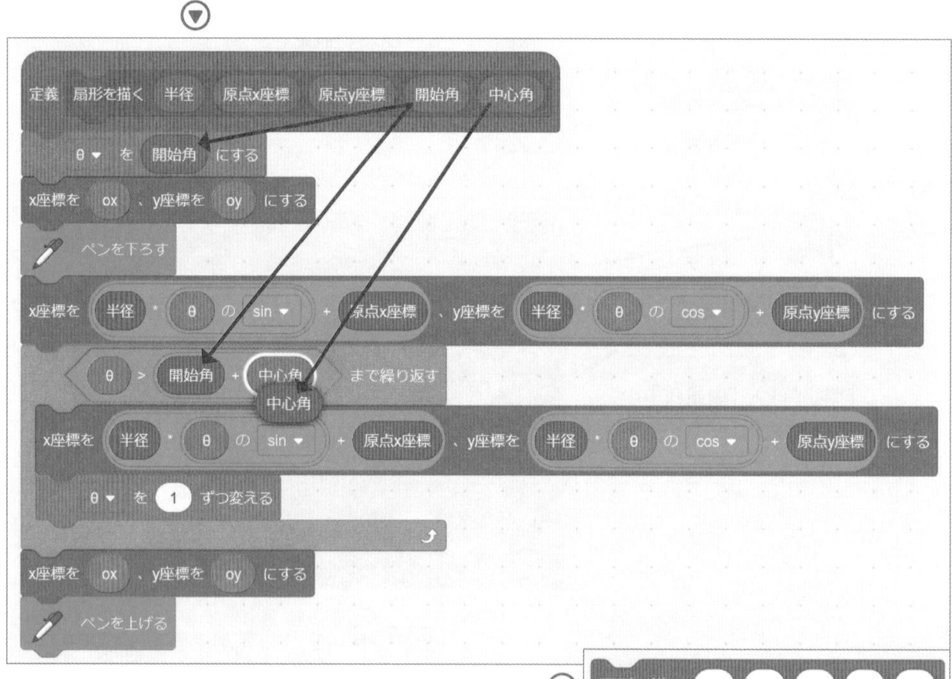

処理内の変数を、対応する引数ブロックと入れ替えます。

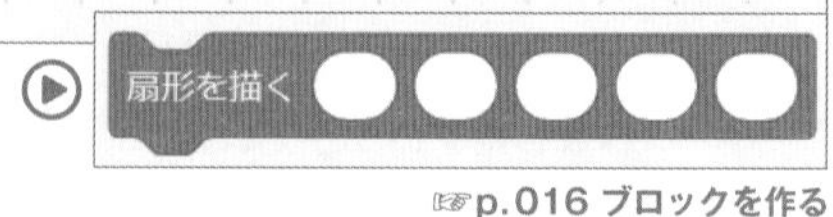

☞p.016 ブロックを作る

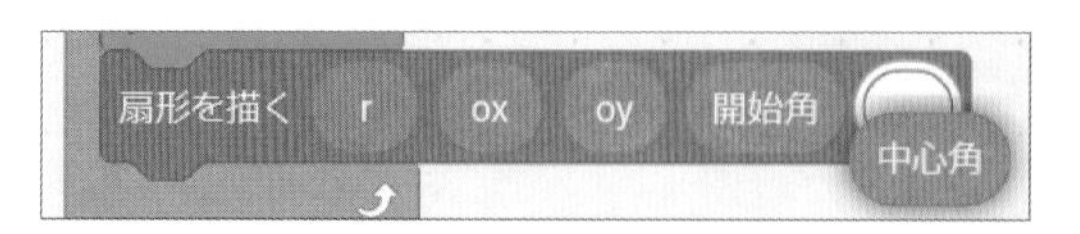

ブロックにできた引数の空白に、該当する変数を入れて実行し、前の動作と同じになるか確認します。

APPLY CODE

組んだブロックを応用する

扇形を丸めると円すいができます。この円すいを底面と横から見た図形を描きます。

●展開図

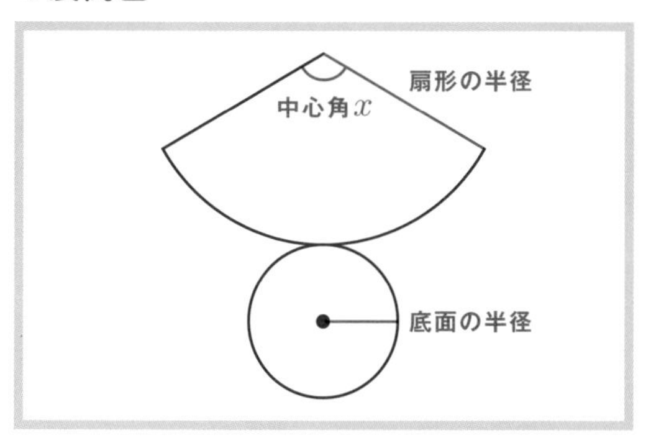

●円すい

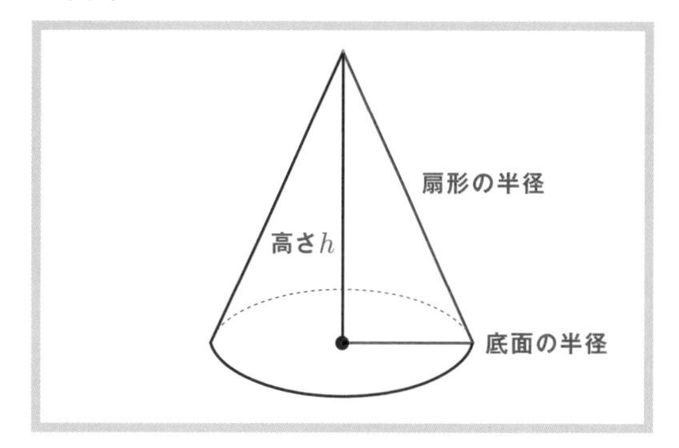

円すいを展開するとこのような形になります。「底面の半径＝扇形の半径×中心角÷360」の関係式が成り立ちます。

三平方の定理より「底面の半径^2＋高さ^2＝扇形の半径^2」。これを変形して、円すいの高さは「$\sqrt{高さ^2}=\sqrt{扇形の半径^2-底面の半径^2}$」で求められます。

描画スプライトを選択します。

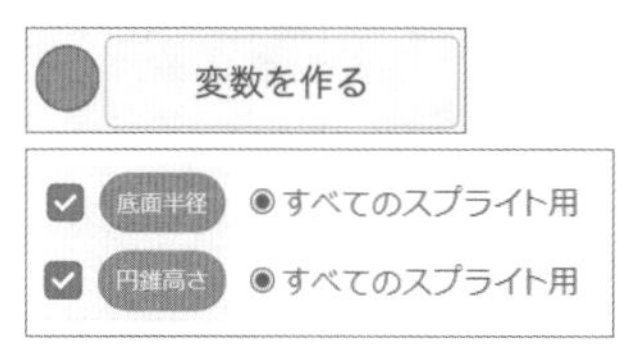

☞p.021 変数の作り方

扇形がなす円すい形の底面の半径と、側面から見た高さを入れる変数「底面半径」と「円錐（すい）高さ」を作ります。

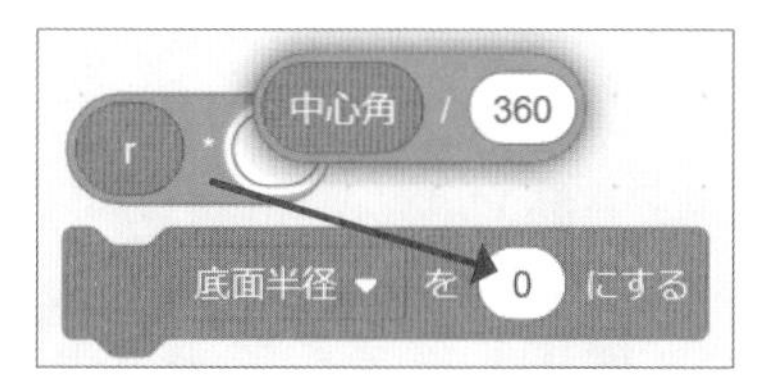

底面の半径を求める処理を組みます。

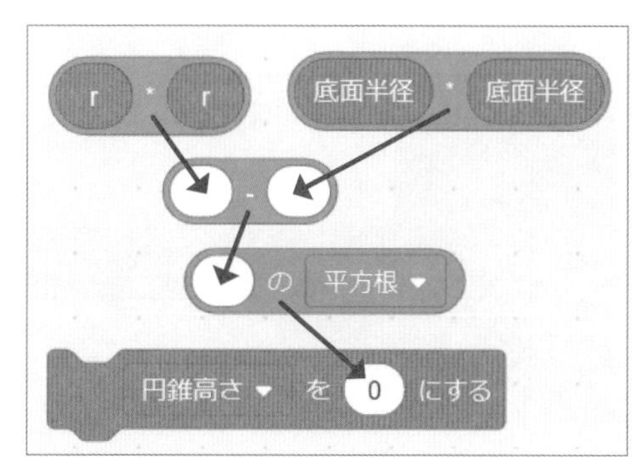

円すいの高さを求める処理を組みます。

バックパックから「円を描く」「ペンを設定する」「ペンの設定を戻す」を取り出します。

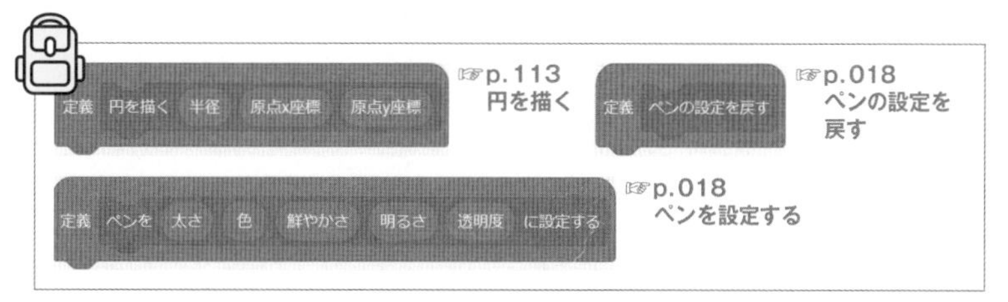

☞p.113 円を描く
☞p.018 ペンの設定を戻す
☞p.018 ペンを設定する

円すいの底面と側面を描く処理をまとめてブロックにします。

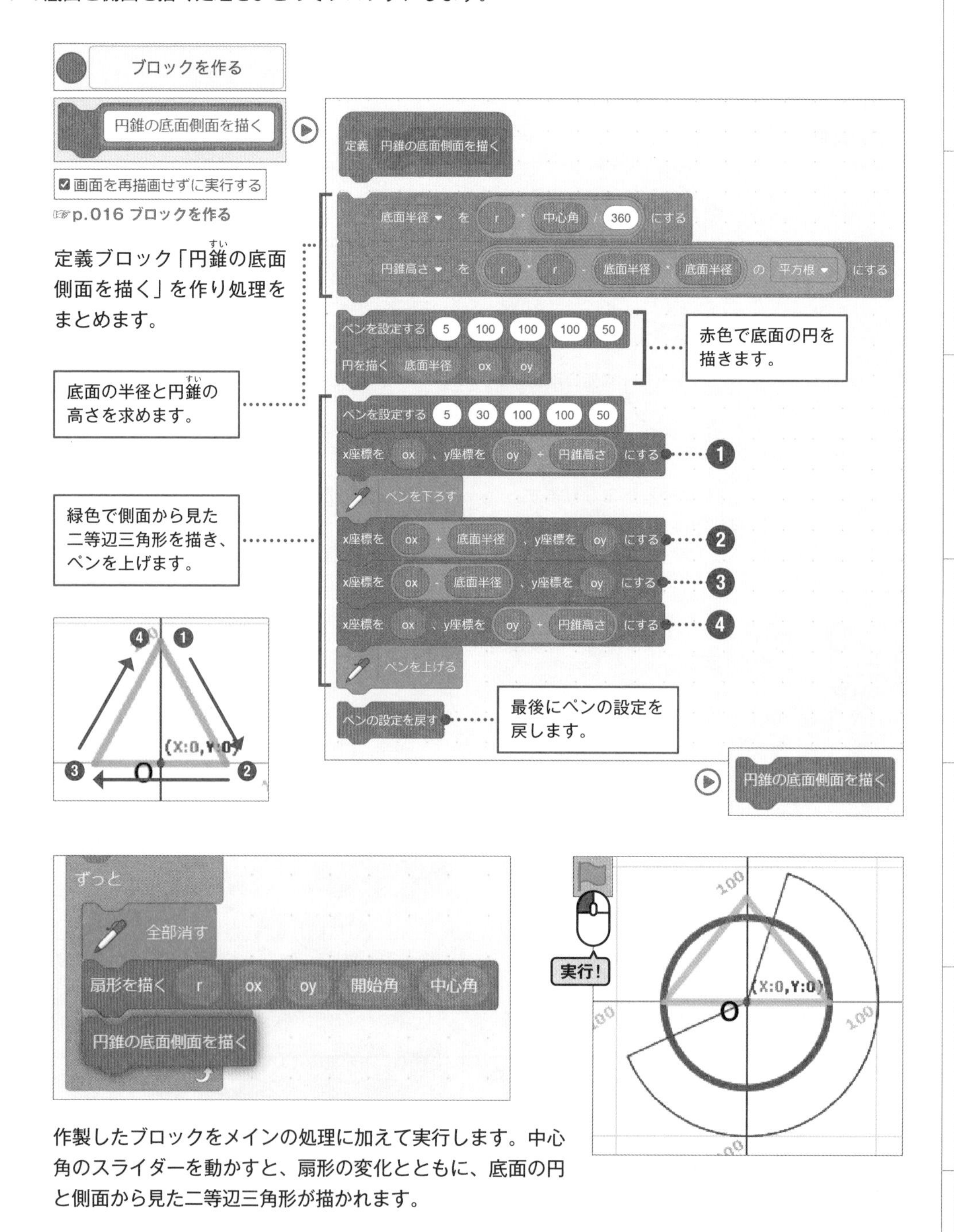

作製したブロックをメインの処理に加えて実行します。中心角のスライダーを動かすと、扇形の変化とともに、底面の円と側面から見た二等辺三角形が描かれます。

振り返り

円を描くブロックを応用して、扇型を描いてみました。

弧を描く範囲を指定することで、扇型の弧の部分がかんたんに描けました。

始点と中心角を変えると扇型がどんどん形を変えていくのが面白かったです。

いろんな図形が描けるようになったので、次からは図形の性質を調べますよ。

バックパックに入れましょう

SECTION 2-2-4 平面図形

角度と面積を求める

3点A、B、Cを結ぶ三角形を描き、スプライトの「向き」の情報を使って角の角度を測るプログラムを作ります。測った角度と辺の長さから、スプライトを動かすことで高さを求め、三角形の面積を算出します。

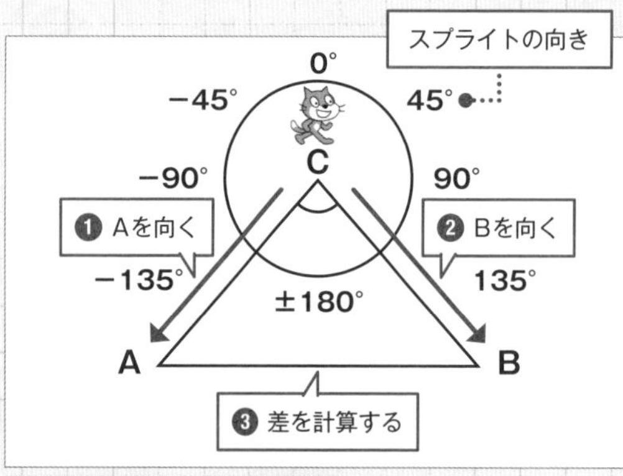

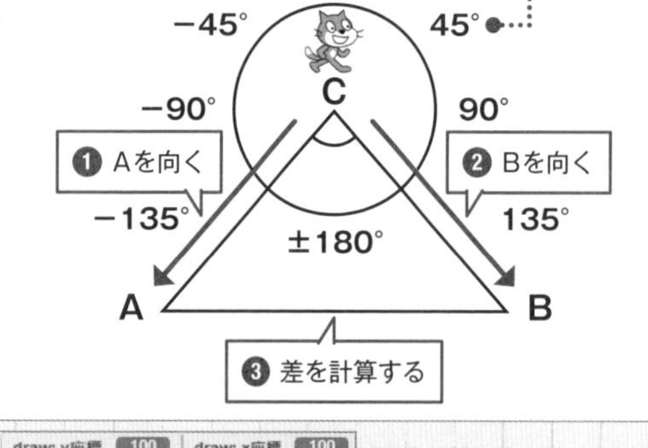

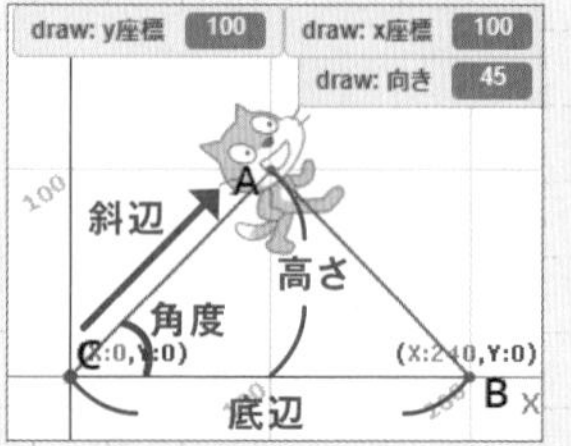

三角形の角度を測って、面積も出してみましょう。

スプライトの「向き」を使って計算できそう。△ABCの場合、点Cに行って、点Aを向いたときと点Bを向いたときの向きの差分が∠ACBになりますね。

スプライトの向きの範囲が−180～180なので、場合によってはマイナスになったり、180°超えたりするから、補正が必要ですね。

面積を求めるには高さが必要だけど、向きによっては高さがわかりにくいな。

斜辺の角度と長さから、高さが割り出せますよ。

☑ 作戦決定!

- 点A、点B、点Cを作り、線で結んで三角形を描く。
- 測りたい角度の点のところに行って、他の2点への向きの差分で角度を求める。
- マイナスになったり180°以上になった場合は補正する。
- 三角形の底辺と斜辺の長さを求める。
- スプライトを(0,0)に移動させて、水平の向き(90°)から求めた角度分上に向け、斜辺の長さぶん動かす。
- 移動した地点のy座標を高さとして、$\frac{底辺 \times 高さ}{2}$ の計算式で面積を求める。

始める前の準備

作る

角度と面積を求める

プロジェクト名を付ける

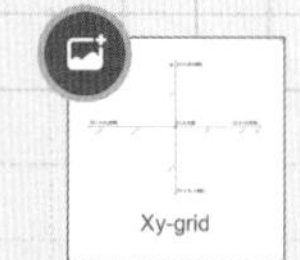

背景をXy-gridに設定

描画スプライトの設定

拡張機能でペンを追加

ブロックを組む

WRITE CODE

△ABCを描く

CHECK

点のスプライトを線で結んで、角度を測る三角形を描きます。

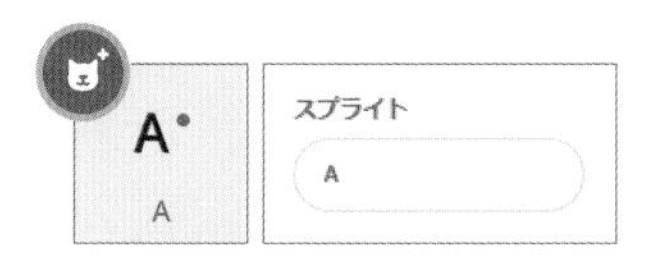

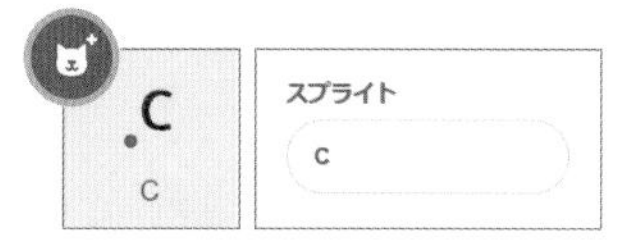

点A、点B、点Cを作ります。

☞p.019 原点Oを作る

角度を確認しやすくするため、点の位置を以下のように設定します。
点Aの位置：x座標 −100、y座標 0
点Bの位置：x座標 100、y座標 0
点Cの位置：x座標 0、y座標 100

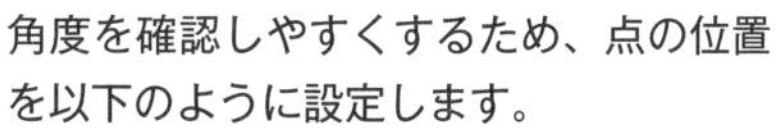

描画スプライトを選択します。

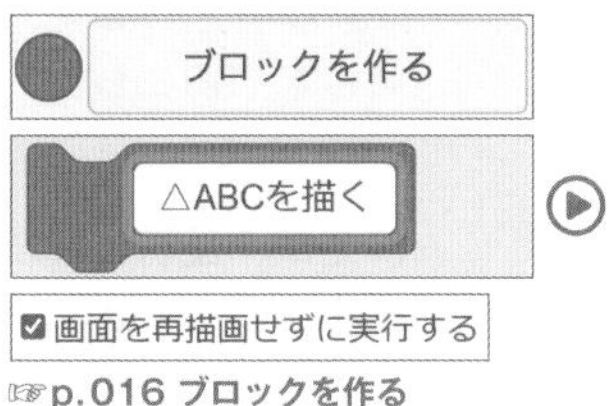

☞p.016 ブロックを作る

定義ブロック「△ABCを描く」を作り、点ABCを線で結ぶ処理をまとめます。

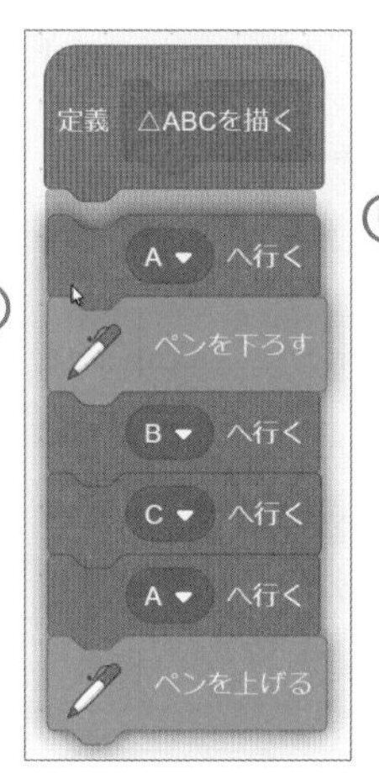

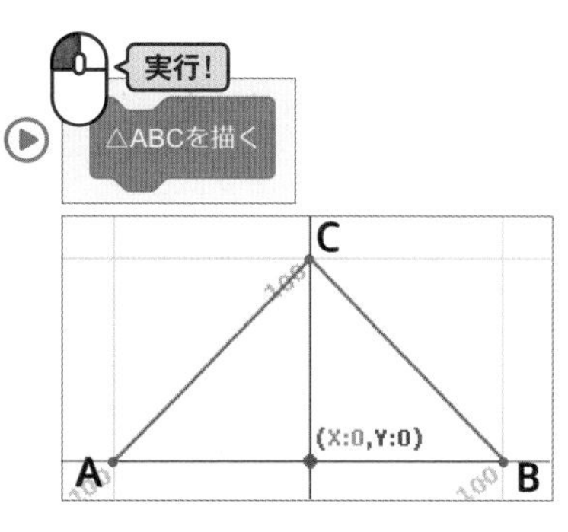

作成したブロックを実行すると、△ABCが描かれます。

∠ACBを求める

CHECK

「向き」のブロックを利用して角度を算出します。

動きのグループの中に「向き」というブロックがあります。チェックを入れると、スプライトの向きの値が表示されます。
スプライトエリアの向きの表示をクリックすると、スプライトが向いている方向が図で表示されます。これを利用して、角度を算出します。

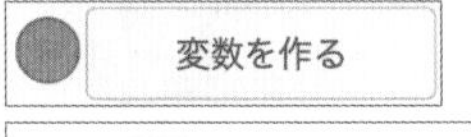

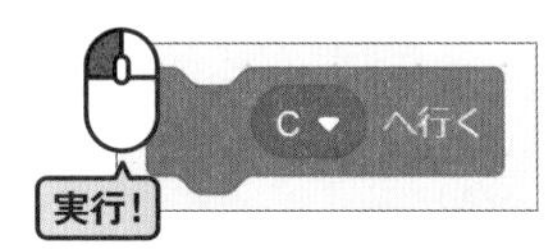

計算した角度を入れる変数「角度計算」を作ります。

☞p.021 変数の作り方

角度を測る点Cに行きます。

点Aに向けて、向きの値を角度計算に入れます。

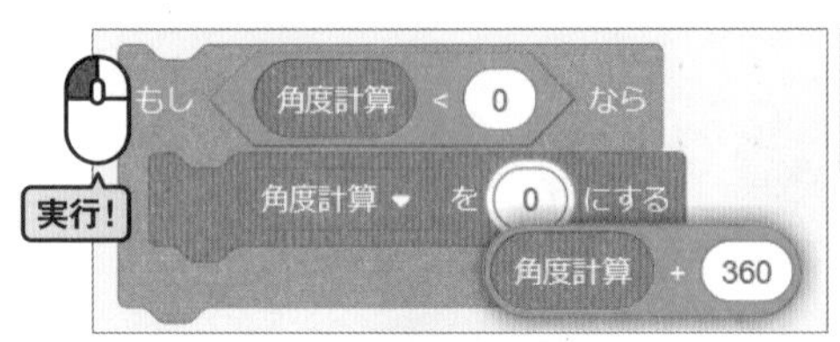

点Bに向けて、角度計算の値(－135)から点Bへの向き(135)の差分を計算します。

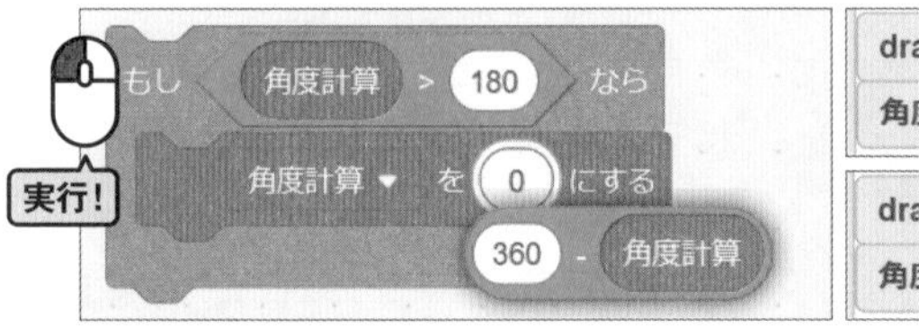

もし、角度計算の値が0より小さければ、補正として360を加算します。この場合、－270で0より小さいので、360を加算して、90にします。

例えば、最初にBの方(135)を向いて、次にA(－135)を向いた場合、差分は270になります。角度が180°を超えているので、これも補正する必要があります。
この場合は、360から角度計算の値を引きます。

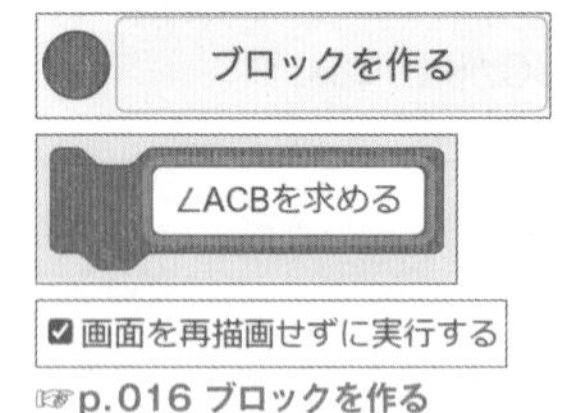

☞p.016 ブロックを作る

定義ブロック「∠ACBを求める」を作り、上の処理をまとめます。

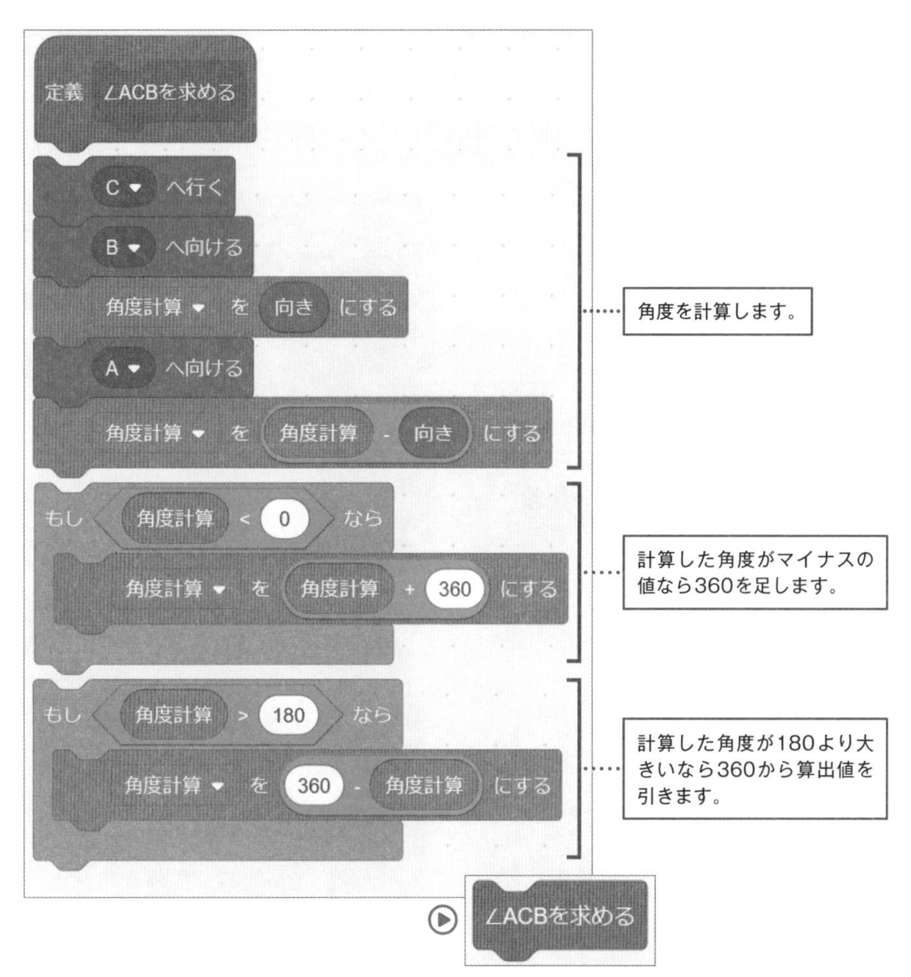

作成したブロックで、メインの処理を右のように構成します。
実行し、各点をマウスでドラッグして動かすたびに、角度が計算されることを確認します。

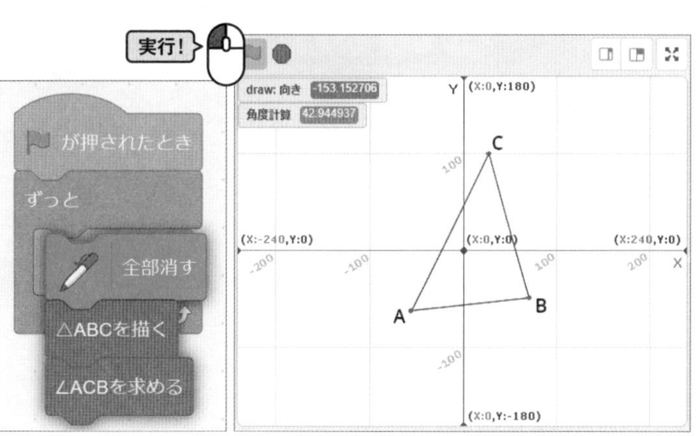

ブロックを一般化する

GENERALIZE CODE

今後ほかのプロジェクトでも使えるよう、今回定義したブロックを一般化します。

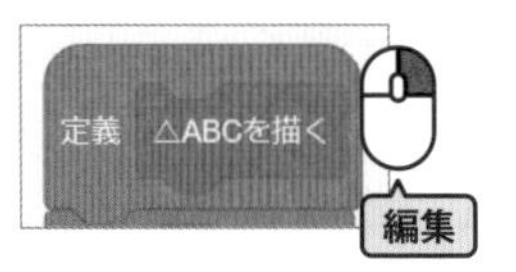

定義ブロック「△ABCを描く」を編集します。

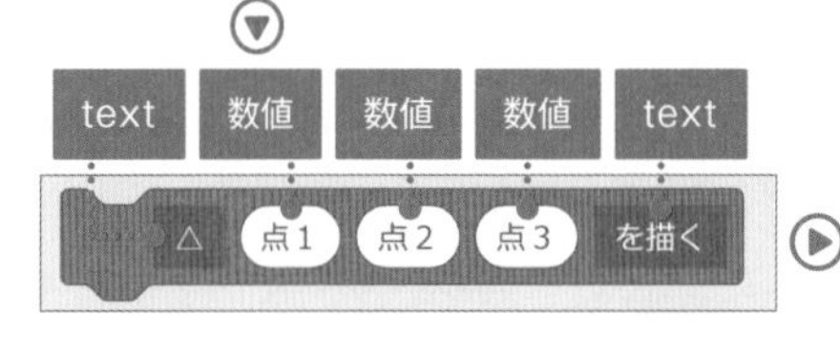

引数「点1」「点2」「点3」とテキストラベルをこのように追加します。

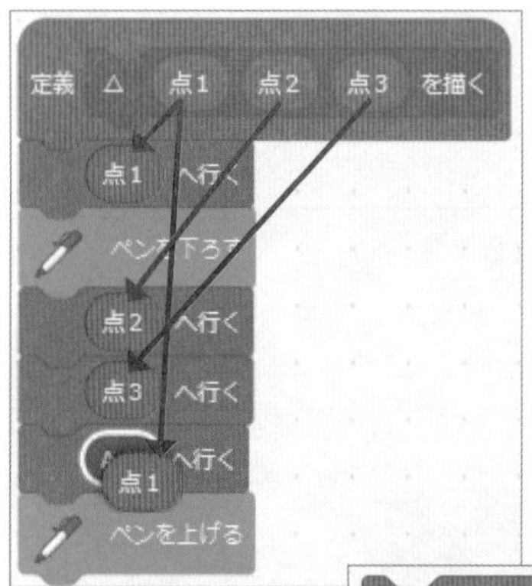

引数ブロックをそれぞれ対応する点のところに入れます。

☞p.016 ブロックを作る

定義ブロック「∠ACBを求める」を編集します。

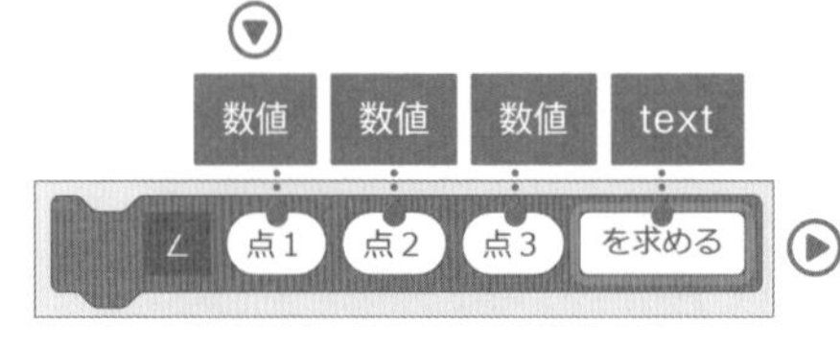

引数「点1」「点2」「点3」とテキストラベルを図のように追加します。

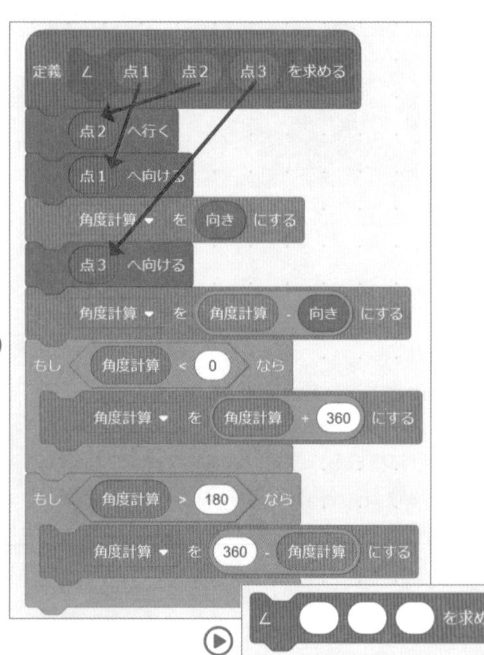

引数ブロックを対応する点のところに入れます。

☞p.016 ブロックを作る

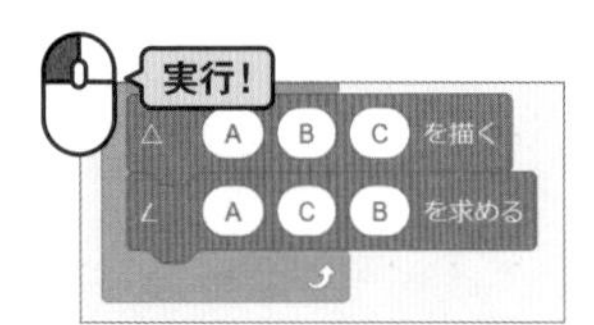

ブロックにできた引数の空白に、該当する点をキーボードで入力します。実行して前の処理と同じ動作をするか確認します。

組んだブロックを応用する

底辺と高さから面積を求める三角形の面積の公式を使って計算します。

求めた角度を使って、三角形の面積を求める処理を組んでみましょう。

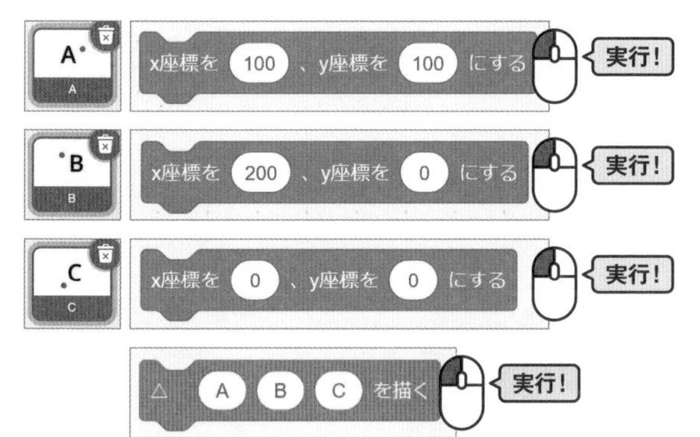

三角形の面積を求める便宜(べんぎ)上、底辺をx軸上においた三角形を描きます。
ここでは、点Aを(100,100)、点Bを(200,0)、点Cを(0,0)に設定します。

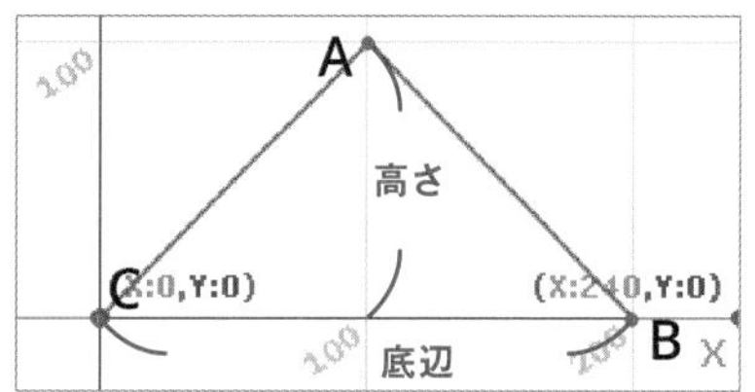

底辺と高さから面積を求めます。

描画スプライトを選択します。

☞p.016 ブロックを作る

定義ブロック「三角形の面積を求める」を作り「底辺」「高さ」を引数に追加します。

☞p.021 変数の作り方

面積の計算結果を入れる変数「面積計算」を作ります。

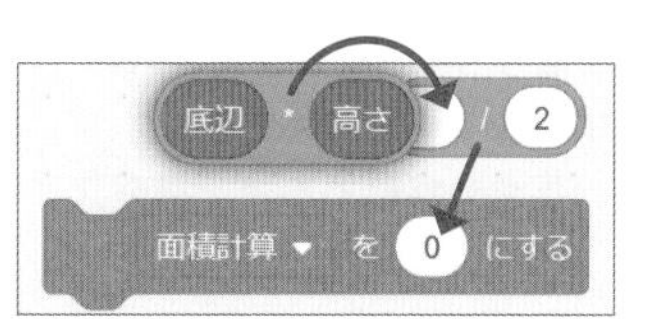

底辺*高さ/2の計算結果を「面積計算」に入れます。

定義ブロックで処理をまとめます。

BCのx座標の差を底辺、ACのy座標の差を高さとし、引数の空白に入れます。

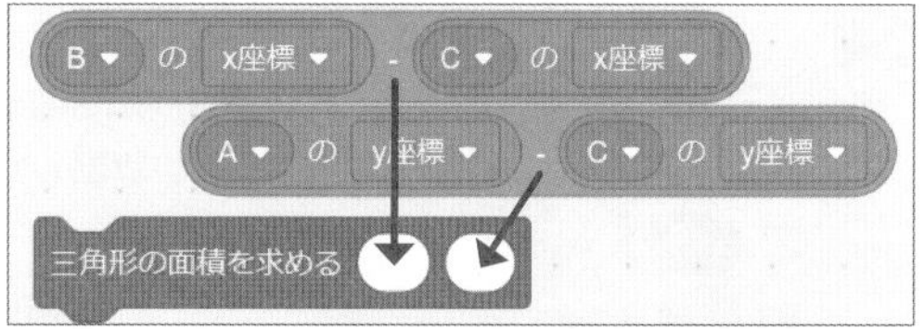

面積計算 10000

実行するとこのように面積が計算されます。

➡ 3点の座標から面積を求める

CHECK

次に、底辺や高さが座標軸に平行でない場合を考えます。底辺を求めるのは2-1-4で作った２点間の距離を求める処理が使えそうですが、高さはどのようにすれば求められるでしょうか。

ここでは角度を求めたときのように、スプライトを動かして情報収集し、面積を求めてみましょう。

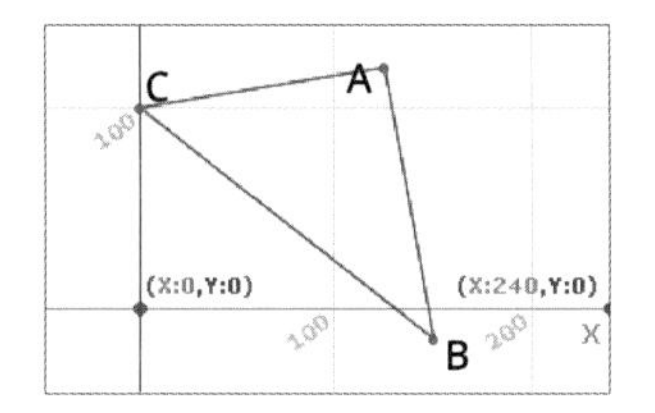

描画スプライトを点Cのある(0,0)の位置に移動させて、点Bのある水平方向(90°)に向けます。

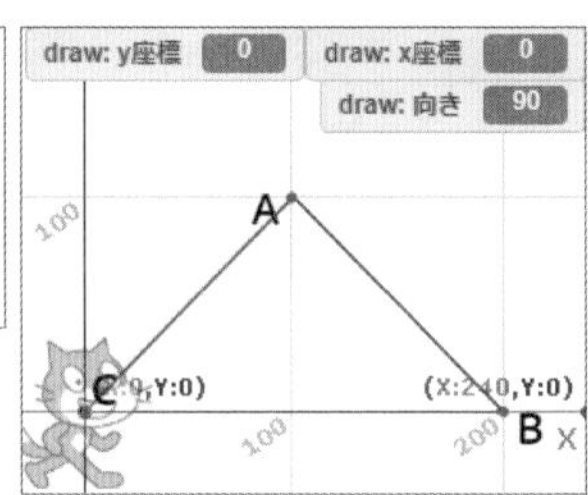

次に、点Aの方向(45°)を向いて、Aまでの距離を移動させます。当然、描画スプライトの位置と点Aの位置は一緒になります。このとき、点Aのy座標は△ACBの高さになります。

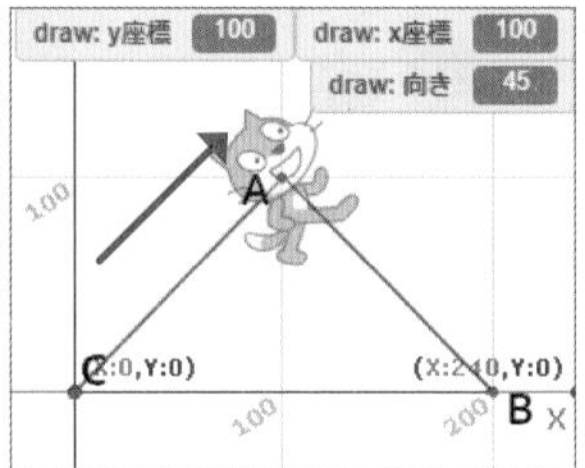

つまり、∠ACBと線分CAの長さがわかれば、いま行ったように、描画スプライトを(0,0)の位置に移動させた後、水平の向きから∠ACBの角度分上に向け、線分CAの長さ分移動すると、描画スプライトのy座標から高さが得られます。

では実際に処理を組みます。

描画スプライトを選択します。

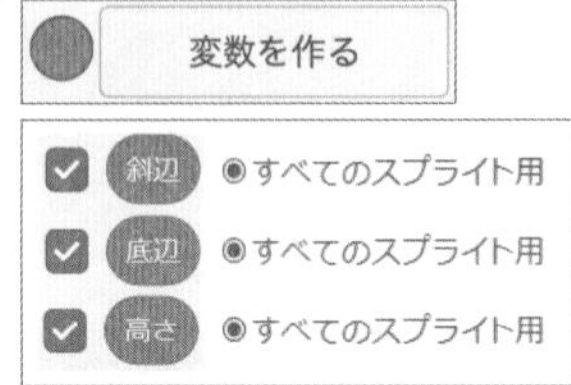

☞p.021 変数の作り方

線分CAの長さに当たる値を入れる「斜辺」、底辺の長さを入れる「底辺」、算出した高さを入れる「高さ」という変数を作ります。

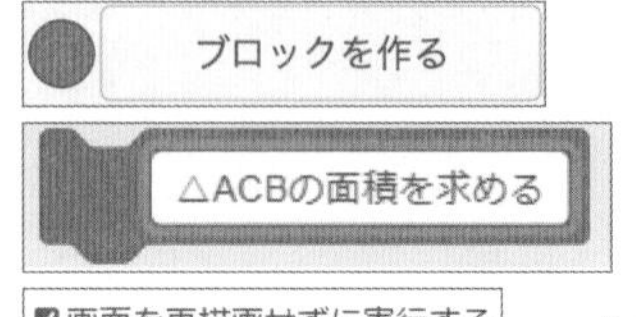

☞p.016 ブロックを作る

定義ブロック「△ACBの面積を求める」を作ります。

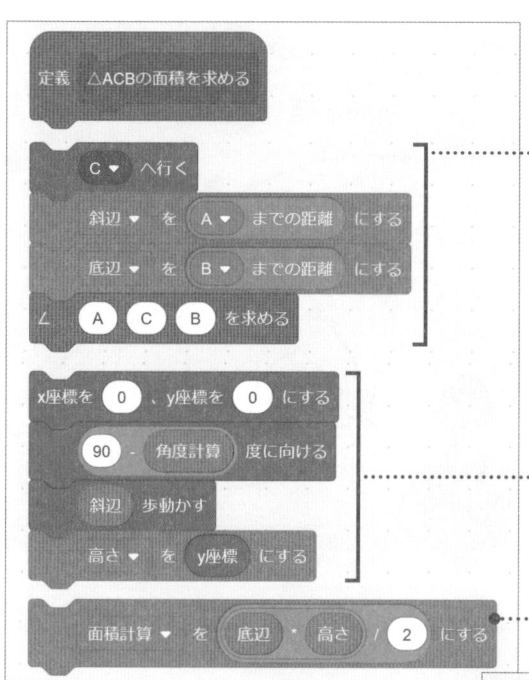

定義ブロックで以下の処理をまとめます。

点Cに行って、Aまでの距離を「斜辺」に、Bまでの距離を「底辺」に入れます。

バックパックにある2点間の距離を計算するブロックを使用できますが、使用ブロックが多くなるので、ここでは「調べる」ブロックの中の「○○までの距離」を使います。

(0,0) に移動し、水平方向 (90°) から計算した角度分上方に向け、斜辺の長さ移動します。移動した地点のy座標を「高さ」に入れます。

「(底辺*高さ)/2」で面積を求めます。

作製したブロックを実行すると、面積が計算されます。

このブロックも一般化します。

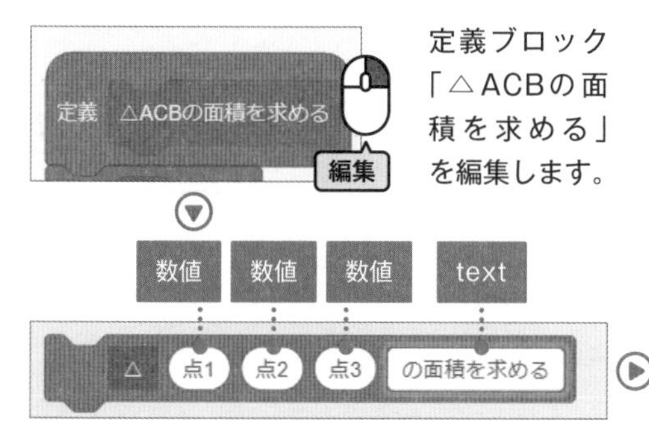

定義ブロック「△ACBの面積を求める」を編集します。

引数「点1」「点2」「点3」とテキストラベルを図のように追加します。

ブロックにできた引数の空白に、該当する点をキーボード入力して実行し、前の動作と同じになるか確認します。

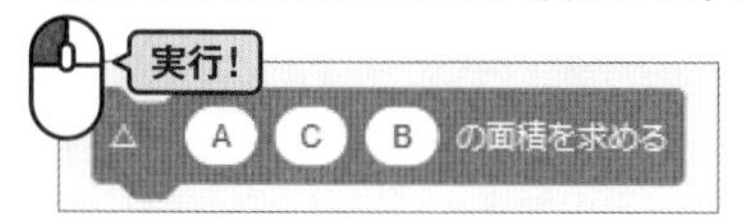

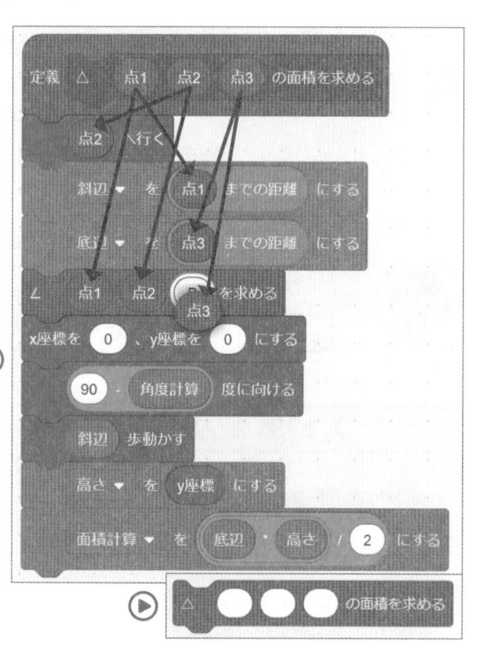

処理内の変数を、対応する引数ブロックと入れ替えます。

高校数学で習う正弦定理

「円を描く」や「n角形を描く」セクションでは、sin、cosのブロックで円周上での位置を決めました。
y軸上方向から時計回りの場合はx座標はsinθ、y座標はcosθで位置決めしましたが、x軸右方向から反時計回りのときは、x座標はcosθ、y座標はsinθで位置が決まります。今回の例では、半径bの円周上で点Aはy座標がb*sinθで、これが三角形ABCの高さになります。
高校数学で習う正弦定理を用いた面積を求める公式は、$\frac{底辺a \times 斜辺b \times \sin\theta}{2}$ となっていて、今回の計算と関係していることがわかります。

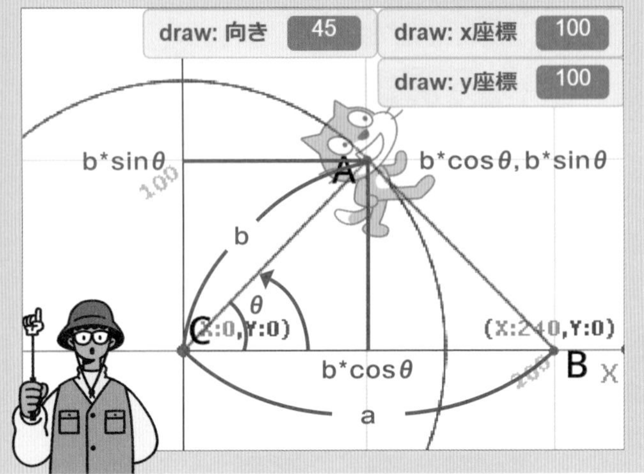

振り返り

三角形の角度と面積を求めてみました。

頂点への向きから角度はかんたんに求められました。

面積の公式で計算するのに必要な「高さ」も、スプライトを移動させることで計測できるのが面白かったです。

頂点の座標を置き換えたんだね。座標をうまく使いこなせれば、図形からいろんなことを計算できるようになりますよ。

バックパックに入れましょう

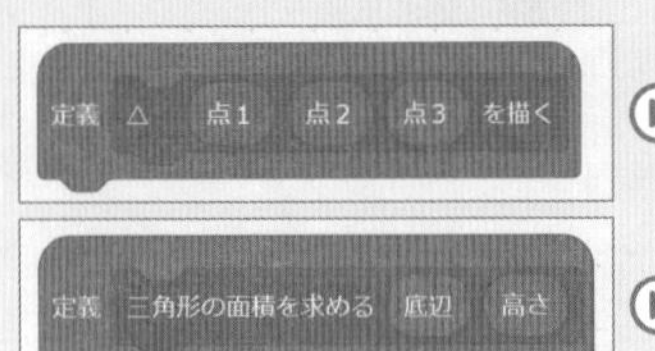

SECTION 2-2-5 平面図形

円周角の定理を動かす

円周角の定理のモデルを作って動かします。原点Oを中心とする半径rの円を描き、その円周上に配置した点A、点B、点C、点Dで、ABを底辺とした△ACB、△ADB、△AOBを描きます。点CとDを動かし、円周角と中心角との関係を確認し、最後に都立高校入試に出題された問題を表現します。

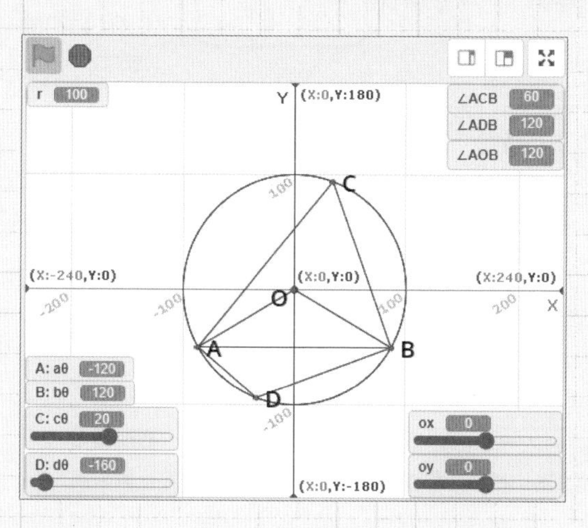

円周角の定理を確認できるプログラムを作って、動かしてみましょう。

「原点O」はバックパックにあるから取り出すとして、他のA、B、C、Dはスプライトとして作る必要がありますね。円を描くブロックも使えます。

A、B、C、Dの点はそれぞれ角度θを設定して、円周上の任意の位置に配置できるようにしましょう。

それから各点を結んで三角形を描けばいいですね。

角度の計算ブロックもバックパックにありますね。

☑作戦決定!

- 原点Oを中心とする半径rの円を描く。
- 点A、点B、点C、点Dを作って、円周上に配置する。
- それぞれの点を線で結んで円周角と中心角の三角形を描く。
- ∠ACB、∠ADB、∠AOBの角度を測り、円周角の定理を確認する。

始める前の準備

プロジェクト名を付ける

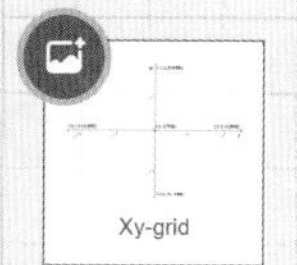

背景をXy-gridに設定

描画スプライトの設定

拡張機能でペンを追加

ブロックを組む

円周上に点を配置する

CHECK

円周角の定理の土台となる、原点Oを中心とする円を描きます。

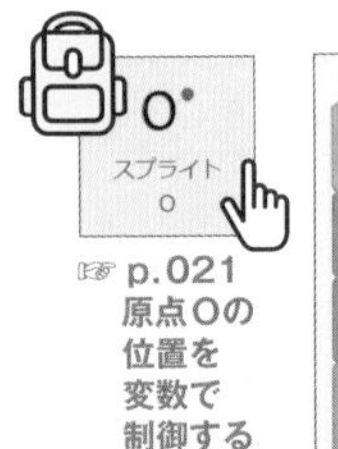

☞ p.021 原点Oの位置を変数で制御する

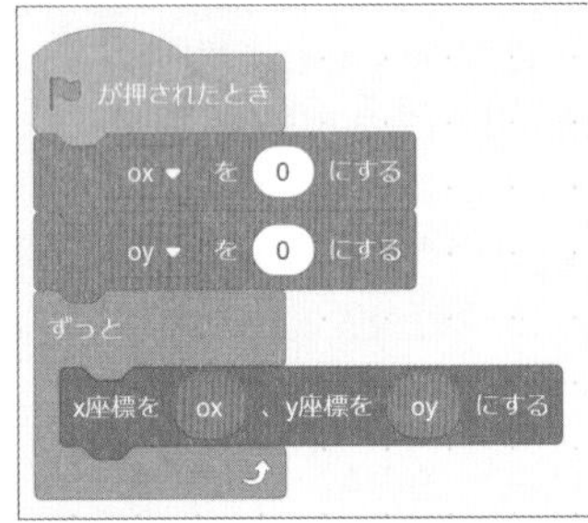

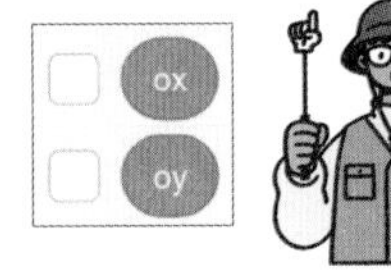

バックパックから「原点O」を取り出し、(0,0)に配置します。

(X:0,Y:0)

O

実行!

描画スプライトを選択します。

バックパックから「円を描く」を取り出します。

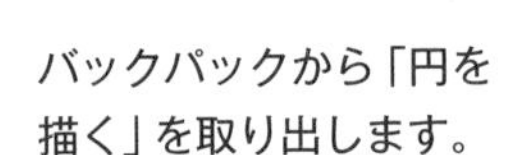

☞p.113 円を描く

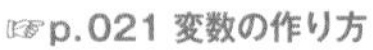

☞p.021 変数の作り方

半径の変数rを作り、初期値として、rを100に設定します。

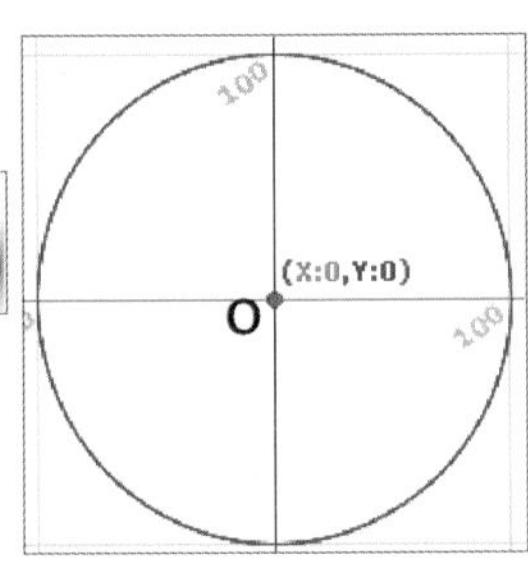

引数の空白に半径rと、原点の座標を表す変数ox、oyを入れて実行します。

円周上に点A、B、C、Dを配置します。

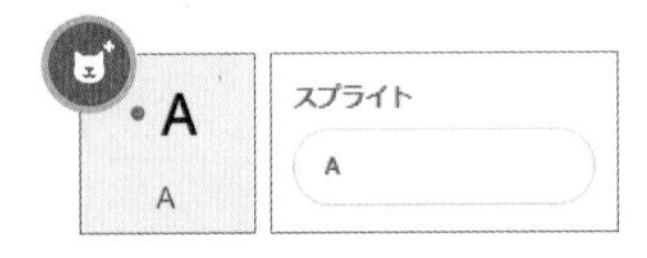

点Aのスプライトを作ります。

☞p.019 原点Oを作る

☞p.021 変数の作り方

円周上での角度を設定する変数「aθ」を作ります。「**このスプライトのみ**」を選択します。
初期値として、－120に設定します。

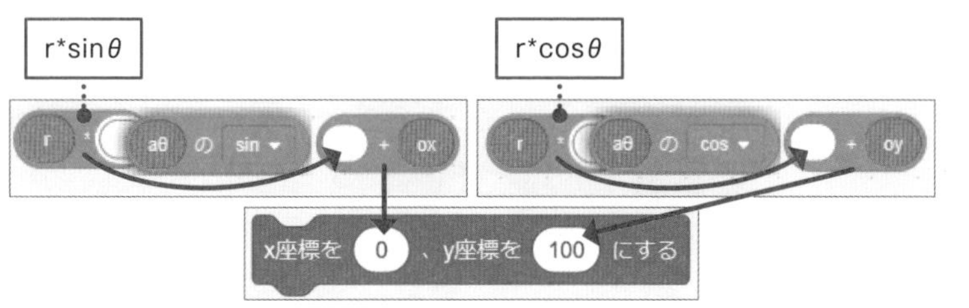

原点Oを中心とした円周上での位置を決めます。

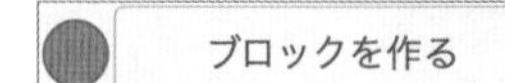

中心座標を指定して円周上に配置する

☑画面を再描画せずに実行する

☞p.016 ブロックを作る

定義ブロック「中心座標を指定して円周上に配置する」を作り、ここまでの処理をまとめます。

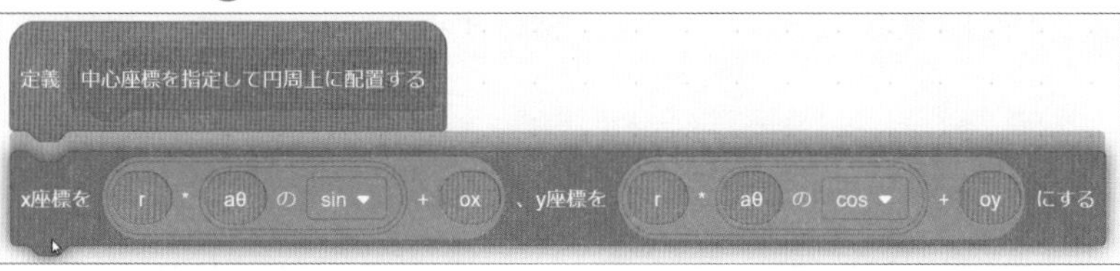

中心座標を指定して円周上に配置する

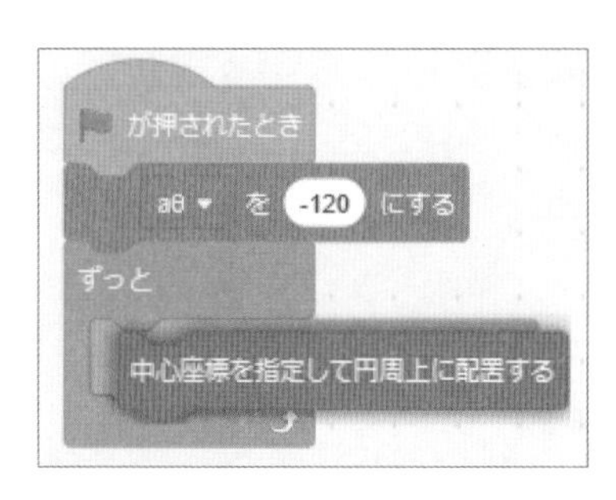

作成したブロックで、メインの処理を左のように構成します。

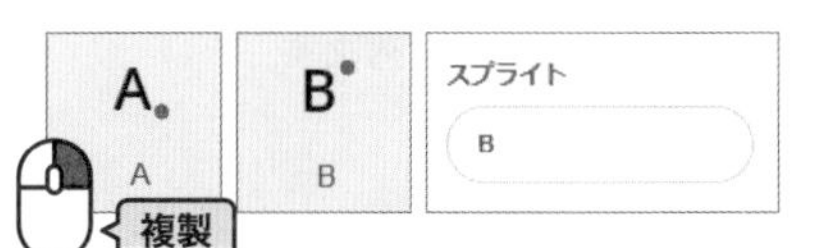

点Aを複製し点Bを作ります。

☞p.040 スプライトの複製
☞p.019 原点Oを作る

点Bの$a\theta$を$b\theta$に変更します。
$b\theta$の初期値を120に設定します。

変数"aθ"をすべて以下の名前に変える:

bθ

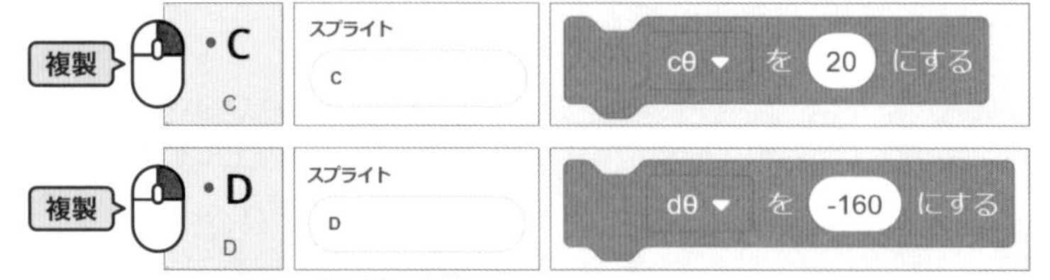

☞p.040 スプライトの複製

同様に、点C、点Dも複製して作ります。それぞれ変数名を変更し、cθを20、dθを−160に設定します。

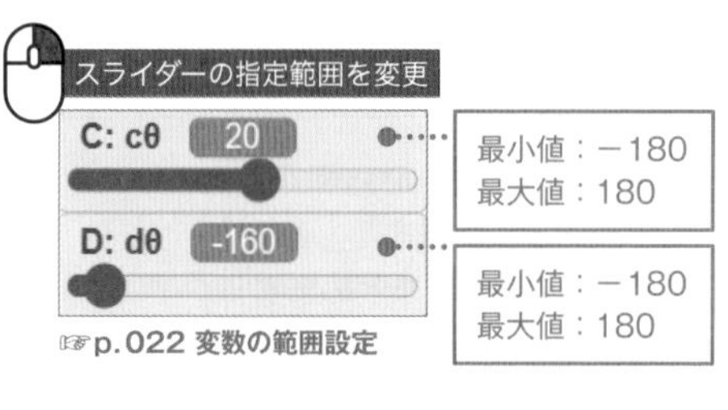

☞p.022 変数の範囲設定

スライダーの指定範囲を、cθ、dθそれぞれ「−180～180」に変更します。

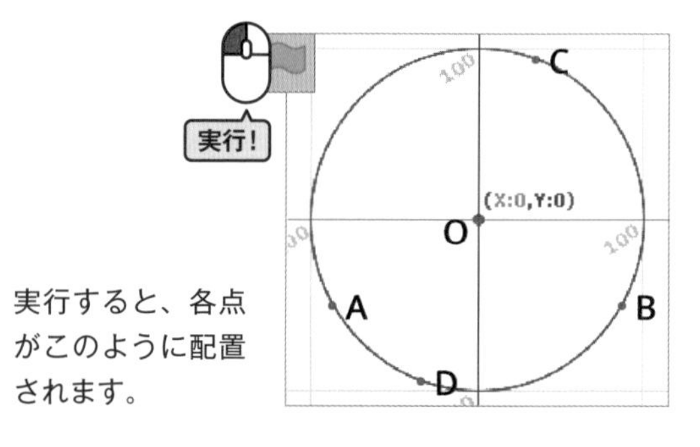

実行すると、各点がこのように配置されます。

円周角と中心角を求める

CHECK

各点を線で結んで、円周角と中心角の三角形を描きます。

描画スプライトを選択します。

バックパックから「△点1点2点3を描く」を取り出します。

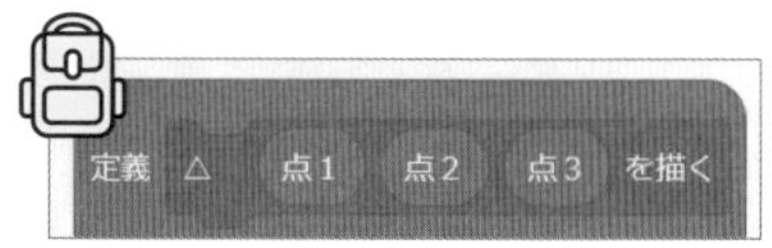

☞p.138 △点1点2点3を描く

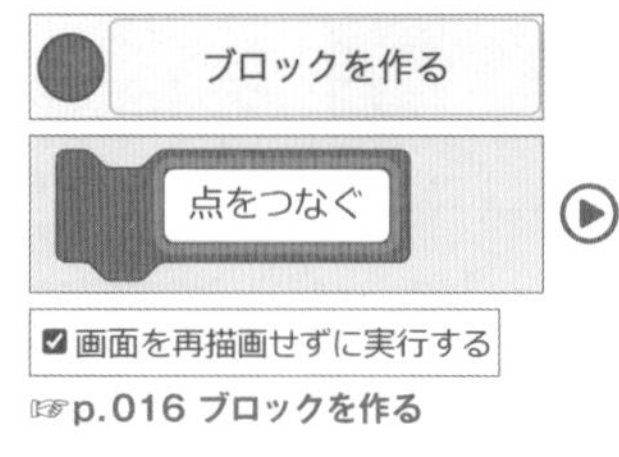

☞p.016 ブロックを作る

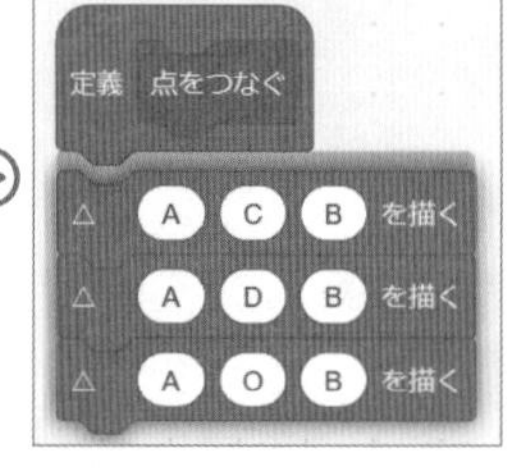

定義ブロック「点をつなぐ」を作り、△ACB、△ADB、△AOBを描く処理をまとめます。

作成したブロックで、メインの処理を右のように構成します。実行すると各点が線で結ばれ、円周角と中心角の三角形が描かれます。

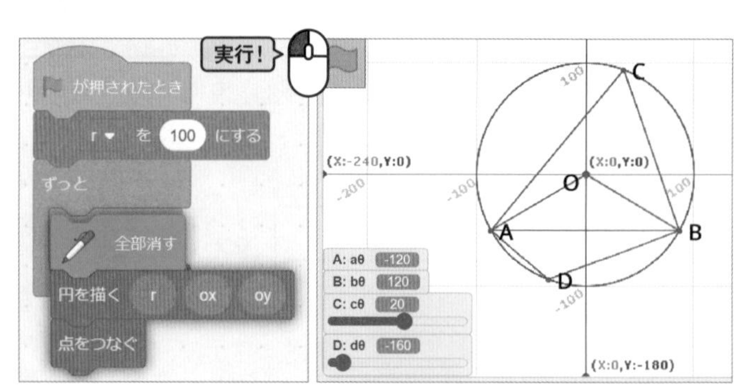

円周角と中心角を求めます。

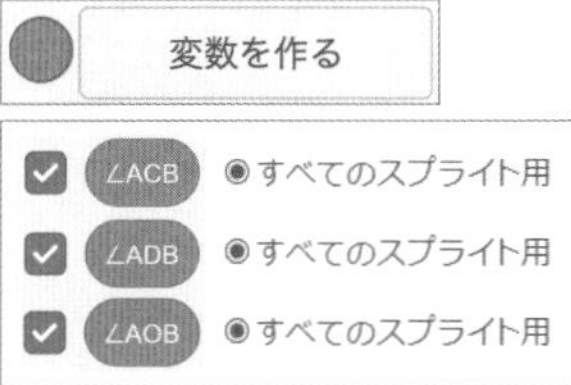

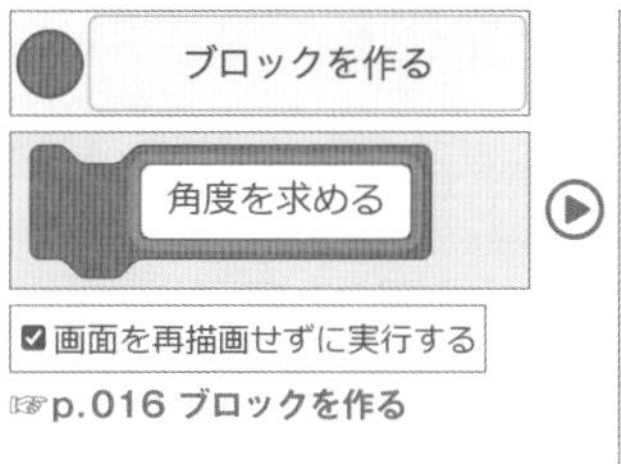

☞p.021 変数の作り方

算出した角度を入れる変数「∠ACB」「∠ADB」「∠AOB」を作ります。

☞p.135 ∠点1点2点3を求める

バックパックから「∠点1点2点3を求める」を取り出します。

ブロックを作る

角度を求める

☑画面を再描画せずに実行する

☞p.016 ブロックを作る

定義ブロック「角度を求める」を作り、∠ACB、∠ADB、∠AOBを求める処理をまとめます。

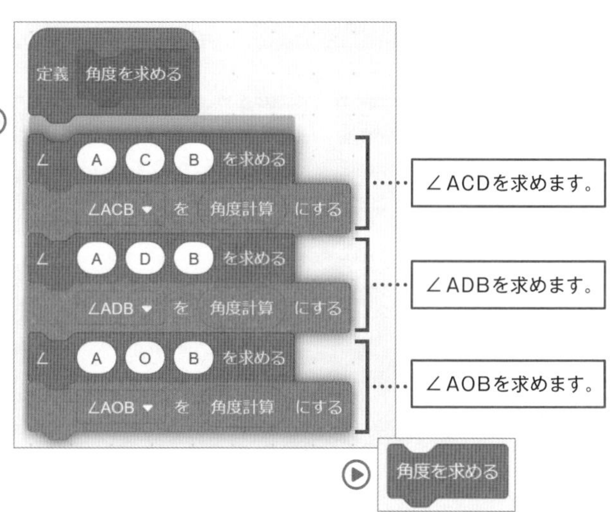

作成したブロックをメインの処理に加えて実行し、スライダーを動かして円周角の定理を確認します。

cθのスライダーを、aθより大きくbθより小さい範囲で動かしている間は、角度は60°のままです。中心角の∠AOBは倍の120°となります。
dθをaθより小さい、またはbθより大きい値に設定して内接四角形ABCDを作ってみると、∠ACBと対角の∠ADBの和は180°になります。

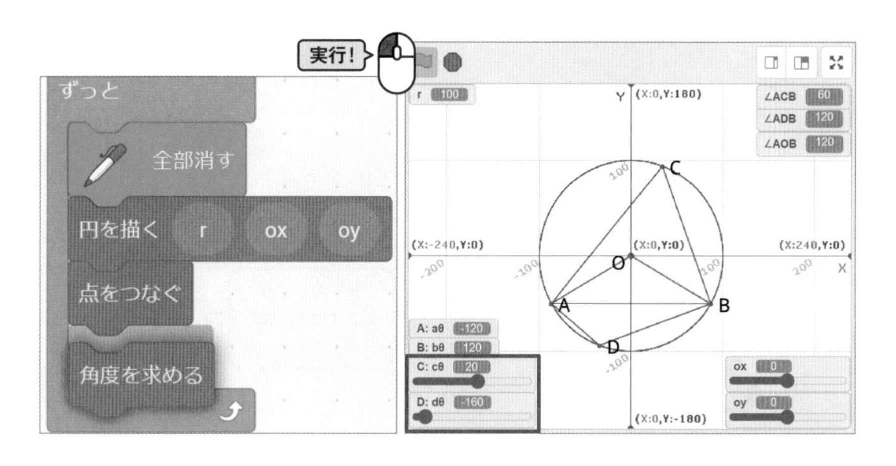

ブロックを一般化する

今後ほかのプロジェクトでも使えるよう、今回定義したブロックを一般化します。

点Aを選択します。

定義ブロック「中心座標を指定して円周上に配置する」を編集して、引数「原点のx座標」「原点のy座標」「半径」「角度」とテキストラベルを図のように追加します。

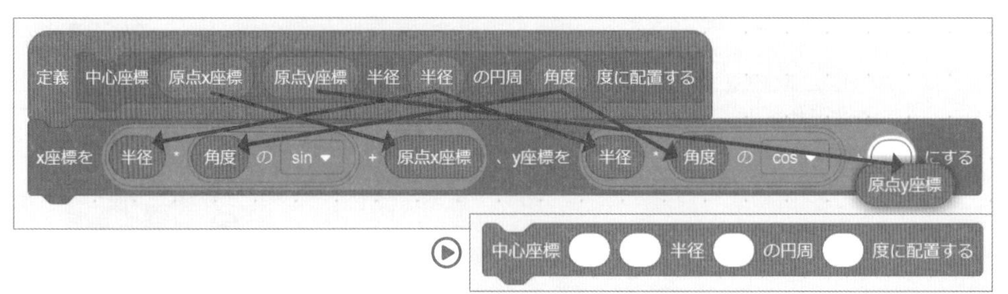

☞p.016 ブロックを作る

ブロックにできた引数の空白に、該当する変数を入れて実行し、前の動作と同じになるか確認します。

組んだブロックを応用する

APPLY CODE

ここで作成したブロックを使って、都立高校入試問題を解いてみましょう。

問 次の ［　　］ の中の「う」「え」に当てはまる数字をそれぞれ答えよ。

右の**図2**は, 線分 AB を直径とする円 O であり, 2点 C, D は, 円 O の周上にある点である。

4点 A, B, C, D は, 右の図2のように A, C, B, D の順に並んでおり, 互いに一致しない。

点 A と点 C, 点 A と点 D, 点 B と点 D, 点 C と点 D をそれぞれ結ぶ。

∠BAD=25° のとき, x で示した ∠ACD の大きさは **うえ** 度である。

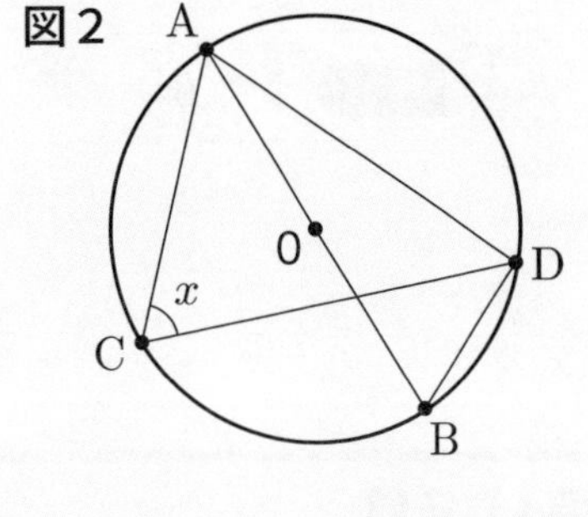

出典：平成31年度都立高等学校入学者選抜 学力検査問題 数学 設問1〔問8〕

描画スプライトを選択します。

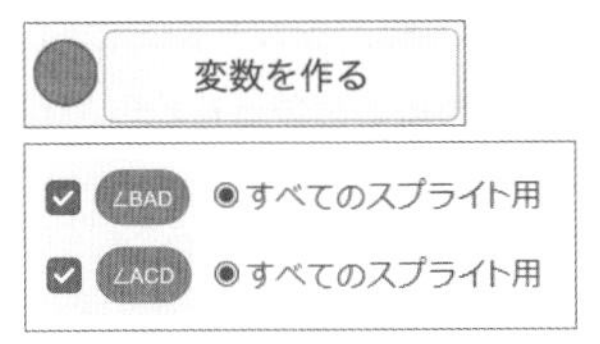

☞p.021 変数の作り方

角度を入れる変数「∠BAD」「∠ACD」を作ります。

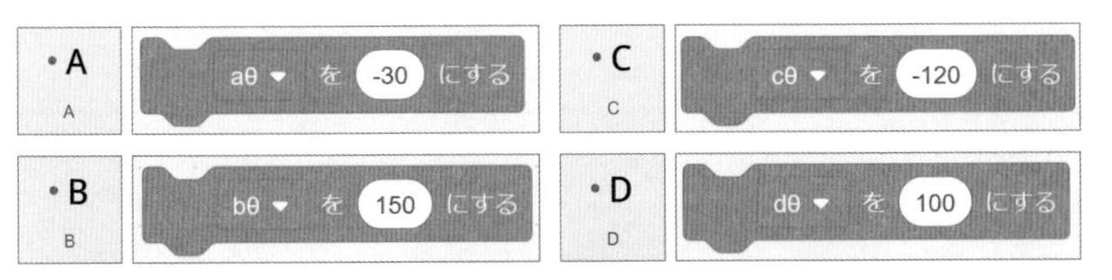

問題の図と同じになるよう、各点の初期値を図のように設定します。

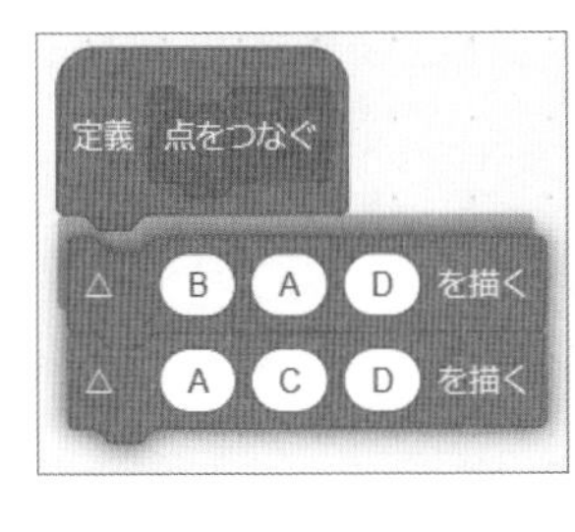

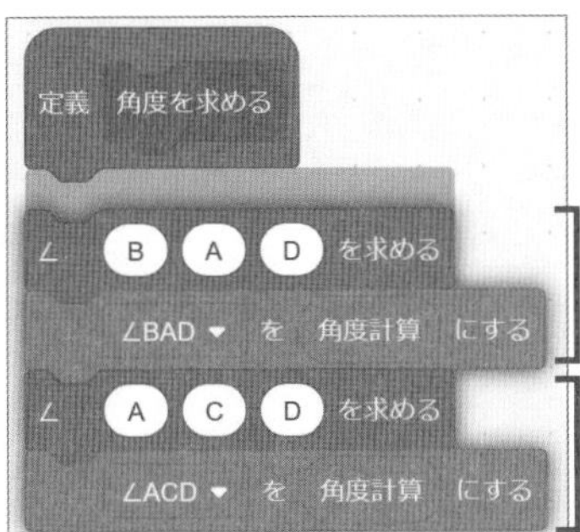

△BADと△ACDを描いて、∠BADと∠ACDを求める処理を組みます。

∠BADを求めます。

∠ACDを求めます。

以上を設定して実行すると、∠BADが25°のとき、∠ACDは65°になりました。
cθのスライダーを動かしても、∠ACDの角度は65°で一定です。解答を確認すると、65°で正解です。

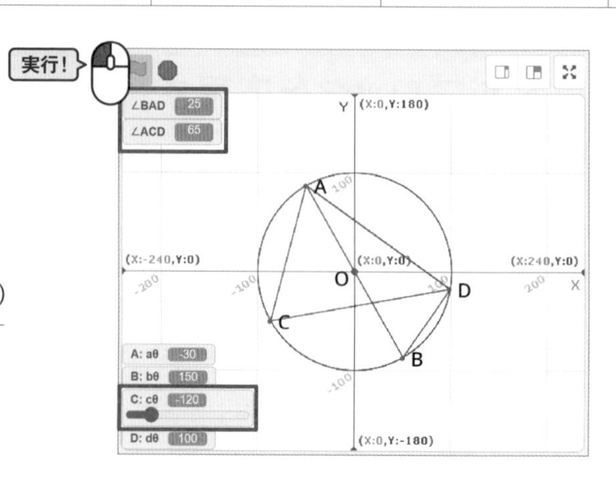

解答 う　6　　え　5（65）

振り返り

円周角の定理のモデルを作って、頂点の位置を動かして確かめてみました。

実際に三角形を描画して円周上で点を動かしてみるのが面白かったです。

点の位置を変えても円周角が変わらないことが実感できました。

Scratchでモデルを作って実際に動かしてみると、数学の定理がわかりやすくなることがありますよ。

バックパックに入れましょう

SECTION

平面図形

2-2-6 平行四辺形を動かす

点Bを基点に、辺BAの長さと傾きを基準にしてABCDが平行四辺形になるように各点を配置します。加えて、辺AD上を動く点Pと点B、点AとCを線で結び、その交点をOとしたときに、△OPAと△OBCが合同もしくは相似形と判定できるような図形を別の場所に描き、図形の合同・相似を判定するプログラムを作ります。

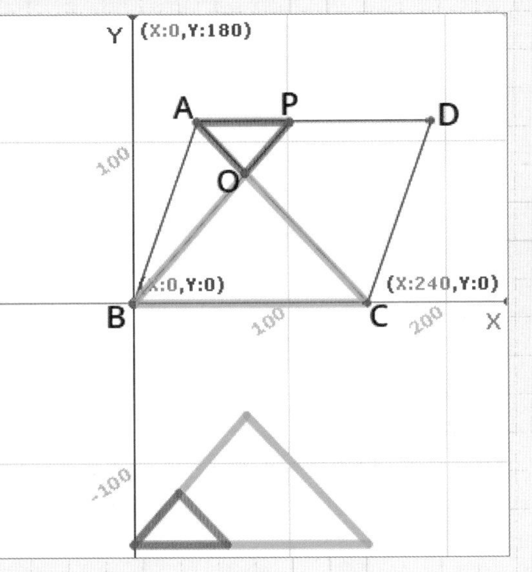

今度は平行四辺形を描いてみますよ。

点Bを基点に、点Aに設定した角度を向いて、辺の長さに設定した長さぶん動いたら点Aの位置が決まるかな。

設定した横幅を点B、点Aのx座標に加えて点C、点Dを配置したら、平行四辺形になりますね。

点Pも辺BAと同じように、点Aを基点にして点Dの方を向いて、設定した長さぶん動けばいいですね。

交点Oには「2直線の交点に移動する」が使えますね。

☑ 作戦決定!

- 点A、点Bを作り、点Bを基点として角度と辺の長さで点Aの位置を決める。
- 点C、点Dを作り、横幅と点A点Bの位置から点C、Dの位置を決め、平行四辺形を作る。
- 点Pを作り、点Dへの向きと点Aからの長さで位置を決める。
- 点Oを作り、点Aと点C、点Pと点Bを線で結んだ交点に配置する。
- △OPAと△OBCの面積と面積比を求める。
- △OPAと△OBCの1つの角とそれを挟む辺の長さから、別の場所に同じ三角形を描いて合同・相似を判定する。

始める前の準備

作る

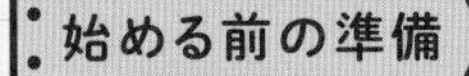

プロジェクト名を付ける

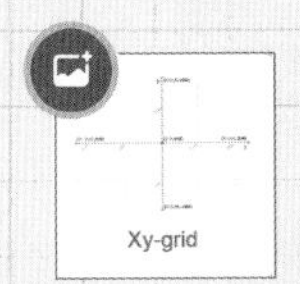

背景をXy-gridに設定

描画スプライトの設定

拡張機能でペンを追加

ブロックを組む

➡ 平行四辺形を描く

CHECK

これまでは角度を伴ったスプライトの配置は円周を利用して行っていましたが、Scratchのスプライトは向きの情報を使うことができます。これを利用して各点の位置を決め、平行四辺形を描画します。まず辺ABについて、点Bを基点とした点Aの位置関係を、「向き」と「長さ」の情報を使って表現します。

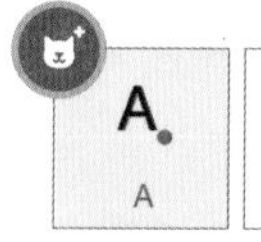

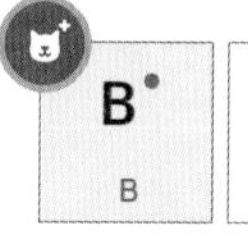

スプライト B

点Aと点Bを作ります。

☞p.019 原点Oを作る

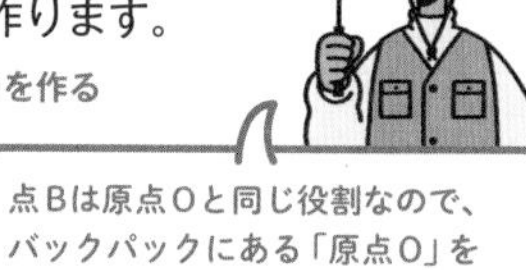

点Bを選択します。

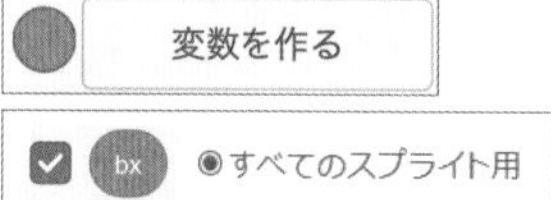

☑ bx ◉すべてのスプライト用
☑ by ◉すべてのスプライト用

☞p.021 変数の作り方

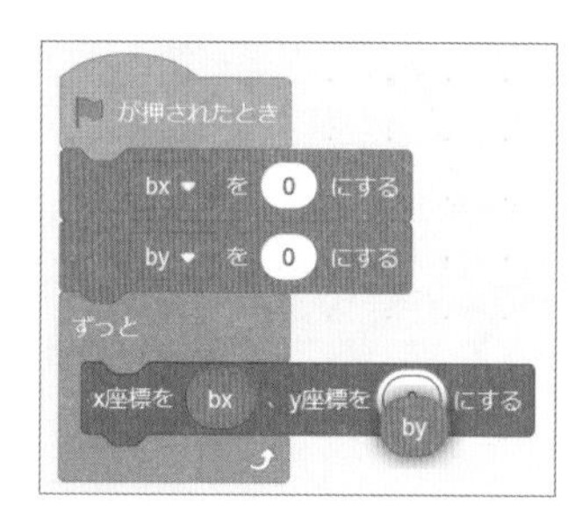

座標を入れる変数「bx」「by」を作り、初期値として0に設定します。それをx座標、y座標に反映させる処理を繰り返すメインプログラムを組みます。

点Aを選択します。

向きと長さを入れる変数「aθ」「length」を作り、スライダーの指定範囲をそれぞれ0～90、0～120に変更します。

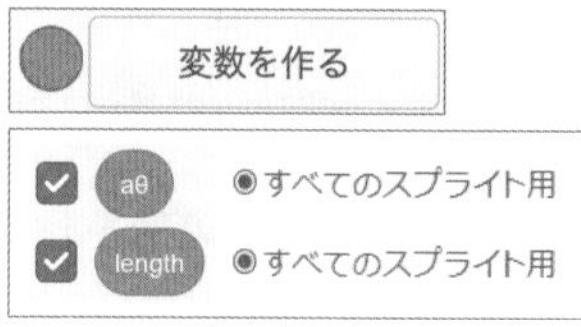

☞p.021 変数の作り方

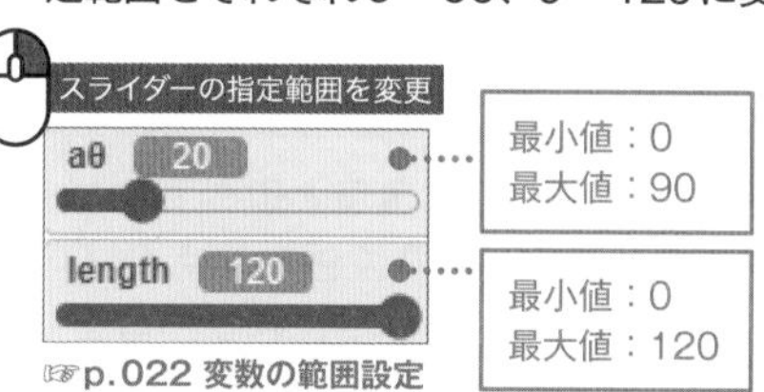

☞p.022 変数の範囲設定

初期値としてlengthを120、aθを20に設定します。点Bからaθ°に向けてlength歩動かす処理を繰り返すメインプログラムを組みます。
aθのスライダーを動かすと点Aが動きます。

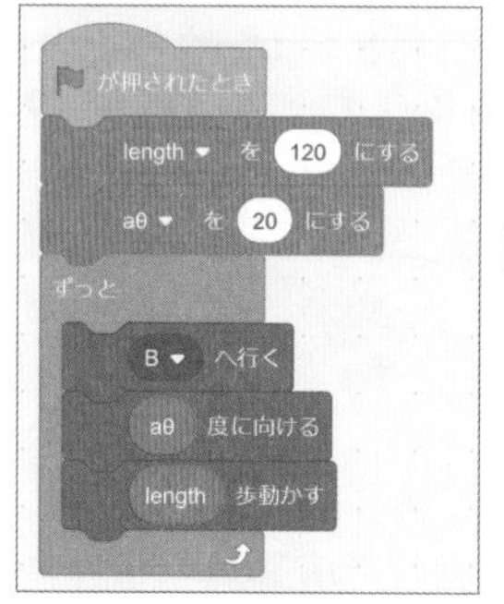

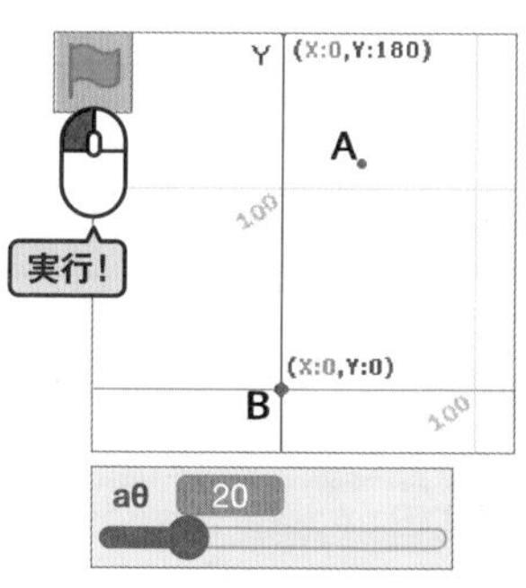

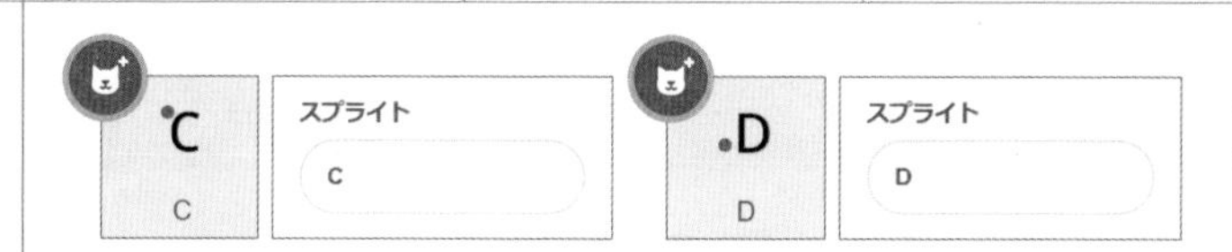

点Cと点Dを作ります。

☞p.019 原点Oを作る

点Cを選択します。

☞p.021 変数の作り方

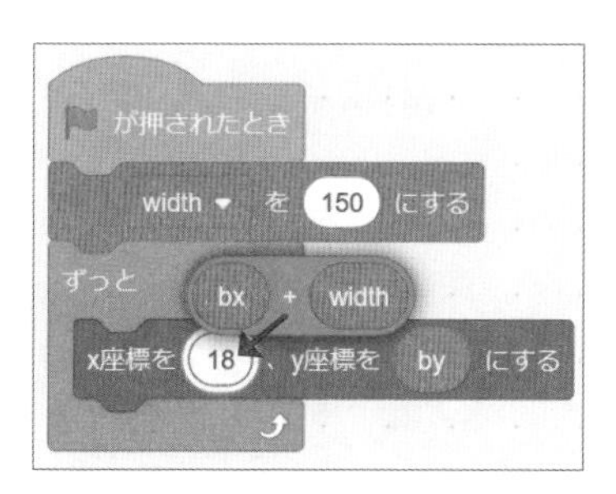

横の辺の長さを入れる変数「width」を作り、初期値として150に設定します。点Cのx座標は、点Bのx座標にwidthを足したもの、y座標は点Bと同じbyにする処理を繰り返すメインプログラムを組みます。

点Dを選択します。

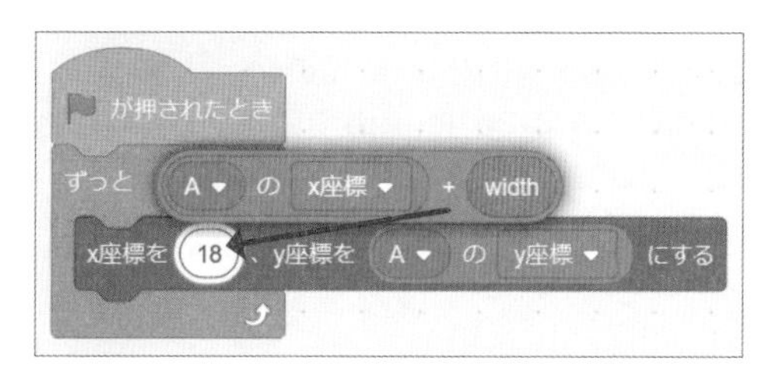

点Dのx座標は、点Aのx座標にwidthを足したもの、y座標は点Aと同じにする処理を繰り返すメインプログラムを組みます。

描画スプライトを選択します。

☞p.016 ブロックを作る

定義ブロック「四角形ABCDを描く」を作り、点ABCDを結ぶ処理をまとめます。

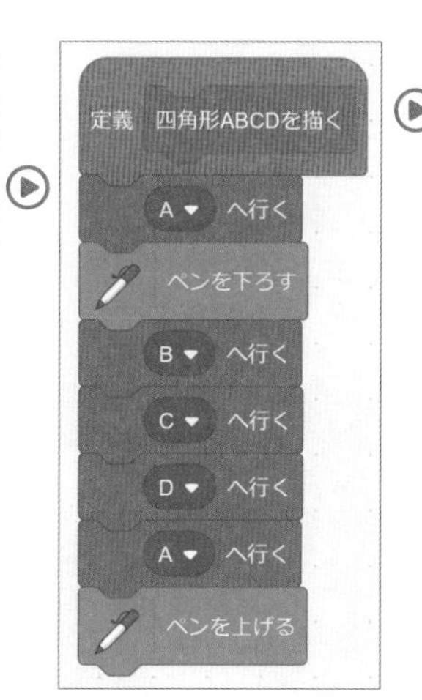

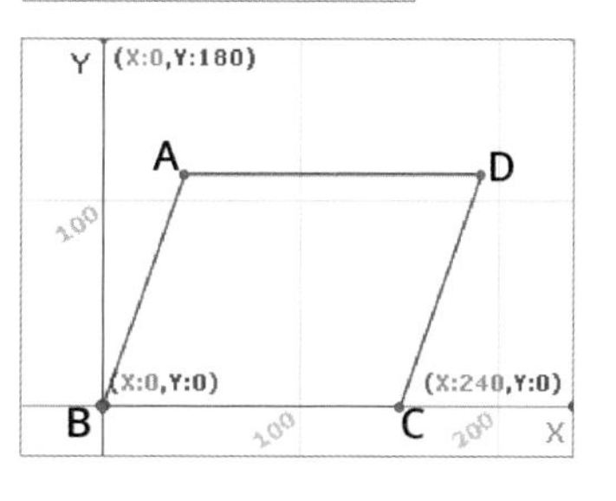

実行すると、平行四辺形が描かれます。

➡ 動点Pを配置する

CHECK

点Pを辺AD上で動かします。点Aの位置を決めたやり方で、点Pを配置します。

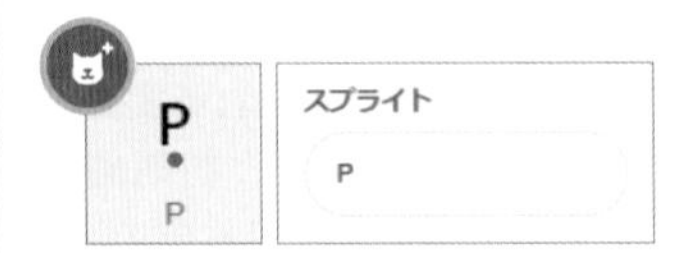

点Pを作ります。

☞p.019 原点Oを作る

変数を作る

p_length ◉すべてのスプライト用

☞p.021 変数の作り方

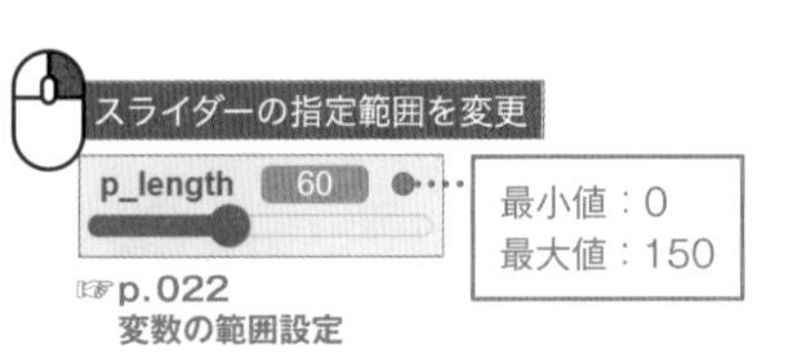

☞p.022 変数の範囲設定

点Aからの長さを入れる変数「p_length」を作ります。スライダーの指定範囲を0～150に変更します。

初期値としてp_lengthを60に設定し、点Aから点Dの方向にp_length歩動かす処理を繰り返すメインプログラムを組みます。スライダーを動かすと点Pが動きます。

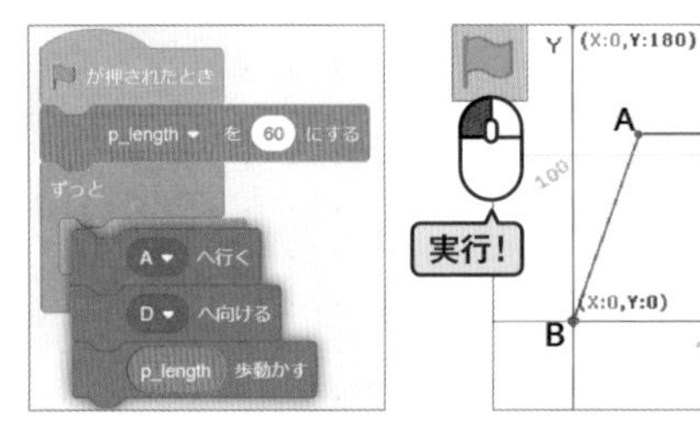

描画スプライトを選択します。

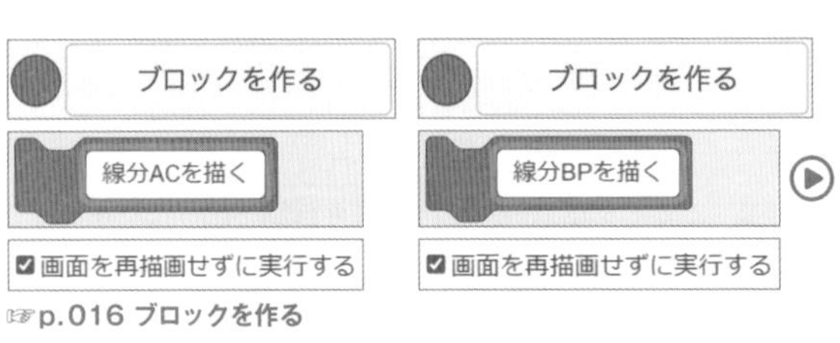

☞p.016 ブロックを作る

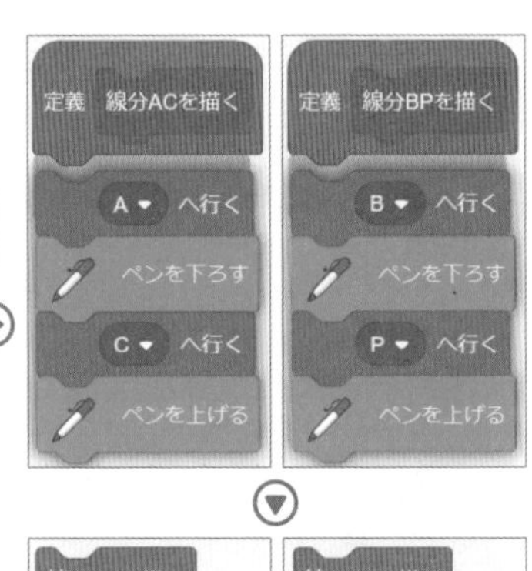

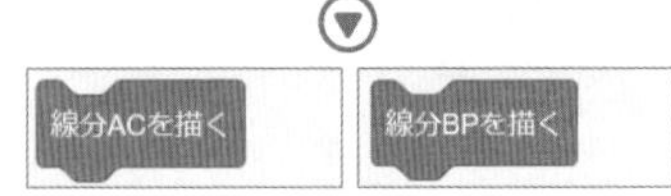

定義ブロック「線分ACを描く」「線分BPを描く」を作り、点Aと点C、点Bと点Pを結ぶ処理をまとめます。

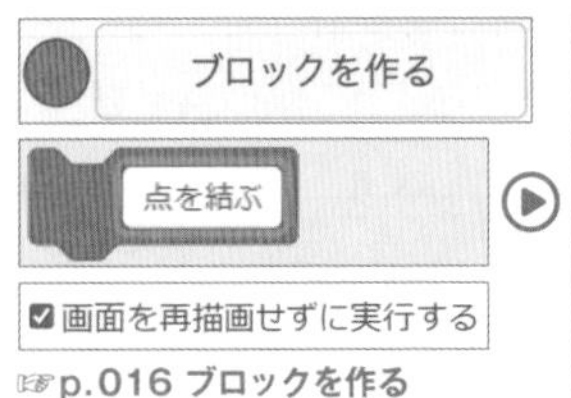

☞p.016 ブロックを作る

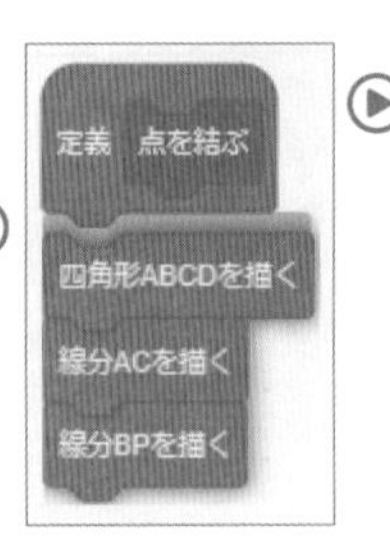

点を結ぶ

定義ブロック「点を結ぶ」を作り、四角形、線分を描く処理をまとめます。

メインの処理を下のように組みます。実行して描画を確認します。

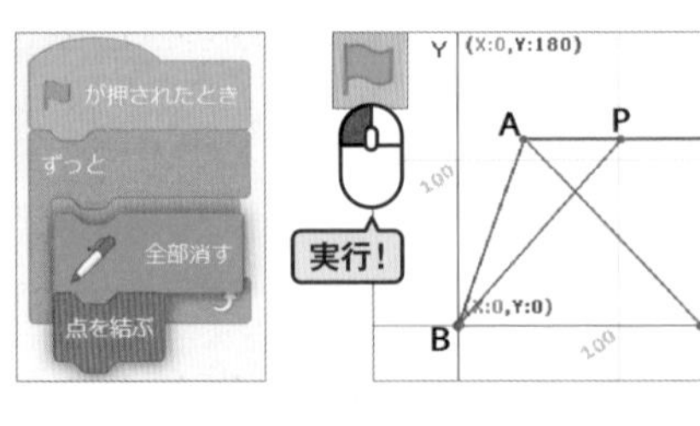

➡ 交点Oを配置する

CHECK □

線分ACと線分BPの交点に点Oを位置させます。

点Oを作ります。

☞p.019 原点Oを作る

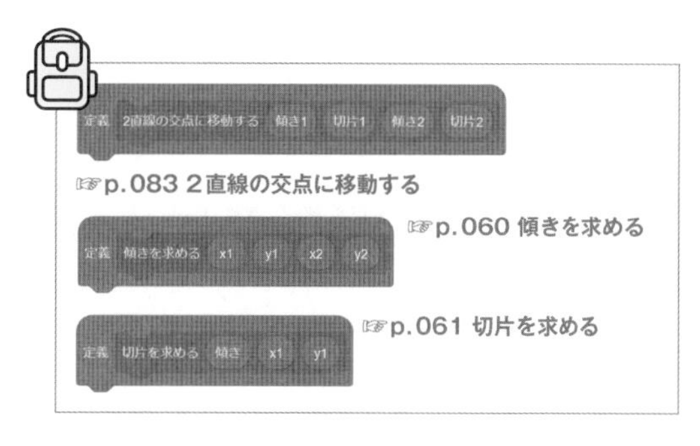

バックパックから「2直線の交点に移動する」「傾きを求める」と「切片を求める」を取り出します。

☞p.021 変数の作り方

線分ACと線分BPの傾きと切片を入れる変数「AC傾き」「AC切片」「BP傾き」「BP切片」を作ります。

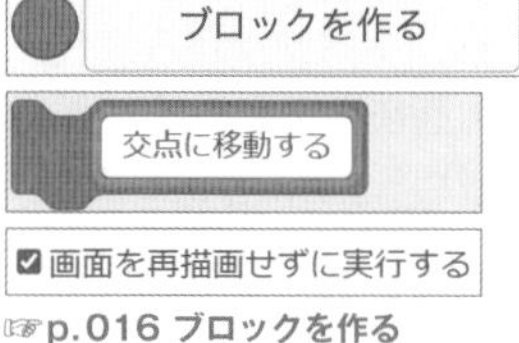

☞p.016 ブロックを作る

定義ブロック「交点に移動する」を作り、ACとBPの傾きと切片を求め、交点に移動する処理をまとめます。

```
定義 交点に移動する
傾きを求める (A▼ の x座標▼) (A▼ の y座標▼) (C▼ の x座標▼) (C▼ の y座標▼)
AC傾き▼ を (傾き) にする
切片を求める (AC傾き) (A▼ の x座標▼) (A▼ の y座標▼)
AC切片▼ を (切片) にする
傾きを求める (B▼ の x座標▼) (B▼ の y座標▼) (P▼ の x座標▼) (P▼ の y座標▼)
BP傾き▼ を (傾き) にする
切片を求める (BP切片) (B▼ の x座標▼) (B▼ の y座標▼)
BP切片▼ を (切片) にする
2直線の交点に移動する (AC傾き) (AC切片) (BP傾き) (BP切片)
```

線分ACの傾きを求めます。

線分ACの切片を求めます。

線分BPの傾きを求めます。

線分BPの切片を求めます。

2直線の交点に配置します。

▶ 交点に移動する

作成したブロックで、メインの処理を右のように構成します。
実行して、スライダーで点Pを動かし、点Oが常に交点に配置されることを確認します。

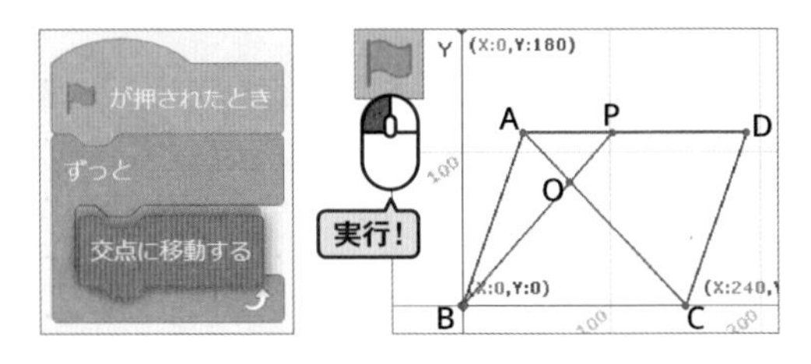

➡ 面積を求める

CHECK

図形の中にできた三角形の面積を求めます。

描画スプライトを選択します。

☑	面積OPA	◉すべてのスプライト用
☑	面積OBC	◉すべてのスプライト用
☑	面積比	◉すべてのスプライト用

☞p.021 変数の作り方

面積を入れる変数「面積OPA」「面積OBC」、面積比を入れる変数「面積比」を作ります。

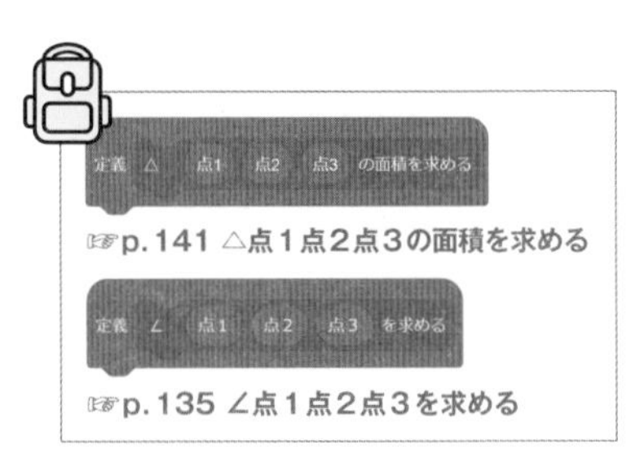

☞p.141 △点1点2点3の面積を求める

☞p.135 ∠点1点2点3を求める

バックパックから「△点1点2点3の面積を求める」「∠点1点2点3を求める」を取り出します。

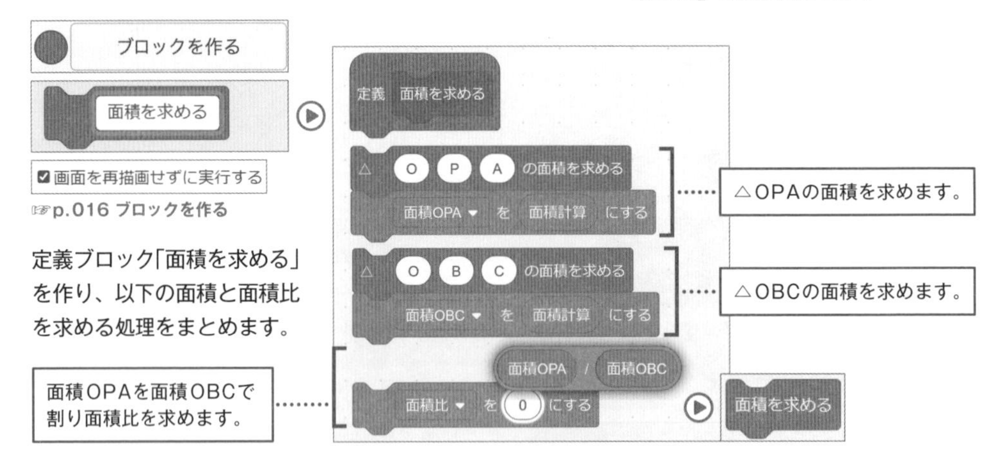

☞p.016 ブロックを作る

定義ブロック「面積を求める」を作り、以下の面積と面積比を求める処理をまとめます。

△OPAの面積を求めます。

△OBCの面積を求めます。

面積OPAを面積OBCで割り面積比を求めます。

作成したブロックをメインの処理に加えます。
実行して面積や面積比が計算されるか確認します。
lengthとp_lengthの比と面積比の関係を見てみましょう。

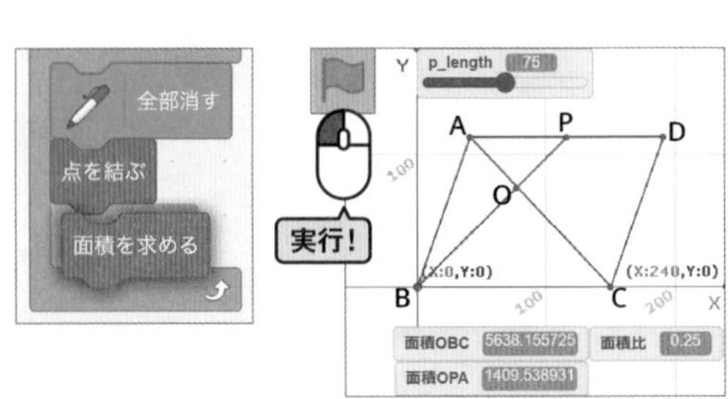

➡ 合同・相似を判定する

CHECK □

相似や合同を判定するために、△OBCと△OPAを別の場所に重ねて描画します。

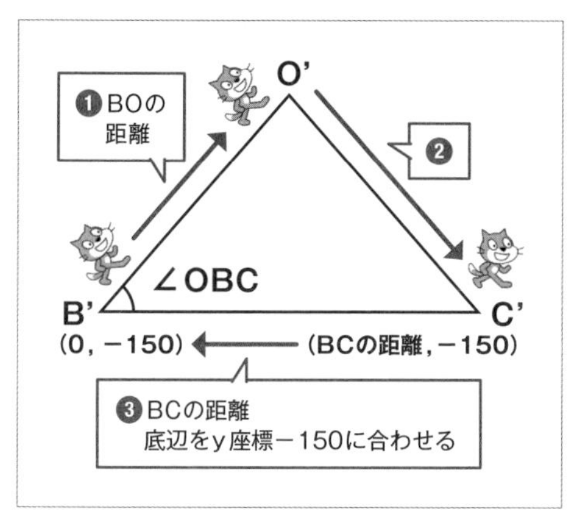

ここでは、座標 (0, − 150) を基点にして、底辺のy座標が − 150である三角形を描画します。△OBCと同じ三角形 (△O'B'C') をこの位置に描く場合、

❶ 基点である (0, − 150) の座標に描画スプライトを移動し、∠OBC度の方向を向いてBOの長さぶん歩きます。
❷ y座標が − 150、x座標がBCの長さぶんの位置に描画スプライトを移動します。
❸ 基点 (0, − 150) に戻ると、△OBCと同じ三角形が描かれます。

これを△OPAにも行い、三角形を重ねて描画すれば、相似もしくは合同図形であるか見た目で判断できそうです。

描画スプライトを選択します。

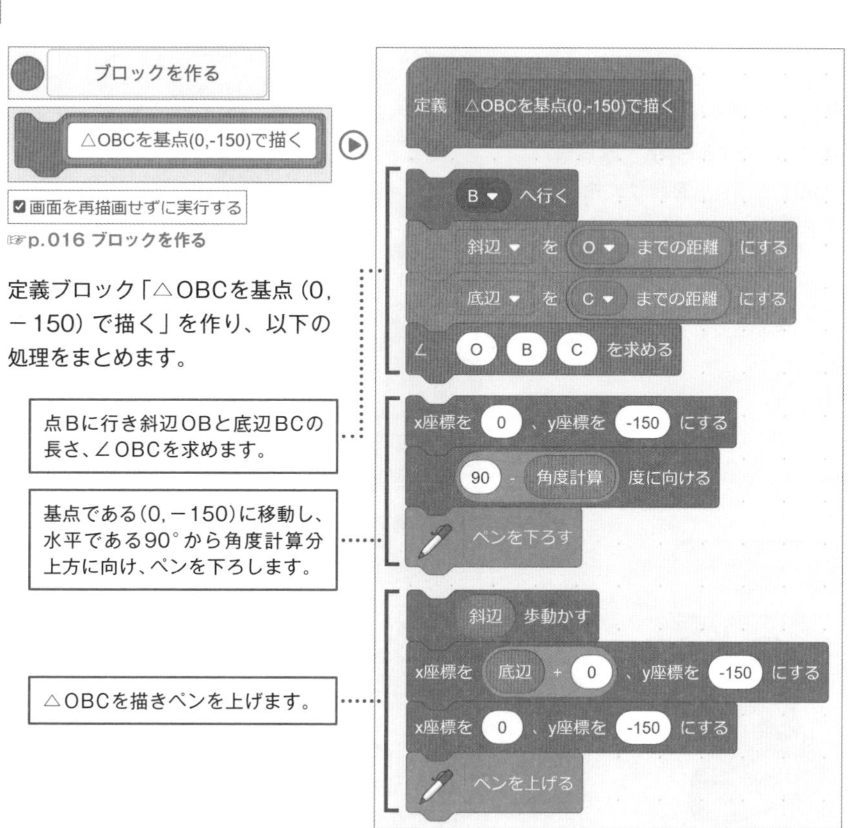

☞p.016 ブロックを作る

定義ブロック「△OBCを基点 (0, − 150) で描く」を作り、以下の処理をまとめます。

実行すると(0, －150)を基点に△OBCと同じ三角形が描かれるのを確認します。

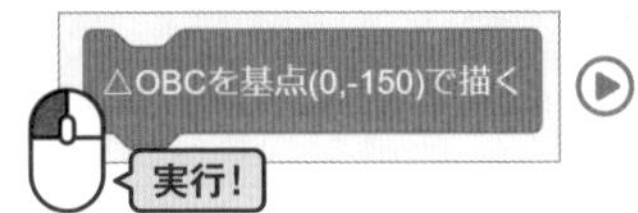

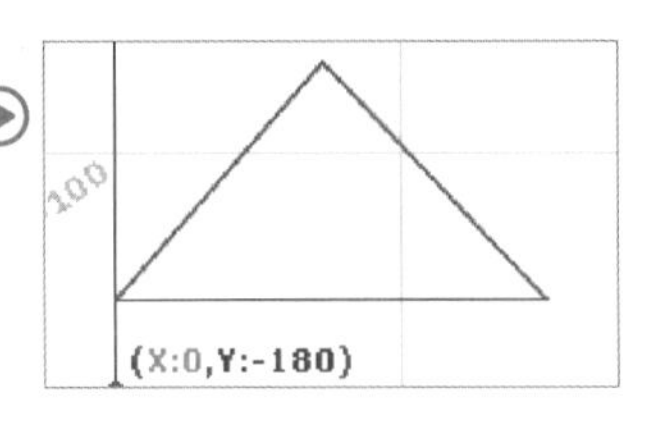

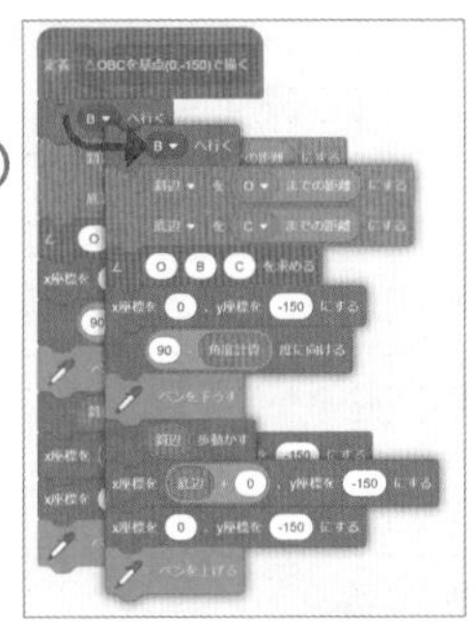

△OPAを(0, －150)を基点に描く処理を作ります。いま組み立てたブロックを複製します。

△OPAを基点(0,-150)で描く

☑画面を再描画せずに実行する

☞p.016 ブロックを作る

定義ブロック「△OPAを基点(0, －150)で描く」を作り、処理をまとめます。

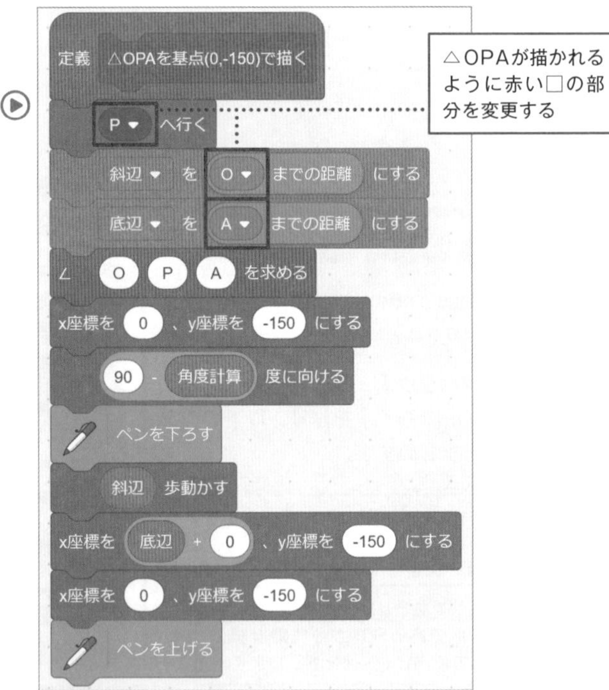

重ねて描くと一目で相似がわかるね。

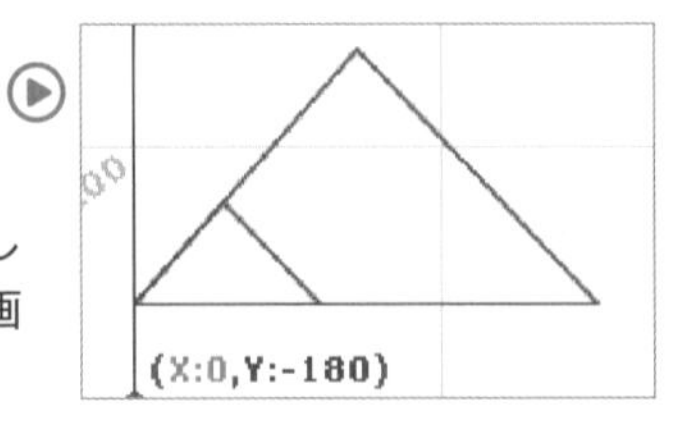

作成したブロックを実行して、三角形が重なって描画されるのを確認します。

三角形を色分けして見た目をわかりやすくします。

バックパックから「△点1点2点3を描く」「ペンを設定する」「ペンの設定を戻す」取り出します。

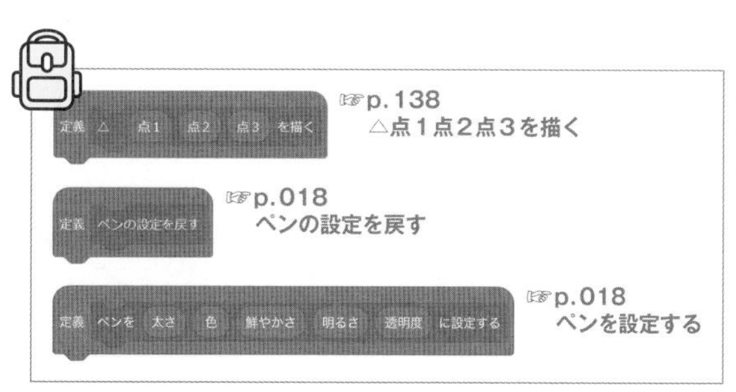

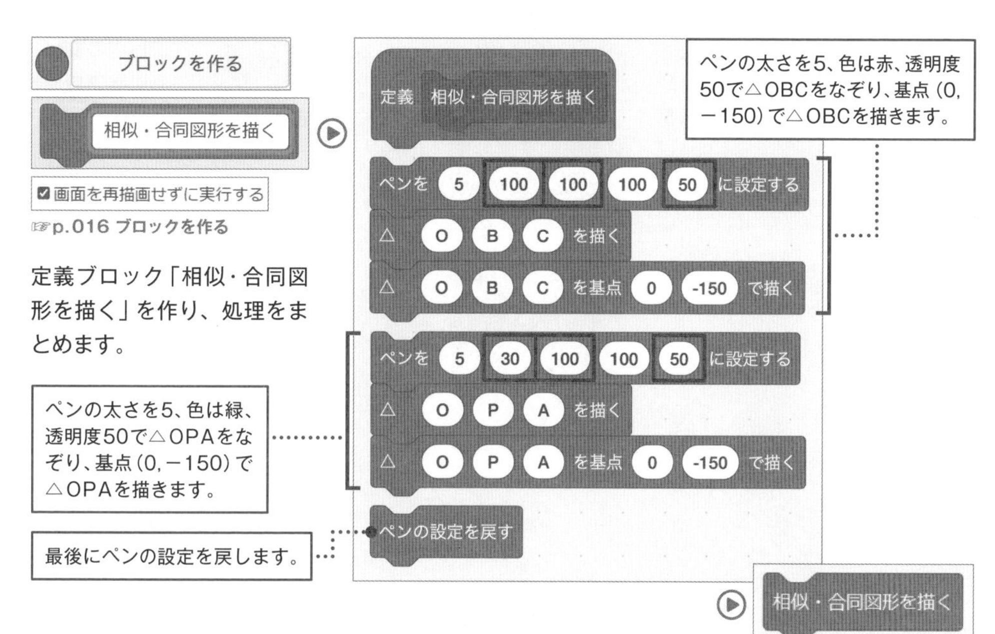

定義ブロック「相似・合同図形を描く」を作り、処理をまとめます。

作成したブロックをメインプログラムに加えます。実行すると、三角形が色分けされ、わかりやすくなりました。

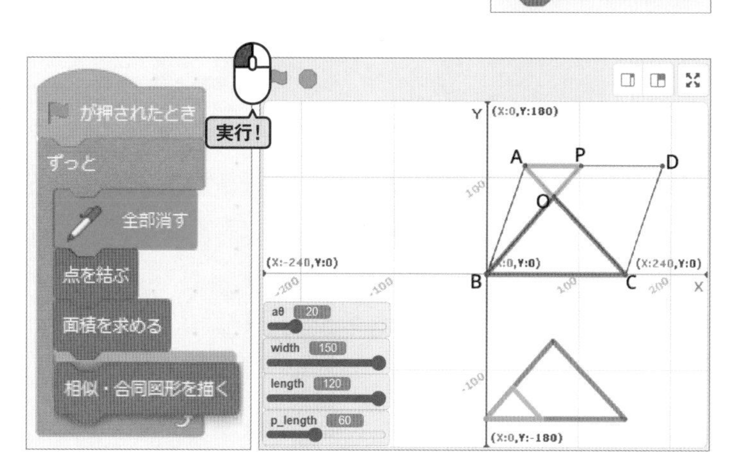

ブロックを一般化する

今後ほかのプロジェクトでも使えるよう、今回定義したブロックを一般化します。

定義ブロック「四角形ABCDを描く」を編集します。

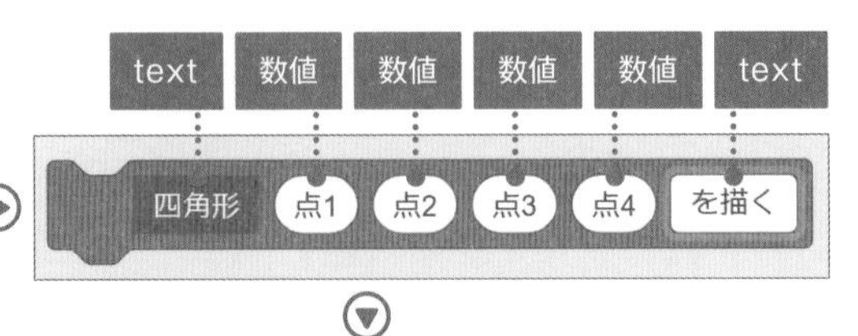

引数「点1」「点2」「点3」「点4」とテキストラベルを左のように追加します。

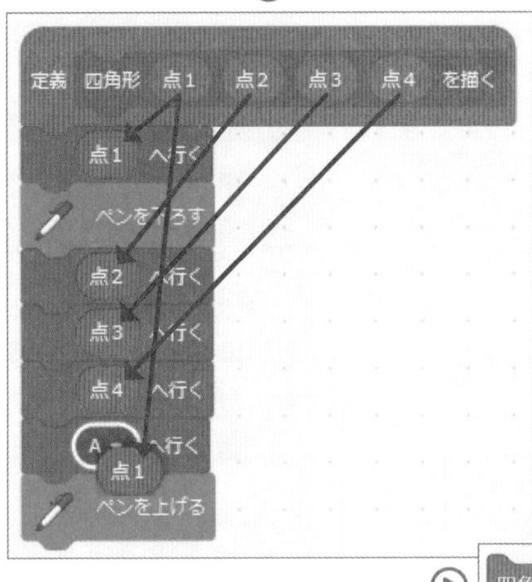

処理内の変数を、対応する引数ブロックと入れ替えます。

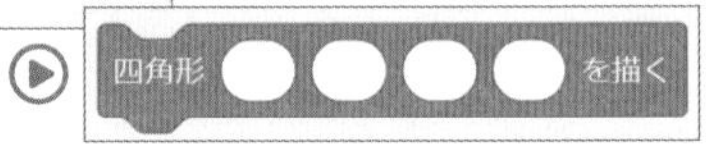

☞p.016 ブロックを作る

定義ブロック「線分ACを描く」を編集します。

引数「点1」「点2」とテキストラベルを左のように追加します。

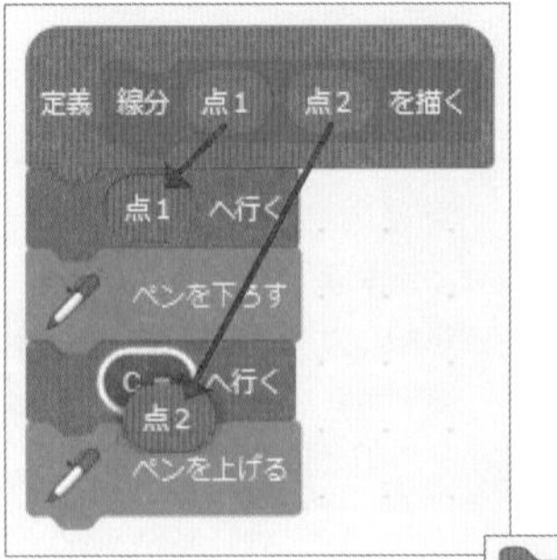

処理内の変数を、対応する引数ブロックと入れ替えます。

線分 を描く

☞p.016 ブロックを作る

定義ブロック「△OBCを基点(0, −150)で描く」を編集します。

引数「点1」「点2」「点3」「基点x座標」「基点y座標」とテキストラベルを左のように追加します。

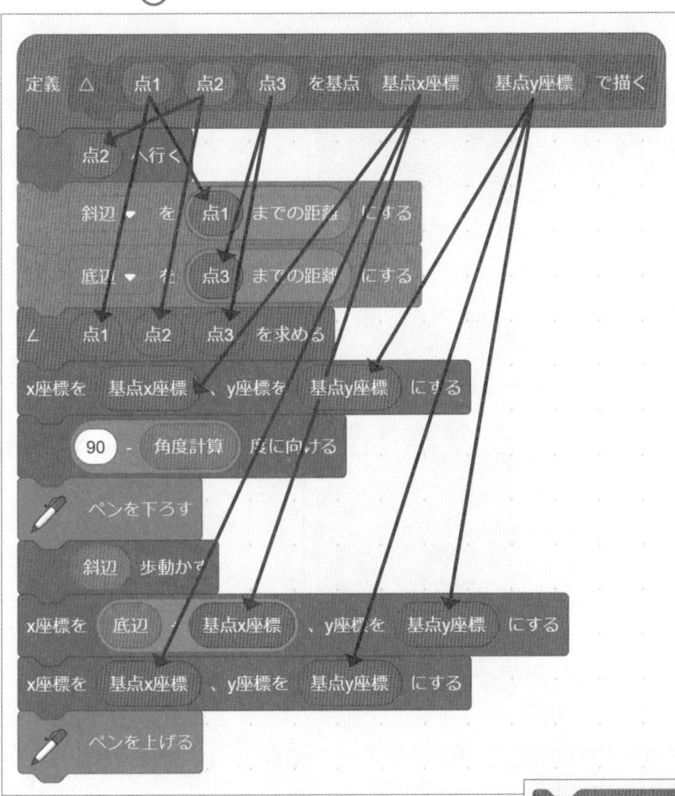

処理内の変数を、対応する引数ブロックと入れ替えます。

△ を基点 で描く

☞p.016 ブロックを作る

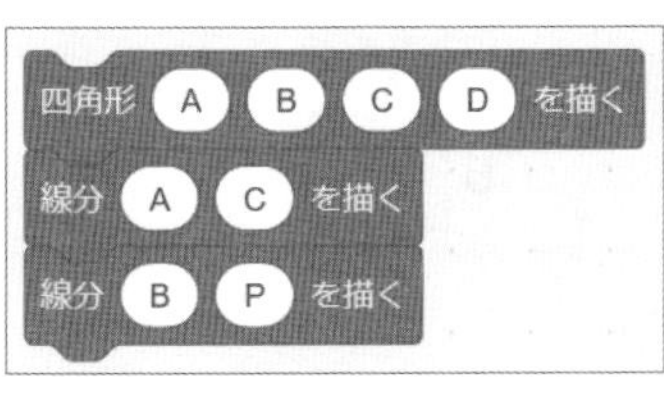

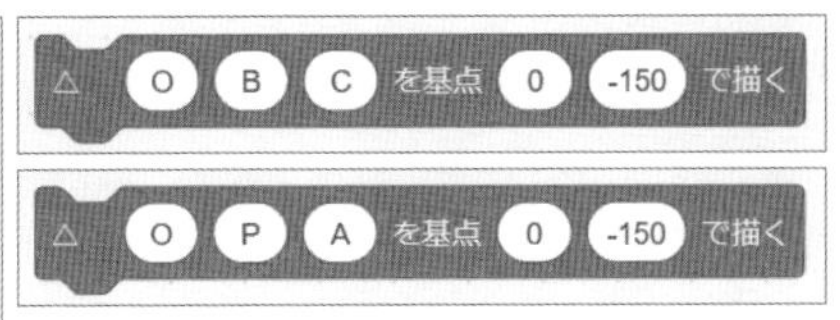

ブロックにできた引数の空白に、対応する文字や数字をキーボード入力して実行し、前の動作と同じになるか確認します。

組んだブロックを応用する

今回、辺BAを向きと長さで表現しました。これをベクトル表現といいます。これを辺BCにも適用して平行四辺形を表現するにはどのようなプログラムにすればいいか試してみましょう。

点Cを選択します。

☞p.021 変数の作り方

向きを指定する変数「cθ」を作ります。

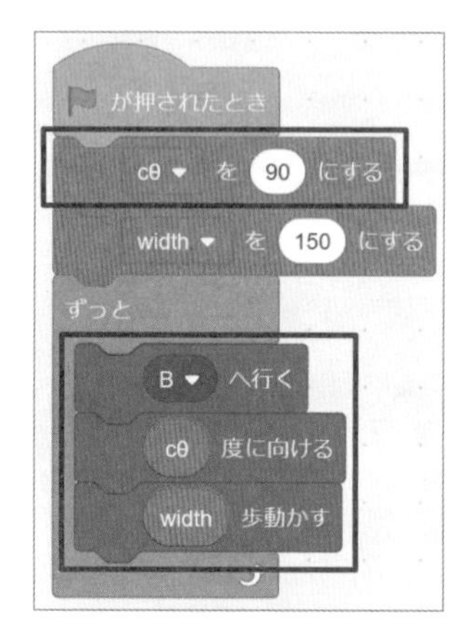

初期値としてcθを90、widthを150に設定します。

基点の点Bに行って、cθ°に向いてwidth歩動く処理を繰り返します。

点Dを選択します。

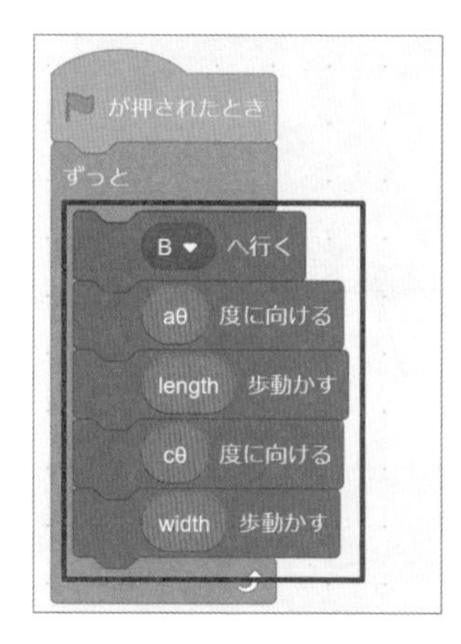

点Dの位置は、点Aの位置と点Cの座標を足したものになります。基点の点Bに行って、aθ°に向き、length歩動いた後、cθ°に向き、width歩動く処理を繰り返します。

実行すると、向きと長さで作った表現と同じように描画できました。aθやcθ、lengthやwidthの値をスライダーで変化させてみると、平行四辺形の形がいろいろ変わります。
座標で位置を決めるよりもシンプルに表現できました。表現する題材によっては、ベクトル表現はシンプルでわかりやすい表現方法です。

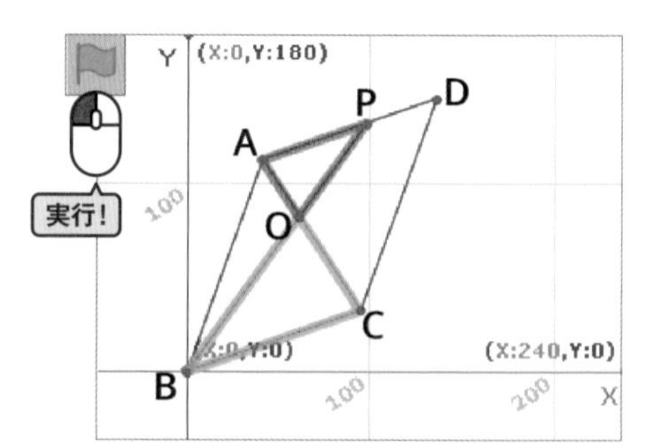

BAをy軸方向（0°の向き）、BCをx軸方向（90°の向き）にすると、BAとBCを足したBDは図のようになります。このとき、BAはBDのy成分、BCはBDのx成分になります。
またBDを半径とした円を考えたとき、点Dの位置は（BD*sinθ ,BD*cosθ）となり、点Aは（0, BD*cosθ、点Cは（BD*sinθ ,0）となります。つまりBD*sinθはx成分、BD*cosθはy成分と考えることができます（通常高校数学で習う単位円のモデルでは、x座標、y座標が逆になります）。

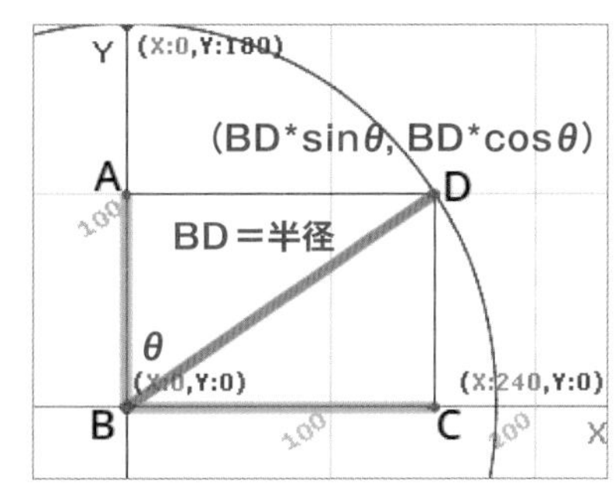

振り返り

平行四辺形を描き、その中に合同・相似な2つの三角形を描いてみました。

点Pを動かすことで合同・相似図形の面積比が変わっていくことを目で見て確認できました。

「長さ」と「向き」で位置を決める方法が、とても新鮮で面白かったです。

「長さ」と「向き」を使ったベクトル表現は中学校では学習しませんが、その考え方を理解しておくと、図形を考えるときや理科で役に立つことも多いですよ。

バックパックに入れましょう

だいぶ
進んできたね
あとひといき
トレーニング編も
もう少しで終わりですよ

PART 2

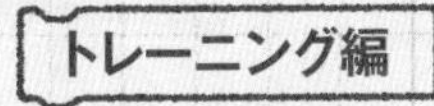

中学数学で習った内容をScratchで表現しよう

2-3
確率

SECTION 確率

2-3-1 サイコロをシミュレーションする

大小2つのサイコロを振った出目の和を集計するシミュレーションを作ります。また、出目の和ごとの組み合わせの数も集計し、シミュレーションでの集計結果と比較します。シミュレーションの過程がわかりやすくなるよう、可視化にもチャレンジします。

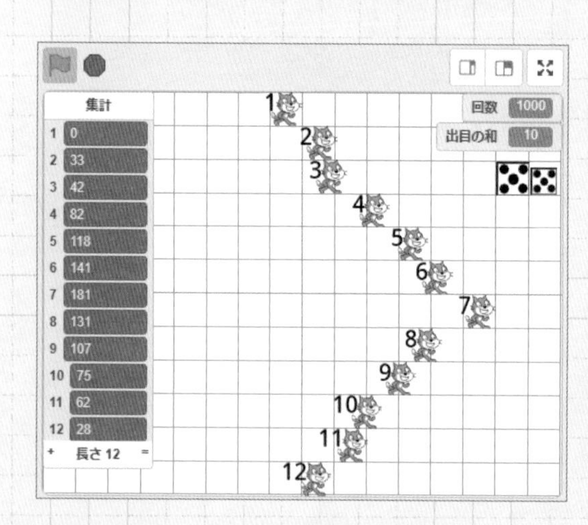

サイコロを表現してみますよ。

乱数ブロックでサイコロを表現できそう。 出目を和の出現回数をカウントする必要もありますね。

リストを使うと、リストの番号も利用できて便利ですよ。

出目の和ごとにサイコロの組み合わせの数も集計して、シミュレーションの結果と比較してみましょう。

サイコロや集計結果を可視化してみては？

出目の和の最大値は12なので、12個スプライトを作って、集計の数値をx座標に反映させればいいですね。

☑ 作戦決定!

- 乱数ブロックを使って大小2個のサイコロを表現し、出目の和を計算する。
- 出目の和の出現回数を集計リストにカウントアップする。
- 2つのサイコロの組み合わせを生成する処理を作る。
- 出目の和ごとにリストに集計して各出目の場合の数とその総数を求める。
- サイコロを可視化する。
- 集計リストを参照して座標が変化するクローン（複製）を作り、可視化する。

始める前の準備

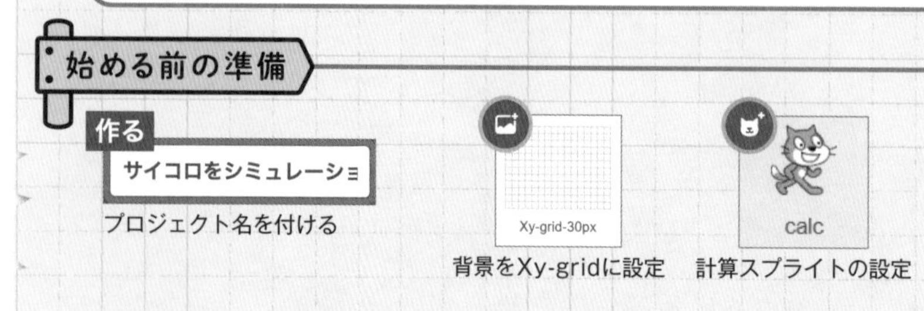

ブロックを組む

➡ 大小のサイコロを振って集計する

CHECK

2個のサイコロを振って、出目の和を集計するプログラムを組みます。

計算スプライトを選択します。

☞p.021 変数の作り方

出目の和の回数を集計するリスト「集計」を作成します。変数を作るときのように、「リストを作る」ボタンをクリックして「集計」と名前を付け、「すべてのスプライト用」を選択してOKを押します。

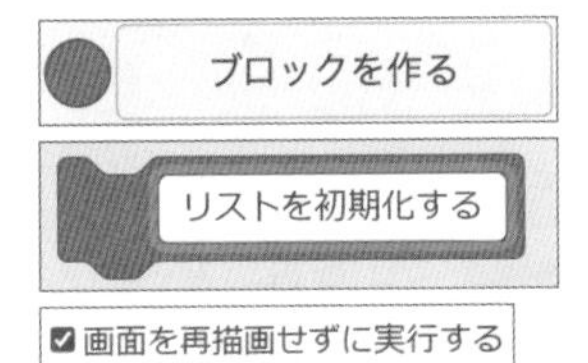

☞p.016 ブロックを作る

定義ブロック「リストを初期化する」を作ります。

大小サイコロ2個の出目の和の最大値は6+6=12なので、集計欄を12個作ります。まず「集計」の中身をすべて削除してから12回、0を追加します。

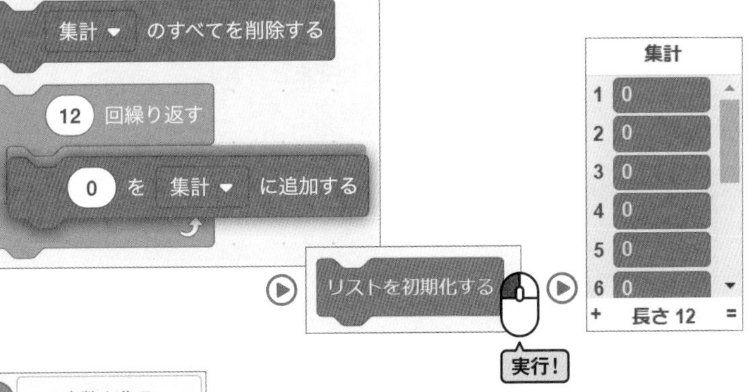

作成したブロックを実行すると、「集計」に0が12個入ります。

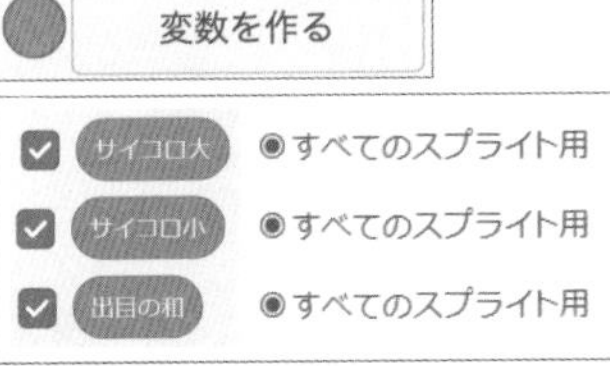

大小サイコロの出目を入れる変数「サイコロ大」「サイコロ小」と、出目の和を入れる変数「出目の和」を作ります。

☞p.021 変数の作り方

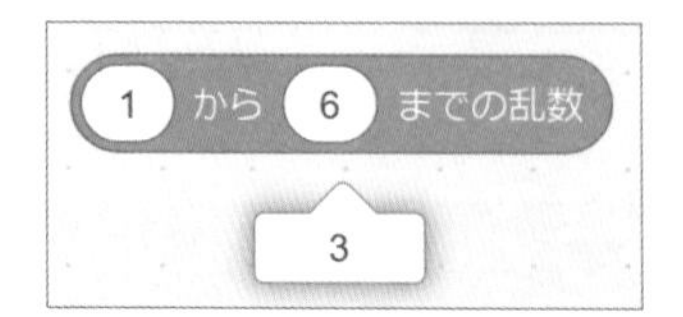

「乱数」ブロックを取り出し「1から6までの乱数」を作ります。クリックするたびに1から6までのいずれかの数が表示されます。これをサイコロに見立てます。

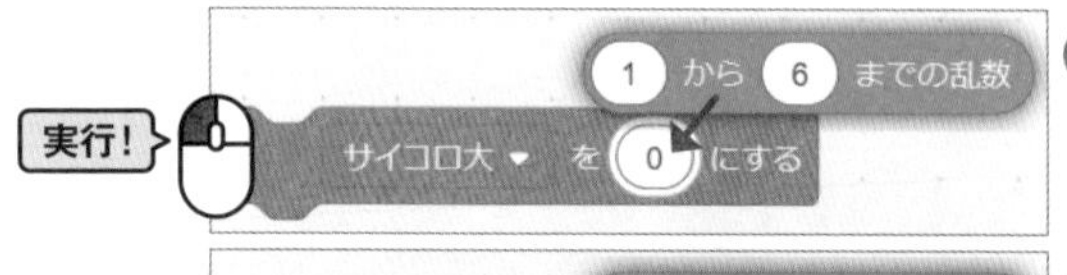

乱数ブロックで振り出された数を大小2個のサイコロの変数に入れます。

2個のサイコロの出目の和を変数に入れます。

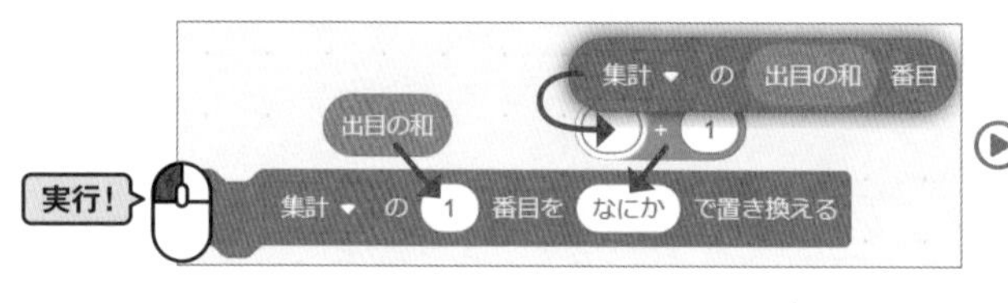

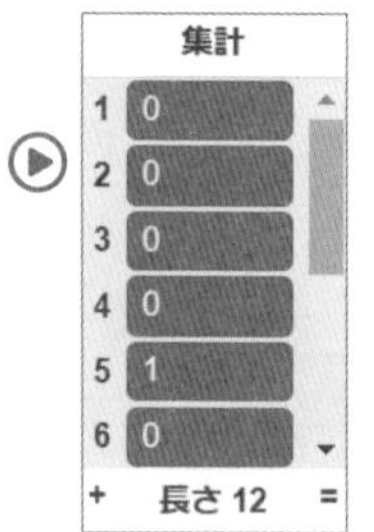

集計リストの「出目の和」番目に入っている数に1を足します。これで、出目の和の数が何回出たか、回数をカウントできます。

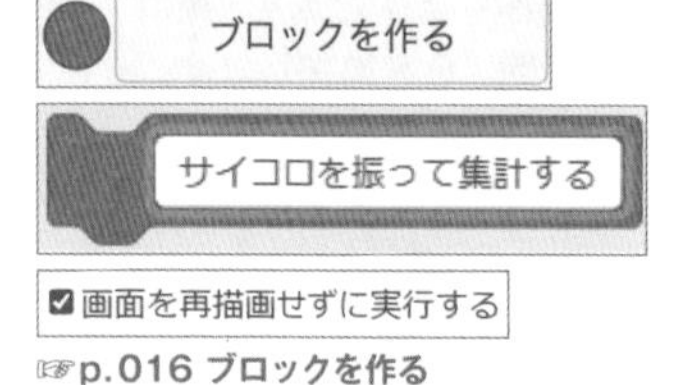

☞p.016 ブロックを作る

定義ブロック「サイコロを振って集計する」を作り、上の処理をまとめます。

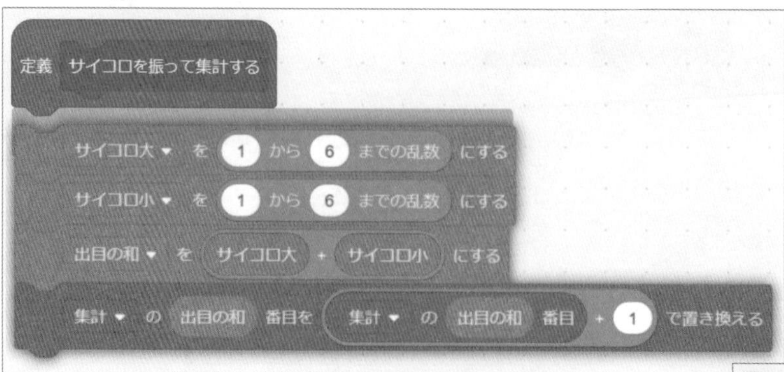

サイコロを振って集計する

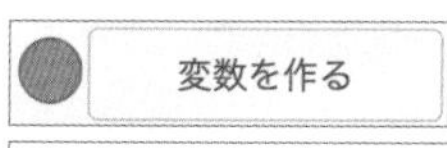

回数 ◉すべてのスプライト用

☞p.021 変数の作り方

試行回数を確認する変数「回数」を作ります。

「回数」「集計」を初期化してから、サイコロの出目の和の数が何回出たかカウントし、回数を1ずつ足し上げる処理を1000回繰り返します。

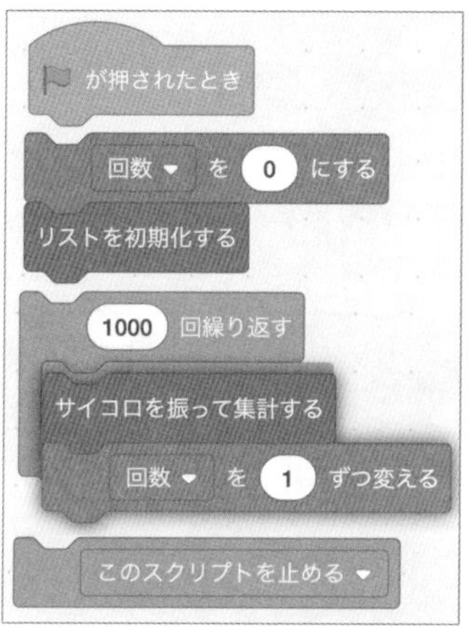

後半でこのプログラムの可視化を行うのですが、処理が終わると描画が消えてしまうのを防ぐために、最後に「このスクリプトを止める」を入れています。

➡ 場合の数を数える

CHECK ☐

大小サイコロの出目の和の組み合わせを数えるプログラムを組みます。

☞p.021 変数の作り方

大小サイコロの出目の和の組み合わせの数を集計するリスト「場合の数」と、組み合わせの総数をカウントする変数「場合の総数」を作ります。

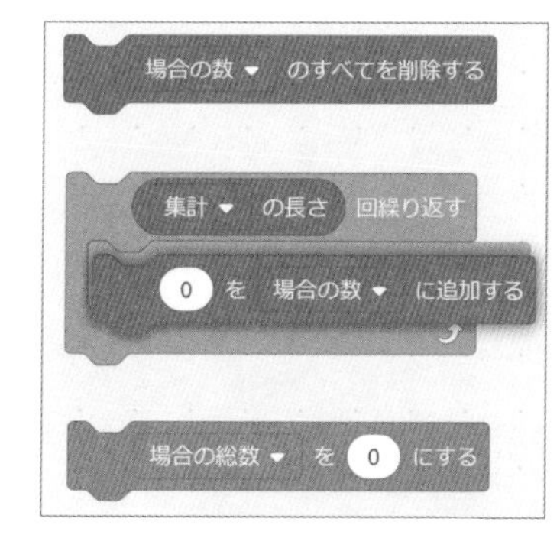

リスト「場合の数」、変数「場合の総数」に0を入れて初期化します。

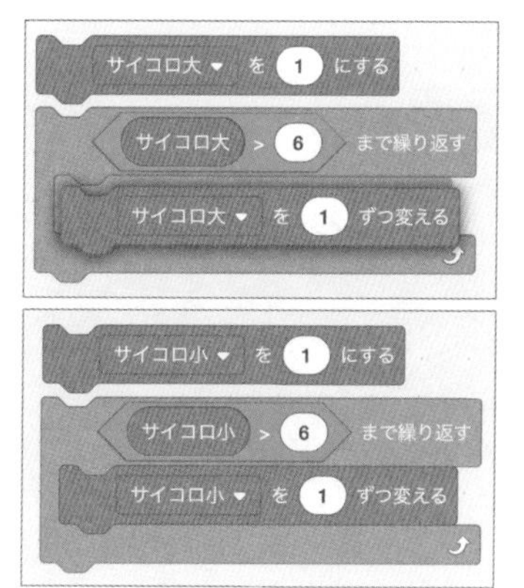

サイコロ大を1から6まで変えていく処理を作ります。同様に（ブロックを複製するなどして）サイコロ小を1から6まで変えていく処理も作ります。

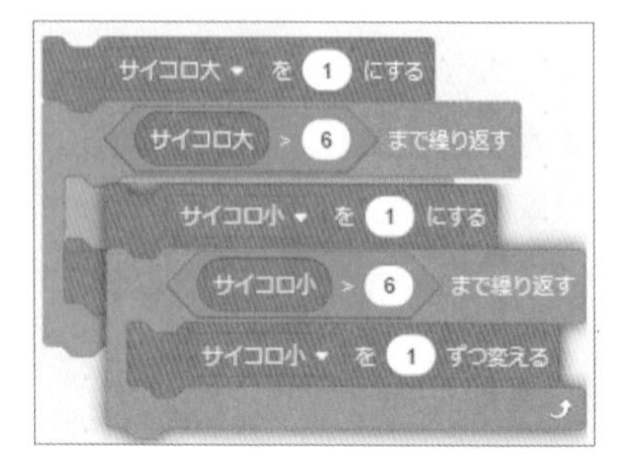

サイコロ大を1ずつ変える処理の中に、サイコロ小を1ずつ変える処理を入れます。
これを実行すると、サイコロ大が1変わるごとにサイコロ小が1から6まで変わります。
この中に、次に作る出目の和の組み合わせを数える処理を挿入します。

出目の和の組み合わせを数える処理を作ります。

サイコロ大とサイコロ小を足して「出目の和」に入れます。

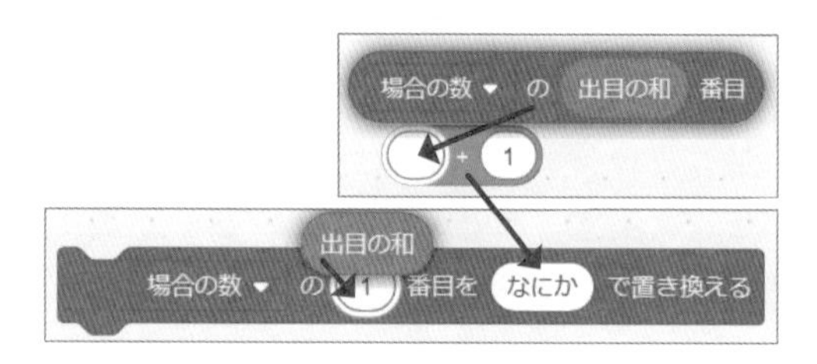

リスト「場合の数」の「出目の和」番目の数に1を足します。

変数「場合の総数」にも1を足します。

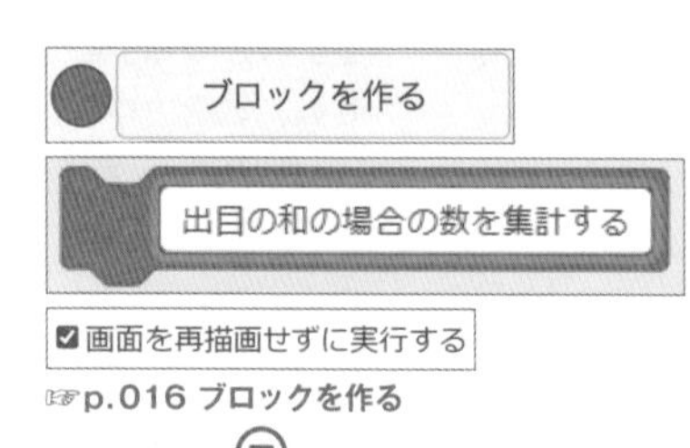

定義ブロック「出目の和の場合の数を集計する」を作り、上の処理をまとめます。

☞p.016 ブロックを作る

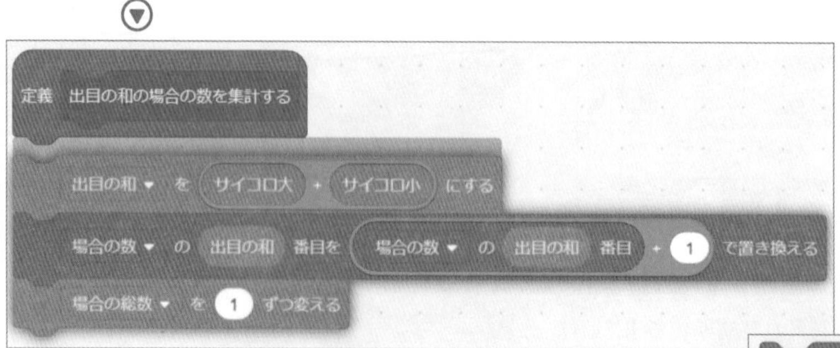

出目の和の場合の数を集計する

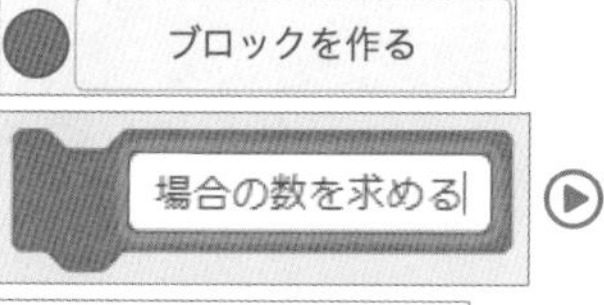

☑画面を再描画せずに実行する

☞p.016 ブロックを作る

定義ブロック「場合の数を求める」を作り、これまで作った処理をまとめます。

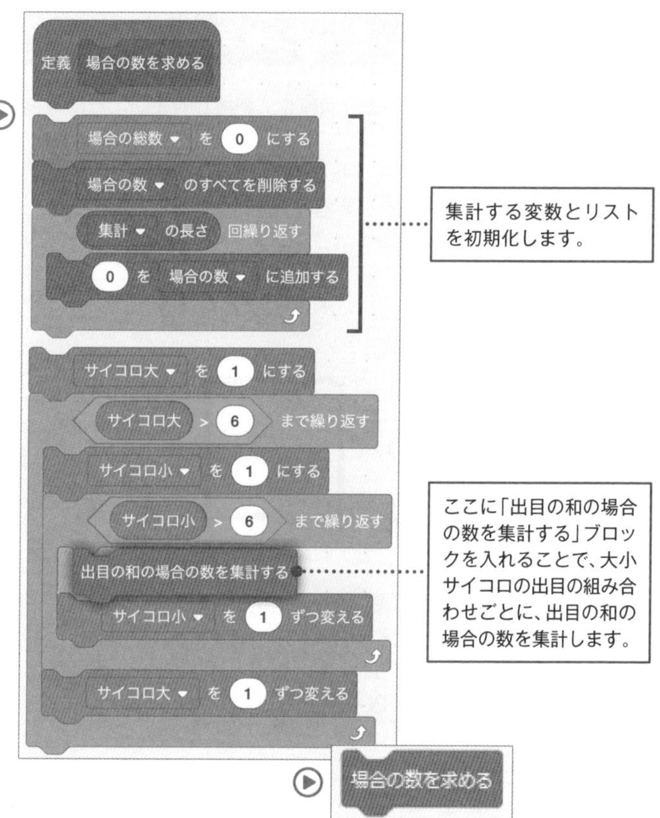

作成したブロックをメインの処理に加えます。実行すると、1から12までの出目の和ごとに2つのサイコロの組み合わせの数が集計されます。大小サイコロを1000回振るシミュレーションの結果と比較してみると、組み合わせの数が多い数ほど、シミュレーションの集計結果が多いことが観察できます。

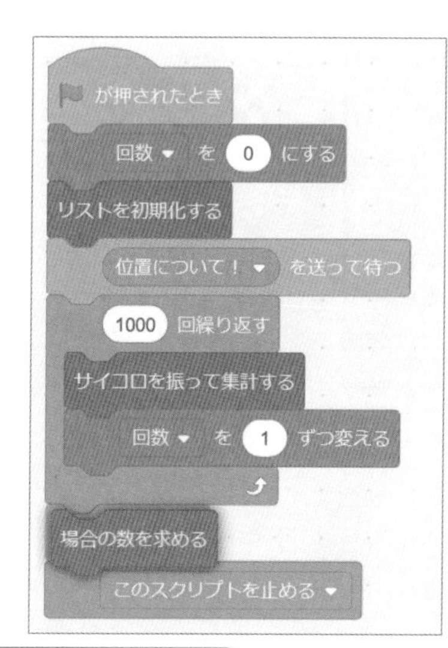

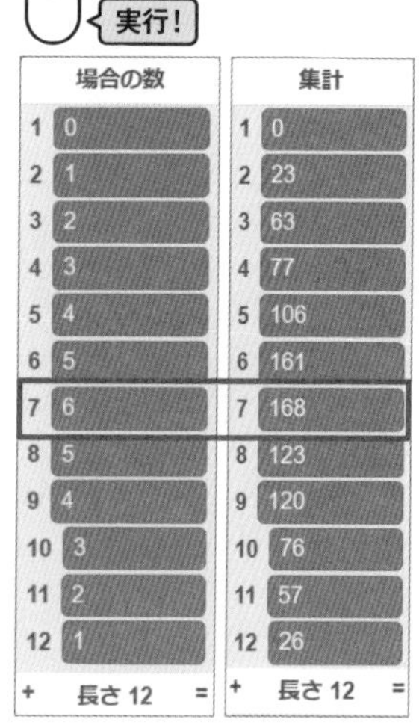

1000回振るのもかんたんに
シミュレーションできるんだなぁ。

➡ サイコロシミュレーションを可視化する

CHECK

サイコロシミュレーションの集計過程を、把握しやすいように可視化します。

サイコロを可視化します。
「スプライトを描く」を選択します。

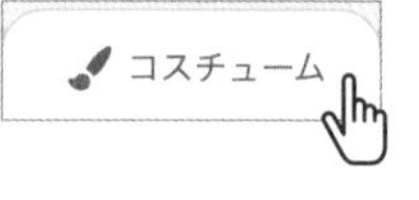

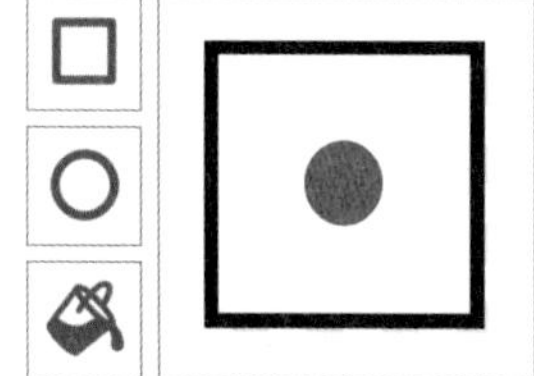

コスチュームタブを選択し、サイコロの目を描きます。

- 四角形アイコンで外枠を描きます。
- 円アイコンでサイコロの目を描きます。
- 塗りつぶしアイコンで目を塗りつぶします。

背景のグリッドが30ピクセルなので、コスチュームの大きさも30×30に調整します。

スプライトの名前を「サイコロ大」とします。

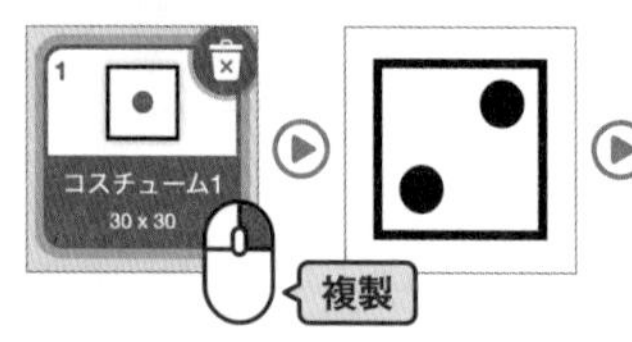

コスチューム１を右クリックして複製します。
複製されたコスチューム２を編集して、２の目を作ります。

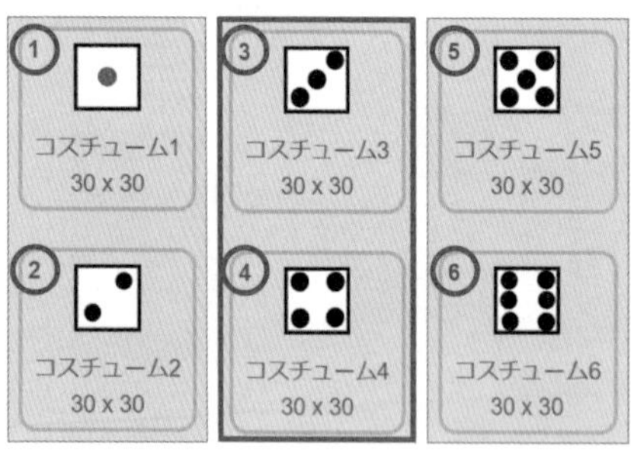

これを繰り返して、サイコロの目を６まで作ります。
左上のコスチュームの番号と出目が一致しているのを確認してください。

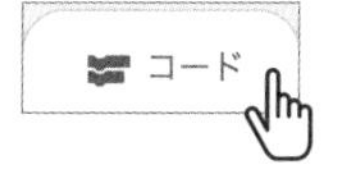

サイコロ大のコードエリアを表示します。

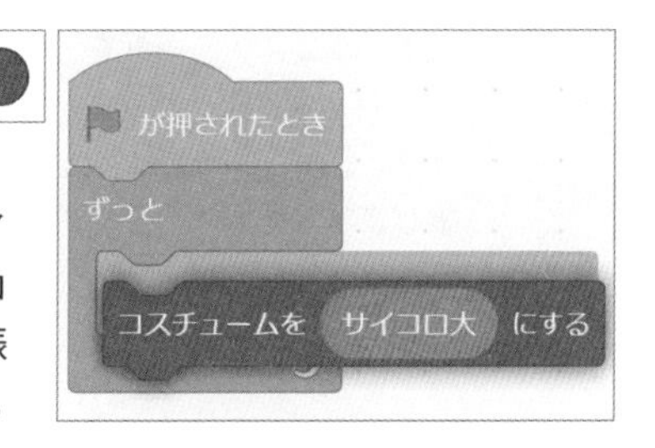

「見た目」の中の「コスチュームを○にする」ブロックにサイコロ大の変数ブロックを入れ、緑の旗が押されたら、ずっとコスチュームをサイコロ大にする処理を作ります。サイコロが振られるたびに出目の数の番号のコスチュームが表示されます。

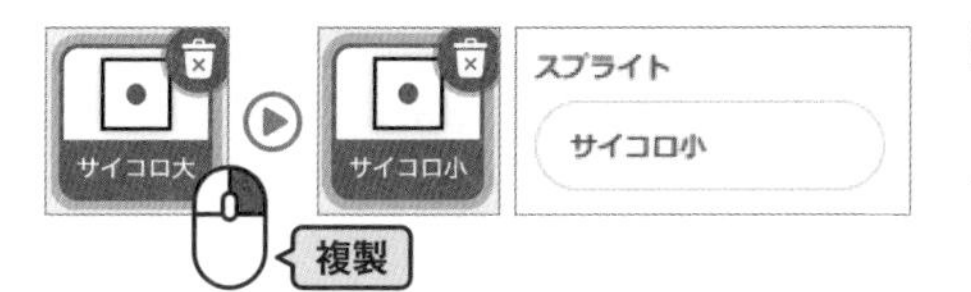

同様にサイコロ小も可視化します。スプライトのサイコロ大を右クリックで複製し、スプライトの名前をサイコロ小にします。

サイコロ小のコードエリアを表示します。

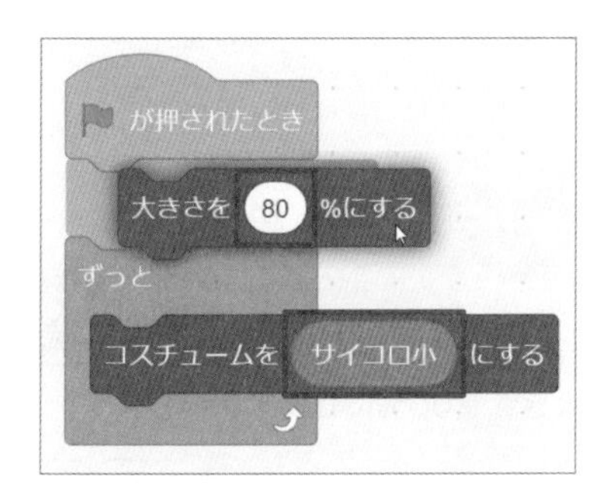

変数ブロック「サイコロ大」を「サイコロ小」に変更します。「ずっと」の上に「大きさを80%にする」を入れて、サイコロ小の表示をサイコロ大より少し小さくします。
これでサイコロ小も可視化できました。
大小サイコロはステージ上の適当な場所に配置しておきます。

次に集計リストの可視化をします。1番から12番のゼッケンを付けたネコが競争をするイメージで作ります。

新しくスプライトを作成します。「スプライトを選ぶ」からCatを選択します。

コスチュームタブを選択します。

cat-bを削除し、cat-aを編集します。

出目の和のゼッケンを背負った感じになるよう、テキストアイコンを選択して、背後に「1」を追加します。

cat-aのコスチュームを右クリックして複製します。「1」を「2」に編集します。

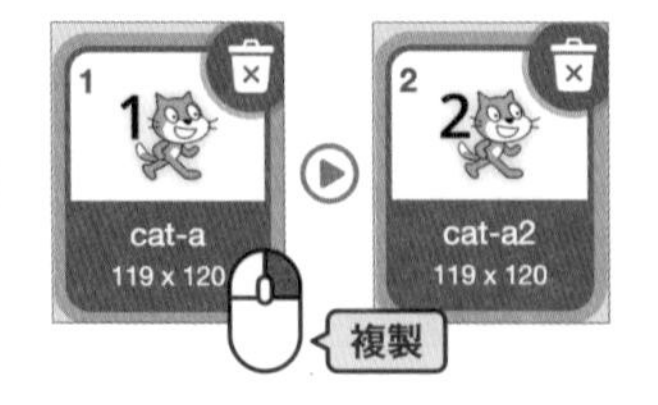

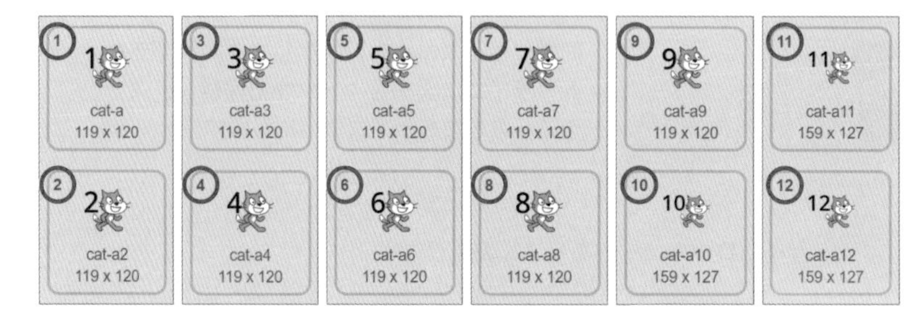

同様に繰り返して12までのコスチュームを作ります。左上のコスチュームの番号と追加した数字が一致していることを確認します。

コードタブを選択します。

Xy-grid-30ピクセルのマス目に入るように、大きさを30%にします。

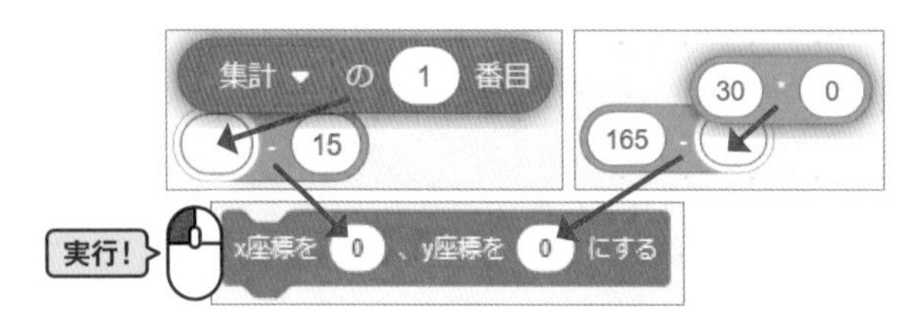

スプライトのx座標を集計の1番目の値にします。
初期値の0だとy軸線上に配置されるので、30ピクセルの半分の15ピクセル分後ろにすると、ちょうどy軸がスタートラインのようになります。
スプライトのy座標は、180から30ピクセルの半分の15をマイナスした165のところに置くとマス目に納まります。これを下に並べていくために30*0のブロックを引くようにしておきます。

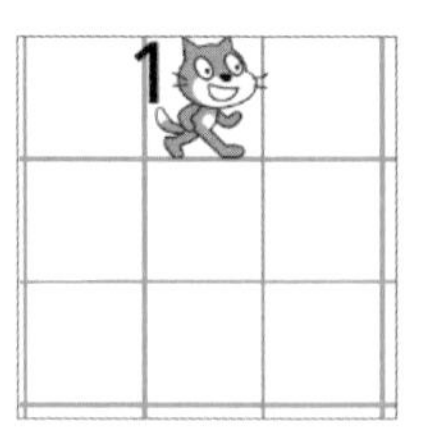

catの姿は最初消しておきます。

「クローン」というスプライトの分身を作ります。その際、作られたクローンを識別できるよう番号を振ります。

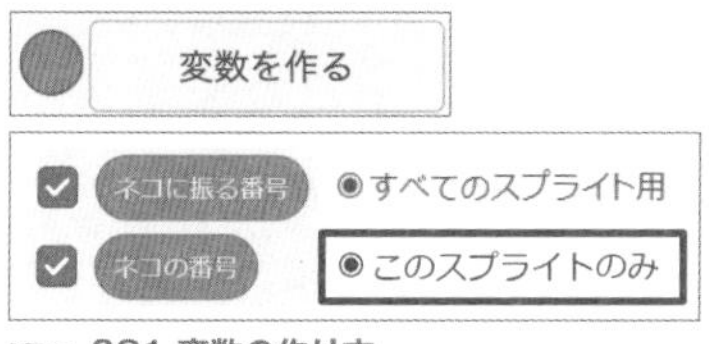

☞p.021 変数の作り方

順番にネコに番号を振るための変数「ネコに振る番号」を「すべてのスプライト用」で作ります。
また、クローンが保持する番号の変数「ネコの番号」を「**このスプライトのみ**」で作ります。

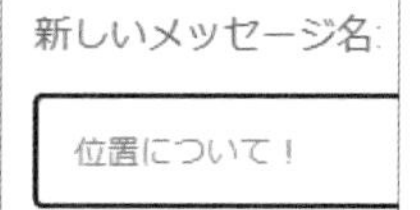

クローンを作る合図として、新しいメッセージを作ります。ここでは「位置について！」としました。

「位置について！」というメッセージを受け取ったとき初期値として「ネコに振る番号」を1にします。

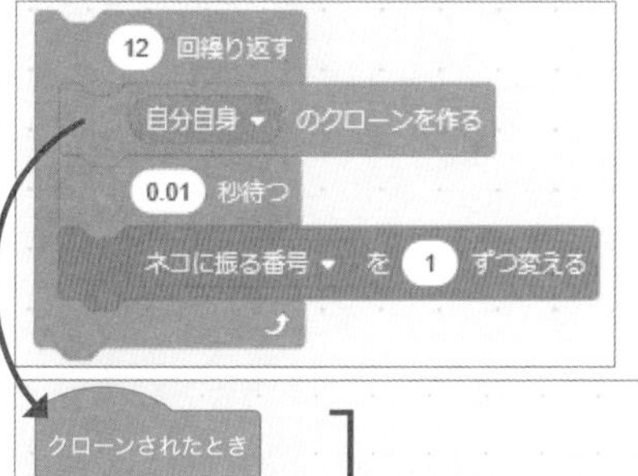

クローンを12個（匹）作ります。クローンを作るごとにネコに振る番号を1ずつ変えます。

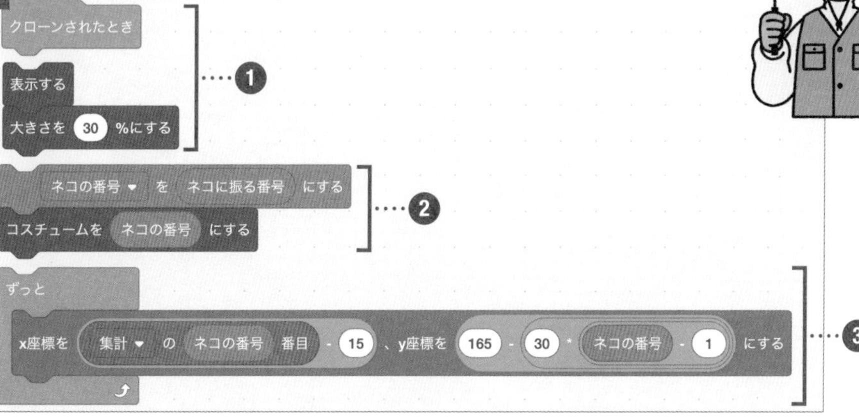

❶クローンされたら表示して、大きさを30%にします。
❷「ネコの番号」を「ネコに振る番号」にして、各クローンに番号を振ります。コスチュームを「ネコの番号」にして、「ネコの番号」とコスチュームの番号を合わせます。
❸ネコの番号にしたがって、クローンを配置します。

計算スプライトを選択します。

サイコロを振る繰り返し処理の前に、「位置について！を送って待つ」を入れます。
実行すると、集計リストの変化にしたがってゼッケンを付けたネコの位置が変化し、競争しているような動きになります。

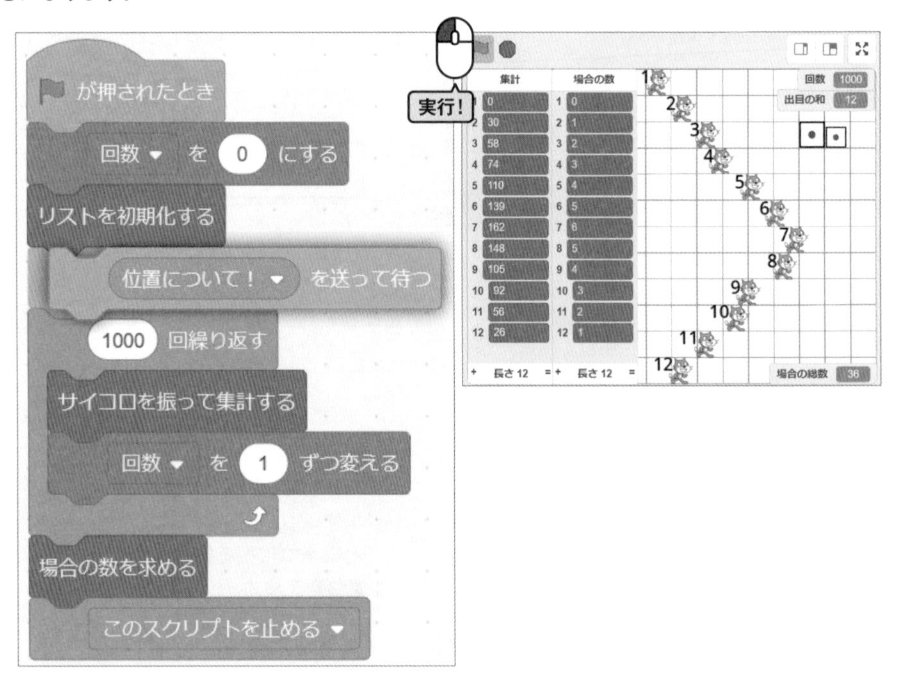

組んだブロックを応用する

都立高校入試問題をScratchで表現します。

問　1から6までの目の出る大小1つずつのさいころを同時に1回投げるとき，
出る目の数の和が10以下になる確率を求めよ。
ただし，大小2つのさいころはともに，
1から6までのどの目が出ることも同様に確からしいものとする。

出典：平成29年度都立高等学校入学者選抜 学力検査問題 数学 設問1〔問8〕

「場合の数を求める」が実行されていることを前提とします。

計算スプライトを選択します。

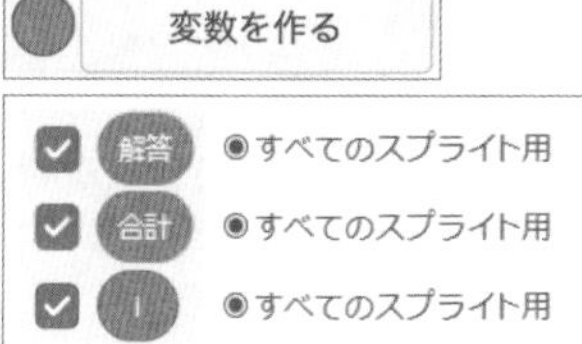

☞p.021 変数の作り方

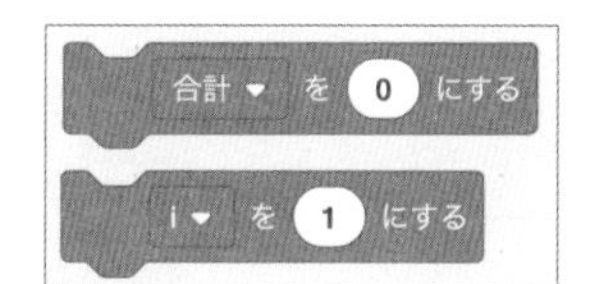

算出した解答を入れる「解答」、計算過程の合計を入れる「合計」、リストの番号を指定する「i」を変数として作ります。合計とiに初期値を設定します。

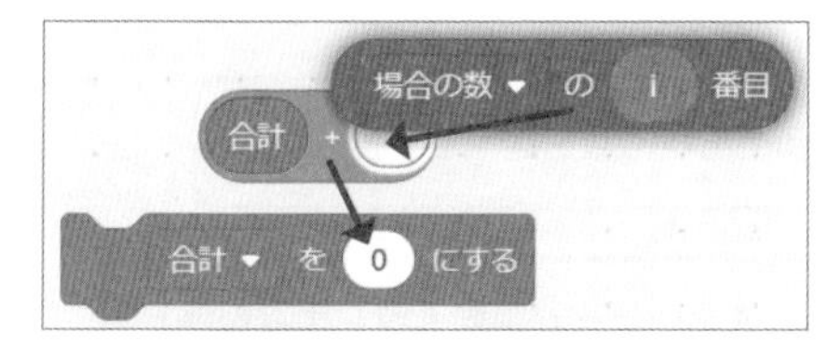

「合計」と「場合の数のi番目」を加算して合計に入れます。iはリストの番号と同時に出目の和の数字を表しています。

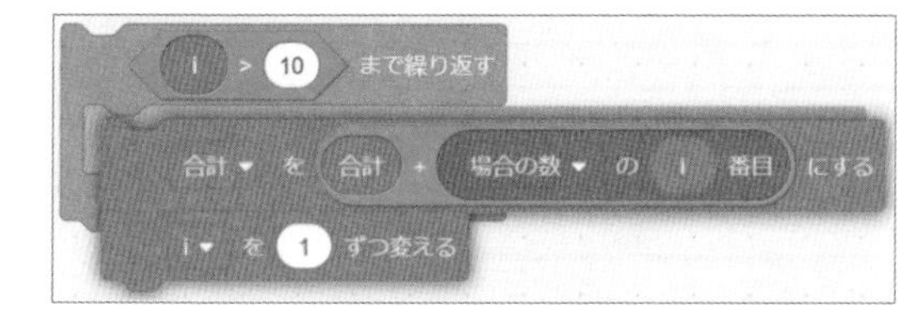

上の処理をiが10を超えるまで繰り返します。つまり問題文にある出目の和の数字が10以下の場合の数を足し上げています。

問題文の条件に合う場合の数（2個のサイコロの組み合わせの数）を場合の総数（2個のサイコロの組み合わせの総数）で割り、解答とします。

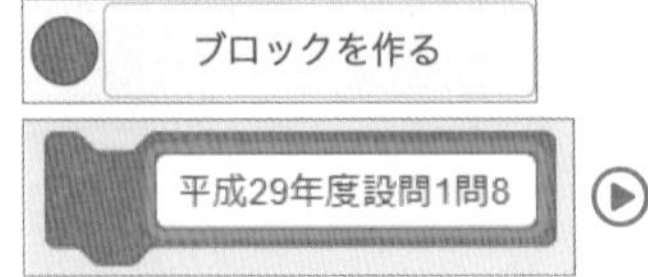

☞p.016 ブロックを作る

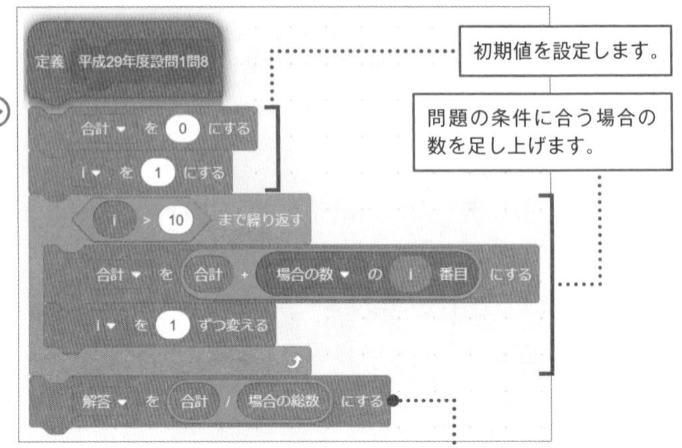

定義ブロック「平成29年度設問1問8」を作り、上の処理をまとめます。

作成したブロックを実行します。都立高校入試の正答表を確認すると $\frac{11}{12}$ でした。演算ブロックで11/12を計算すると、解答に格納された数値と同じになります。

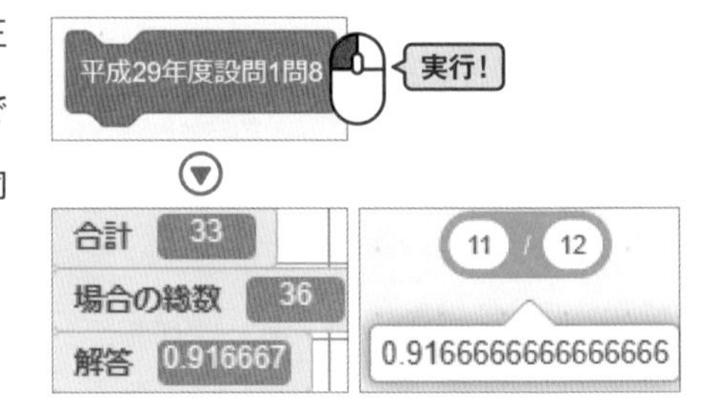

$\frac{11}{12}$

振り返り

サイコロをプログラムで表現して、出目の和の出現回数を調べてみました。

シミュレーションすると、サイコロを振るような何回も試してみないとわからない結果がかんたんに得られました。

ネコが競争しているように可視化すると、出目の和がどのように増えているのかが実感できて面白かったです。

シミュレーションはプログラムの効果が大きい分野だから、もっといろんなもののシミュレーションにもチャレンジしてみるとよいですよ。

PART 3

応用編

都立高校入試問題をScratchでプログラムしてみよう

冒険の最後は、これまで学んだことを生かして、都立高校の入試問題にチャレンジです! PART2までで作った処理を使って、設問3で出題される関数問題、設問4で出題される平面図形問題の実際の問題文を読みながら、問われている動的モデルを作り、解を求めます。

SECTION

3-1-1 関数問題①

3-1-1、3-1-2では、都立高校入試の設問3、関数問題にチャレンジします。設問3は毎年、二次関数の問題と一次関数の問題のどちらかが出題されています。ここでは、令和2年度の二次関数の問題を取り上げます。問題文を読みながら、そこに書かれていることを1つ1つブロックで組んでモデルを構築し、問に答える処理を作っていきます。

3 右の**図1**で，点Oは原点，曲線lは関数 $y=\frac{1}{4}x^2$ のグラフを表している。
点Aは曲線l上にあり，x座標は4である。
曲線l上にある点をPとする。
次の各問に答えよ。

図1

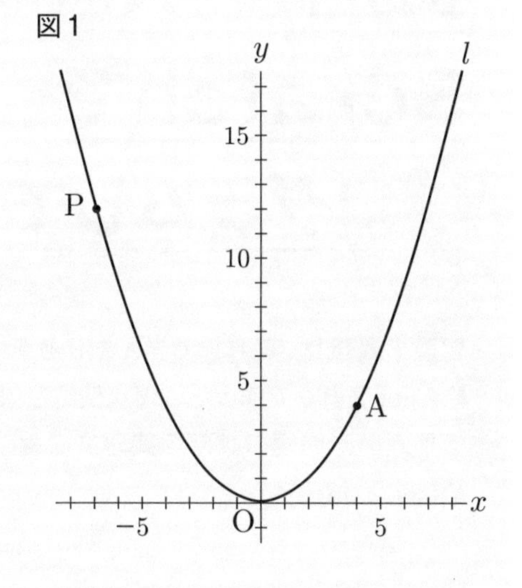

〔問1〕 次の［①］と［②］に当てはまる数を，下の**ア**～**ク**のうちからそれぞれ選び，記号で答えよ。
点Pのx座標をa，y座標をbとする。
aのとる値の範囲が $-8 \leqq a \leqq 2$ のとき，bのとる値の範囲は，
［①］$\leqq b \leqq$［②］
である。

ア -64　**イ** -2　**ウ** 0　**エ** $\frac{1}{2}$　**オ** 1　**カ** 4　**キ** 16　**ク** 64

〔問2〕 次の［③］と［④］に当てはまる数を，下の**ア**～**エ**のうちからそれぞれ選び，記号で答えよ。
点Pのx座標が-6のとき，2点A，Pを通る直線の式は，
$y=$［③］$x+$［④］
である。

［③］ **ア** $-\frac{5}{2}$　**イ** -2　**ウ** $-\frac{13}{10}$　**エ** $-\frac{1}{2}$

［④］ **ア** 12　**イ** 6　**ウ** 4　**エ** 2

出典：令和2年度都立高等学校入学者選抜 学力検査問題 数学 設問3〔問1〕〔問2〕

始める前の準備

作る

令和2年度設問3

プロジェクト名を付ける

背景をXy-gridに設定

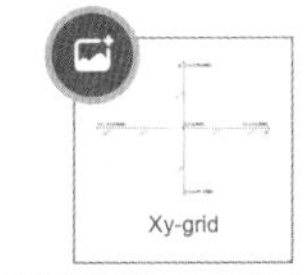

描画スプライトの設定

拡張機能でペンを追加

ブロックを組む

問題文を読みながら、書かれていることをブロックで組んでいきます。

〔問1〕を解く

CHECK

問題文には「点Oは原点」とあるので、原点Oを作ります。

☞ p.021
原点Oの位置を
変数で制御する

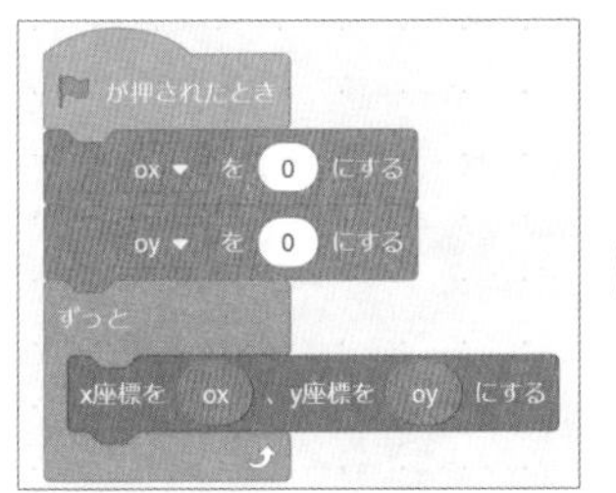

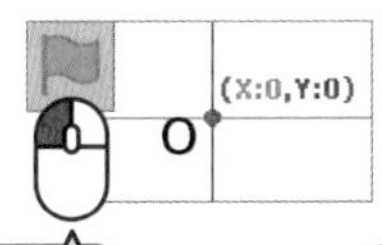

バックパックから原点Oを取り出し、(0,0)に配置します。

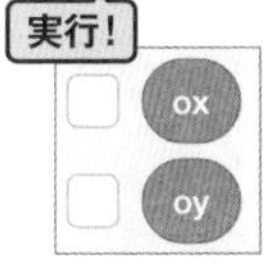

バックパックから取り出した際に、変数ox、oyが作られています。

「曲線 l は関数 $y=\frac{1}{4}x^2$ のグラフを表している」ので、このグラフを描きます。

描画スプライトを選択します。

バックパックから「二次関数を描く」を取り出します。

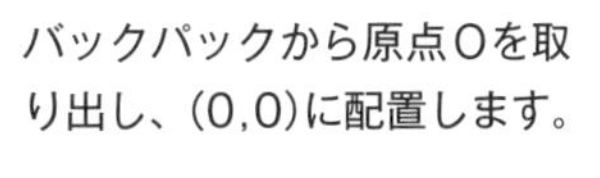

☞p.088 二次関数を描く

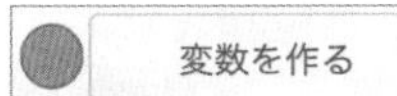

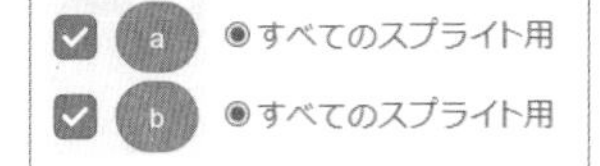

☞p.021 変数の作り方

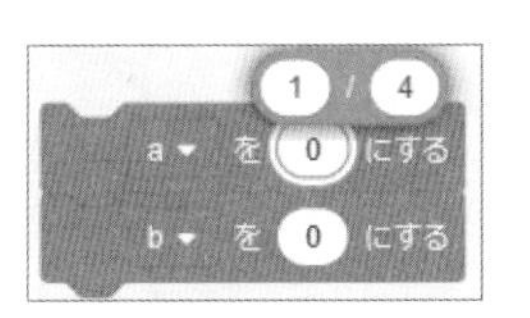

傾きと切片を入れる変数「a」「b」を作り、初期値としてaを1/4、bを0に設定します。

「二次関数を描く」の引数に変数a、bを入れ、メインの処理を図のように構成します。実行してグラフを描きます。

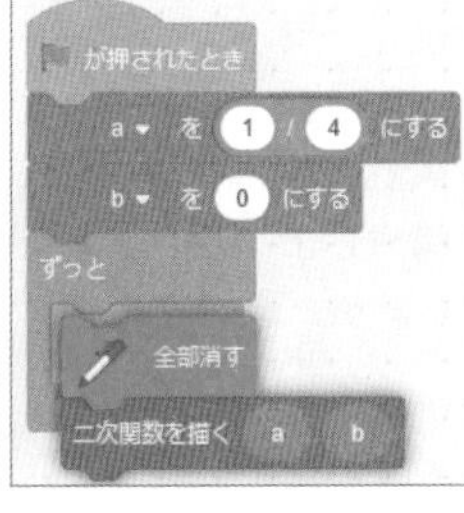

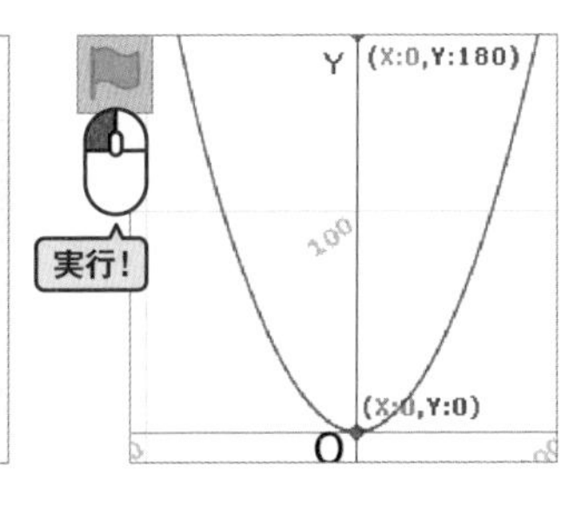

「点Aは曲線l上にあり，x座標は4である」にしたがって、点Aを配置します。

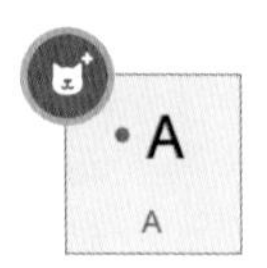

点Aを作ります。

☞ p.019 原点Oを作る

バックパックから「二次関数上で点を動かす」を取り出し、px、pyの部分をax、ayに変更します。

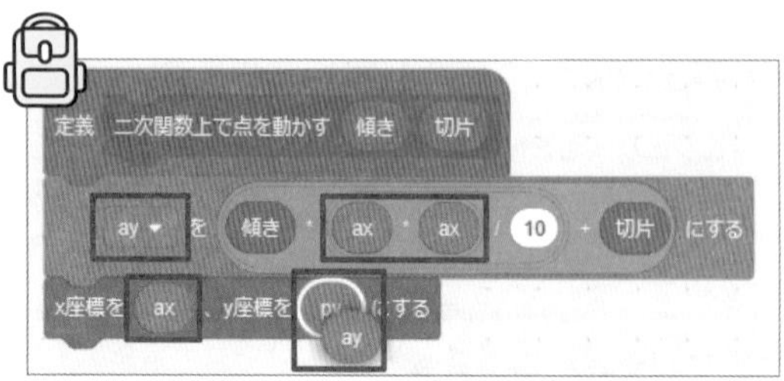

☞ p.095 二次関数上で点を動かす

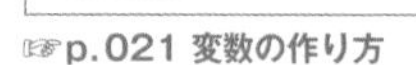

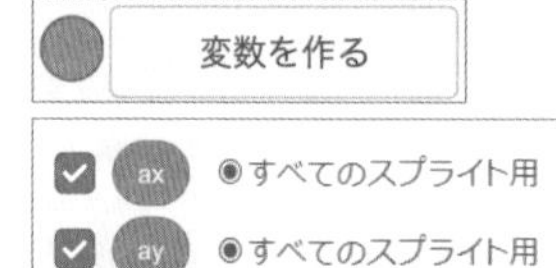

☞p.021 変数の作り方

点Aの座標値を入れる変数「ax」「ay」を作り、初期値としてaxを40に設定します。

「二次関数上で点を動かす」の引数に変数a、bを入れ、メインの処理を図のように構成します。実行して点Aを配置します。

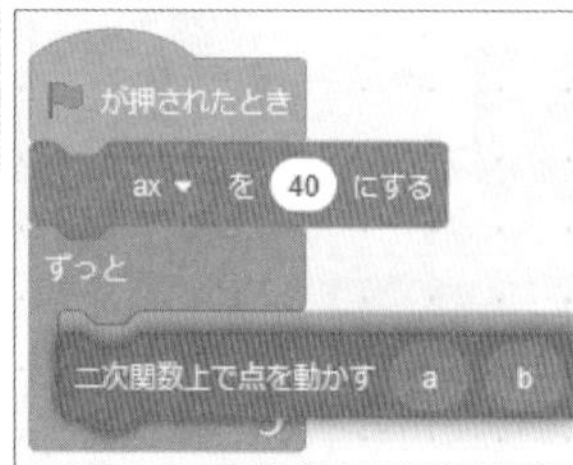

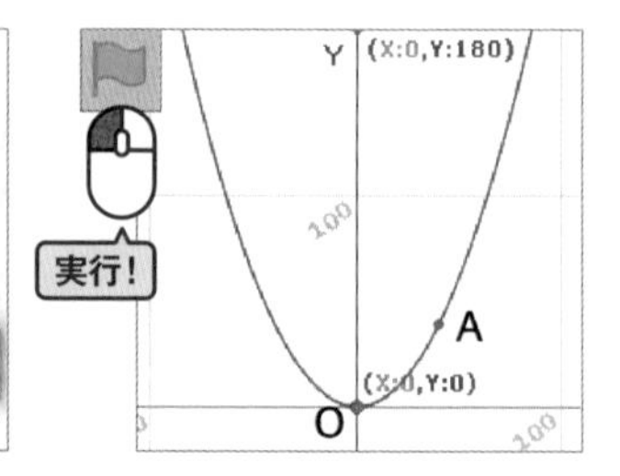

「曲線l上にある点をPとする」という問題文に合わせて点Pを作ります。

点Pを作ります。

☞ p.019 原点Oを作る

バックパックから「二次関数上で点を動かす」を取り出します。変数のpx、pyはそのまま使います。

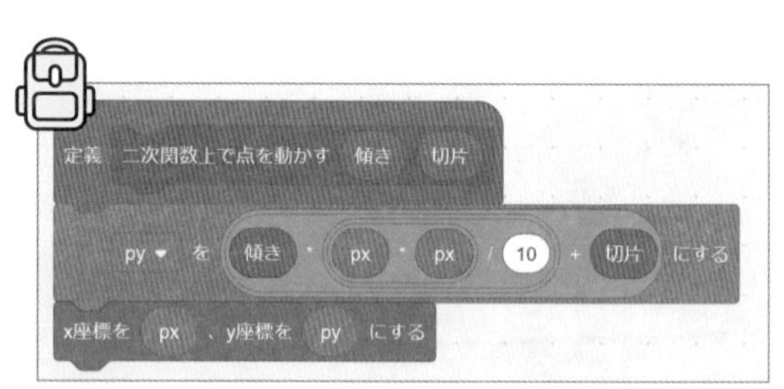

☞ p.095 二次関数上で点を動かす

pxの初期値を−80に設定し、点Aと同様「二次関数上で点を動かす」の引数に変数a、bを入れ、メインの処理を図のように構成します。実行して点Pを配置します。

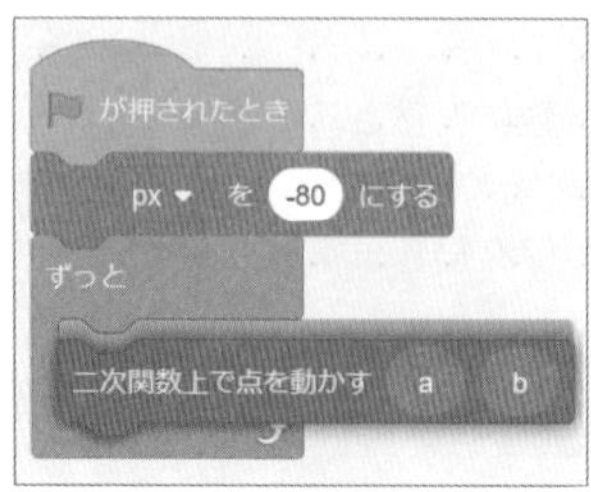

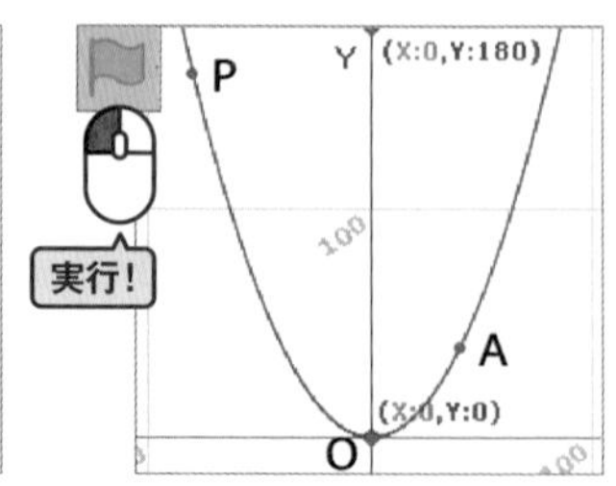

問題文「点Pの x 座標を a, y 座標を b とする。a のとる値の範囲が $-8 \leqq a \leqq 2$ のとき，b のとる値の範囲は，[①] $\leqq b \leqq$ [②] である」にあるとおり、点Pを配置します。

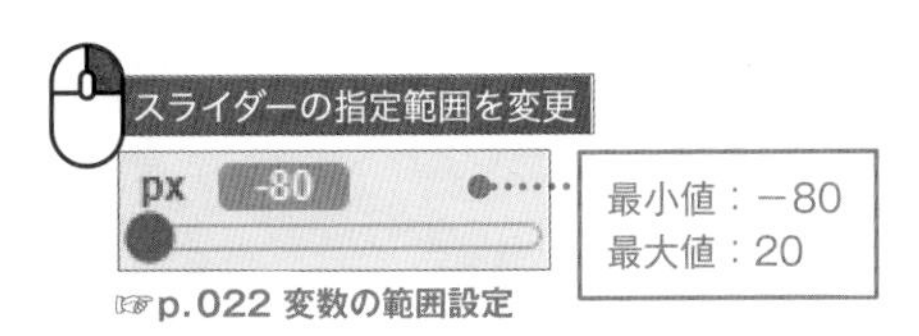

☞p.022 変数の範囲設定

pxのスライダーの指定範囲を−80～20に変更します。

☞p.098 yの最小値・最大値を記録する

バックパックから「yの最大値・最小値を記録する」を取り出します。

ブロックに「緑の旗が押されたら」を付けて実行します。pxのスライダーを−80～20まで動かすと、yの最小値は0、最大値は160になります。解答は、①がウ (0)、②がキ (16) となっています。

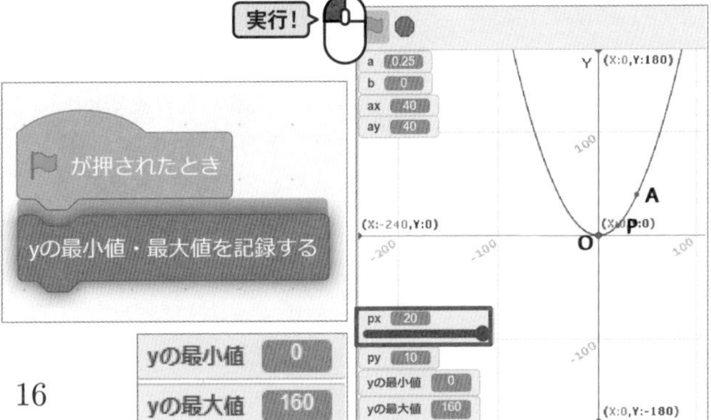

解答 ①ウ 0 ②キ 16

〔問2〕を解く

CHECK

「点Pの x 座標が -6 のとき，2点A，Pを通る直線の式は，$y =$ [③] $x +$ [④] である」を、ブロックで組んで解答を導きます。

点Pを選択します。

pxの初期値を−60にします。

描画スプライトを選択します。

☞p.060 傾きを求める
☞p.061 切片を求める
☞p.053 一次関数を描く

バックパックから「傾きを求める」「切片を求める」「一次関数を描く」を取り出します。

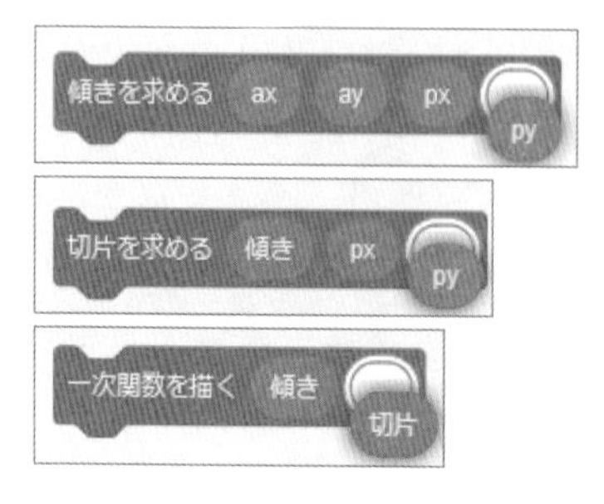

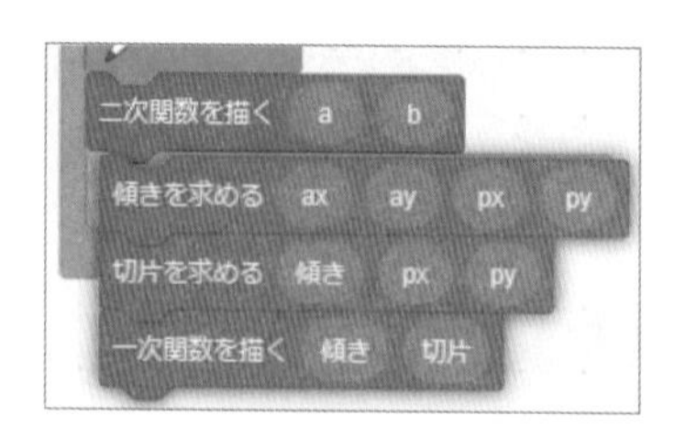

２点A、Pを通る一次関数を描くため、該当する変数を、それぞれのブロックの空白に入れます。

作成したブロックをメインの処理に加えます。

実行すると、傾き－0.5、切片60となります。解答は③エ、④イとなっています。

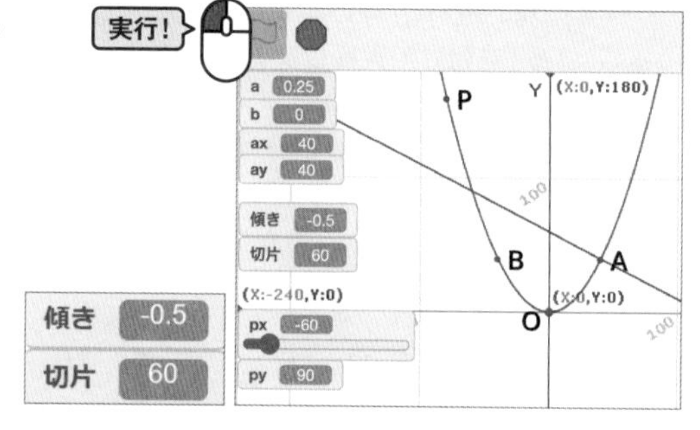

解答 ③ **エ** $-\frac{1}{2}$　④ **イ** 6

➡〔問3〕を解く

CHECK □

問3　右の**図2**は，**図1**において，点Pのx座標が4より大きい数であるとき，y軸を対称の軸として点Aと線対称な点をB，x軸上にあり，x座標が点Pのx座標と等しい点をQとした場合を表している。
点Oと点A，点Oと点B，点Aと点P，点Aと点Q，点Bと点Pをそれぞれ結んだ場合を考える。
四角形OAPBの面積が△AOQの面積の4倍となるとき，点Pのx座標を求めよ。

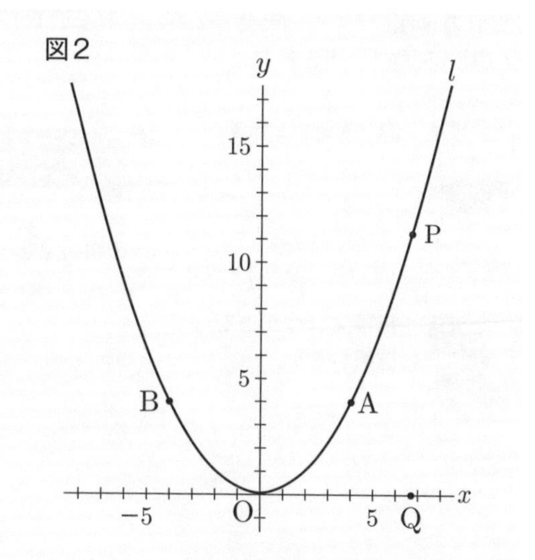

出典：令和2年度都立高等学校入学者選抜 学力検査問題 数学 設問3〔問3〕

「点Pの x 座標が 4 より大きい数であるとき」を範囲指定します。

スプライトPを選択します。

pxの初期値を80に設定し、スライダーの指定範囲を40～100に変更します。

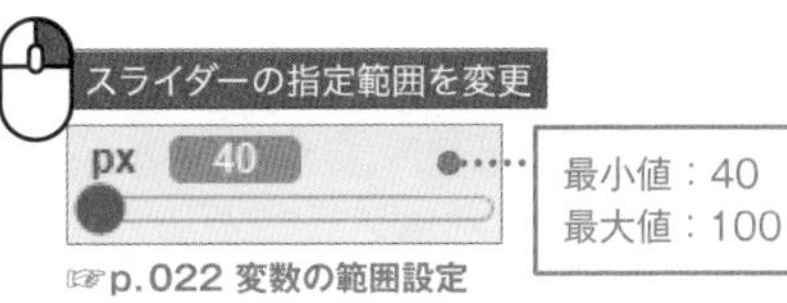

☞p.022 変数の範囲設定

「y 軸を対称の軸として点Aと線対称な点をB」にしたがって点Bを作ります。

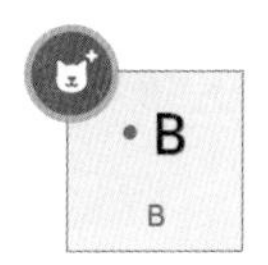

点Bを作ります。

☞ p.019 原点Oを作る

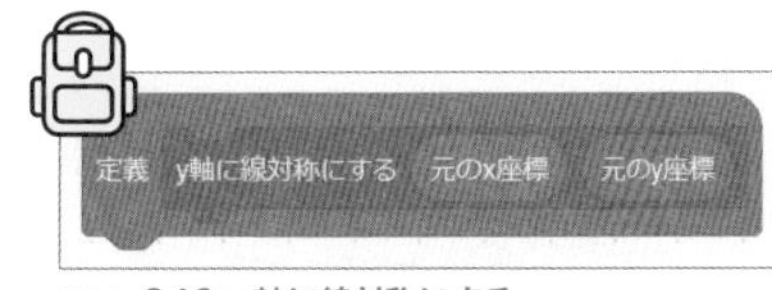

☞p.040 y軸に線対称にする

バックパックから「y軸に線対称にする」を取り出します。

点Aと線対称なので、引数に点Aの座標を入れます。

作成したブロックで、メインの処理を図のように構成します。実行すると点Bが配置されます。

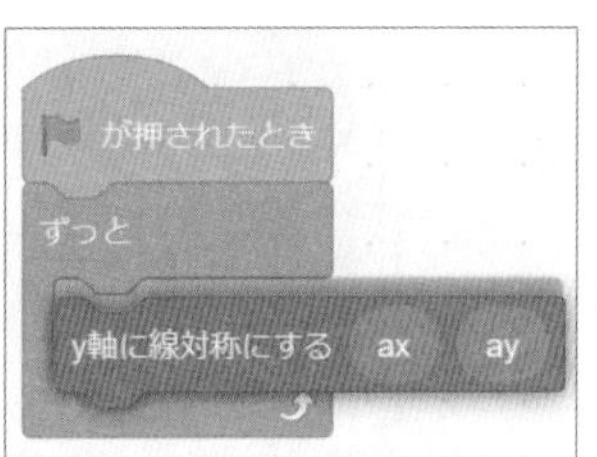

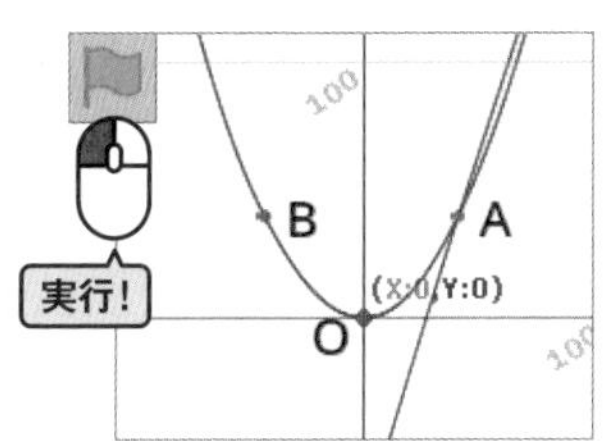

同様に「x 軸上にあり, x 座標が点Pの x 座標と等しい点をQ」にしたがって点Qを作ります。

点Qを作ります。

☞ p.019 原点Oを作る

点Qはx軸上にあるので、y座標には0、x座標には点Pのx座標を入れます。

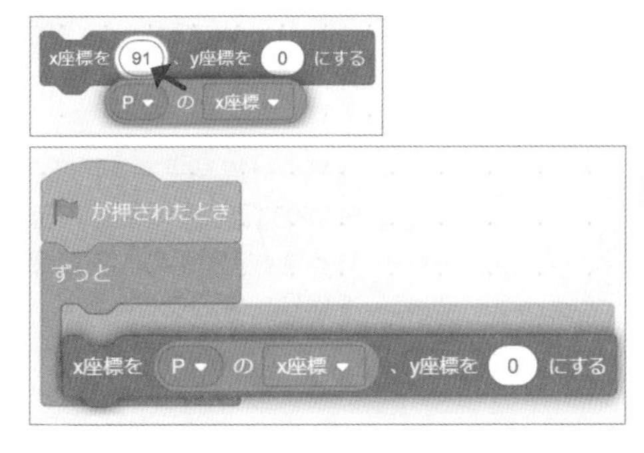

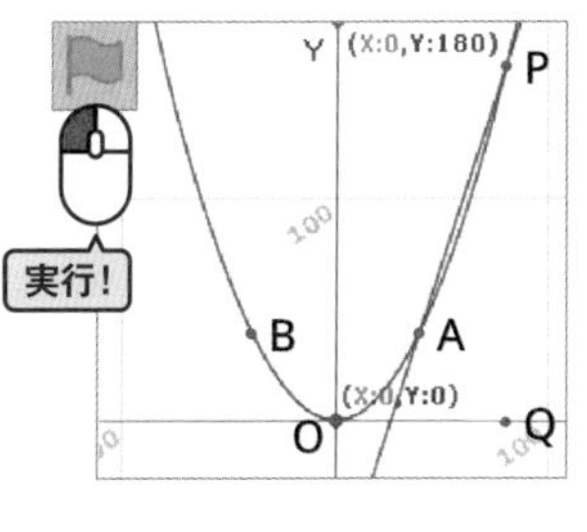

「四角形OAPBの面積が△AOQの面積の4倍となるとき, 点Pのx座標を求めよ」の部分をブロックで組んで、答えを求めます。

描画スプライトを選択します。

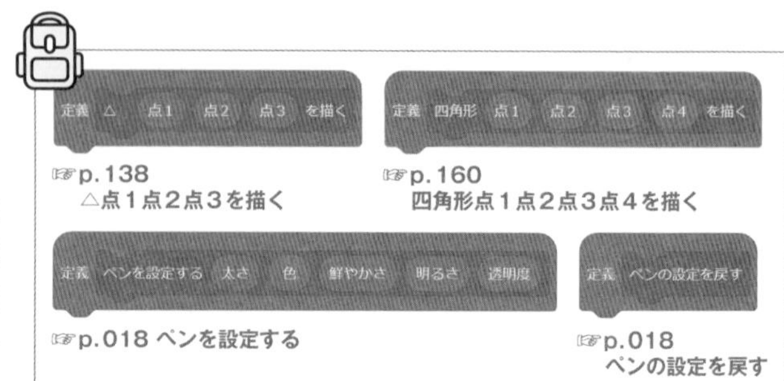

☞p.138 △点1点2点3を描く
☞p.160 四角形点1点2点3点4を描く
☞p.018 ペンを設定する
☞p.018 ペンの設定を戻す

バックパックから「△ 点1 点2 点3を描く」「四角形 点1 点2 点3 点4を描く」「ペンを設定する」「ペンの設定を戻す」を取り出します。

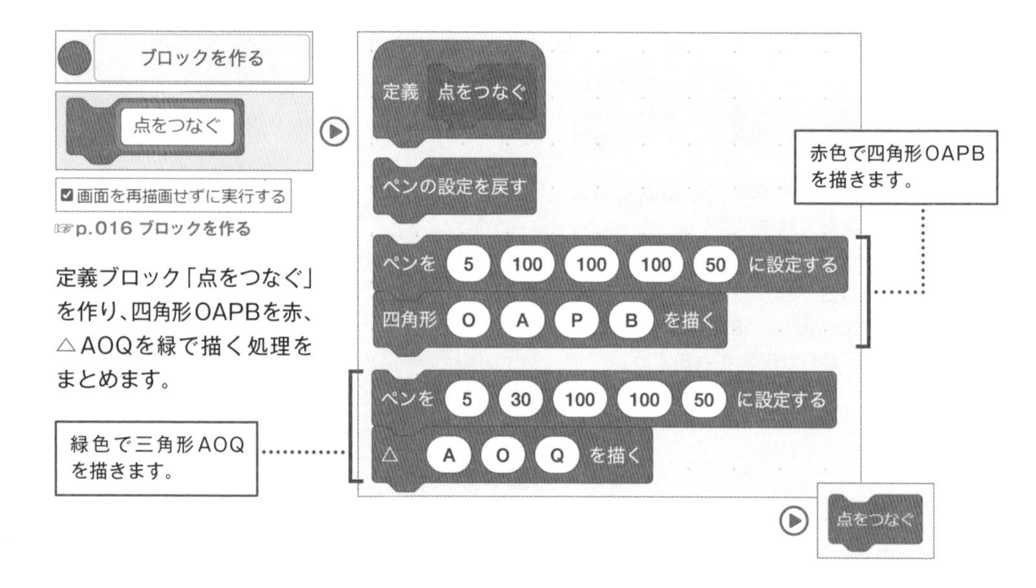

☞p.016 ブロックを作る

定義ブロック「点をつなぐ」を作り、四角形OAPBを赤、△AOQを緑で描く処理をまとめます。

四角形OAPBと△AOQの面積を求めます。

バックパックから「三角形の面積を求める」を取り出します。

☞p.139 三角形の面積を求める

変数を作る

- ☑ 面積OAPB ◉すべてのスプライト用
- ☑ 面積AOQ ◉すべてのスプライト用
- ☑ 面積OAPB/面積AOQ ◉すべてのスプライト用

☞p.021 変数の作り方

面積の計算結果を入れる変数「面積OAPB」「面積AOQ」、面積比を入れる変数「面積OAPB/面積AOQ」を作ります。

定義ブロック「面積を求める」を作り、以下の処理をまとめます。

☑画面を再描画せずに実行する ☞p.016 ブロックを作る

四角形OAPBの面積はどうすれば求められるかな。

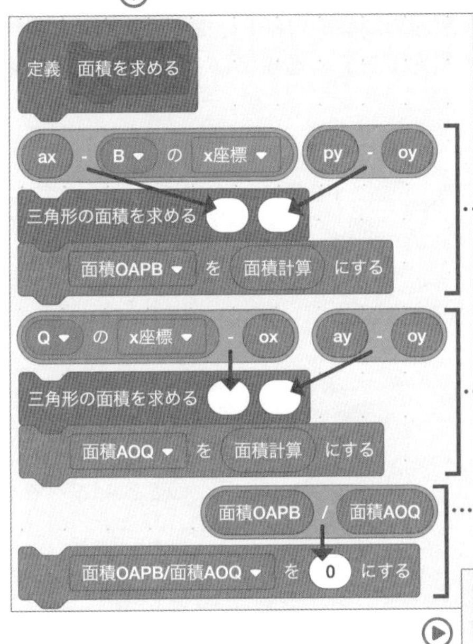

面積を求める

四角形OAPBは、辺ABを底辺とした△OABと△PABを合わせたものと考えることができます。2つの三角形の高さを足すと点Pのy座標から原点Oのy座標を引いたものとなるため、これを高さとして面積を求めます。

辺QOを底辺、点Aのy座標から原点Oのy座標を引いたものを高さとして△AOQの面積を求めます。

面積OAPBを面積AOQで割って面積比を求めます。

できたブロックをメインの処理に加え実行します。スライダーでpxを動かすと、80のとき面積OAPBが面積AOQの4倍になると導き出せました。解答は8となっています。

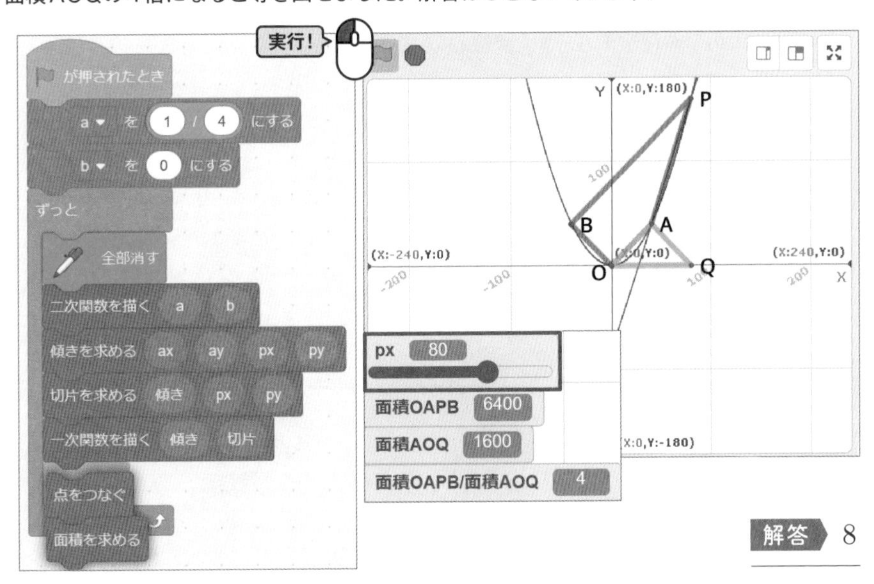

解答 8

SECTION

3-1-2 関数問題②

次に、令和3年度都立高校入試数学の設問3、一次関数の問題を取り上げます。3-1-1と同様、問題文を読みながら、書いてあることを1つ1つブロックで組んでモデルを構築し、問に答える処理を作っていきます。

3 右の**図1**で，点Oは原点，点Aの座標は $(-12,\ -2)$ であり，直線 l は一次関数 $y=-2x+14$ のグラフを表している。
直線 l と y 軸との交点をBとする。
直線 l 上にある点をPとし，2点A，Pを通る直線を m とする。
次の各問に答えよ。

図1

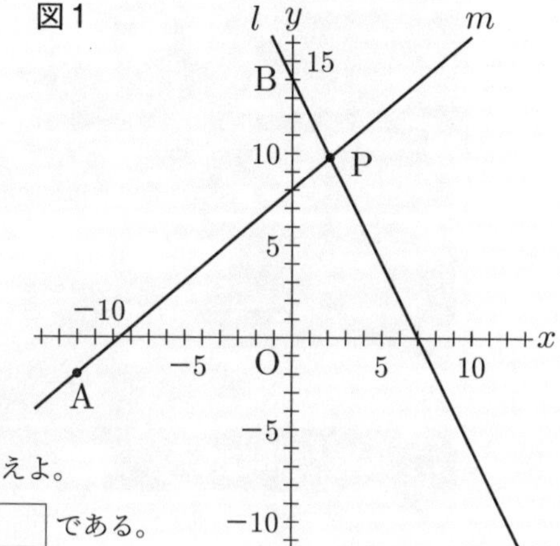

問1 次の［　　］の中の「**え**」に当てはまる数字を答えよ。
点Pの y 座標が10のとき，点Pの x 座標は［**え**］である。

問2 次の［①］と［②］に当てはまる数を，下の**ア**～**エ**のうちからそれぞれ選び，記号で答えよ。
点Pの x 座標が4のとき，直線 m の式は，
$y=$［①］$x+$［②］
である。

［①］ **ア** $-\frac{1}{2}$　**イ** $\frac{1}{2}$　**ウ** 1　**エ** 2
［②］ **ア** 4　**イ** 5　**ウ** 8　**エ** 10

出典：令和3年度都立高等学校入学者選抜 学力検査問題 数学 設問3〔問1〕〔問2〕

始める前の準備

作る
令和3年度設問3
プロジェクト名を付ける

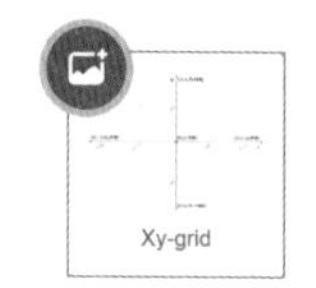

背景をXy-gridに設定

描画スプライトの設定

拡張機能でペンを追加

ブロックを組む

〔問1〕を解く

CHECK

問題文「右の**図1**で，点Oは原点，点Aの座標は$(-12,\ -2)$」にしたがって、点O、点Aを作ります。

☞ p.021
原点Oの位置を
変数で制御する

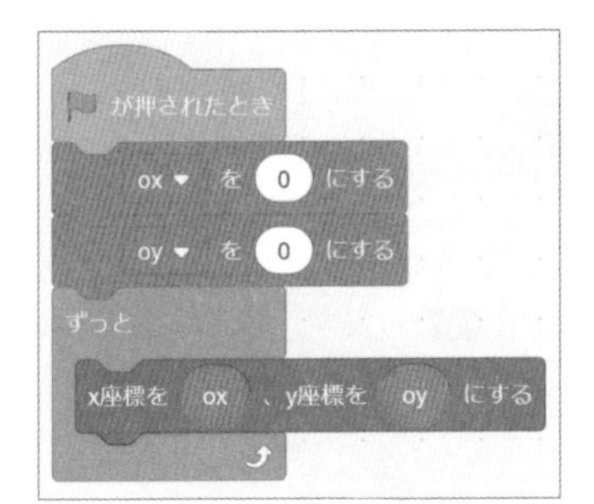

バックパックから原点Oを取り出し、(0, 0)に配置します。

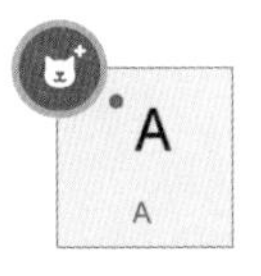

点Aを作ります。

☞ p.019
原点Oを作る

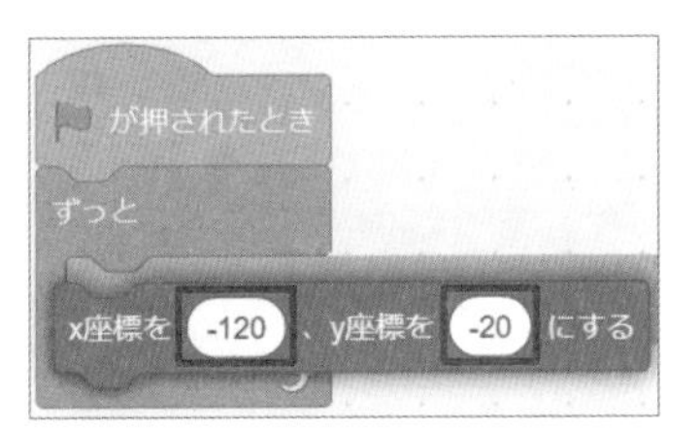

x座標を－120、y座標を－20に設定して点Aを配置します。

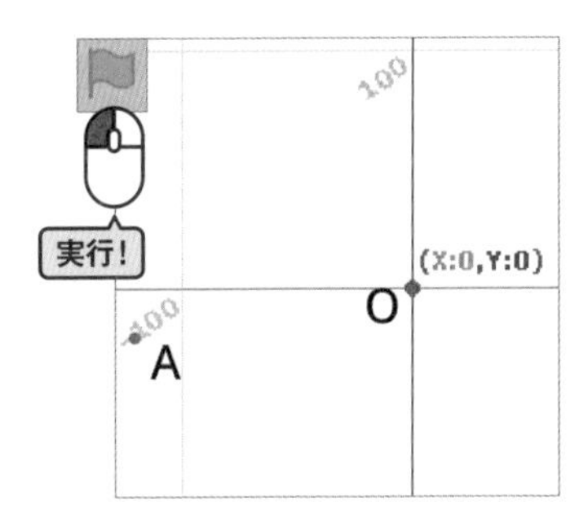

「直線lは一次関数$y=-2x+14$のグラフを表している」ので、この一次関数を描きます。

描画スプライトを選択します。

バックパックから「一次関数を描く」を取り出します。

☞p.053 一次関数を描く

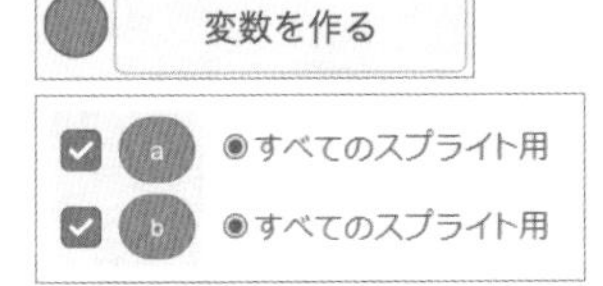

☞p.021 変数の作り方

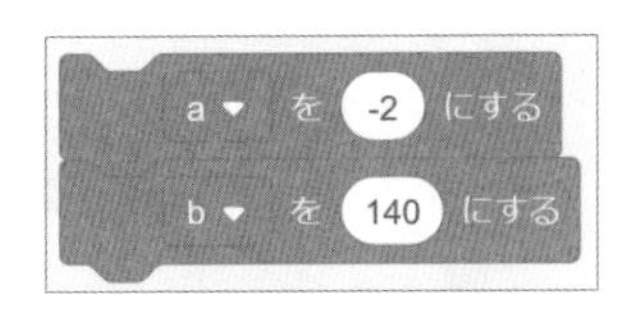

傾きと切片を入れる変数「a」「b」を作ります。問題文にしたがい、初期値としてaを－2、bを140に設定します。

「一次関数を描く」の引数に変数a、bを入れます。

作成したブロックで、メインの処理を図のように構成します。実行すると、直線lが描かれます。

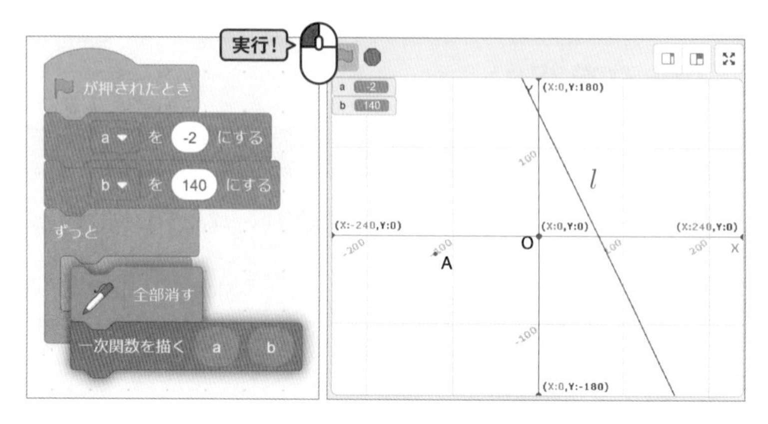

点Bを作り、「直線lとy軸との交点をBとする」にしたがって配置します。

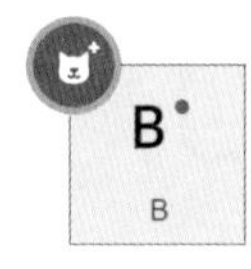

点Bを作ります。

☞ p.019 原点Oを作る

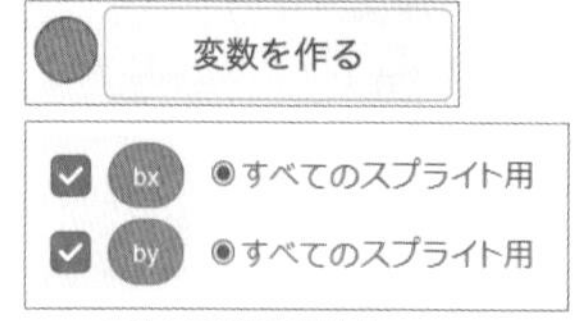

☞p.021 変数の作り方

点Bの座標値を入れる変数「bx」「by」を作ります。問題文に「y軸との交点」とあるので、初期値としてbxを0に設定します。

「一次関数上で点を動かす」の引数に変数a、bを入れます。

「一次関数上で点を動かす」をバックパックから取り出し、変数px、pyの部分をbx、byに変更します。

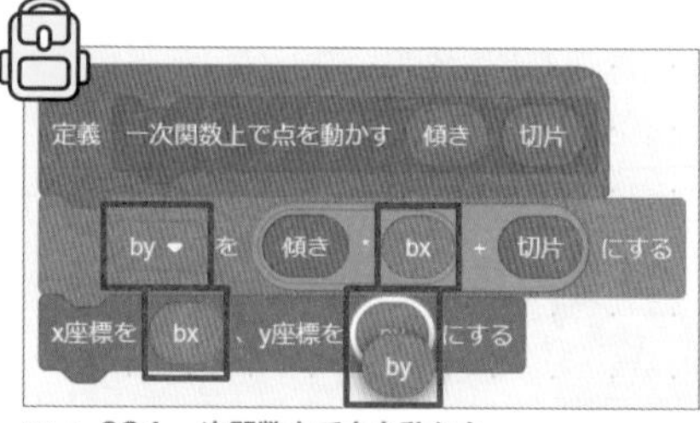

☞ p.094 一次関数上で点を動かす

作成したブロックで、メインの処理を右のように構成します。

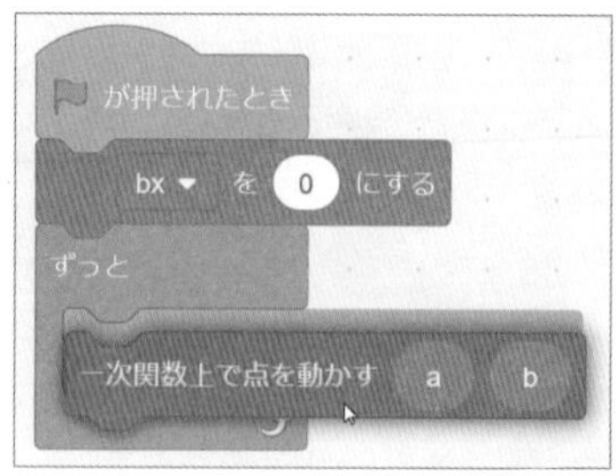

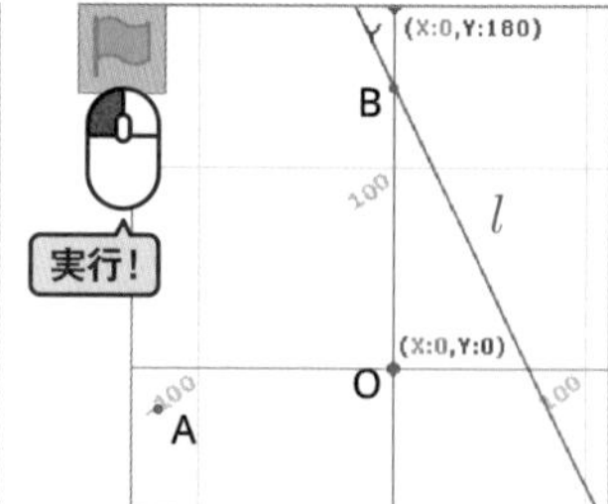

「直線l上にある点をPとし」とあるので、直線l上に点Pを配置します。

点Pを作ります。

☞ p.019 原点Oを作る

バックパックから「一次関数上で点を動かす」を取り出します。変数のpxとpyはこのまま使います。

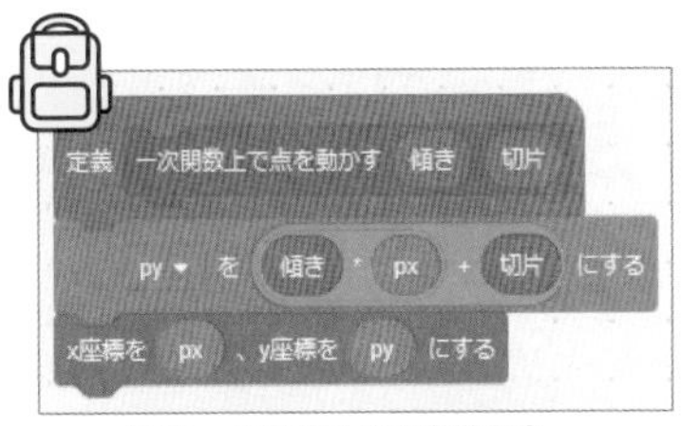

☞ p.094 一次関数上で点を動かす

pxの初期値を10に設定し、点Bと同様、「一次関数上で点を動かす」の引数に変数a、bを入れ、メインの処理を右のように構成します。実行して点Pを配置します。

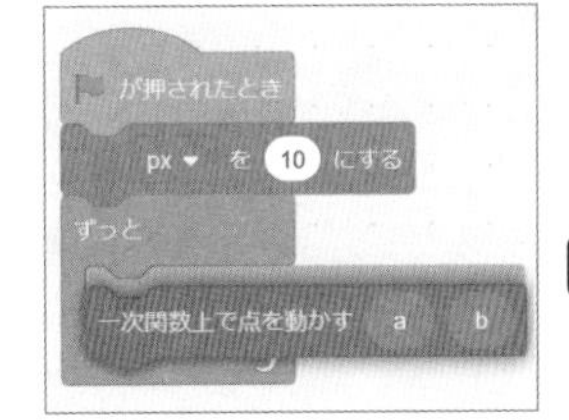

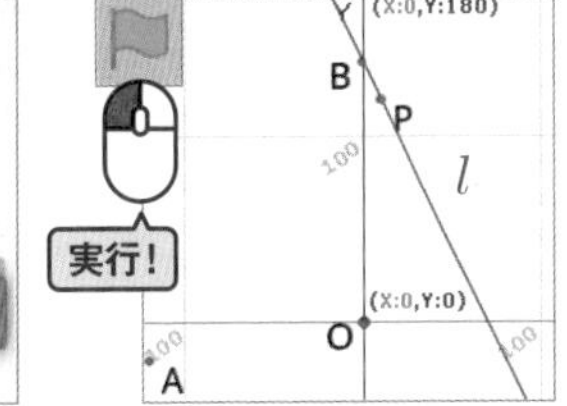

「2点A，Pを通る直線をmとする」にしたがって直線mを描きます。

描画スプライトを選択します。

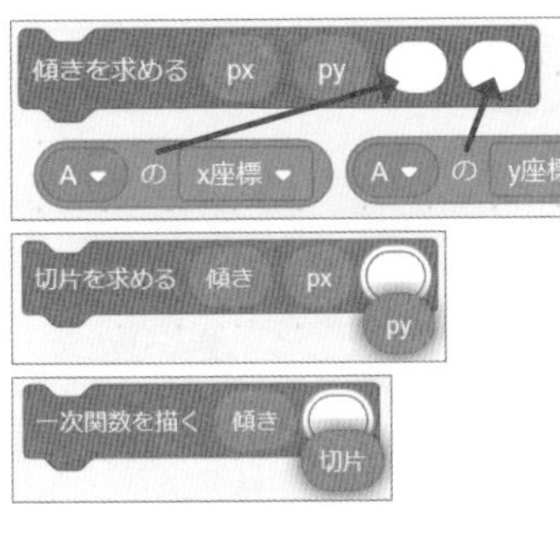

2点A、Pの座標から、直線mの傾きと切片を求め、「一次関数を描く」に引数として入れます。

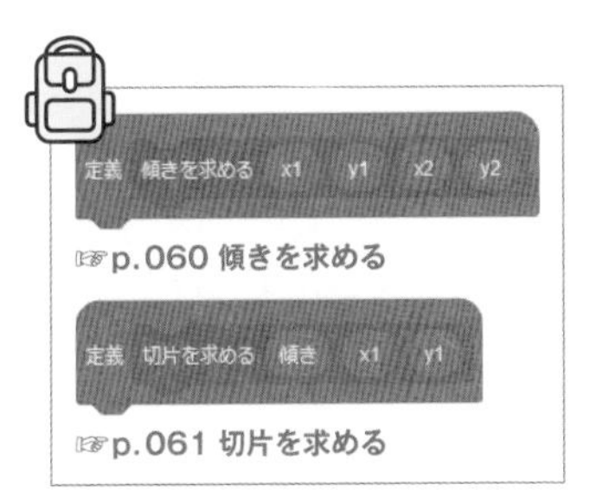

バックパックから「傾きを求める」「切片を求める」を取り出します。

作成したブロックをメインの処理に加えます。実行すると、直線mが描かれます。

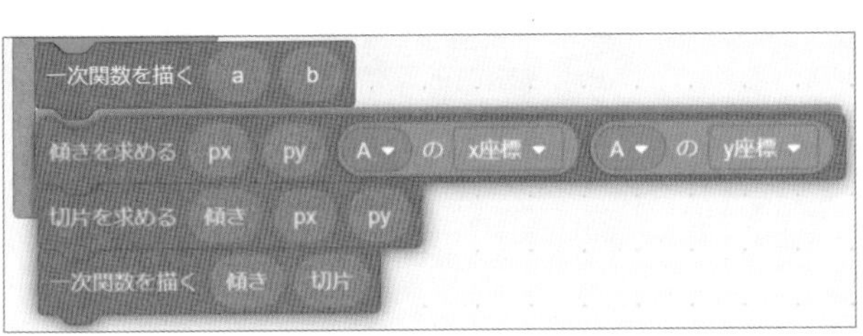

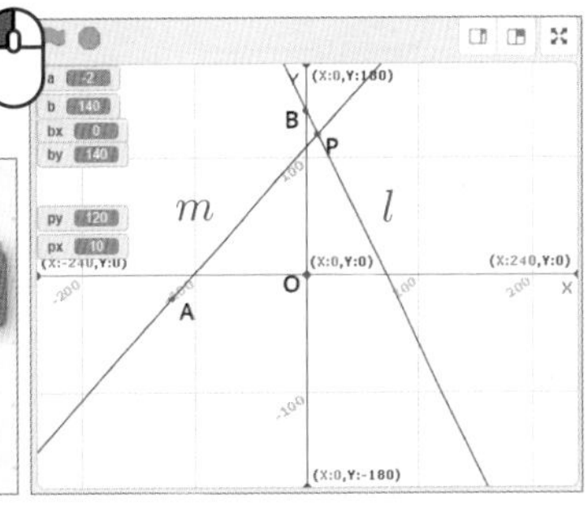

「点 P の y 座標が 10 のとき，点 P の x 座標」を求めます。

pxのスライダーを表示して動かし、pyが100になるところを探します。pxが20のとき、pyが100になりました。解答は2となっています。

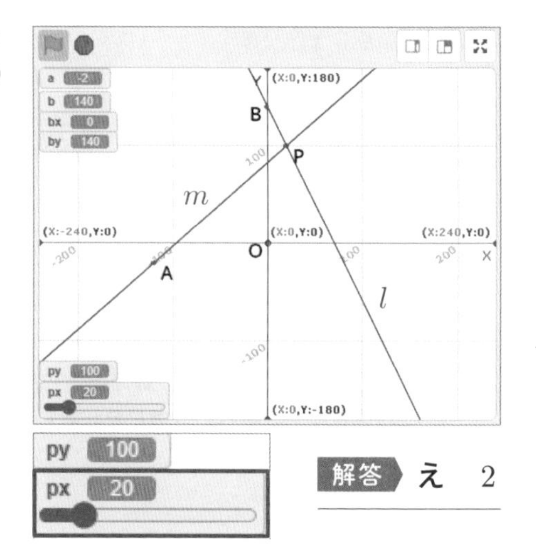

解答 え　2

〔問2〕を解く

CHECK

「点 P の x 座標が 4 のとき，直線 m の式は，$y =$ ① $x +$ ② 」を解きます。

変数「傾き」「切片」には、この時点で直線mのものが入っているので、チェックを入れて表示します。pxのスライダーを動かして、40に合わせたときの傾きと切片を確認すれば答えを導き出せます。解答を確認すると、①は$\frac{1}{2}$で②は4となっています。

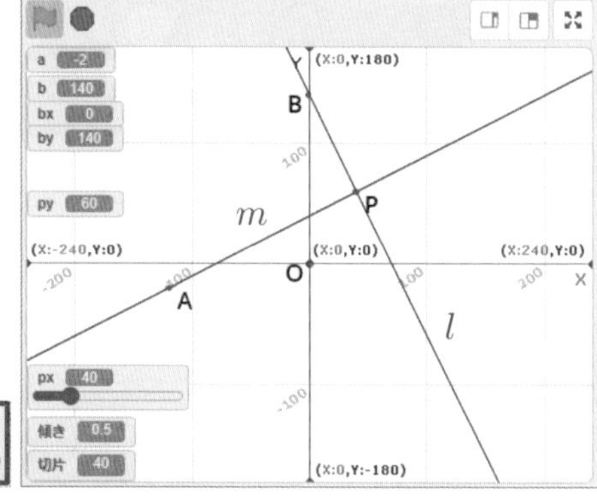

解答 ①イ　$\frac{1}{2}$　②ア　4

〔問3〕を解く

CHECK

問3　右の**図2**は，**図1**において，
点Pの x 座標が7より大きい数であるとき，x 軸を対称(たいしょう)の軸として点Pと線対称な点をQとし，点Aと点B，点Aと点Q，点Pと点Qをそれぞれ結んだ場合を表している。
△APBの面積と△APQの面積が等しくなるとき，点Pの x 座標を求めよ。

図2

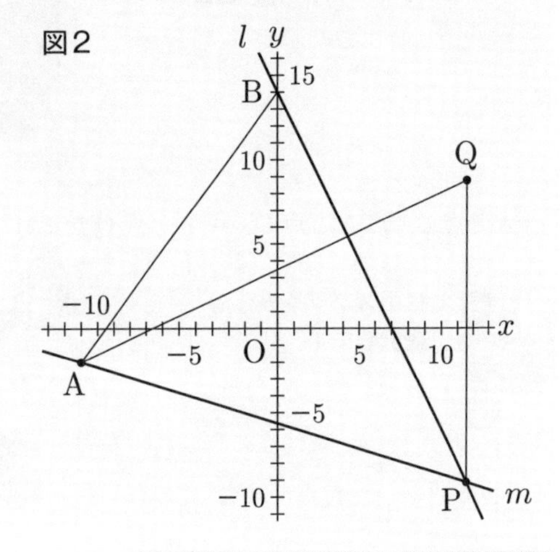

出典：令和3年度都立高等学校入学者選抜 学力検査問題 数学 設問3〔問3〕

点Pを選択します。

最小値：70
最大値：120

☞p.022 変数の範囲設定

問題文より、点Pのx座標が7以上なので、
pxのスライダーを70～120に設定します。

pxの初期値を120に設定します。

「x 軸を対称の軸として点Pと線対称な点をQとし」にしたがって、点Qを作ります。

点Qを作ります。
☞ p.019 原点Oを作る

点Pと線対称なので、引数に
点Pの座標を入れます。

「x座標に線対称にする」をバックパックから取り出します。

☞p.041 x軸に線対称にする

作成したブロックで、メインの処理を図のように構成します。実行すると点Qが配置されます。

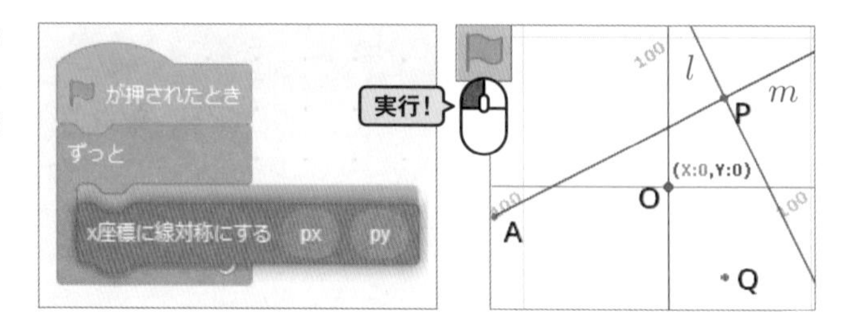

「点Aと点B，点Aと点Q，点Pと点Qをそれぞれ結んだ」線を描きます。

描画スプライトを選択します。

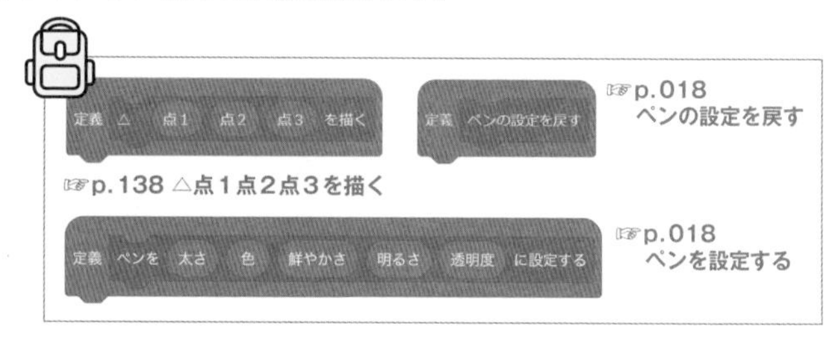

バックパックから「△ 点1 点2 点3を描く」「ペンの設定を戻す」「ペンを設定する」を取り出します。

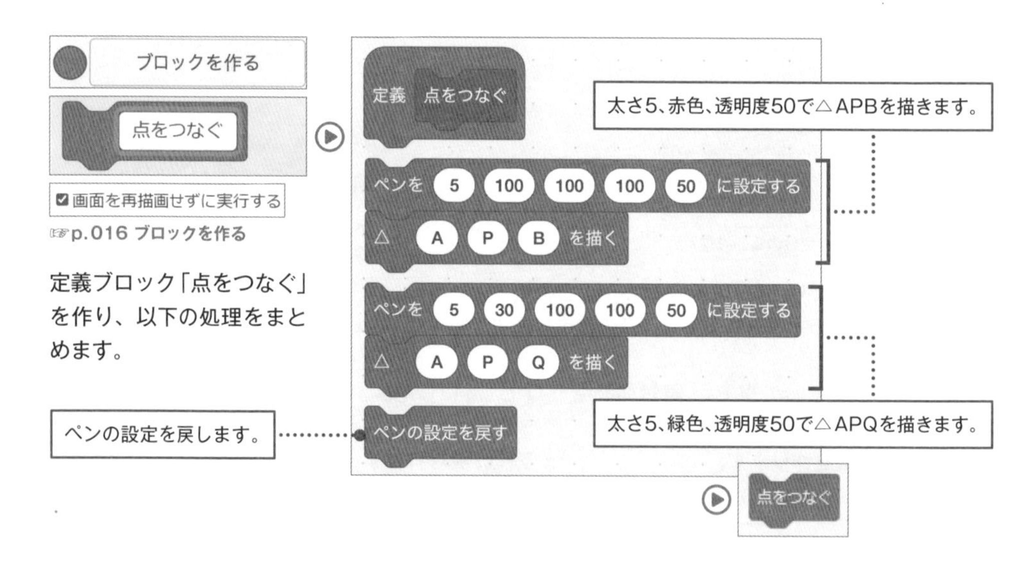

定義ブロック「点をつなぐ」を作り、以下の処理をまとめます。

「△APBの面積と△APQの面積が等しくなるとき，点Pのx座標」を求めます。

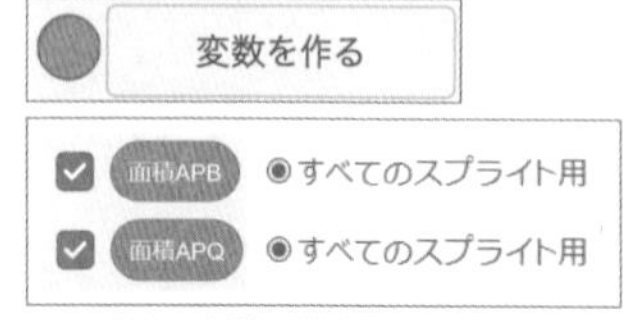

☞p.021 変数の作り方

面積の計算結果を入れる変数「面積APB」「面積APQ」を作ります。

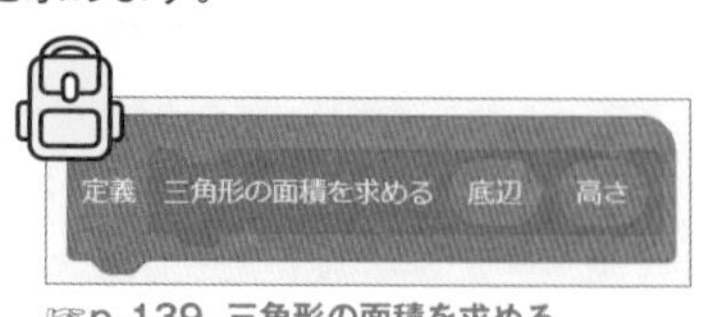

☞p.139 三角形の面積を求める

バックパックから「三角形の面積を求める」を取り出します。

☑画面を再描画せずに実行する

☞p.016 ブロックを作る

定義ブロック「面積を求める」を作り、以下の処理をまとめます。

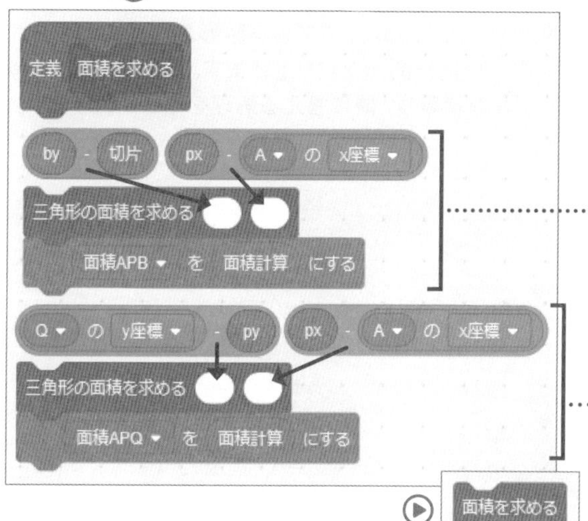

△APBは点Bと直線mの切片を結んだ直線を底辺として、点Aと点Pを頂点とした2つの三角形ととらえられます。そこで、点Bのy座標から直線mの切片のy座標を引いたものを底辺とし、点Pのx座標から点Aのx座標を引いたものを高さとして、2つの三角形の面積の和を求めます。

△APQは線分PQを底辺とし、点Pのx座標と点Aのx座標の差分が高さととらえることができるので、それぞれ計算して「三角形の面積を求める」の引数とし、面積を求めます。

作成したブロックをメインの処理に加えます。実行し、pxのスライダーを動かすと、pxが120のとき、面積APBと面積APQが同じになることが導き出せました。解答を確認すると12になっています。

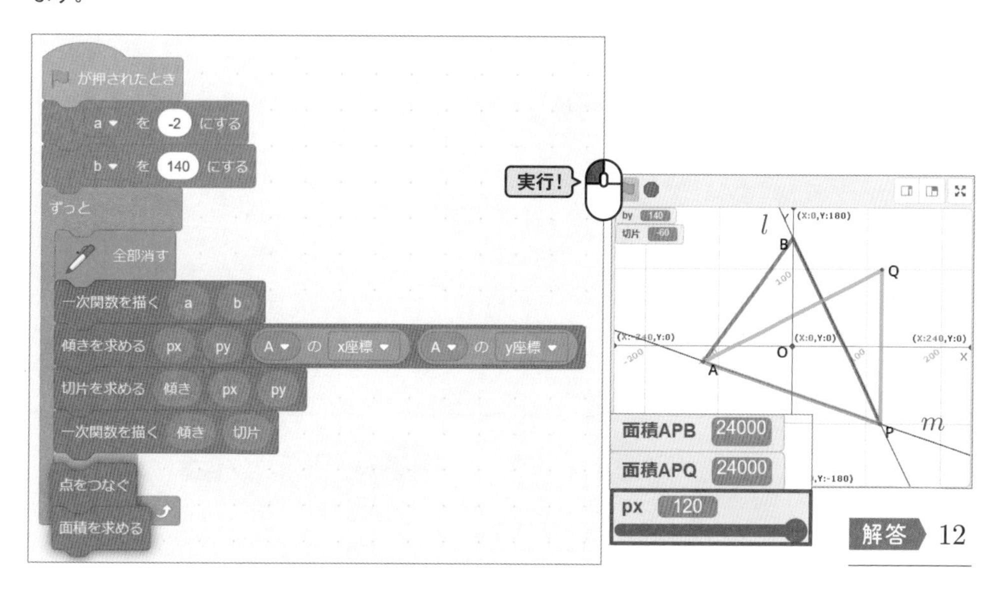

解答 12

SECTION

3-2-1 平面図形問題①

3-2-1、3-2-2では都立高校入試の設問4、平面図形問題にチャレンジします。設問4は毎年、円周上の点を結んでできる図形の問題と、平行四辺形上の点を結んでできる図形の問題のどちらかが出題されています。3-2-1では、平成30年度の円周上の図形問題を取り上げます。問題文を読みながら、書かれていることを1つ1つブロックで組んでモデルを構築し、問に答える処理を作っていきます。

4 右の**図1**で, 点Oは線分ABを直径とする円の中心である。

点Cは円Oの周上にある点で, $\overset{\frown}{AC} = \overset{\frown}{BC}$ である。

点Pは, 点Cを含まない $\overset{\frown}{AB}$ 上にある点で, 点A, 点Bのいずれにも一致しない。

点Aと点C, 点Cと点Pをそれぞれ結び, 線分ABと線分CPとの交点をQとする。

次の各問に答えよ。

図1

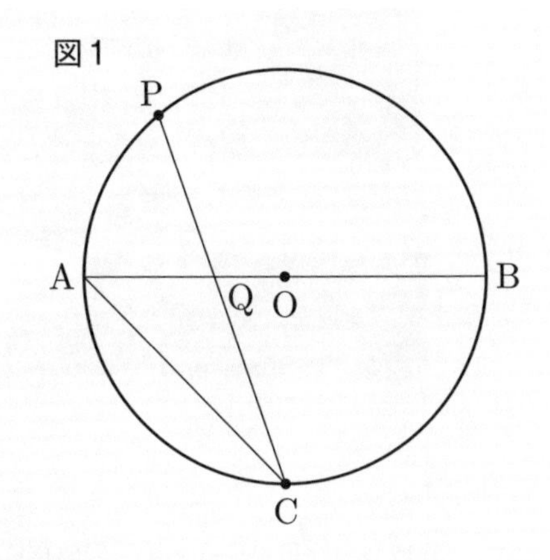

問1 **図1**において $\angle ACP = a^\circ$ とするとき, $\angle AQP$ の大きさを表す式を次の**ア**～**エ**のうちから選び, 記号で答えよ。

ア $(60-a)$ 度　**イ** $(90-a)$ 度　**ウ** $(a+30)$ 度　**エ** $(a+45)$ 度

出典：平成30年度都立高等学校入学者選抜 学力検査問題 数学 設問4〔問1〕

始める前の準備

作る

平成30年度設問4

プロジェクト名を付ける

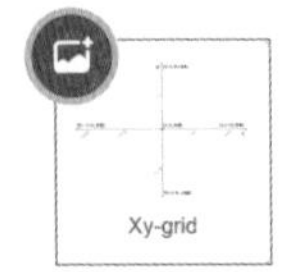

背景をXy-gridに設定

描画スプライトの設定

拡張機能でペンを追加

ブロックを組む

➡〔問1〕を解く

CHECK

問題文「点 O は線分 AB を直径とする円の中心である」にしたがって、点Oと円を描きます。

☞ p.021 原点Oの位置を変数で制御する

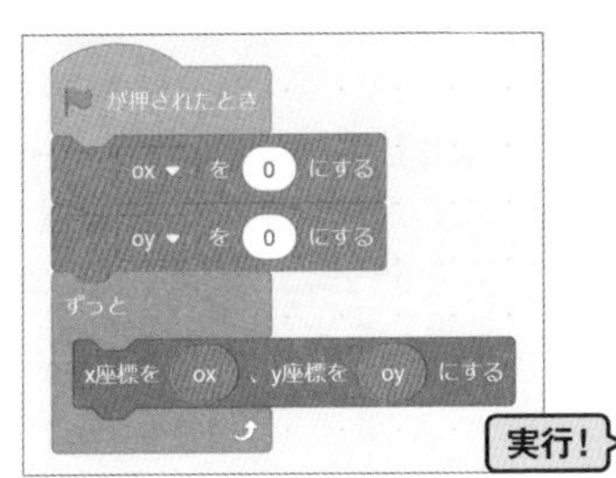

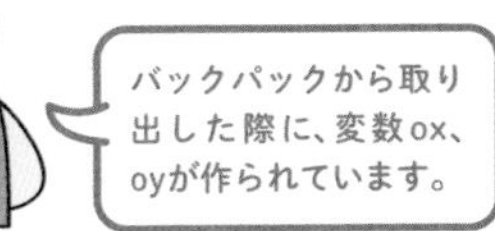

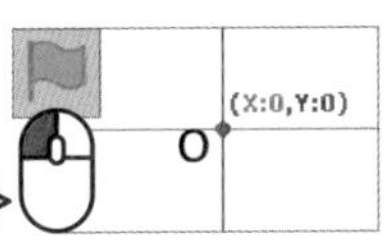

バックパックから原点Oを取り出し、(0,0) に配置します。

描画スプライトを選択します。

バックパックから「円を描く」を取り出します。

☞p.113 円を描く

☞p.021 変数の作り方

半径の値を入れる変数「r」を作り、初期値として100に設定します。

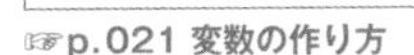

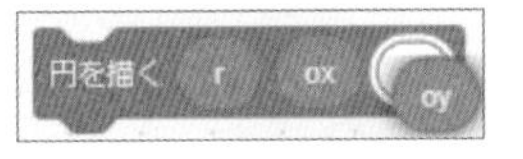

「円を描く」の引数に、半径rと原点のxy座標を入れます。

作成したブロックで、メインの処理を右のように構成します。
実行すると、点Oを中心に円が描かれます。

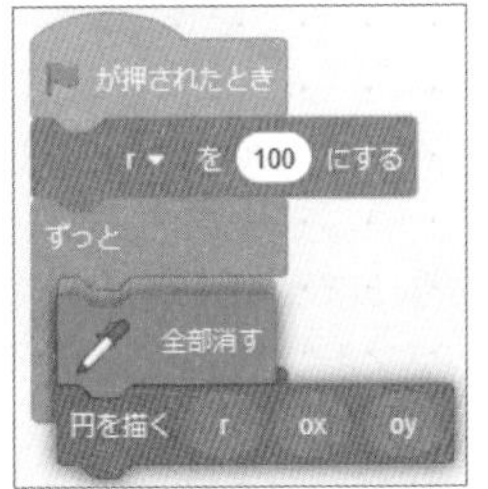

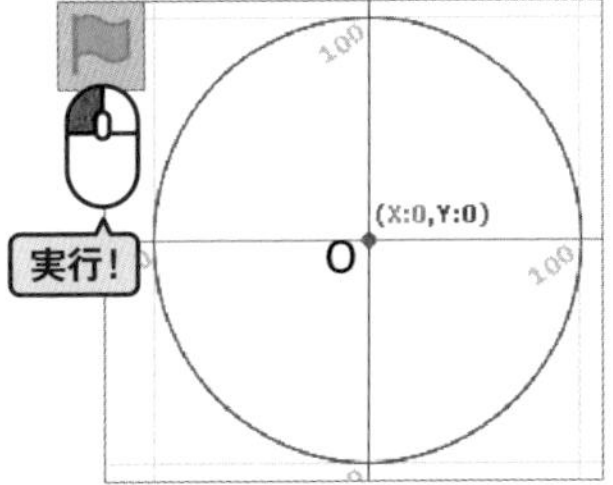

この円の左右の位置に、点A点とBを配置します。

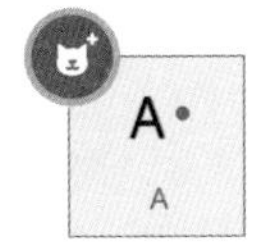

点Aを作ります。

☞ p.019 原点Oを作る

☞p.021 変数の作り方

円周上の角度を入れる変数「a θ」を作り、「**このスプライトのみ**」を選択します。初期値として−90に設定します。

バックパックから「中心座標 原点x座標 原点y座標 半径 半径 の円周 角度 に配置する」を取り出します。

☞p.144 円周上に点を配置する

引数として原点の座標と半径、aθを入れます。

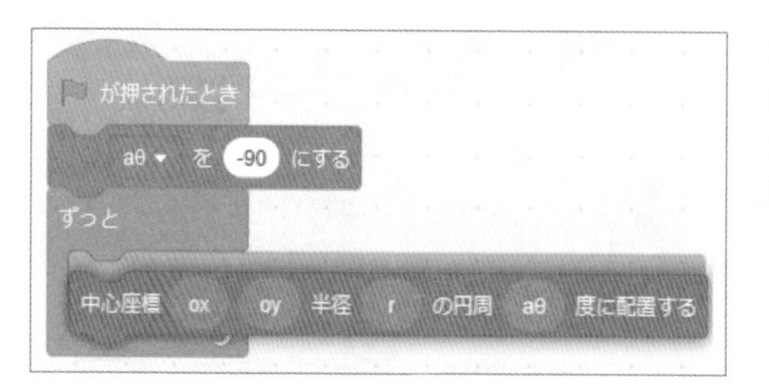

作成したブロックで、メインの処理を図のように構成し、点Aを円周上の－90の位置に配置します。

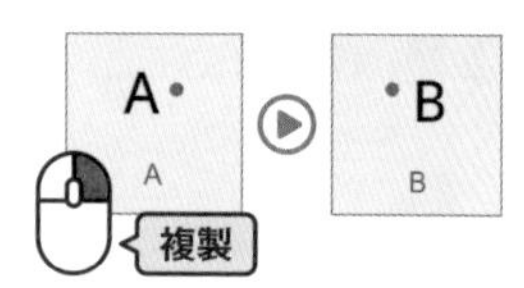

点Aを複製して点Bを作ります。

☞p.040 スプライトの複製

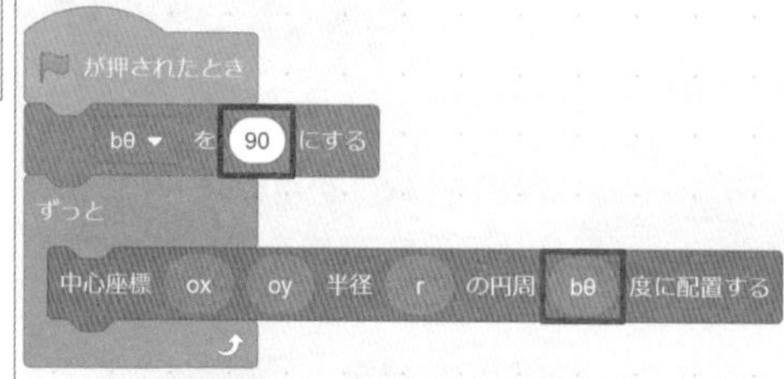

B:aθを「変数名を変更」でB:bθに変更します。ブロックの変数名も自動的に変わります。bθの初期値を90に設定します。

「点 C は円 O の周上にある点で, $\overset{\frown}{AC} = \overset{\frown}{BC}$」の位置に点Cを配置します。

点Bを複製して点Cを作ります。

☞p.040 スプライトの複製

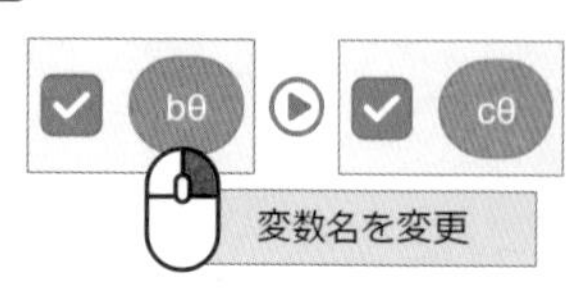

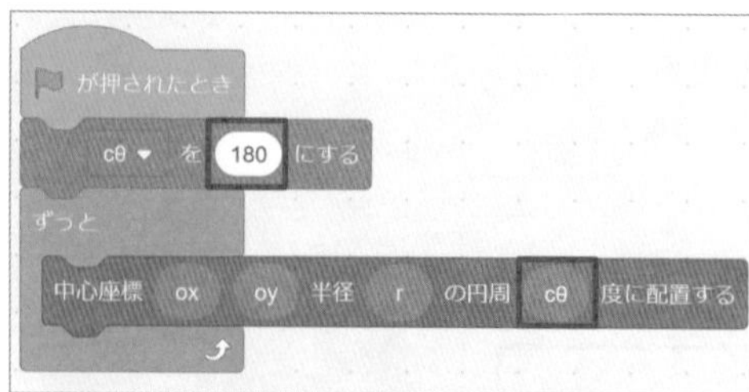

C:bθを「変数名を変更」でC:cθに変更します。問題文よりACとBCは同じ距離なので、cθの初期値を180に設定します。

「点 C を含まない $\overset{\frown}{AB}$ 上にある点で，点 A, 点 B のいずれにも一致しない」位置に点Pを配置します。

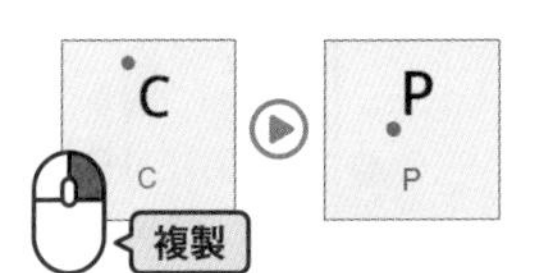

点Cを複製して点Pを作ります。

☞p.040 スプライトの複製

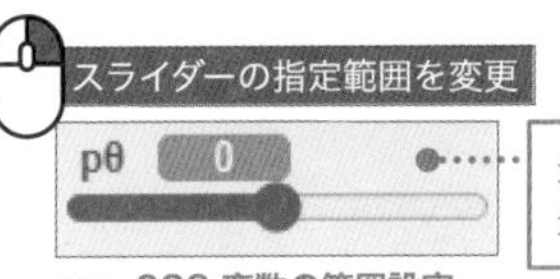

☞p.022 変数の範囲設定

P:cθを「変数名を変更」でP:pθに変更します。問題文より、点Pは点C側にはないので、スライダーの指定範囲を「－90～90」に設定します。

pθの初期値を「45」にします。実行すると、円周上に各点が配置されます。

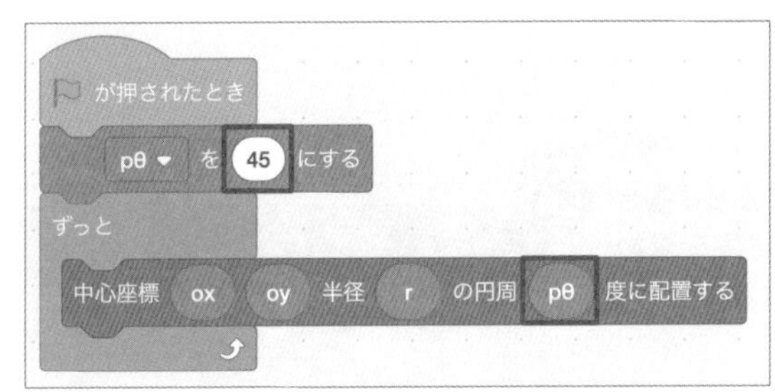

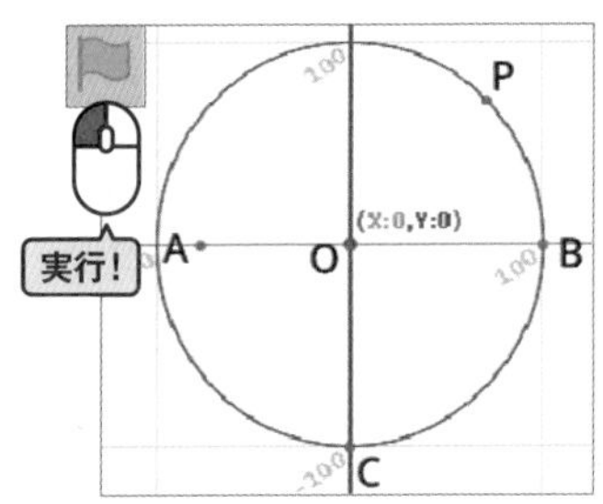

「点 A と点 C, 点 C と点 P をそれぞれ結び」ます。

描画スプライトを選択します。

バックパックから「線分 点1 点2 を描く」を取り出します。

☞p.160 線分点1点2を描く

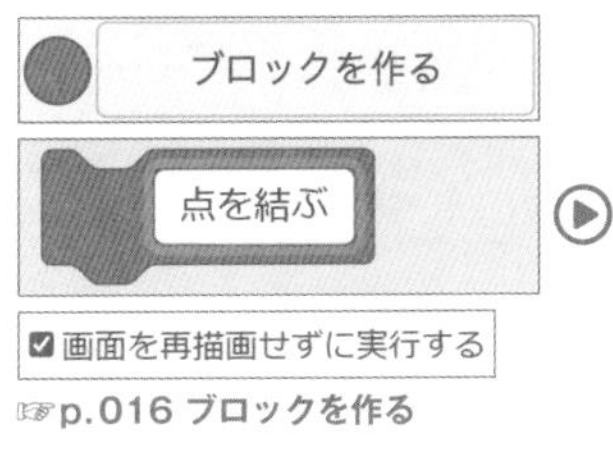

☞p.016 ブロックを作る

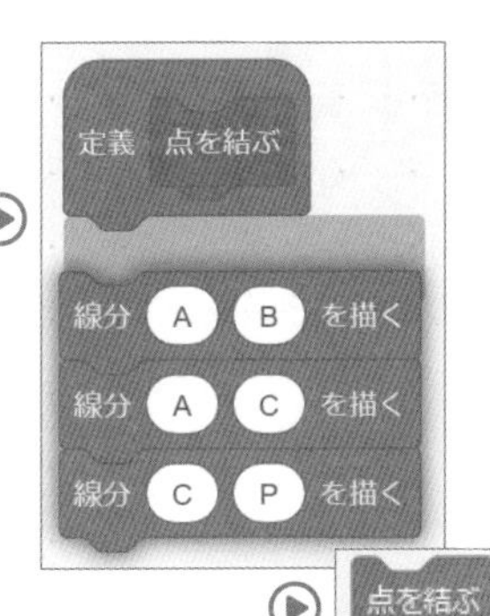

定義ブロック「点を結ぶ」を作り、線分AB、線分AC、線分CPを結ぶ処理をまとめます。

メインの処理に「点を結ぶ」を加えます。実行し、点が線で結ばれているのを確認します。

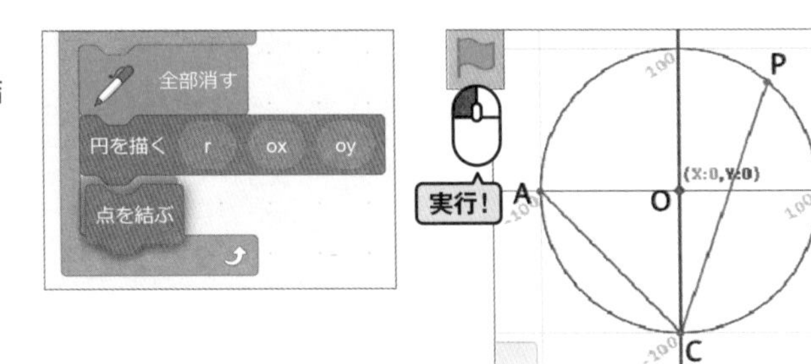

「線分 AB と線分 CP との交点を Q とする」にしたがい、点Qを配置します。

線分ABは$y = 0$なので、線分CPのy座標が0のときのx座標を求めると、点Qの位置が決まります。$y = ax + b$ でyが0のとき、xについて変形すると、$x = -\frac{b}{a}$ になります。この式にCPの傾きと切片を代入するとx座標が求まります（「2直線の交点に位置する」を使うよりもブロックの数が少なくてすみます）。

点Qを作ります。

☞ p.019 原点Oを作る

バックパックから「傾きを求める」「切片を求める」を取り出します。

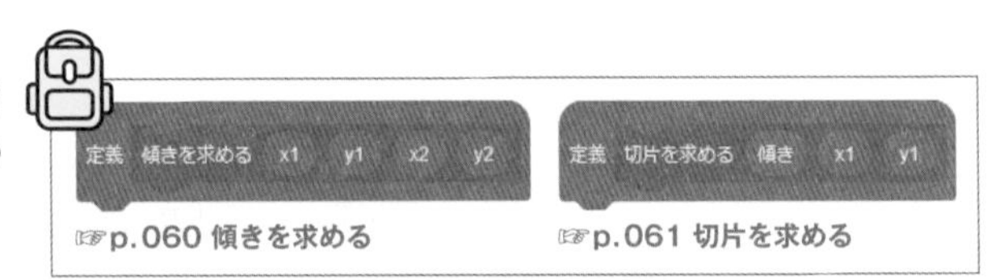

☞p.060 傾きを求める
☞p.061 切片を求める

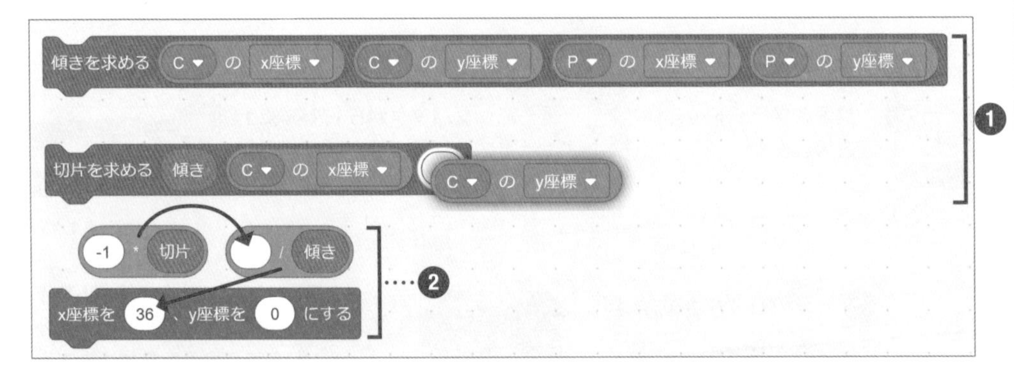

❶線分CPの傾きと切片を求めます。
❷線分CPのx座標を求め、点Qの位置に反映します。y座標は0です。

作成したブロックで、メインの処理を図のように構成します。実行して、点Qの位置を確認します。

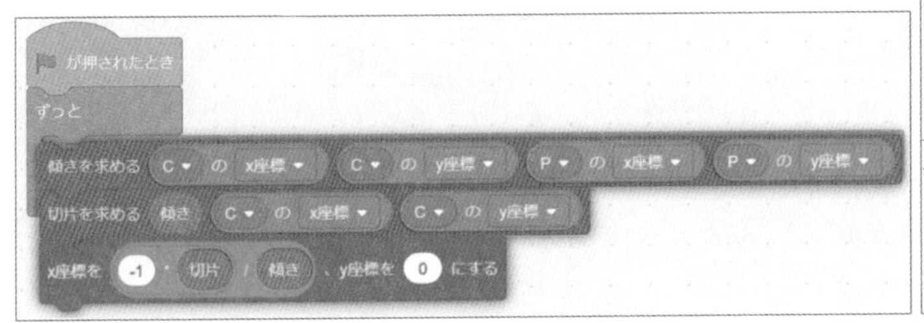

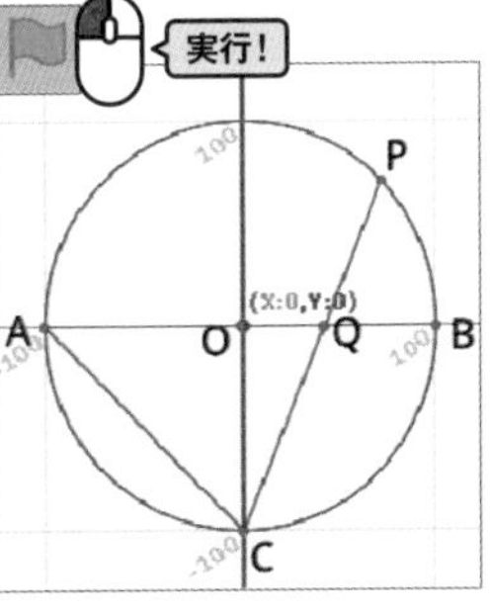

「**図1**において∠ACP $= a°$ とするとき, ∠AQP の大きさを表す式を次の**ア**〜**エ**のうちから選び, 記号で答えよ」を解きます。

描画スプライトを選択します。

バックパックから「∠点1点2点3を求める」を取り出します。

☞p.135 ∠点1点2点3を求める

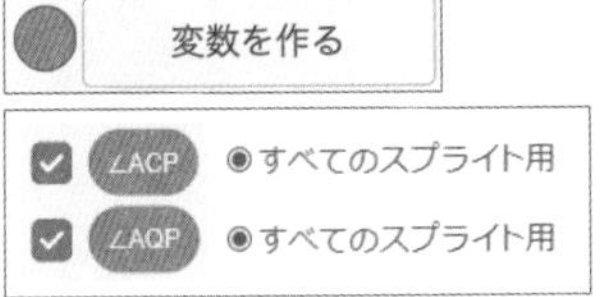

☞p.021 変数の作り方

角度を入れる変数「∠ACP」と「∠AQP」を作ります。

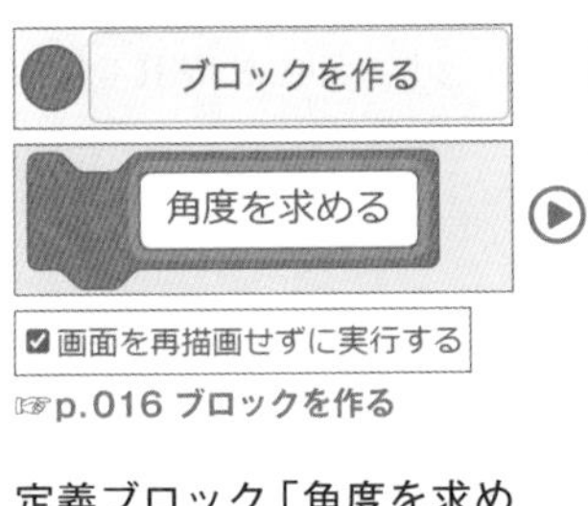

☞p.016 ブロックを作る

定義ブロック「角度を求める」を作り、∠ACPと∠AQPを求める処理をまとめます。

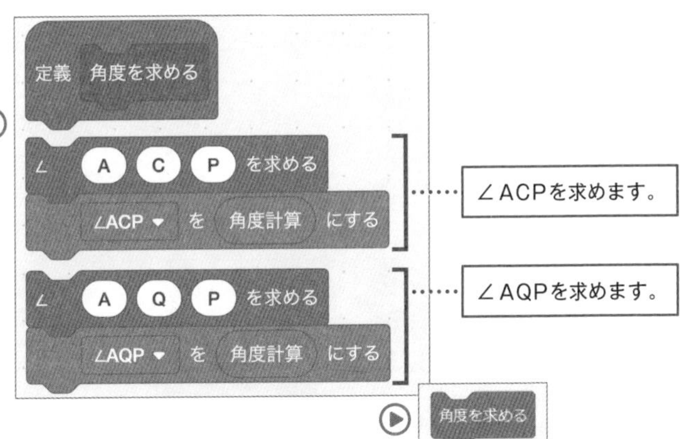

作成したブロックをメインの処理に加え、実行します。スライダーでpθを変化させても、∠ACPと∠AQPには常に45°の差があります。よって∠AQPは(a＋45)°と導き出せます。解答もそうなっています。

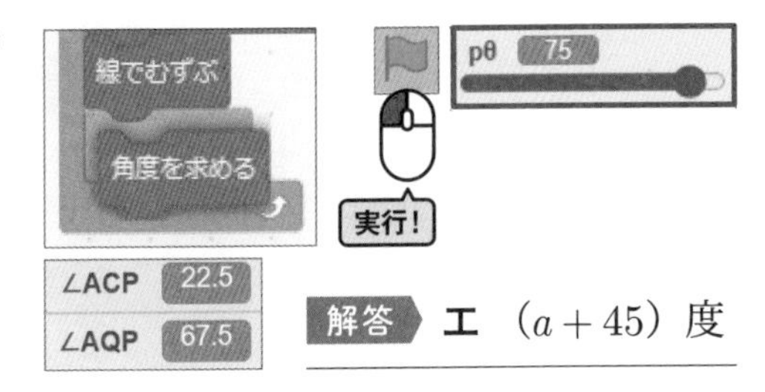

解答 **エ** $(a+45)$ 度

〔問2〕を解く

CHECK

問2〉右の**図2**は, **図1**において
点Aと点P, 点Bと点Pをそれぞれ結び,
線分BPをPの方向に延ばした直線上にあり
BP＝RPとなる点をRとし, 点Aと点Rを
結んだ場合を表している。
次の①, ②に答えよ。

図2

R P A O Q B C

① △ABP≡△ARPであることを
証明せよ。

② 次の□の中の「**か**」「**き**」に当てはまる数字をそれぞれ答えよ。

図2において, 点Oと点Pを結んだ場合を考える。

$\overset{\frown}{BC} = 2\overset{\frown}{BP}$ のとき

△ACQの面積は, 四角形AOPRの面積の 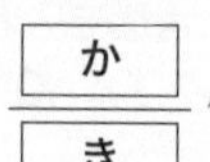 倍である。

出典：平成30年度都立高等学校入学者選抜 学力検査問題 数学 設問4〔問2〕

「線分BPをPの方向に延ばした直線上にありBP＝RPとなる点をRとし, 点Aと点Rを結んだ」図を作成します。

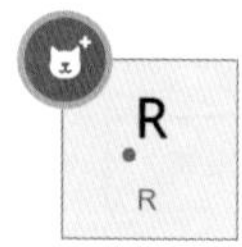

点Rを作ります。

☞ p.019 原点Oを作る

☞ p.069
中点との距離の確認

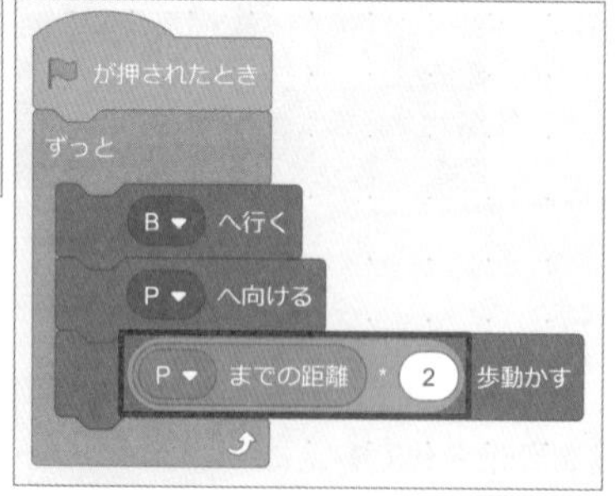

問題文より、点Bから点Pの方向を向いて、点Pまでの距離の2倍進んだところに点Rを動かします。

描画スプライトを選択します。

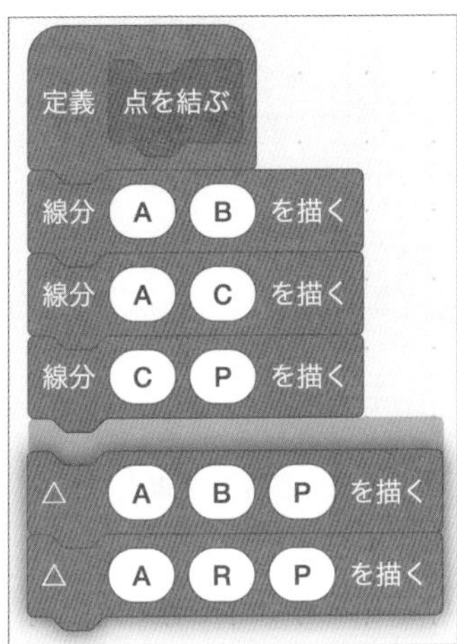

△ABPと△ARPを描く処理を「点を結ぶ」に加えます。

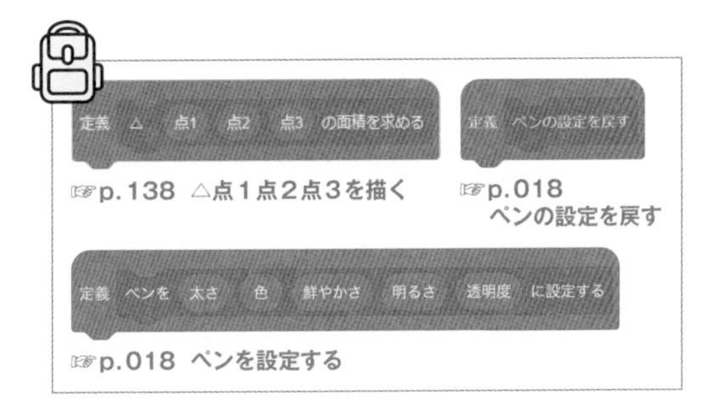

バックパックから「△ 点1 点2 点3 を描く」「ペンの設定を戻す」「ペンの設定をする」を取り出します。

☞p.161 △点1点2点3を基点○○で描く

バックパックから「△ 点1 点2 点3 を基点 基点x座標 基点y座標 で描く」を取り出します。

● ①を証明する

同じ場所に2つの三角形を描いて、「△ABP ≡ △ARP であることを証明」します。

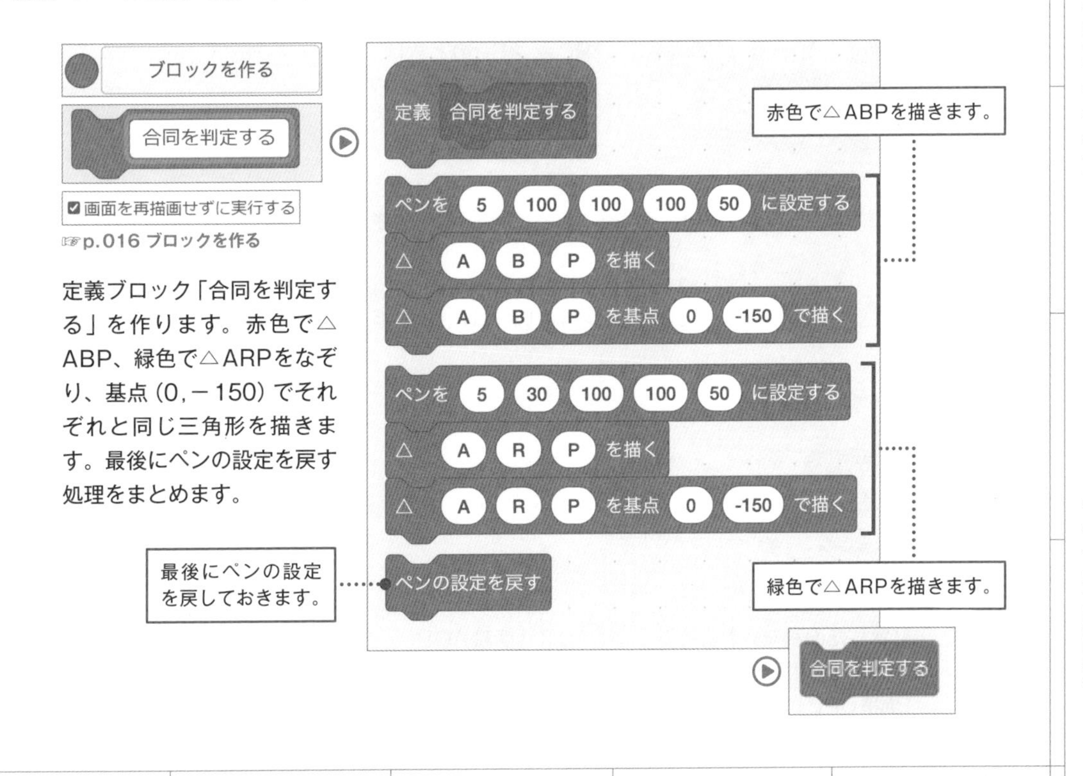

定義ブロック「合同を判定する」を作ります。赤色で△ABP、緑色で△ARPをなぞり、基点(0, − 150)でそれぞれと同じ三角形を描きます。最後にペンの設定を戻す処理をまとめます。

作成したブロックをメインの処理に加えます。
実行すると、基点(0,−150)で描いた2つの三角形が重ねて描画され、合同が見た目で判定できます。図形が干渉しないように、oxを−100にスライドすると、原点Oが動いて描画した図形が左に動きます。

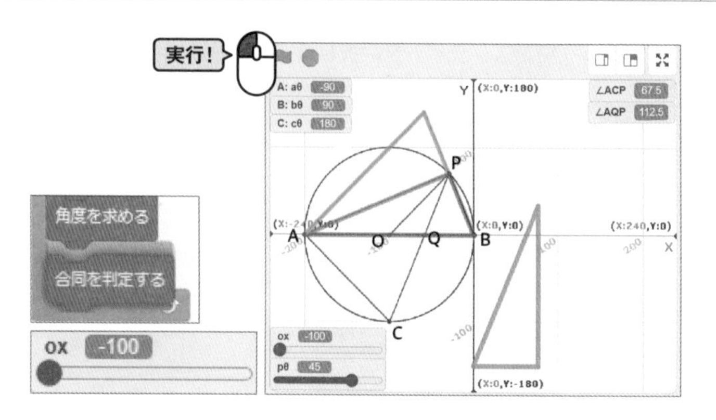

● ②に答える

「点 O と点 P を結んだ場合を考える。$\overset{\frown}{\mathrm{BC}} = 2\overset{\frown}{\mathrm{BP}}$ のとき」にしたがって、図を描きます。

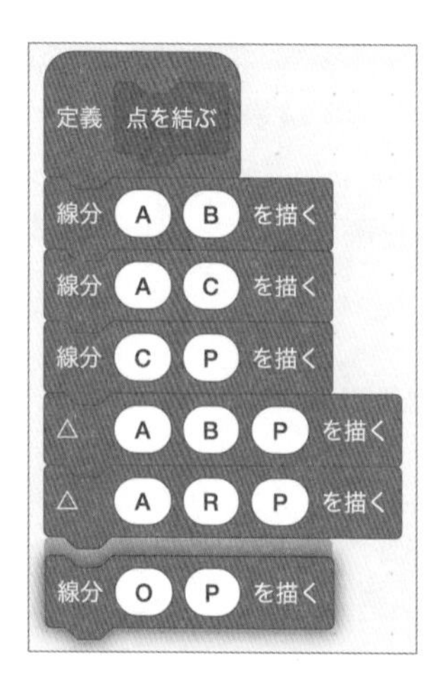

線分OPを描く処理を「点を結ぶ」に加えます。

$\overset{\frown}{\mathrm{BC}} = 2\overset{\frown}{\mathrm{BP}}$のときは、pθが45°の位置にあるときなので、スライダーで設定します。

「△ACQ の面積は, 四角形 AOPR の面積の」何倍かを計算します。

バックパックから「△点1 点2 点3の面積を求める」を取り出します。

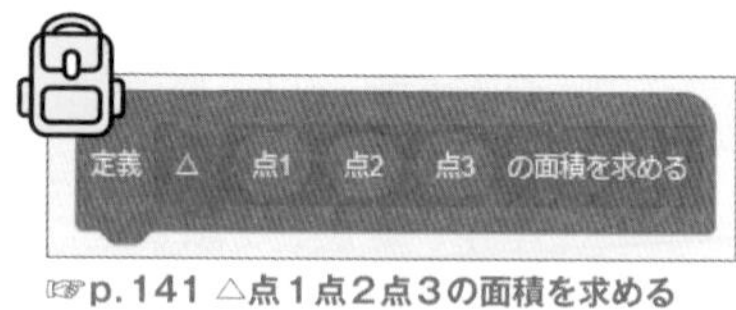

☞p.141 △点1点2点3の面積を求める

☞p.021 変数の作り方

計算した面積を入れる変数「面積ACQ」「面積AOPR」を作ります。またAOPRの面積は△ABRから△OPBを引いたものなので、「面積ABR」と「面積OPB」も作ります。求めたいのは面積比なので「面積比」も作ります。

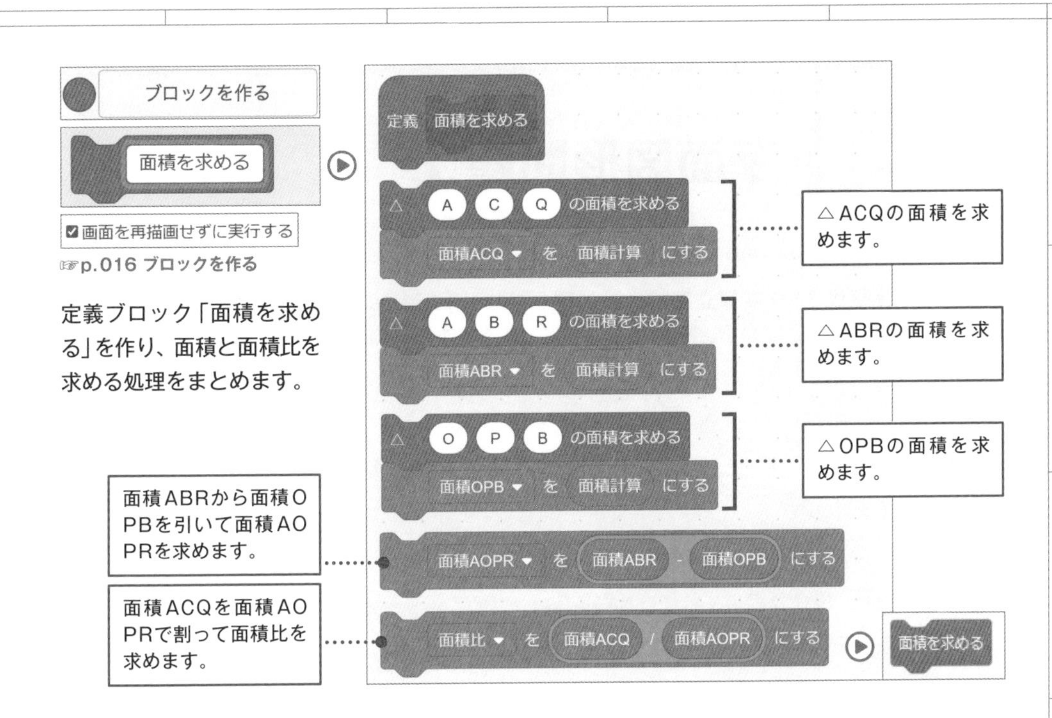

定義ブロック「面積を求める」を作り、面積と面積比を求める処理をまとめます。

作成したブロックをメインの処理に加え、実行します。得られた面積比の値と、解答の $\frac{2}{3}$ を演算ブロックで計算した結果を比較すると同じになっていることがわかります。

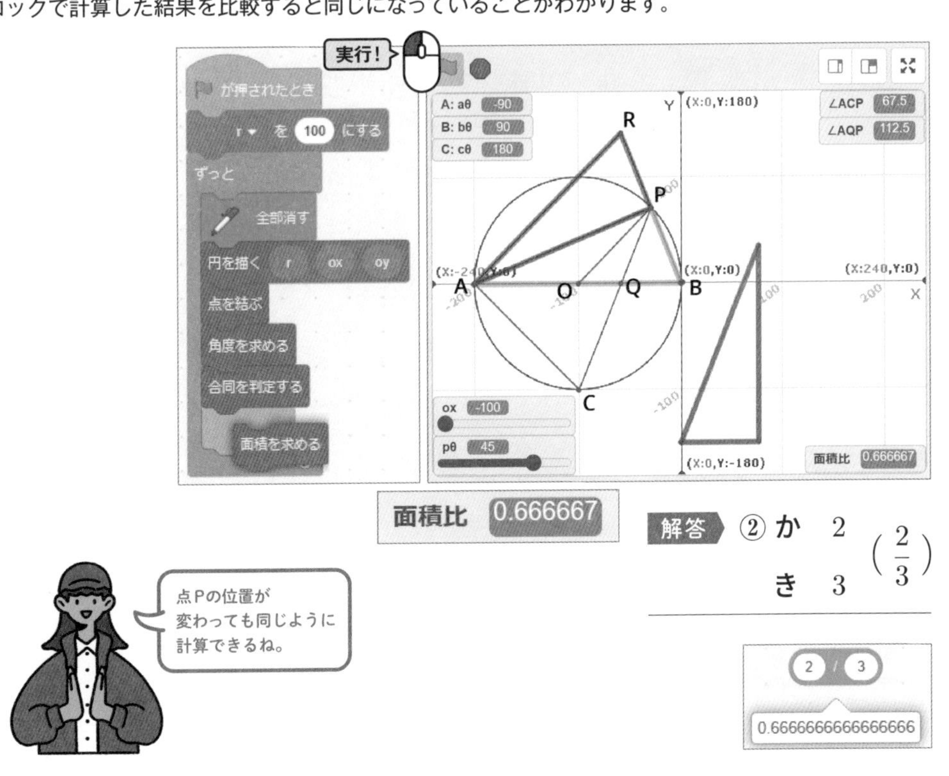

解答 ② か 2 き 3 $\left(\frac{2}{3}\right)$

SECTION

3-2-2 平面図形問題②

3-2-2では、平成31年度都立高校入試設問4、平行四辺形上の点を結んでできる図形の問題を取り上げます。問題文を読みながら、書かれていることを1つ1つブロックで組んでモデルを構築し、問に答える処理を作っていきます。

4 右の**図1**で，四角形 ABCD は，平行四辺形である。

点 P は，辺 CD 上にある点で，

頂点 C，頂点 D のいずれにも一致しない。

頂点 A と点 P を結ぶ。

次の各問に答えよ。

図1

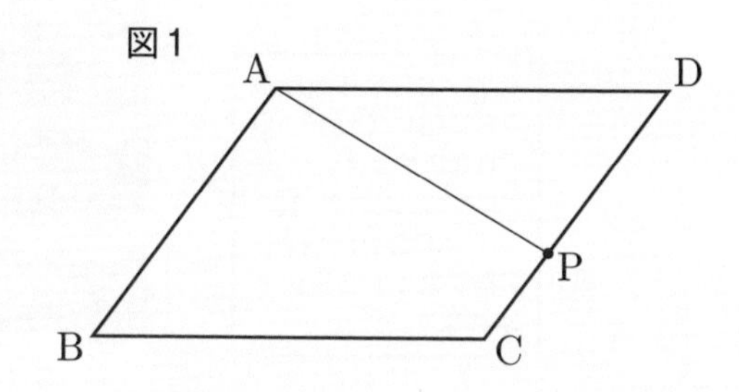

問1 **図1**において，∠ABC = 50°，∠DAP の大きさを a° とするとき，

∠APC の大きさを表す式を，次の**ア**～**エ**のうちから選び，記号で答えよ。

ア $(a+130)$ 度　**イ** $(a+50)$ 度　**ウ** $(130-a)$ 度　**エ** $(50-a)$ 度

出典：平成31年度都立高等学校入学者選抜 学力検査問題 数学 設問4（問1）

始める前の準備

作る

平成31年度設問4

プロジェクト名を付ける

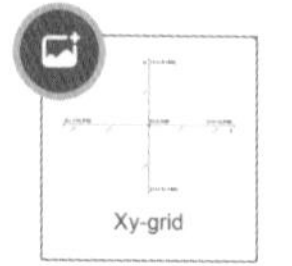

背景をXy-gridに設定

描画スプライトの設定

拡張機能でペンを追加

ブロックを組む

➡〔問1〕を解く

CHECK

問題文に「四角形 ABCD は，平行四辺形である」とあるので、点Bを基点に平行四辺形を描きます。

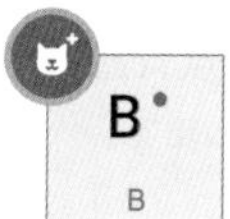

点Bを作ります。

☞ p.019
原点Oを作る

変数を作る

bx ◉すべてのスプライト用
by ◉すべてのスプライト用

☞p.021 変数の作り方

点Bの座標値を入れる変数「bx」「by」を作ります。初期値を（0,0）に設定して基点に配置します。

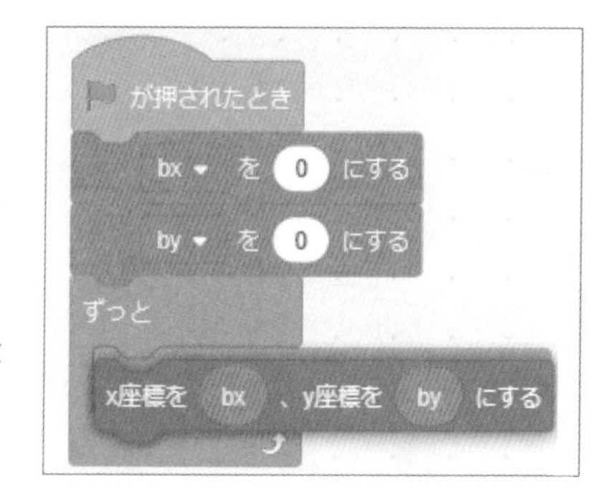

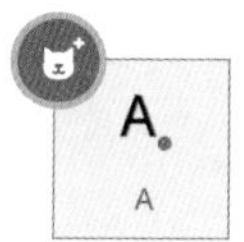

点Aを作ります。

☞ p.019
原点Oを作る

変数を作る

aθ ◉すべてのスプライト用
length ◉すべてのスプライト用

☞p.021 変数の作り方

点Aの向きを入れる「aθ」、移動の長さを入れる「length」を変数として作ります。右のように初期値を設定し、点Bから向きと歩数（長さ）を指定して動く処理を繰り返します。

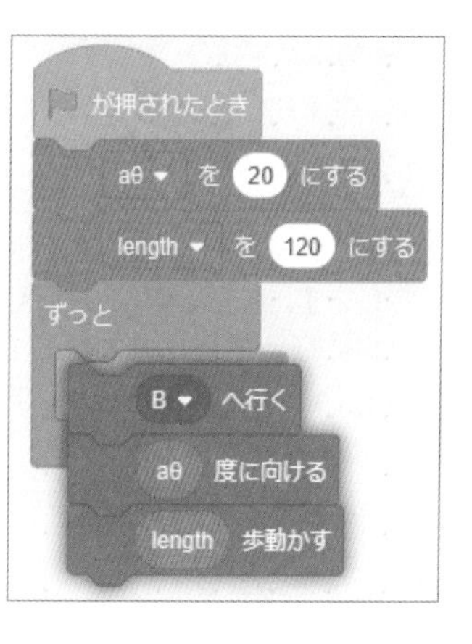

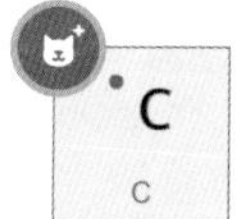

点Cを作ります。

☞ p.019
原点Oを作る

変数を作る

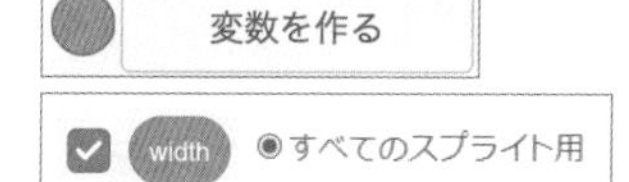

☞p.021 変数の作り方

平行四辺形の幅を指定する変数「width」を作ります。

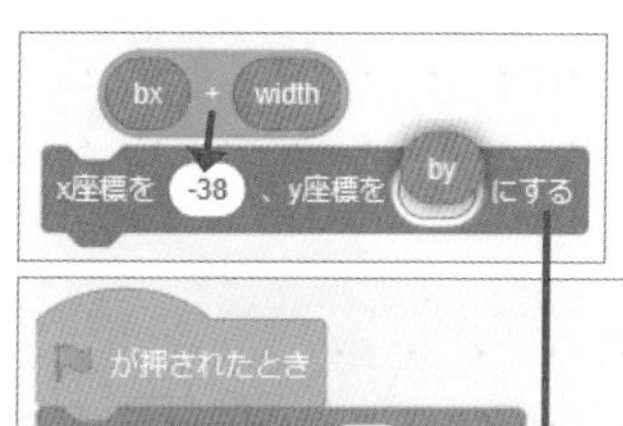

x座標は基点である点Bのx座標にwidthを足したもの、y座標は点Bと同じにして、点Cを配置します。

が押されたとき
width を 150 にする
ずっと
x座標を bx + width 、y座標を by にする

左のように初期値を設定して配置します。

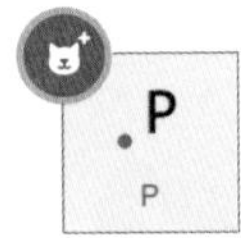

点Dを作ります。

☞ p.019
原点Oを作る

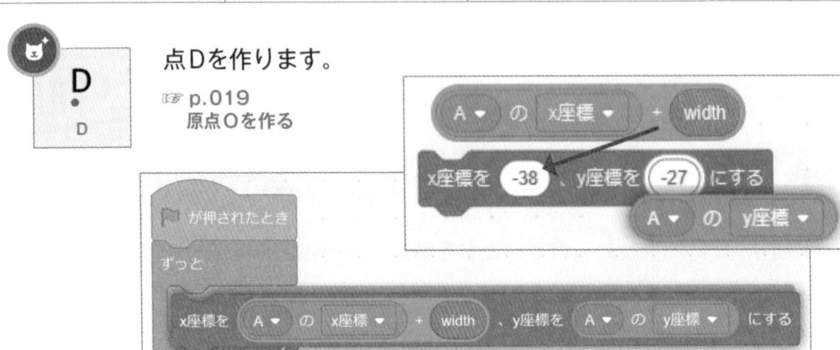

x座標は点Aのx座標にwidthを足したもの、y座標は点Aと同じところに点Dを配置します。

「点Pは，辺CD上にある点で，頂点C，頂点Dのいずれにも一致しない」にしたがい、点Pを作ります。

点Pを作ります。

☞ p.019 原点Oを作る

☞p.021 変数の作り方

点Pの移動の長さを入れる変数「p_length」を作り、初期値を30に設定します。点PはCD上を動くので、点Cに行って点Dの方を向き、p_length動く処理を繰り返します。

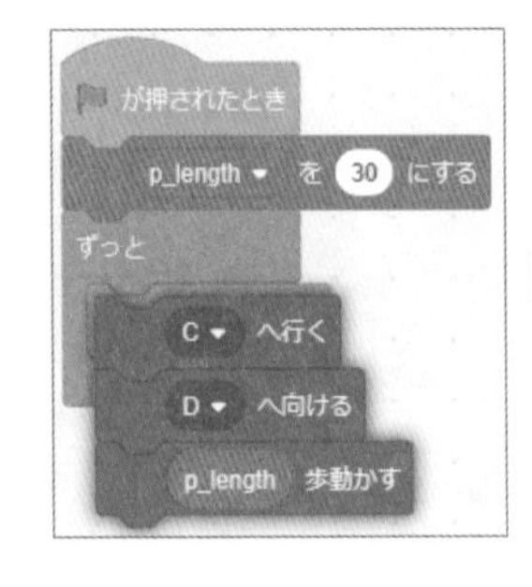

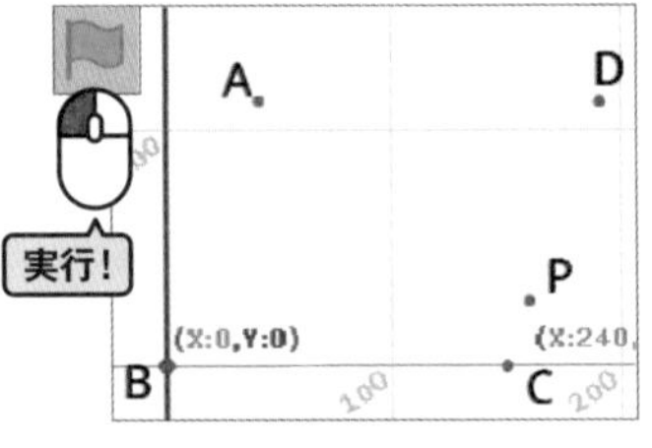

「頂点Aと点Pを結ぶ」線を描きます。

描画スプライトを選択します。

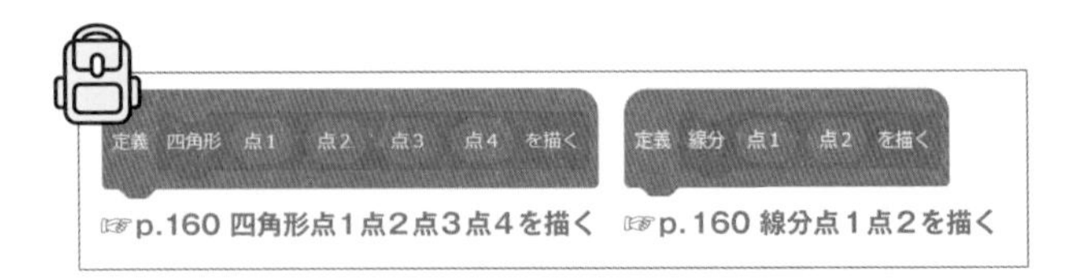

☞p.160 四角形点1点2点3点4を描く ☞p.160 線分点1点2を描く

バックパックから「四角形 点1点2 点3 点4 を描く」「線分 点1 点2 を描く」を取り出します。

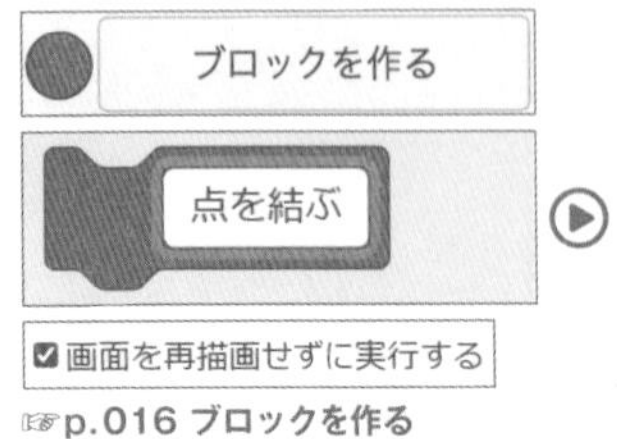

☞p.016 ブロックを作る

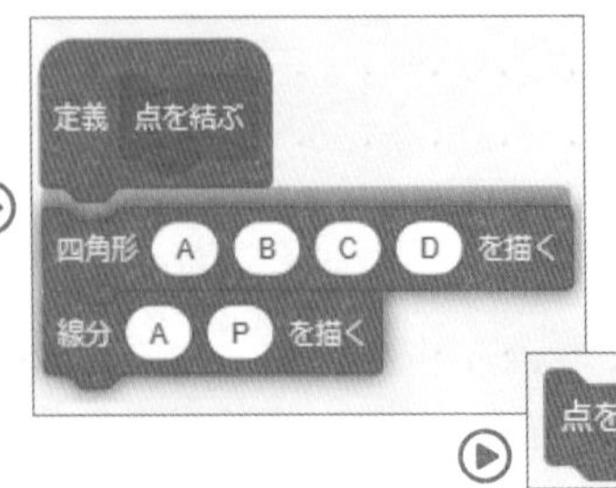

定義ブロック「点を結ぶ」を作り、ABCD、APを線で結ぶ処理をまとめます。

「$\angle ABC = 50°$， $\angle DAP$ の大きさを $a°$ とするとき，$\angle APC$ の大きさを表す式」を導くためのブロックを組みます。

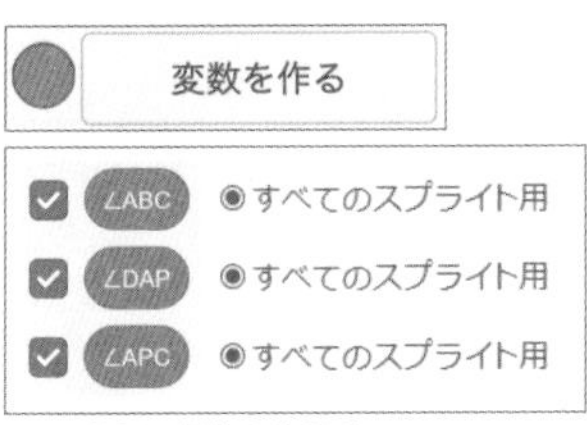

☞p.021 変数の作り方

問題文に出てくる角度を入れる変数「∠ABC」「∠DAP」「∠APC」を作ります。

定義 ∠ 点1 点2 点3 を求める

☞p.135 ∠点1点2点3を求める

バックパックから「∠ 点1 点2 点3を求める」を取り出します。

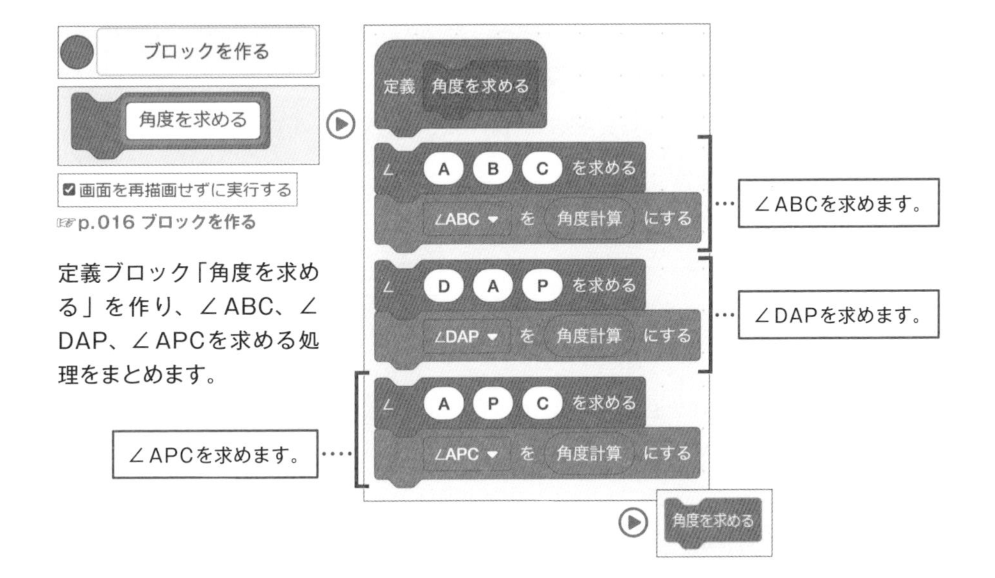

☞p.016 ブロックを作る

定義ブロック「角度を求める」を作り、∠ABC、∠DAP、∠APCを求める処理をまとめます。

作成したブロックで、メインの処理を右のように構成します。実行して、スライダーでaθの値を動かすと、aθが40のところで∠ABCが50°になりました。このとき、∠APC は∠DAPに50足した値と導き出せました。解答は(a+50)度となっています。

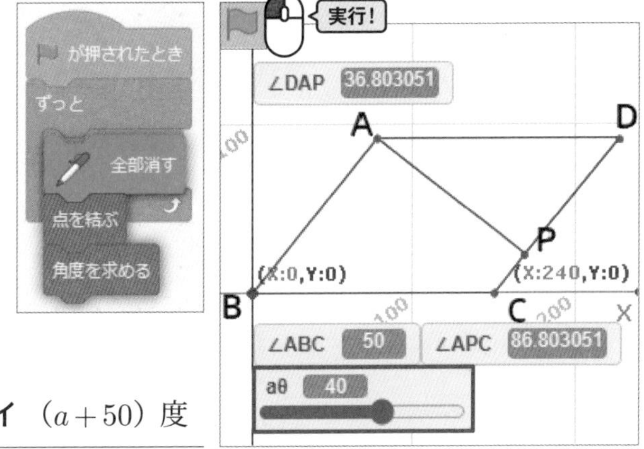

解答 イ $(a+50)$ 度

➡〔問2〕を解く

CHECK ■

問2〉右の**図2**は，**図1**において，
頂点Bと点Pを結び，
頂点Dを通り線分BPに平行な直線を引き，
辺ABとの交点をQ，線分APとの交点を
Rとした場合を表している。
次の①，②に答えよ。

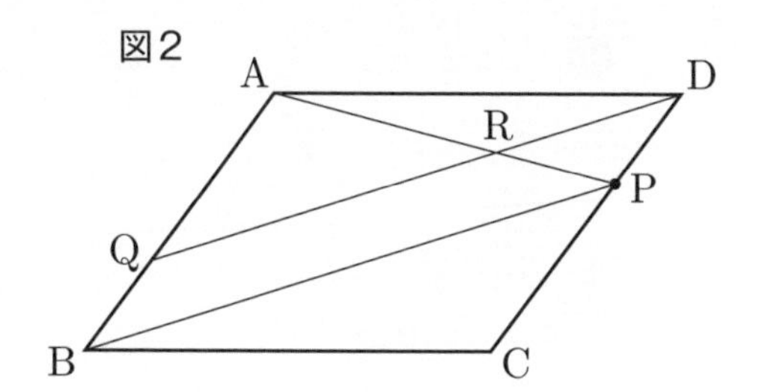

① △ABP ∽ △PDR であることを証明せよ。

② 次の［　　］の中の「**き**」「**く**」「**け**」「**こ**」に当てはまる数字をそれぞれ答えよ。

図2において，頂点Cと点Rを結び，線分BPと線分CRの交点をSとした場合を考える。

CP：PD＝2：1のとき，

四角形QBSRの面積は，△AQRの面積の 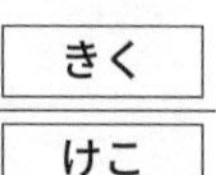 $\dfrac{\text{きく}}{\text{けこ}}$ 倍である。

出典：平成31年度都立高等学校入学者選抜 学力検査問題 数学 設問4〔問2〕

「頂点Bと点Pを結び，頂点Dを通り線分BPに平行な直線を引き，辺ABとの交点をQ」にしたがい、点Qを配置します。

点Qを作ります。

☞ p.019 原点Oを作る

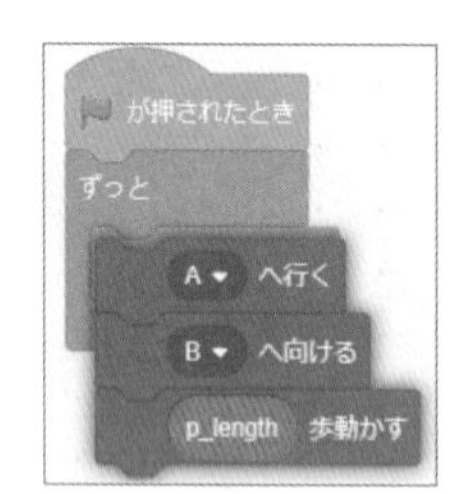

頂点Dを通り線分BPに平行な直線と辺ABとの交点にあるので、点Qの位置は点Aから点Bに向かってp_length歩動いたところになります。

描画スプライトを選択します。

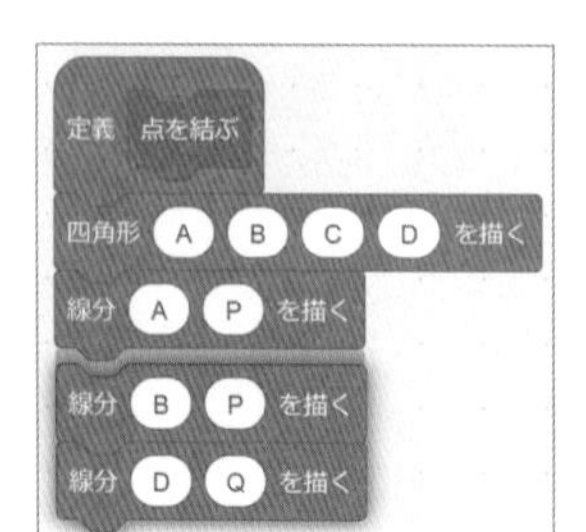

線分BPと線分DQを描く処理を「点を結ぶ」に加えます。

「線分 AP との交点をR」にしたがい、点Rを配置します。

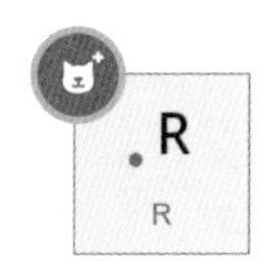

点Rを作ります。

☞p.019 原点Oを作る

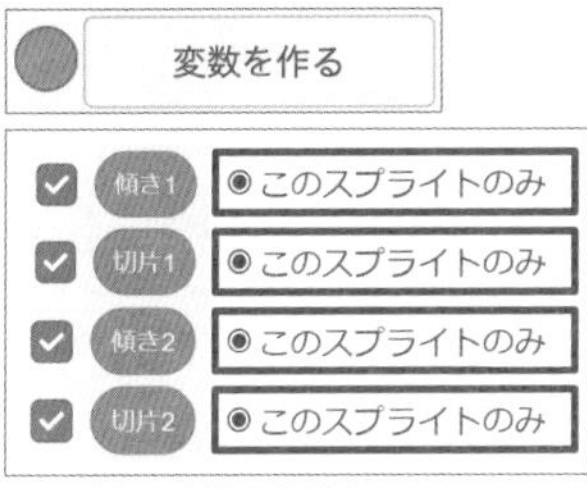

☞p.021 変数の作り方

2直線の傾きと切片を入れる変数「傾き1」「切片1」「傾き2」「切片2」を作ります。「**このスプライトのみ**」を選択します。

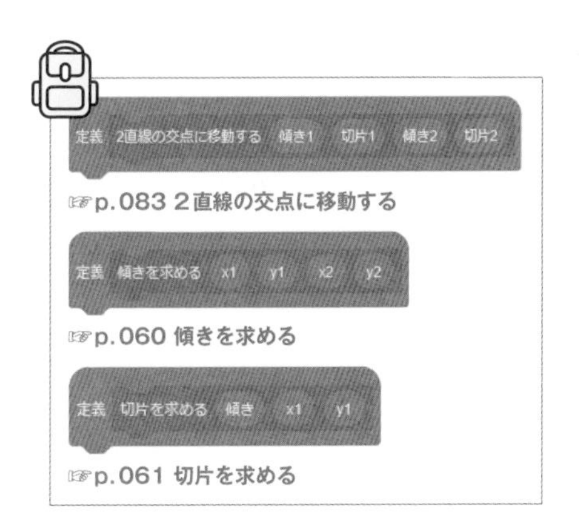

☞p.083 2直線の交点に移動する

☞p.060 傾きを求める

☞p.061 切片を求める

バックパックから「2直線の交点に移動する」「傾きを求める」「切片を求める」を取り出します。

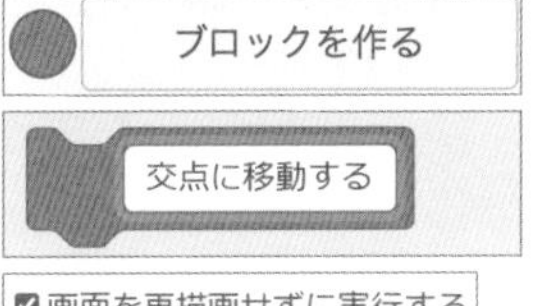

☞p.016 ブロックを作る

定義ブロック「交点に移動する」を作り、以下のように処理をまとめます。

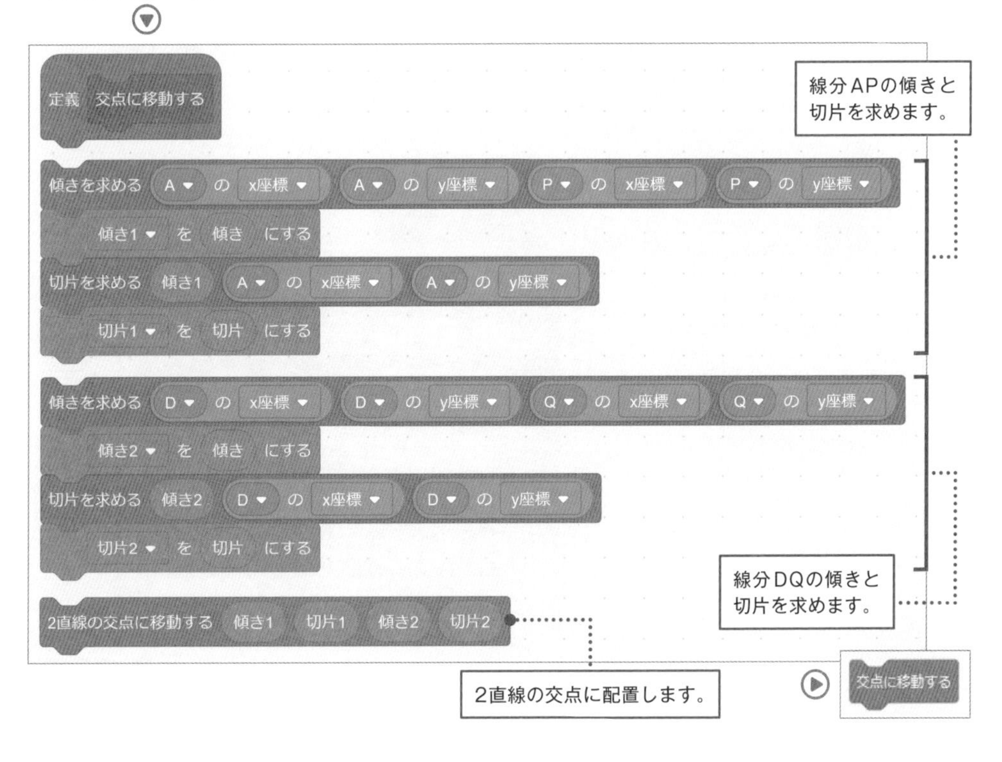

作成したブロックで、メインの処理を右のように構成します。実行し、点Rが交点にあるか確認します。

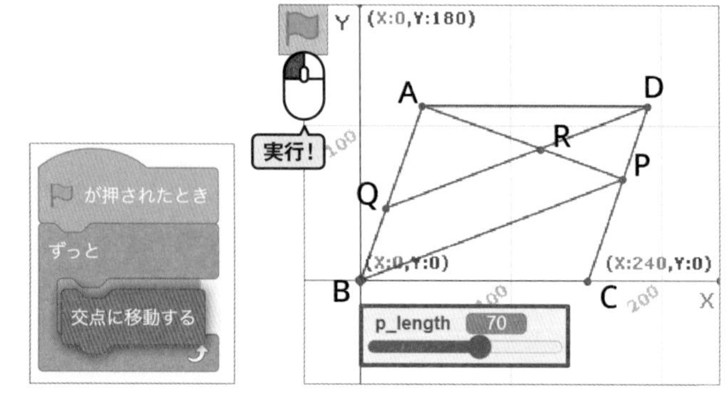

① を証明する

2つの三角形を重ねて描いて「△ABP ∽ △PDR であることを証明」します。

描画スプライトを選択します。

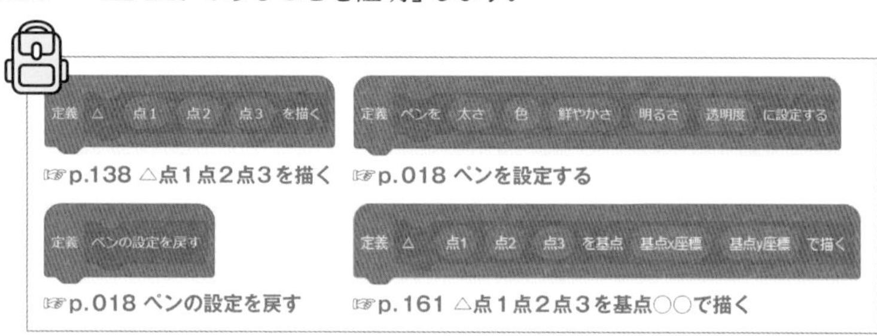

☞p.138 △点1点2点3を描く
☞p.018 ペンを設定する
☞p.018 ペンの設定を戻す
☞p.161 △点1点2点3を基点○○で描く

バックパックから「△ 点1 点2 点3 を描く」「ペンを設定する」「ペンの設定を戻す」「 △ 点1 点2 点3 を基点 基点x座標 基点y座標 で描く」を取り出します。

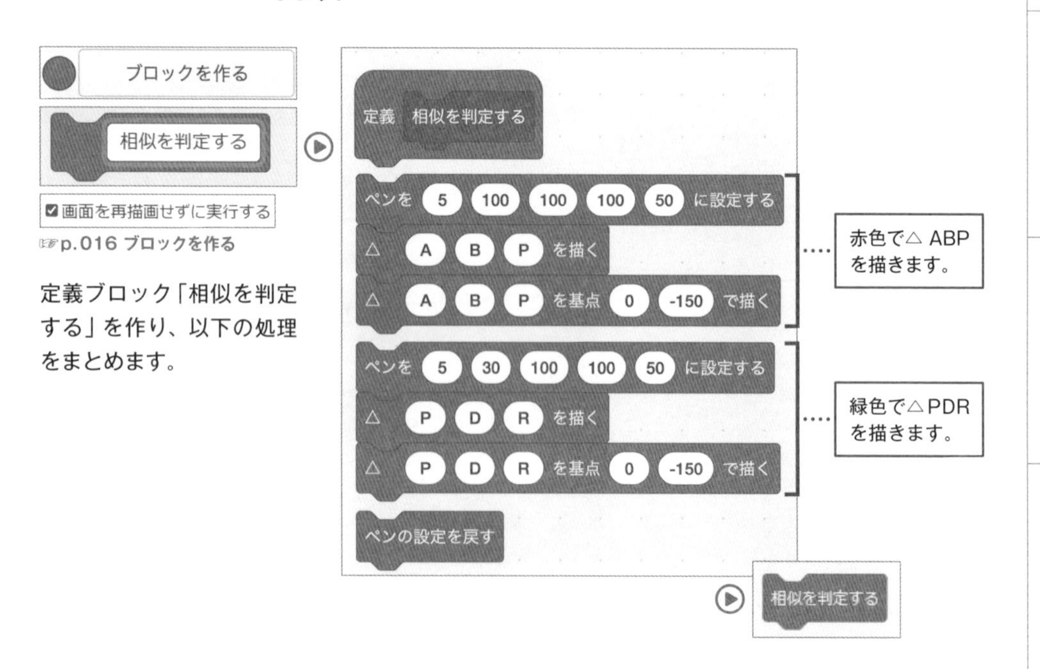

☞p.016 ブロックを作る

定義ブロック「相似を判定する」を作り、以下の処理をまとめます。

作成したブロックをメインの処理に加えます。
実行すると、基点（0, −150）で重ねて描いた図形から、△ABPと△PDRは相似形であることがわかります。

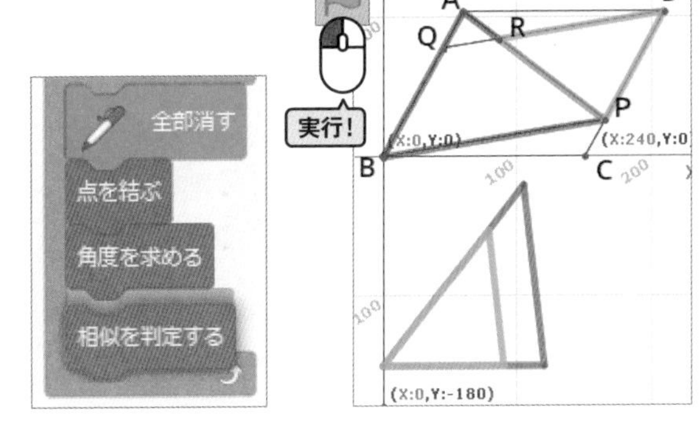

● ②の答えを求める

「頂点Cと点Rを結び，線分BPと線分CRの交点をSとした場合」にしたがい、点Sを配置します。

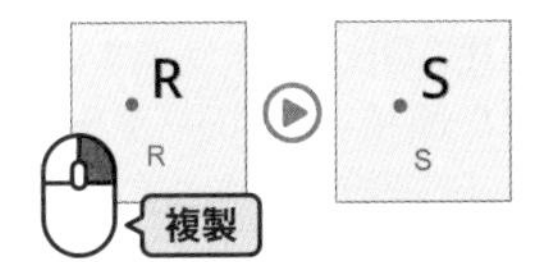

点Sも交点なので、同じ処理をしている点Rを複製して点Sを作ります。

☞p.040 スプライトの複製

「交点に移動する」の中の点の名前を変更し、線分BPと線分CRの交点に配置します。

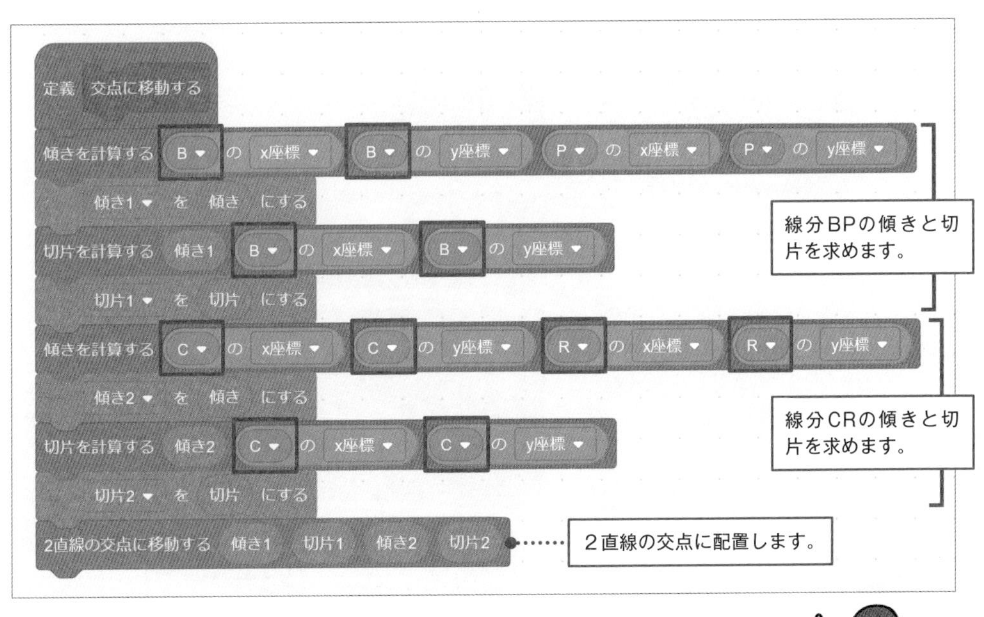

点の名前を変更する際に、y座標がx座標にリセットされることがあるので注意しましょう。

描画スプライトを選択します。

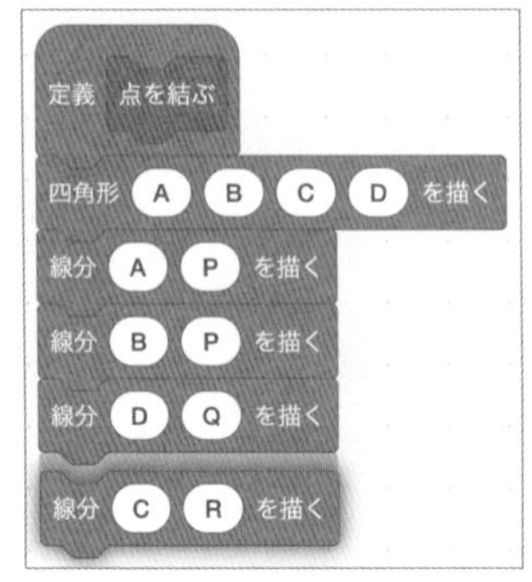

線分CRを描く処理を「点を結ぶ」に加えます。

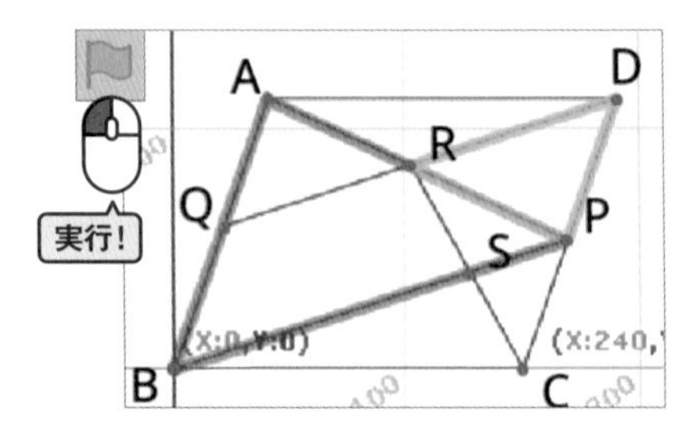

実行して、点Sが交点に位置しているのを確認します。

面積を求めるブロックを組んで、「CP：PD = 2：1のとき，四角形QBSRの面積は，△AQRの面積の $\frac{\text{きく}}{\text{けこ}}$ 倍である」を解きます。

☞p.021 変数の作り方

計算した面積を入れる変数「面積QBSR」「面積AQR」を作ります。またQBSRの面積は△ABPから△AQRと△RSPを引いたものになるので、「面積ABP」と「面積RSP」も作ります。求めたいのは面積比なので「面積比」も作ります。

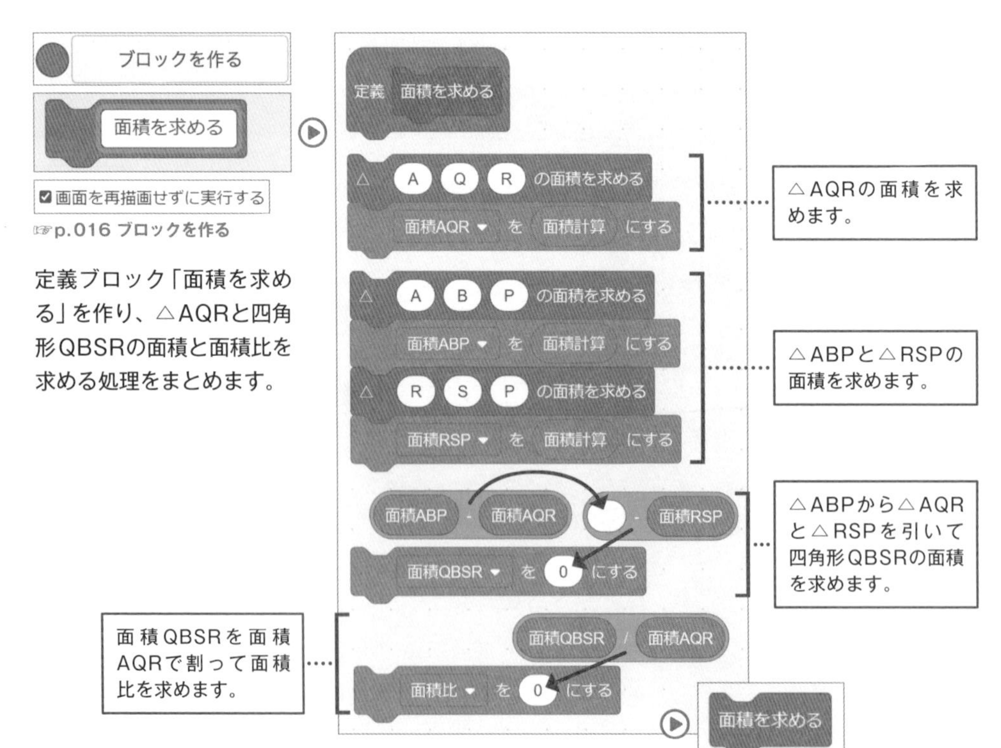

☞p.016 ブロックを作る

定義ブロック「面積を求める」を作り、△AQRと四角形QBSRの面積と面積比を求める処理をまとめます。

作成したブロックをメインの処理に加えます。
実行してCP:PDが2:1になるよう、スライダーでlengthを120、p_lengthを80に合わせます。
解答である$\frac{13}{12}$を演算ブロックで計算し、「面積比」の値と比較します。

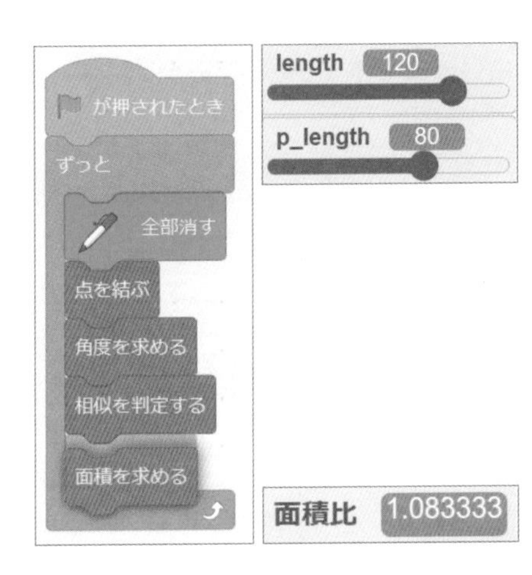

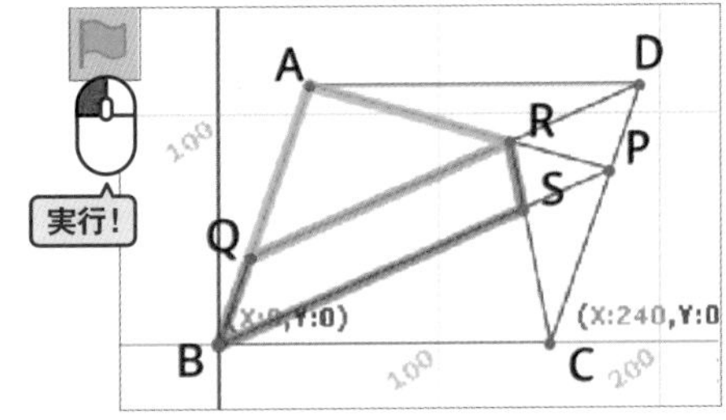

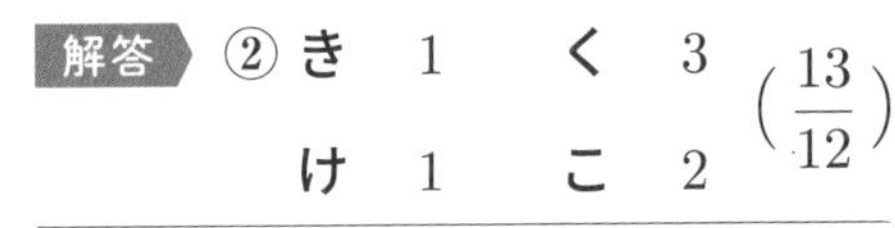

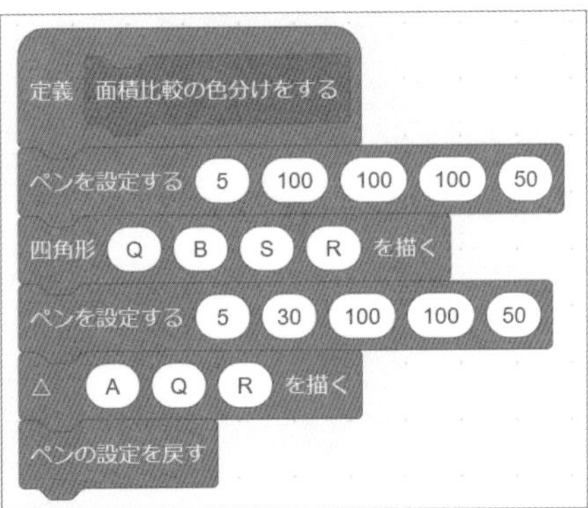

左は比較する面積部分を色分けするブロックです。もし時間があれば、この処理も組んでみましょう。

複雑な問題でも、問題文に沿ってブロックを組んでいけば解けることがわかりました。

エピローグ
数式を使った表現で遊ぶ

ここまでに作ったプログラムを土台にして、面白い表現を作って遊んでみましょう。

点Pのパレード

CHECK

点Pに関数上を行進させてみましょう。

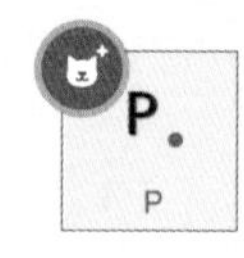

点Pを作ります。

☞ p.019 原点Oを作る

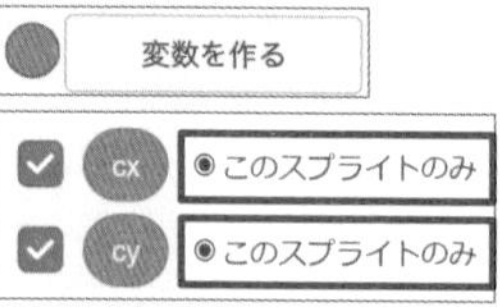

☞p.021 変数の作り方

クローンの座標値を入れる変数「cx」「cy」を作ります。「**このスプライトのみ**」を選択します。

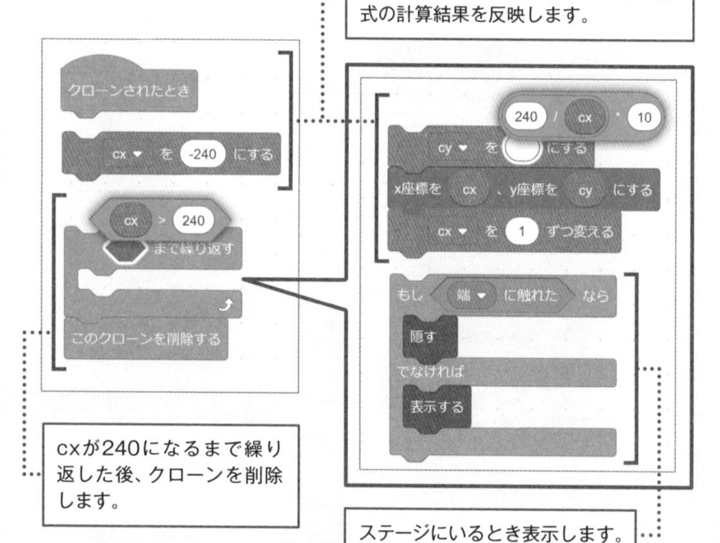

クローンされたら、cxの初期値を－240に設定します。初期値からx座標を1ずつ増やし、y座標に反比例の数式の計算結果を反映します。

cxが240になるまで繰り返した後、クローンを削除します。

ステージにいるとき表示します。

緑の旗が押されたとき、まずスプライトの実体を隠して、0.5秒ごとに自分自身のクローンを作る処理を繰り返します。

実行すると、無数の点Pが反比例のグラフの軌跡を行進します。変化量が動きで見えるのが面白いですね。

➡ 原点Oの扇ダンス

CHECK

これまで作った描画プログラムの多くは原点の座標を参照しています。これを利用して、原点Oをランダムウォークさせることで、扇形を動かしてみましょう。

バックパックから原点Oを取り出します。

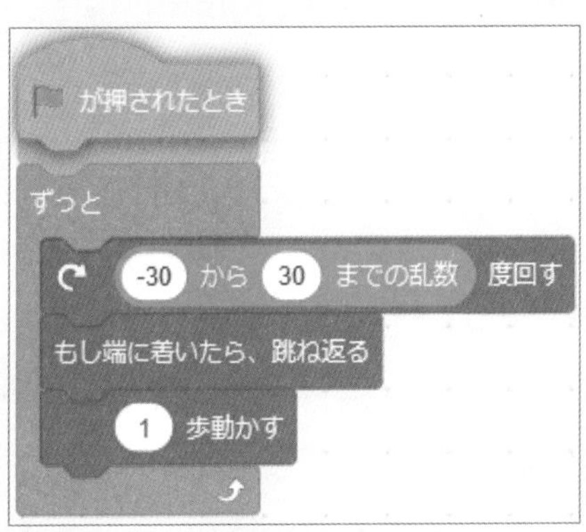

緑の旗が押されたとき、ランダムウォークをするブロックを実行するようにしておきます。

描画スプライトを選択します。表示はオフにしておきます。

バックパックから「扇形を描く」を取り出します。

☞p.128 扇形を描く

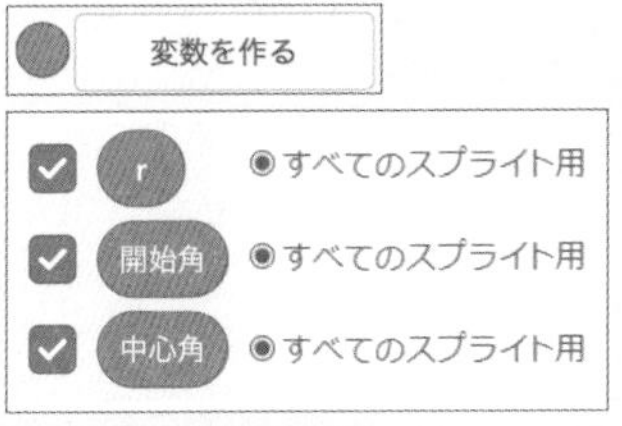

☞p.021 変数の作り方

半径と開始角と中心角を入れる変数を作ります。

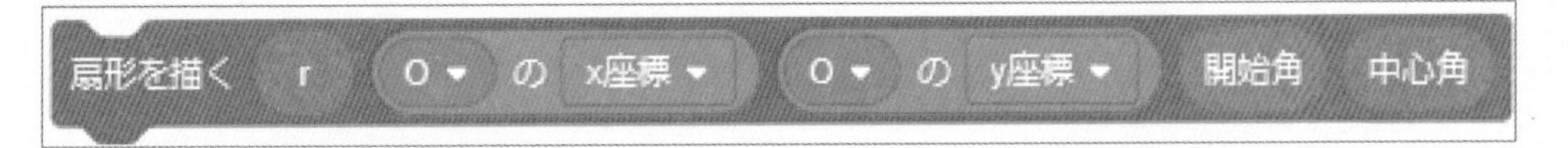

「扇を描く」の引数に該当する変数を入れます。

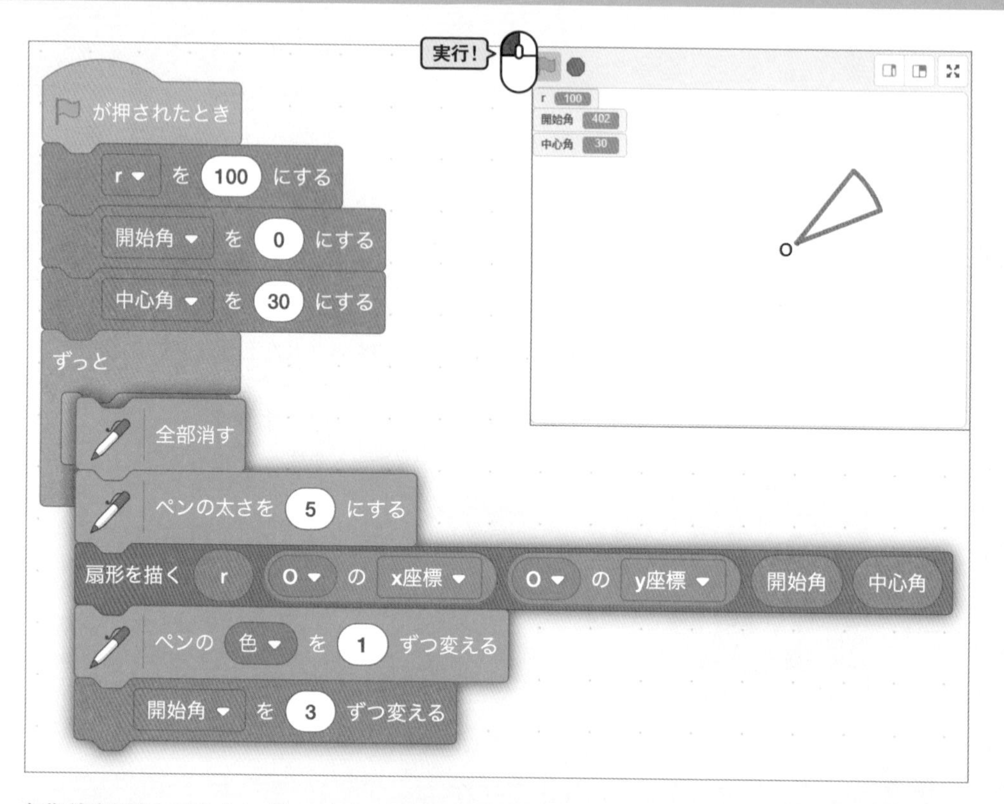

初期値を設定してから、ペンの太さ5で扇形を描く処理を繰り返します。ペンの色や開始角も変化させてみます。

実行すると、ランダムウォークする原点Oに従って扇形も動きます。原点Oの表示を消してみると扇がひらひらさまよっているようにも見えます。

原点を動かして座標軸を移動させることで、それを参照している図形も動くことがわかります。時間があれば他の図形や関数の描画でも試してみてください。

➡ 点Pの紙吹雪

CHECK □

点Pを紙吹雪に見立てて天井から降らせてみます。「2-2-6　平行四辺形を動かす」で触れたベクトルの考え方を利用します。

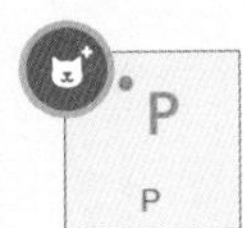

好きな色で点Pを作ります。

☞ p.019 原点Oを作る

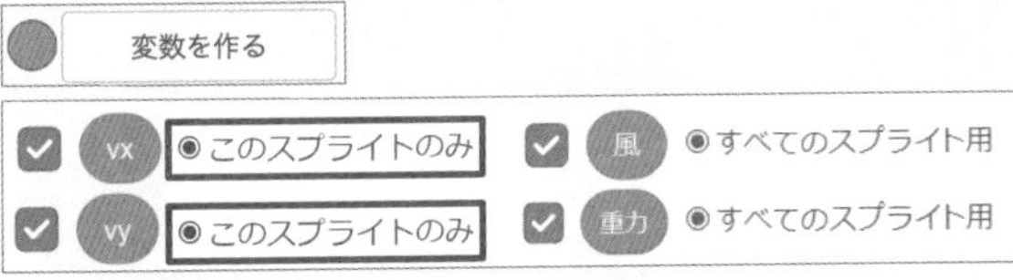

☞p.021 変数の作り方

クローンがx方向、y方向へ進む速さの変数「vx」「vy」を「**このスプライトのみ**」を選択して作ります。また、横方向の力として「風」、下方向の力として「重力」の変数も作ります。

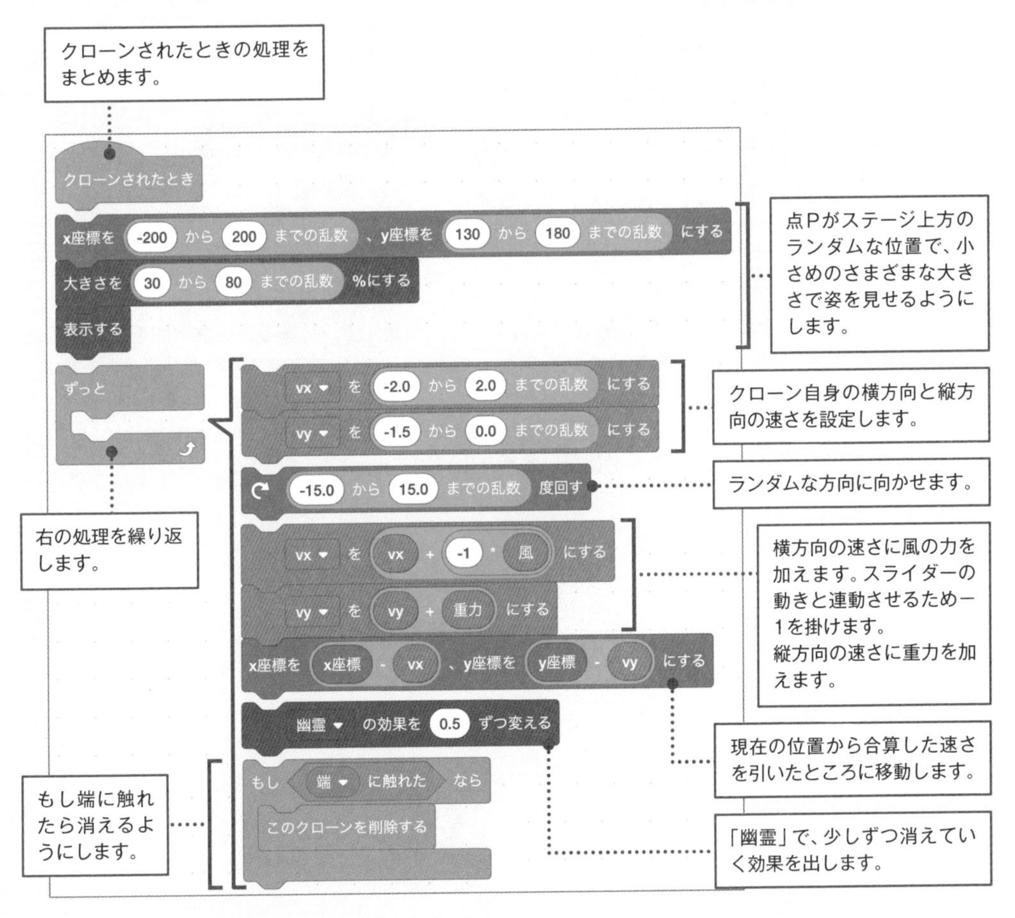

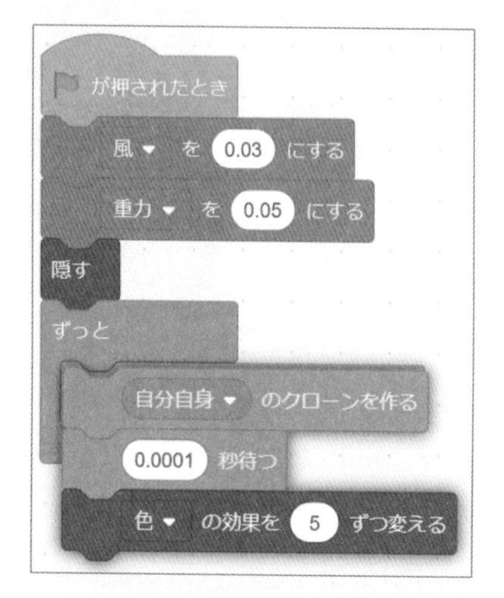

風と重力の初期値を設定し、スプライトの実体を隠してから、自分自身のクローンを作り、色の効果を少しずつ変える処理を繰り返します。
プログラムがスムーズに動くよう、待つ処理も加えます。

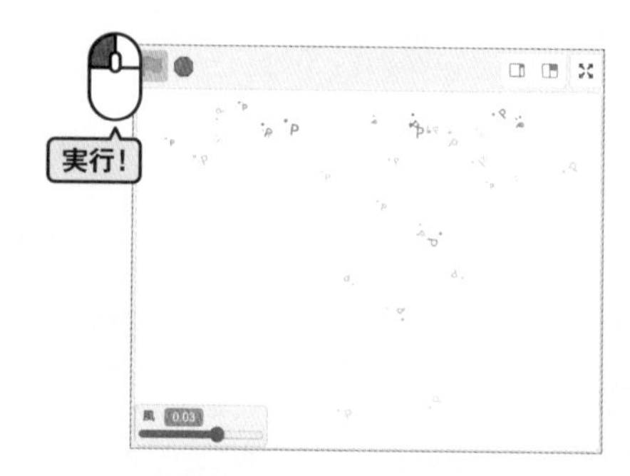

実行すると、いろんな色の点Pが紙吹雪のように舞い降ります。風のスライダーを動かすと、それにしたがって点Pの動く方向も変わります。

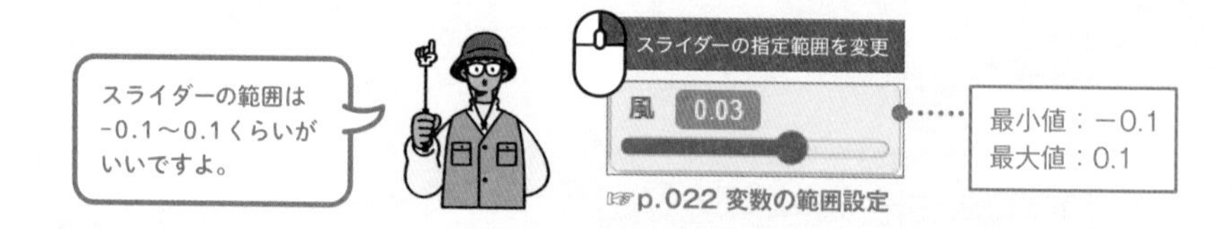

☞p.022 変数の範囲設定

作成した「点Pのパレード」の数式やコスチュームを変えて、意味のある文字列を並べてみたり、「原点Oの扇ダンス」の原点Oを別のキャラクターに変えたりして、自分の好きな表現にして遊んでみてください。
学んだことを、別の視点から見て、表現を変えてみることは、その対象を多面的にとらえるよい機会ですし、学んだことそのものについても、より深く学べると思います。

おわりに

これで、本書における中学数学をめぐるScratchでの冒険はひとまず終わりです。都立高校入試問題を表現する基本的な手順は提示できたと思いますので、他の過去問にも挑戦して、そのスキルを確かなものにしてください。Scratchでモデルを作ってから、通常のやり方で問題を解いてみると、また違った印象になると思います。苦手だった動点Pが、かわいく感じられて親近感を覚えた方も多いのではないでしょうか。

本書を土台とした発展的な作業として、地域のワークショップで行っていた事例をいくつか紹介します。

1つは高校数学への接続です。ここで作った中学数学のモデルを土台にして、高校数学のモデルも作ることができます。しかし、通常の教科書の表記とScratchの表現の間には少々溝があります。そこでおすすめしたいのが、結城浩先生の『数学ガールの秘密ノート』シリーズ（SBクリエイティブ）です。情報科学の視点で、やさしく対話形式で書かれてあるので、Scratchのブロックの形にもしやすく、その挙動を確認することで本の読み方も深くなり、数理概念を理解する強い助けになります。本書を終えてから数学ガールシリーズを読むと「あ、Scratchで作れそう」と思えるはずです。高校数学の各概念をScratchの同じステージで表現してみることで、これまでばらばらに把握していたものがレイヤーのように重なって、概念どうしのつながりも見えてくるようになると思います。

2つめは、Scratchで作った都立高校入試のモデルをPythonで表現するワークショップです。Google Colaboratoryの環境で、数式の組み立てに数学関数モジュールを、可視化にmatplotlibライブラリを使用し、本書のScratchのコードをPythonに翻訳することで、Pythonの基本的な操作を学ぶことを意図していました。本書のレイアウトも、Pythonに翻訳しやすいような形を意識しています。

3つめは、JavaScriptへの導入です。p5.jsというクリエイティブなコーディングのためのJavaScriptのライブラリ／開発環境があります（https://p5js.org/）。このサイトにある基本的なサンプルコードを読みながら、Scratchでコーディングしていました（本書でも、エピローグとして数式を使った表現の可能性を扱いました）。初学者の中には、いわゆる「写経」をしてもタイピングだけで精一杯で、内容の理解が追いつかない参加者もいるため、まずコードリーディングしながら、Scratchのブロックに翻訳して動作確認することでタイピングの負担を減らしつつp5.jsのコードの理解をうながしていました。

上記の作例は、#数学ガールハック、#都立高校入試ハックonPython、#クリエイティブコード写経、というハッシュタグでX（旧Twitter）にアップしていますので、よかったら参考にしてください。

上記の3つとも、開発環境はブラウザを開くだけで利用することができ、お互いの環境をタブで行き来して気軽にコーディングできます。公民館で行ったワークショップでは、和室に手持ちのモバイルWi-Fiを持ち込んでChromebookで行っていましたが、機材や空間は質素でも、プログラミングに豊かな環境が構築できる時代になったことに驚きを覚えました。

本書では以下の理由から、都立高校入試の設問2と設問5を扱っていません。設問2の数列に関する問題は、立式や式の変形が設問の意図の中心であり、動的モデルの意味が他の設問より薄く、可視化にも少し工夫が必要です。また、設問5の空間図形の問題はScratchでは扱いにくく、ワークショップではGeogebraの空間図形アプリ（https://www.geogebra.org/3d）を利用していました。本書を終えた後の発展的な課題として、チャレンジしてみてください。

本書の執筆は、私にとっても冒険でした。入試問題を読みながら試行錯誤しつつScratchに翻訳する過程に学びが埋め込まれていると思っていたため、ワークショップの対話環境ではない、書籍という形で作業手順を提示するのには、少し抵抗がありました。しかし、Scratchは「ゲームを作る小学生が使うもの」と多くの人に認識されている現状で、中学数学の動的モデルを作ることで、数理概念を学習することに適しているという視点を、広く世の中に提供することは意味があると思いました。また、執筆の過程で、ワークショップの内容を整理することで、今まで気がつかなかった情報提示の仕方などを発見できたのは大きな収穫でした。

学生の頃、佐伯胖先生の『新・コンピュータと教育』（1997年・岩波新書）を読んでワークショップという教育・学習形態に興味を持ちました。以来、コンピュータやインターネットがあまねく広がり、一般的な個人の手に落ちてきた世界で、学校や地域の教育はどうあるべきか考えてきたひとつの形が本書で提示できたと思います。

本書を執筆する上で、故・波多野誼余夫先生からは、認知科学の観点から「人はいかに学ぶか」について考える礎を築いていただきました。また、國藤進先生からは、情報科学をベースとした創造性の開発や教育についての薫陶を受けました。本書の基本的なコンセプトは、お二人の影響を強く受けています。そして、ワークショップに参加していただいた練馬区光が丘地区周辺の小中高生のみなさん。みなさんのおかげで、試行錯誤しながら書籍にできる形にまで内容を高めることができました。心より感謝申し上げます。

2023年11月

岡田 延昭

岡田 延昭（おかだ のぶあき）

光が丘オープンソースクラブ主宰
慶応義塾大学文学部人間関係学科（教育学専攻）卒業
北陸先端科学技術大学院大学知識科学研究科修了
日本アウトワードバウンド協会JALT修了
プロジェクトアドベンチャージャパン非常勤登録ファシリテーター

五十嵐 康伸（いがらし やすのぶ）

筑波大学 物理学専攻にて学士（理学）、奈良先端科学技術大学院大学 情報科学研究科にて博士（理学）を取得。東北大学の助手、奈良先端科学技術大学院大学の特任助教などを経て、現在はRIZAPグループ株式会社 データマネジメント部 部長として勤務。名古屋工業大学の客員准教授と、滋賀大学の非常勤講師を兼務。日本統計学会 統計教育賞、STAT DASHグランプリ 総務大臣賞を受賞。書籍「プロ直伝 伝わるデータ・ビジュアル術」（技術評論社）を監修。

●本書のWebページには、正誤表などを掲載しています。
https://www.oreilly.co.jp/books/9784814400355/

Scratchで遊んでわかる！ 中学数学
数学をプログラミングでハックする

2023年11月30日　初版第1刷発行

著者　岡田 延昭（おかだ のぶあき）
　　　五十嵐 康伸（いがらし やすのぶ）

発行人　ティム・オライリー
デザイン　waonica + nebula
イラスト　サトウ リョウタロウ

印刷・製本　日経印刷株式会社

発行所　株式会社オライリー・ジャパン
〒160-0002　東京都新宿区四谷坂町12番22号
Tel (03) 3356-5227／Fax (03) 3356-5263
電子メール japan@oreilly.co.jp

発売元　株式会社オーム社
〒101-8460　東京都千代田区神田錦町3-1
Tel (03) 3233-0641（代表）／Fax (03) 3233-3440

Printed in Japan (ISBN978-4-8144-0035-5)

乱丁、落丁の際はお取り換えいたします。